普通高等教育机械工程专业规划教材

工程机械维修

（第二版）

许 安 崔崇学 主编

易新乾 主审

人民交通出版社股份有限公司
China Communications Press Co.,Ltd.

内 容 提 要

本书共九章,主要介绍了机械的劣化与故障理论、可靠性理论与维修性理论、摩擦与润滑、机械零件的失效分析;机械零件的修复技术与再制造、典型零件的修复;机械修理过程的主要工艺及修理管理、现代柴油机典型修理装配工艺、工程机械底盘修理。

本书注重理论联系实际,可作为高等院校有关专业本科生教材,也适用于工程机械行业的科研与生产单位的工程技术人员参考。

图书在版编目(CIP)数据

工程机械维修/许安,崔崇学主编. —2 版. —北京:人民交通出版社股份有限公司,2015.7
ISBN 978-7-114-12259-0

Ⅰ. ①工… Ⅱ. ①许… ②崔… Ⅲ. ①工程机械—机械维修 Ⅳ. ①TU607

中国版本图书馆 CIP 数据核字(2015)第 115111 号

普通高等教育机械工程专业规划教材

书　　　名:	工程机械维修(第二版)
著 作 者:	许　安　崔崇学
责任编辑:	郑蕉林　李　瑞
出版发行:	人民交通出版社股份有限公司
地　　　址:	(100011)北京市朝阳区安定门外外馆斜街 3 号
网　　　址:	http://www.ccpress.com.cn
销售电话:	(010)59757973
总 经 销:	人民交通出版社股份有限公司发行部
经　　　销:	各地新华书店
印　　　刷:	北京虎彩文化传播有限公司
开　　　本:	787×1092　1/16
印　　　张:	22
字　　　数:	514 千
版　　　次:	2004 年 8 月　第 1 版　2015 年 7 月　第 2 版
印　　　次:	2023 年 12 月　第 2 版　第 3 次印刷　总第 11 次印刷
书　　　号:	ISBN 978-7-114-12259-0
定　　　价:	45.00 元

第二版前言

从 2004 年 8 月出版至今,《工程机械维修》第 1 版已印刷了 8 次。在广大读者的热情关注和真诚厚爱下,本书已成为工程机械专业主要教科书和行业的重要培训参考书,并被国内的一些书刊和文章引用为参考文献。

随着我国工程机械行业近年来的迅猛发展,工程机械维修领域新内容、新技术的不断出现,本书已不能完全适应学科发展和工程机械维修工作的需要,也无法满足作为教学教材的需要。

在对工程机械维修的理论与实践进一步研究和总结,收集相关资料及读者对本书提出的建议和意见的基础上,我们对本书进行了修订,希望通过再版使本书内容更加系统和完善。

本书第 2 版保留了第 1 版的基本构架,共分 9 章。再版的一项重要工作是对原版的错误进行较为详细的勘正,在此基础上删减和修改了部分陈旧材料,增加了机械零件失效的分析方法和工程机械修理管理等新的内容,更加注重理论结合实际、通用性和更广泛的适应性,力求启发学生的思维能力与创造能力。

工程机械维修的内容涉及面广、技术难度较大、更新快,对正在迅速发展的一门综合性交叉学科进行系统介绍,由于作者的水平所限,本书存在的不足之处和需要完善的地方在所难免,敬请广大读者提出宝贵的意见和建议,以便我们不断改进。

本书的再版得到了长安大学领导、师生的鼓励、支持和帮助,人民交通出版社的精心指导、大力支持和帮助,在此我们表示诚挚的敬意和衷心的感谢!

我们在本书编写中参阅了大量有关文献，引用了许多学者的研究成果，对此我们对各位作者致以最诚挚的感谢。

作　者
2015 年 5 月

第一版前言

　　步入 21 世纪,工程建设对工程机械的需要和依赖程度愈来愈高,随着科学技术的飞速发展,现代工程机械和设备的结构越来越复杂,功能越来越完善,自动化程度也越来越高。由于许许多多无法避免的因素的影响,有时机械设备会出现各种各样的故障,以致降低或失去其预定的功能,甚至造成严重的以至灾难性的事故,造成机毁人亡,因而带来巨大的经济损失,产生严重的社会影响。因此保证机械设备的安全运行,消除事故,是十分迫切的问题。这就使工程机械维修的重要性更加突现出来。

　　工程机械维修的现代化程度,既关系到工程机械本身的完好率、使用寿命、使用成本、工程质量、施工进度和经济效益,更重要的是从一个侧面体现一个国家建设生产综合能力的强弱,体现一个工程建设企业管理水平、技术水平和生产能力的高低。工程机械的高精度、自动化、复杂化的发展,使得其维修比较困难,但同时又促进了以检测与诊断技术为基础、可靠性为中心、多种维修方式相结合的维修模式的更快发展。当然这种维修模式的发展必须以测试技术、信号处理技术、计算机技术等现代科学技术为依托,以掌握现代科学技术、素质高、技术精的维修技术人员队伍为保证。

　　科学技术的不断发展,同样也会给机械维修带来新思维、新观点、新技术。从事机械设计制造、机械应用及管理的技术人员必须具有机械维修方面的基础知识和了解掌握新工艺、新技术的基本素质,才能适应时代发展的需要。

　　本教材是机械设计及理论专业(工程机械方向)的规划教材之一。共九章,内容包括了机械的劣化与故障理论、可靠性理论、维修理论、机械零件的耗损与失效分析、机械零件的修复技术、机械修理过程的主要工艺及修理管理、工程机械发动机与底盘典型修理工艺等。在编写过程中遵循的原则是：以理论知识为基础，强调理论结合实际，特别注重实用性；在注重介绍成熟技术的同时，吸取国内外近年来的最新研究成果；以开拓思想、掌握方法、启发思维能力与创造能力为目的，以教学为主，力求拓宽适用范围，对工程实际有一定的参考与指导价值。

鉴于各校对工程机械维修课程讲授的内容、侧重点、课时数等不同，本教材将相关的内容尽量全面编入，以便满足不同的授课计划对教材的需求，并可扩大学生自学的范围。各校在使用时可根据具体情况选择内容讲授。

本教材可作为机械设计及理论专业（工程机械方向）的专业课教材，还可作为机械维修工程技术人员的培训教材和参考资料。

本教材由许安、崔崇学主编，参加编写人员的分工为：第一章由长沙理工大学卢和铭编写，第二、三、四、五、六章由长安大学许安编写，第七、八、九章由内蒙古大学崔崇学编写。全书由许安统稿，易新乾教授对全书进行了审稿。

由于诸多因素，本教材中难免有错误和疏漏之处，欢迎广大读者提出宝贵意见，以利我们进一步完善。在编写过程中参阅了许多书籍和资料，在此我们对这些著作的作者表示衷心的感谢！

作　者
2004 年 1 月

目录
CONTENTS

第一章

机械设备的劣化与故障理论

第一节　机械设备的劣化及起因

机械设备无论设计和制造得多么完美,都会随着长期的使用、保管或闲置过程产生工作能力下降、精度降低、价值降低、可靠性降低等现象,这种现象称为劣化(或老化)。研究劣化的规律、研究劣化对机械设备造成有害影响的根源及相应对策是机械维修的重要内容及理论基础。

一、劣化的分类

机械设备劣化可分为有形劣化和无形劣化两种。

(一)有形劣化

机械设备及零部件在使用、保管或闲置过程中,因摩擦磨损、变形、冲击振动、疲劳、断裂、腐蚀等使机械实体形态变化、精度降低、性能变坏,这种现象称为有形劣化。其中,机械设备在运行中造成的实体损坏为第一种有形劣化。它一般表现在:

(1)零部件的原始尺寸,甚至形状发生改变。

(2)零部件之间的公差配合性质发生变化,精度降低。

(3)零件破坏。

第一种有形劣化根据其性质及是否可以预防,可再分为正常劣化和不正常劣化。前者指的是在正常使用条件下发生的不可避免的劣化;后者指的是在一般情况下可以避免的一类劣化。如机械摩擦磨损是不可避免的劣化,在正常使用条件下,磨损是缓慢的,是正常劣化,相反,若因其他原因造成快速磨损或灾难性磨损,则是不正常磨损,会造成不正常劣化。对于不正常劣化,应采取各种措施消除其根源和发生的条件;对于正常劣化,则应设法减缓其产生和发展的过程速率。第一种有形劣化与使用时间和强度有关。

由于自然力的作用,在保管和闲置过程中形成变形、金属锈蚀、材料劣化变质等为第二种有形劣化。第二种有形劣化与闲置时间和保管状态有关,时间久了会自然丧失精度和工作能力。

不断改进设计,选用耐用材料,提高零部件加工精度,增加结构可靠性,正确使用,及时维护,合理保管,采用先进的修理技术等都会减慢有形劣化的发展。

技术进步常与提高速度、压力、荷载和温度相联系,这些都会加剧机械的有形劣化。

当机械劣化到一定程度时,其使用价值降低,费用提高。要消除有形劣化,可通过修理来恢复,而且修理费应小于购买新机械的费用。当有形劣化使机械丧失工作能力,通过修理也不能恢复其功能时,则需用更新的机械来代替原有的机械。

(二)无形劣化

机械设备在使用或闲置过程中,由于非自然力和非使用所引起机械设备价值的损失,在实物形态上看不出来的劣化现象称为无形劣化或经济劣化。无形劣化分两种形式:

(1)由于科技进步使生产率提高,劳动耗费降低,生产工艺改进,生产规模增大等原因,虽机械设备的技术结构和经济性能并未改变,但再生产的该种机械的价格降低,而使其贬值的现象,叫作第一种无形劣化。

(2)由于不断出现结构更合理、技术性能更佳、效率更高、经济效益更好的新型机械设备,使原机械显得技术陈旧、功能落后而产生的经济劣化(原机械的价值相对降低)称作第二种无形劣化。

无形劣化是社会生产力发展的结果,劣化越快,说明科技进步越快。因此对无形劣化我们不能防止它,而应认真研究其规律,使机械购入后,尽早尽快投入使用,提高利用率,在经济寿命期间内创造更多的价值,取得较高的经济效益。

二、劣化的数量指标

以经济指标计算的有形劣化程度 α_P,用修复所有劣化零件需要费用 R 与确定机械设备劣化程度时该机再生产或再购入的价值 K_1 之比值表示:

$$\alpha_P = \frac{R}{K_1} \tag{1-1}$$

从经济角度分析,机械设备有形劣化程度指标 $\alpha_P < 1$。

衡量设备的无形劣化常采用价值指标,并从生产效率方面加以修正。

$$\alpha_1 = \frac{K_0 - K_1}{K_0} = 1 - \frac{K_1}{K_0} \tag{1-2}$$

式中：α_1——机械设备的价值降低系数，即无形劣化程度指标；

K_0——机械设备的原价值（购置价）；

K_1——考虑到第一、二种无形劣化时该机再生产或再购入的价值。

计算 α_1 时，K_1 必须反映技术进步的两个方面对现有机械设备贬值的影响：一是相同机械设备再生产价值的降低；二是有较好功能和更高效率的新机械设备的出现。K_1 可用下式表示：

$$K_1 = K_n \left(\frac{q_0}{q_n} \right)^{\mu} \left(\frac{c_n}{c_0} \right)^{\beta} \tag{1-3}$$

式中：K_n——新设备的价值；

q_0、q_n——使用相应的旧机械设备、新机械设备时的年生产率；

c_0、c_n——使用相应的旧机械设备、新机械设备时的单位产品耗费；

μ、β——劳动生产率提高指数和成本降低指数，指数取值范围：$0 < \mu < 1$，$0 < \beta < 1$。

将式(1-3)代入式(1-2)中，无形劣化程度指标 α_1 可写成：

$$\alpha_1 = 1 - \frac{K_n \left(\dfrac{q_0}{q_n} \right)^{\mu} \left(\dfrac{c_n}{c_0} \right)^{\beta}}{K_0} \tag{1-4}$$

机械设备有形劣化的残余价值（用原始价值的比率表示）为 $1 - \alpha_P$；机械设备无形劣化的残余价值（用原始价值的比率表示）为 $1 - \alpha_1$；两种劣化同时发生后的机械设备残余价值为 $(1 - \alpha_P)(1 - \alpha_1)$。

$$\alpha = 1 - (1 - \alpha_P)(1 - \alpha_1) \tag{1-5}$$

式中：α——机械设备综合劣化程度指标（用原始价值的比率表示）。

设 K 为机械设备的残余值，即两种劣化作用下的剩余价值，可用下式表示：

$$K = (1 - \alpha)K_0 \tag{1-6}$$

K 值是决定机械设备是否值得维修的重要依据。

将式(1-2)、式(1-5)、式(1-1)代入式(1-6)整理后得：

$$\begin{aligned} K &= (1 - \alpha)K_0 = \left\{ 1 - \left[1 - (1 - \alpha_P)(1 - \alpha_1) \right] \right\} K_0 \\ &= \left(1 - \frac{R}{K_1} \right) \left(1 - \frac{K_0 - K_1}{K_0} \right) K_0 = K_1 - R \end{aligned} \tag{1-7}$$

可见，机械设备的残余值等于再生产的价值减去维修费用。当 $K_1 > R$，则 $K > 0$，机械设备还有残余值；$K_1 = R$，则 $K = 0$，表明机械设备已无价值；若 $K_1 < R$，则 $K < 0$，此时机械设备不再具有维修价值。

三、劣化的起因

由于无形劣化的产生主要是科技进步引起的，在此我们不再进行更多的探究。

引起有形劣化的原因较多，由于作用在机械上的各种因素的积累会导致机械能力指标变化，而这种变化达到一定程度后，机械将从无故障状态过渡到有异常的故障状态。因此，研究对机械造成有害作用的根源，查明降低机械工作能力的过程的物理实质，弄清机械本身对这些作用所产生的反应,有助于从设计、制造、使用和维修等方面采用有效可行的措施,降低有形劣化速率,延长机械的使用寿命和经济寿命,从而最大限度地发挥机械的效能。

机械设备有形劣化的起因,可从不同的角度来研究认识,我们可从能量的角度考察。机械设备在制造后和使用、闲置过程中,会受到各种能量的作用。这些能量可归纳为三类:周围介质的能量、机械内部机械能、在制造中聚集在机械零件内部潜伏作用的能量。

(一)周围介质能量的作用

作用于机械上的周围介质能量有:

1. 热能

周围介质温度的变化,来源于大环境温度的变化以及由于机械自身及周围其他机械的发热作用而造成的小环境温度的变化。热能对机械零件产生的作用和影响有:热胀冷缩;金属组织和性能的变化;有机材料制造的零件的软化、蠕变及老化;温度升高使润滑油黏度变化,氧化增强,易变质,润滑性能变差,加速机件的磨损等。

2. 化学能

金属零件表面上的水分及其他侵蚀性气体或液体的作用,会使零件表面受腐蚀破坏。如水蒸气冷凝成水珠沾附于钢铁件表面时会引起电化学腐蚀,机械设备在闲置时若无保护措施也会产生这种破坏;柴油含硫量过多会造成汽缸、活塞、活塞环等零件的腐蚀磨损;柴油发动机长期在低温状态下运行也会造成汽缸、活塞环等零件的腐蚀。机械在酸性或碱性环境中作业,不仅会腐蚀机械外表,而且会使空气中的酸性或碱性物质吸入汽缸,造成机件的腐蚀。经常在泥泞环境下工作的机械,其底盘及行走装置在腐蚀、氧化环境中也极易引起技术状况变坏。

3. 其他形式的能量

如有害生物的侵蚀会破坏常用的绝缘材料甚至金属材料。

4. 操作不当

操作和修理机械的人员因误操作或操作不合要求,极易损害机械的工作能力,严重者可造成机械工作能力完全丧失或者酿成事故。如机械长时间的超负荷运行,易造成零件变形及磨损加剧;超速运行时,由于附加荷载过大造成零件的变形甚至断裂;冬季起动时,不加冷却水,发动机未达到正常温度就进入大负荷作业,冬季停机后立即放水等违反操作规程的使用方式,都可造成机械的技术状况迅速恶化;不按维修技术标准对机械进行维修,其维修质量肯定低劣。

(二)机械设备内部机械能的作用

在机械工作过程中,机械能不仅沿着各个机件传递,还与外部介质(被驱动的机械和工作的对象)发生作用、引起荷载,对机械产生作用,而且机械能还用以克服运动件的摩擦阻力。荷载和摩擦对机械作用的结果,是使机械产生疲劳磨损、变形和内应力再分布等,这些不可逆的过程,会使机械随工作时间的增长而产生有形老化。

(三)在制造中聚集在机械零件材料内部的潜伏能量的作用

这种潜伏能量表现为铸件的内应力,机械加工或热处理时零件的内应力,以及机械装配时的内应力。这些内应力与零件工作荷载共同作用,可加速零件材料的损伤。如当零件材料中残余内应力是拉伸内应力,而零件工作时受荷载引起的工作应力也是拉伸压力时,则二者共同作用的结果,是使零件材料承受更大的拉伸应力。此应力若超过材料的强度,零件将会被破坏。

除上述以外,结构设计、加工制造、油料品质、维护修理等方面的因素,也可引起有形劣化速率的变化。

第二节 劣化规律及补偿

一、劣化的共同规律

(一)零件寿命的不平衡性和分散性

零件寿命有两个特点,即异名零件寿命的不平衡性和同名零件寿命的分散性。

在机械设备中,每个零件的设计、结构和工作条件不相同,劣化的速度相差很大,形成了异名零件寿命的不平衡性。提高了一部分零件的寿命,而其他零件的寿命又相对缩短了,因此异名零件寿命的不平衡是绝对的,平衡只是暂时和相对的。

对于同名零件,由于材质差异,加工与装配的误差,使用与维修的差别,其寿命长短不同,分布成正态曲线,形成同名零件寿命的分散性。这种分散性可设法减小,但不能消除,因此,它是绝对的。同名零件寿命的分散性又扩大了异名零件寿命的不平衡性。

零件寿命的这两个特性完全适用于部件、总成和机械设备。

(二)机械设备寿命的地区性和递减性

机械设备的寿命受自然条件影响很大,如在恶劣工况下工作的工程机械,其行走部分及减速箱的磨损较大;在寒冷或炎热以及沙漠地区工作的机械设备,其腐蚀和磨料磨损较大。这进一步扩大了机械寿命的分散性。这种影响在相同地区具有相同的趋势,故称之为机械寿命的地区性。

由于材料的物理、力学性能发生变化需要一定的时间,所以零件的许多缺陷只有经过一段时间的发展才能逐渐显露出来。受各方面条件的限制和制约,机械经过维修,其技术状况经常达不到预定的要求,寿命将随维修次数的增加而呈递减的趋势,即所谓寿命递减性。

(三)机械设备性能和效率的递减性

在机械设备的有形劣化中,有些可以通过维修予以恢复,有些因技术或经济上的原因,在目前条件下还无法彻底恢复,因此,经过维修的机械设备其性能和效率呈递减的趋势,即所谓性能和效率的递减性。

(四)材料性状的不可逆性

材料性状不可逆性是指当外界因素停止作用后,零件材料的状态发生了变化,不能恢复自身的原始状态。如零件发生的磨损、腐蚀疲劳、内应力再分布以及扭曲畸变等是最有代表性的不可逆变化。这种不可逆性变化的规律称为劣化规律,它揭示了机械设备零件材料内部发生不可逆变化过程的物理、化学本质。研究劣化规律对于估计机械设备工作能力的耗损有极为重要的意义。

二、劣化过程的分类

为了便于研究和解决抗劣化过程的工程问题,对劣化过程进行分类是必要的。

表 1-1 是根据劣化过程涉及的是零件整体或者仅仅是零件表面层,并按外部特征(损伤类型)进行的分类。

劣化过程的分类　　　　　　　　　　　　　　　　　　　　　　表 1-1

项目	劣化过程的外部特征 (损伤类型)	劣化过程的不同类别
零件 整体	破坏	韧性破坏、脆性破坏
	变形	塑性变形、蠕变、弯曲、扭曲
	材料性能变化	材料组织、化学成分、力学性能、塑性、污染程度(燃料油、润滑油)等变化
零件 表面	磨损	磨损(擦伤)、表面层疲劳、挤压损伤、材料转移
	腐蚀	锈蚀、侵蚀、气蚀、烧蚀、裂纹腐蚀
	粘着	粘着(黏附、内聚、吸附、扩散)、积垢、黏结
	表面层性能的变化	粗糙度、硬度、应力状态、反射能力等变化

损伤是机械零件发生诸如磨损、变形、腐蚀、断裂、劣化等现象的通称。

在上述分类中,零件整体可能发生破坏、变形和材料性能变化,其中破坏是最具危险和灾难性的劣化过程。而零件的表面层由于直接受到温度、介质和机械等外部作用,最易发生劣化。

三、劣化后的补偿

机械设备劣化后,可以通过维修、更换、更新和改善性修理等方法进行补偿。

机械的有形劣化与无形劣化造成的经济后果是有差别的。有形劣化严重的机械在修理之前常常不能正常工作,而无形劣化严重的机械却不影响它的继续使用。

机械劣化形式不同,补偿的方式也不同,补偿分为局部补偿和完全补偿。机械的有形劣化的局部补偿是修理,无形劣化的局部补偿是现代化改装。有形劣化与无形劣化的完全补偿是机械设备更新。机械设备的各种劣化形式及其补偿方式,如图 1-1 所示。

如果能使机械的有形劣化期与无形劣化期相互接近,即当机械需要大修时正好出现效率更高的新设备,这时无须进行旧机械的大修理,可更换成新设备;假如机械已发生严重的有形劣化,也发生了部分第二种无形劣化,便需要对机械进行大修理或更换一台相似的机械;假如无形劣化期早于有形劣化(在科学技术飞速发展时期,经常这样),是更新还是继续使用旧机械,应在经济上做全面考虑;假如有形劣化后,其大修费用已超过原始价值,或因同时发生了第一种无形劣化,大修费超过再生产价格时,则予以更换。

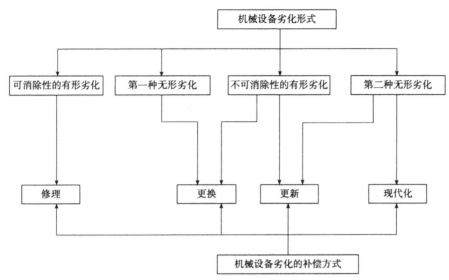

图1-1 机械设备劣化形式与其补偿形式的相互关系

劣化后的补偿形式是一种对策,归根到底决定于补偿时的经济评价,机械在确定其劣化的补偿形式时可以有多种。

第三节 机械故障理论概述

机械设备及机械零件在有形劣化的影响下,往往会出现明显的机械故障。在机械设备维修中,研究故障的目的是要查明故障模式,寻找故障机理,探求减少故障发生的方法,提高机械设备的可靠程度和有效利用率。

一、机械故障的定义

所谓机械故障,就是指机械系统(零件、组件、部件或整台机械设备乃至一系列的机械设备组合)因偏离其设计状态而丧失部分或全部功能的现象。

一般将故障定义为:机械设备(系统)或零部件丧失了规定功能的状态,通常把机械丧失规定的功能称为功能故障,简称故障。

在生产实践中,为概括所有可能发生的事件,给故障下了一个广泛的定义,即"故障是不合格的状态"。

应该指出的是,故障只具有相对意义,它完全取决于对机械故障判断的具体规定。如明确什么是规定的功能,机械的功能丧失到什么程度才算出了故障。

对于故障,应明确规定的对象、规定的时间、规定的条件、规定的功能和一定的故障程度。如一定的故障程度应从定量的角度来估计功能丧失的严重性。通常见到的发动机发动不起来,汽车制动不灵,机械传动系统运转不平稳,发动机的功率降低,工作机械的工作能力下降,燃料和润滑油的消耗量异常增加等都是机械故障的表现形式,当其超出了规定的指标,即发生了故障。

二、故障的分类

对故障进行分类的目的是为了明确故障的物理概念,估计故障的影响深度,以便分门别类地找出解决机械故障的决策。

机械设备的故障可从不同的角度进行分类,按其性质、原因、影响程度、故障发生时间等进行的分类,如图 1-2 所示。

各类故障的定义,如表 1-2 所示。

各类故障的定义   表 1-2

故 障 类 别	故 障 定 义
间断性故障	短期内丧失某些功能,稍加修理调试就能恢复,不需要换零件
永久性故障	某些零件已损坏,需要更换或修理才能恢复
早发性故障	产品由于设计、制造、装配、调试缺陷而引起的故障
突发性故障	通过事前测试或监控不能预测到的故障,其特点是具有偶然性和突发性
渐进性故障	通过事前测试或监控,可以预测到的故障
复合型故障	包括早发性、突发性、渐进性故障的特征,故障发生的时间不定
功能故障	产品不能继续完成自己功能的故障,可直接感受或测定
潜在故障	故障逐渐发展,但尚未在功能方面表现出来,却又接近萌芽,能够鉴别
人为故障	由于设计、制造、修理、使用、运输、管理等方面存在问题,使机械丧失功能的故障
错用性故障	不按规定的条件使用机械,而导致的故障
先天性故障	机械本身因设计、制造、选用材料不当等造成某些环节薄弱而引发的故障
自然性故障	机械由于受内外部自然因素影响引起磨损、老化、疲劳等导致的故障
致命故障	可能导致人身伤亡,引起机械报废或造成重大经济损失的故障
严重故障	严重影响机械正常使用,较短的有效时间内无法排除的故障
一般故障	明显影响机械正常使用,较短的有效时间可以排除的故障
轻度故障	轻度影响机械正常使用,能在日常维护中用随机工具轻易排除的故障
完全性故障	导致完全丧失功能故障(广义而言,随使用情况而定)
部分性故障	导致某些功能丧失的故障
随机故障	故障发生的时间是随机的
有规则故障	故障的发生有一定规律

在实际工作中,采用何种故障分类,主要取决于所要解决问题的不同角度。从明确故障的责任出发,应当按故障产生的原因进行分类。从运行管理和维修角度考虑,故障发生时间更为重要,而且这也是正确划清故障责任的基础。通常,可采用几种分类法复合并用来分析故障的复杂性、严重性和起因等。

机械故障的产生是一系列过程的最终结果,从作用在机械上的能量的角度出发,可得出图 1-3 所示的故障发生框图,通过它可分析研究故障发生的来龙去脉,以便为预防故障发生,制订预防对策。

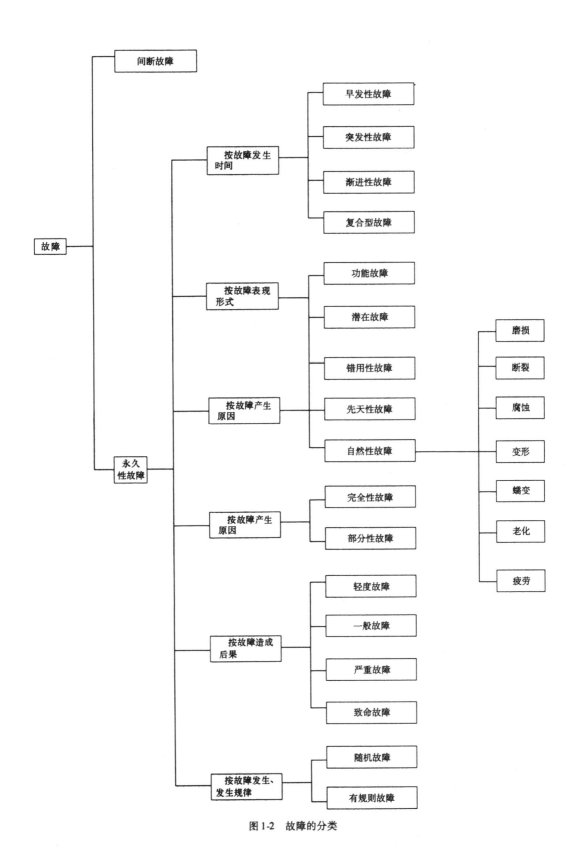

图 1-2　故障的分类

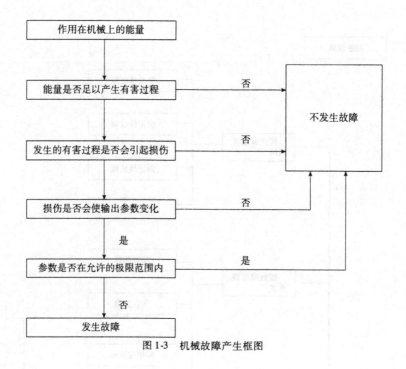

图 1-3　机械故障产生框图

三、故障的量度

(一)累积故障率

机械的技术状况随使用时间的延长会逐渐恶化,发生故障的可能性也随时间的延长而增大,它是时间的函数。但是,故障的发生又具有随机性。无论是哪一种故障,都很难预料它确切的发生时间,因此故障可用概率表示。

从概率理论可知,累积故障率的分布是其故障密度 $f(t)$ 的积累函数,即故障发生的时间比率,或在规定的条件下和规定的时间内发生故障的概率。它是单调增函数。累积故障率可用公式表示:

$$F(t) = \int_0^t f(t)\,\mathrm{d}t \tag{1-8}$$

式中:$F(t)$——累积故障率;

$\quad f(t)$——故障密度;

$\qquad t$——时间。

当 $t = \infty$ 时,即 $F(\infty) = \int_0^\infty f(t)\,\mathrm{d}t = 1$

(二)故障密度

故障密度 $f(t)$ 反映了故障概率随时间变化的快慢。某一时间的故障密度大,则故障概率增加得快。如果在 Δt 时间间隔内产品发生故障的数量为 $\Delta n(t)$,则有:

$$f^*(t) = \frac{1}{N}\frac{\Delta n(t)}{\Delta t} \tag{1-9}$$

式中:N——样品总数;

$f^*(t)$——表示 t 时刻给定的一段时间 Δt 内,同一类产品在单位时间发生故障的数量 $\Delta n(t)/\Delta t$ 与 N 的比值,该比值又叫作经验故障密度(单位为 h^{-1})。

如果把 1 000 只晶体管从开始使用到全部失效的数据都统计出来,将得到的数据列表,作直方图。当 N 足够大,且直方图的 Δt 分得很小时,可得到晶体管的故障密度曲线。此过程如图 1-4 所示。

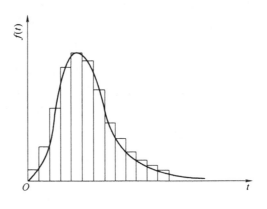

图 1-4　故障密度曲线

可见累积故障率 $F(t)$ 对时间的微分即为故障密度(或故障密度函数):

$$f(t) = \frac{\mathrm{d}F(t)}{\mathrm{d}t} = \frac{1}{N}\frac{\mathrm{d}n(t)}{\mathrm{d}t} \tag{1-10}$$

(三)故障率 $\lambda(t)$

用故障密度度量故障概率存在的不足是:到了使用或试验后期,残存的产品数越来越少,在同一 Δt 内的 $\Delta n(t)$ 也越来越少,最后故障密度趋于零,这时用故障密度难以准确反映故障概率。为此,引入故障率的概念。故障率有两种:

1. 瞬时故障率

产品在某一瞬时 t 的单位时间内发生故障的概率,叫作瞬时故障率,有时简称故障率,用 $\lambda(t)$ 表示。

设有 N 个产品从 $t=0$ 时开始工作,到 t 时刻的故障数为 $n(t)$,残存数为 $N_{存} = N - n(t)$;若在 t 到 $t+\Delta t$ 区间有 $\Delta n(t)$ 个产品发生故障,当 Δt 趋于零时,瞬时故障率为:

$$\lambda(t) = \lim_{\Delta t \to 0}\frac{1}{N_{存}}\frac{\Delta n(t)}{\Delta t} = \frac{1}{N_{存}}\frac{\mathrm{d}n(t)}{\mathrm{d}t} \tag{1-11}$$

2. 平均故障率

产品在某一单位时间内发生故障的概率,叫作平均故障率,以 $\overline{\lambda}(t)$ 表示。

$$\overline{\lambda}(t) = \frac{\Delta n(t)}{N_{存}\Delta t} \tag{1-12}$$

式中:$\Delta n(t)$——在 Δt 这段时间内发生故障的数量;

$N_{存}$——在 Δt 这段时间内产品的平均残存数,它等于这段时间开始时的残存数加上结尾时的残存数被 2 除。

故障率的常用单位是 $10^{-4}h^{-1}$、$10^{-5}h^{-1}$。

故障率是单位时间内故障数与残存数的比值,故障密度是单位时间内故障数与总数的比值,$\lambda(t)$ 比 $f(t)$ 反映故障情况更灵敏。

根据不同的变化规律,故障率可分为常数型、负指数型、正指数型和浴盆曲线型四种。这与前述的表示老化过程随时间发展的典型规律相吻合。

常数型的故障率基本保持不变,是一个常数,它不随时间变化。此时的机械设备或零部件未达到使用寿命,不易发生故障。但某种原因也会导致故障产生且有随机性。这是一种常见的类型,如图1-5a)所示。

负指数型又称渐减型。由于使用了质量不高的零件或制造中工艺疏忽,装配质量不高及设计、保管、运输、操作方面的原因,使机械投入使用的初期故障率很高,随着时间推移,经过运转磨合、调整,故障逐个暴露并加以排除后,故障率由高逐渐降低,并趋于稳定,如图1-5b)所示。

正指数型又称渐增型。故障率曲线随机械设备或零部件工作时间的增长,磨损、腐蚀、疲劳等自然性故障逐渐增多,而呈正指数型。渐进性故障的故障率属于这种类型,如图1-5c)所示。

浴盆曲线型实际上是包括前述三种类型,由三条曲线叠加而成的故障率曲线,该曲线两头高,中间低,形状像个浴盆,如图1-5d)所示。浴盆曲线型是常见的一种故障率类型,曲线可划分成早期故障期(初始故障)、随机故障期(偶发故障)、耗损故障期(衰老故障)三个阶段。早期故障期($0 \leqslant t \leqslant t_1$)相当于机械设备从安装试车到磨合调整后将进入正常工作阶段,若进行大修或技术改造后,再次使用也会出现这种情况。随机故障期($t_1 \leqslant t \leqslant t_2$)在机械设备的有效寿命期内,也是机械设备的最佳工作期。耗损故障期($t_2 \leqslant t \leqslant T_i$)出现在机械使用的后期,机械设备或零部件经长期运转,磨损严重,故障增多,故应加强预防性维修。

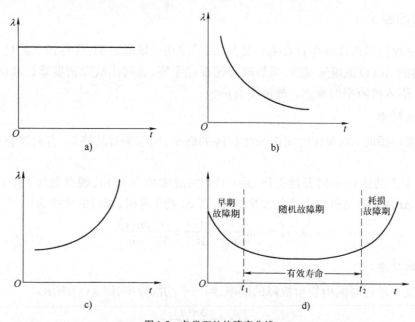

图1-5 各类型的故障率曲线
a)常数型;b)负指数型;c)正指数型;d)浴盆曲线型

(四)平均故障间隔期(MTBF)和平均寿命时间(MTTF)

可修复产品在相邻两次故障间的平均时间称为平均故障间隔时间 MTBF(Mean Time Between Failure)。例如,某机械第一次工作了1 000h后发生故障,第二次工作了2 000h后发生故障,第三次工作到2 400h后又发生故障,则该机械的平均故障间隔时间为:

$$(1\ 000 + 2\ 000 + 2\ 400) \div 3 = 1\ 800h$$

用公式表示为:

$$\text{MTBF} = \theta = \frac{\sum\limits_{i=1}^{n} \Delta t_i}{n} \qquad (1\text{-}13)$$

式中：θ——平均故障间隔时间；

Δt_i——第 i 次故障前的无故障工作时间，也可用两次大修间的正常工作时间代替；

n——发生故障的总次数。

平均故障间隔时间越长，说明机械工作越可靠。

对于不可修复产品，从开始使用到失效前的平均工作时间，叫作平均寿命时间 MTTF（Mean Time to Failure）。

寿命服从于指数分布的产品，当工作到平均故障间隔期 MTBF 或平均寿命时间 MTTF 时，不出故障的数量只占总数的 36.8%；而寿命服从正态分布的产品工作到该时间时，未出故障的占总数的 50%。

第四节 故障理论及故障规律

一、故障理论

故障理论揭示了机械设备在使用过程中的运动规律，它包括故障统计分析（故障宏观理论）和故障物理分析（故障微观理论）。

1. 故障统计分析

应用可靠性理论、统计技术和方法，从宏观现象上定性和定量地描述分析机械设备运动过程的模型、特点和规律性。故障统计分析可以对机械设备的结局作出规律性的大致描述、提供信息、反映主要故障问题，但不能揭示事物的根本性质。

故障统计分析，包括故障的分类、故障的分布和特征量、故障的逻辑决断等。

2. 故障物理分析

它是以机械设备在各种不同使用条件发生的各种故障为研究对象，用先进的测试技术和理论方法，从微观和亚微观的角度分析研究故障从发生、发展到形成的过程，故障的机理、形态、规律以及影响因素。

故障物理分析，包括故障机理和故障形态两个方面。

故障机理是研究机械设备发生故障的原因及其发展规律即劣化理论。故障机理往往由于机械设备零部件、材料使用环境的差别而不同，对其进行扼要说明较为困难，只能用简单归纳的方法来说明，一般表现为磨损、变形、疲劳、断裂、腐蚀等。

故障形态的研究，是把故障机理和故障分析的研究，归结到故障的具体形态、类型和模式上。在大量统计和分析研究的基础上，用故障单元的外部特征作为判断故障内在联系的依据，具有鲜明的直觉感。

故障机理和故障类型的分析是维修策略，包括维修方式、管理体制、改造和更新的决策依据，是维修技术的基础理论，对维修技术的应用和发展有重要的影响。

二、故障规律

(一)基本规律

最常见的机械故障率随时间变化的规律,如前述故障率类型中的浴盆曲线图所示。机械设备在工作的初期由于设计、制造的不完善,工艺缺陷和装配调整缺陷而故障率较高,而且故障率随时间的增加而迅速下降呈渐减型。机械经过早期故障阶段后,由于机械使用环境的偶然变化、操作时的人为差错、管理不善造成的"潜在缺陷"、维护不良、零部件缺陷等均可造成随机分布的偶发故障,因此,随机故障期内的故障率低而稳定,近似为常数。这一阶段是机械最佳工作时期,机械的使用寿命基本上由此阶段决定。在机械使用后期,由于机械中的主要零部件的各种磨损、疲劳、老化、蚀损等的累积达到一定程度,机械的故障率便随运转时间的增加不断增大,而且上升越来越快,呈渐增型,机械进入耗损故障阶段。

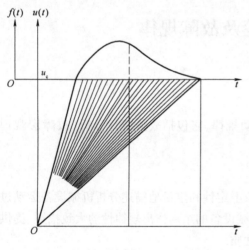

图1-6 零部件状态参数的变化与故障密度

当然并不是所有机械设备都具有以上三个故障期,不少机械只有其中一个或两个故障期,如有些没有早期故障期,有些则达不到耗损故障期。

对于由数量众多的零部件组成的机械设备,因各零部件结构特点和工作性质不同,其参数随时间变化的速率和极限指标也各不相同。如果用一组曲线表示各零部件的参数变化规律,即可根据各零部件达到极限指标的时刻而得到机械设备的故障分布规律,如图1-6所示。在图中,用坐标 $u(t)$ 表示零部件的状态参数,u_c 是极限值,用直线近似地表示各个零部件的状态参数随时间变化的情况。当然实际的参数变化规律大多不是线性的。一般规律可写成如下公式:

$$u(t) = ct^v + u_0 \tag{1-14}$$

式中:$u(t)$——状态参数;

$\quad c$、v——常数;

$\quad\quad t$——时间;

$\quad u_0$——初始参数。

状态参数 $u(t)$ 达到极限值 u_c 后,零部件即发生故障。图1-6中的 $f(t)$ 为相应的故障密度。

(二)故障模式

故障必定表现为一定的物质状况及特征,它们反映出物理的、化学的异常现象,这些物质状况及特征称为故障模式。

常见的故障模式按以下几方面进行归纳:

(1)属于机械零部件材料性能方面的故障:包括疲劳、断裂、裂纹、蠕变、变形、材质劣化等。

（2）属于化学、物理状况异常方面的故障：包括腐蚀、油质劣化、绝缘绝热劣化，导电导热劣化、熔融、蒸发等。

（3）属于机械运动状态方面的故障；包括振动、渗漏、堵塞、异常噪声等。

（4）多种原因的综合表现：如磨损等。

此外，还有配合件的间隙增大或过盈丧失，固定和紧固装置松动与失效等。

故障模式举例见表1-3。

故障模式举例 表1-3

序号	名 称		模 式
1	轴承		弯曲、咬合、堵塞、开裂、压痕、卡住、润滑作用下降、凹痕、刻痕、擦伤、黏附、振动、磨损等
2	齿轮		咬合、破碎、移位、卡住、噪声、折断、磨损等
3	密封装置		破碎、开裂、老化、变形、损坏、漏泄、破裂、磨损、其他等
4	液压系统	液压缸	爬行、外泄漏、内泄漏、声响与噪声、冲击、推力不足、运动不稳、速度下降等
		油泵	无压力、压力流量均提不高、噪声大、发热严重、旋转不灵活、振动、冲击等
		电磁换向阀	滑阀不能移动、电磁铁线圈烧坏、电磁铁线圈漏电、不换向等
5	机械系统		（1）系统不能起动或在运行中停止运动； （2）系统失速或空转； （3）系统失去负载能力或负载乏力； （4）系统控制失灵； （5）系统泄漏严重； （6）系统振动剧烈、噪声异常； （7）某些零部件断裂、烧损、过量变形； （8）其他

（三）故障的影响因素

机械设计制造、使用及维修中，影响零部件参数值变化速率的因素有以下几个方面：

（1）设计。设计中，应对机械未来的工作条件有准确估计，对可能出现的变异有充分考虑。设计方案不完善，结构、尺寸、配合、润滑等设计不合理，设计图样和技术文件的审查不严，是产生故障的重要原因。

（2）材料选择。在设计、制造和维修中，都要根据零件工作的性质和特点正确选用材料。材料选用不当或材料不符合规定，或选用了不适当的代用品，是产生磨损、腐蚀、变形、疲劳、破裂、老化等现象的主要原因。此外在制造和维修过程中，很多材料要经过铸、锻、焊和热处理等热加工工艺，在工艺过程中材料的金相组织、力学性能、物理性能等发生变化，其中加热和冷却的影响尤为明显。

（3）制造质量。毛坯选择不适合，制造工序过程中产生的误差，工艺条件和材质的离散性，零件在铸、锻、焊、热处理和切削加工过程中产生了应力集中、局部和微观的金相组织缺陷、微观裂纹等，这些都是造成机械寿命不长的重要原因。

（4）装配质量。机械装配过程中找正、找平、找高程不精确，防振措施不妥，地基、基础、垫铁、地脚螺栓设计与施工不当，机械零部件间初始间隙过大或过小，都可造成有效寿命期缩短。

装配中各零部件之间的相互位置精度也很重要,若达不到要求,会引起附加应力、偏磨等后果,加速失效。

(5)合理维修。根据工艺合理、经济合算、生产可行的原则,合理进行维修,保证维修质量。这里最重要、最关键的是要合理选择和运用修复工艺,注意修复前的准备,修复过程中按规程进行操作,修复后正确处理。

(6)正确使用。在正常使用条件下,机械设备有其自身的故障规律,若使用条件变化,故障规律也随之变化。

①荷载。机械设备发生耗损故障的主要原因是零件的磨损与疲劳破坏。在规定的使用条件下,零件的磨损在单位时间内是与荷载的大小成直线关系。而零件的疲劳损坏只是在一定的高速荷载下发生,并随其增大而加剧。因此,磨损和疲劳都是荷载的函数,当超负荷超速工作时,会引起剧烈的破坏。

②环境。它包括气候、腐蚀介质和其他有害介质影响,以及工作对象的状况等。温度升高,磨损和腐蚀加剧;过高的温度和空气中的腐蚀介质存在,造成腐蚀和腐蚀磨损;空气中含尘量过多,工作条件恶劣都会增加机械故障率,减少机械寿命。必须指出,环境是客观因素,在一定情况下可人为地采取措施,减少环境对机械的影响。

③维护和操作。要严格执行技术维护和使用操作规程,杜绝违反操作规程、操作失误、超载、超压、超速、超时、腐蚀、漏油、漏电、过热、过冷等超过机械设备功能允许范围的情况发生,及时清洗换油、及时调整间隙,保证机械清洁干净、采用合格备件。同时要建立合理的维护制度,定期对机械各部分进行清洁、润滑、紧固、检查、调整或更换某些零件,保证机械设备工作的可靠性,提高机械的使用寿命。

④合理选用机械用油液,保证油液系统工作正常。要正确选用机械用油液,避免选择不当、错用等情况发生,及时更换油液,及时清洗油路。

⑤提高操作人员的素质。要重视操作人员业务培训,操作人员的技术水平和综合素质,加深操作人员对机械性能和现代化科技知识的了解,避免野蛮操作、不合理操作、不合理维护情况的发生。

第二章
可靠性理论与维修性理论

一种产品(包括机械、部件、元器件等)质量的好坏,一般应有三个标准。首先是技术性能指标,即功能。除此以外,还有两个共同的标准:①出故障要尽量少;②出了故障要容易修复。即机械的可靠性和维修性。可靠性和维修性是研究产品故障情况的两个重要概念。从根本上讲,可靠性是主要的;从广义上讲,可靠性中包含有维修性。

第一节　可靠性理论概述

可靠性是评价系统和机械设备好坏的主要指标之一。它是研究系统和机械设备的质量指标随时间变化的一门科学。

可靠性是对产品投入使用时无故障工作能力的度量,是产品的一种时间质量指标。不可靠的机械不可能有效地工作和充分发挥潜在能力,在机械化施工程度越来越高的大型建设工程中,主导机械的不可靠造成停机停产而带来的损失将是巨大的。

一、可靠性的概念

可靠性是体现产品耐用和可靠程度的一种性能。

机械设备的可靠性,又分为固有可靠性、使用可靠性和环境可靠性三方面。固有可靠性是指机械设备在设计、制造后所具有的可靠性。使用可靠性是机械设备在使用和维修过程中表现出来的可靠性。环境可靠性是机械设备在周围环境的影响下所具有的可靠性。固有可靠性是机械设备所能达到的可靠性的最高水平。由于各种因素的影响,机械设备的使用可靠性与其固有可靠性会有很大的差别。

可靠性问题的研究主要有两个方面:一是研究可靠性的数学估计方法和使用信息的统计处理方法等;二是研究故障物理学(磨损、疲劳、腐蚀等)、机械及零部件有关计算和各种保证机械设备可靠性的工艺方法、维修管理措施等。可靠性的问题涉及面广、内容多,它包括了从科研、设计、制造、储存、包装、运输、使用、维护的整个过程,涉及数学、基础自然科学、环境科学、环境工程、系统工程、机械工程、故障物理学、计划管理、质量管理等多学科的基础理论和研究成果。

二、常用可靠性量度指标

可靠性的定义是一个定性的概念,在研究可靠性问题时,还需要有定量的指标。对机械设备的可靠性不能笼统地评价为"可靠"或"不可靠",而必须具体地确定可靠性的数量是多少,需把可靠性从一个模糊的定性概念发展为以概率论及数理统计为基础的定量概念。

机械设备可靠性的主要判别指标有:可靠度、不可靠度、累积故障率、故障率、平均故障间隔时间、平均寿命、有效度等。任何一个量度指标能表示可靠性的某一个特征方面,对不同的机械设备要使用不同的量度指标,它标志可靠性理论已进入了工程实用阶段。

常用的可靠性指标,如表 2-1 所示。

常用可靠性指标　　　　　　　　　　　　　表 2-1

序号	特征量类别	可靠性指标	代号	定 义
1	无故障性	首次故障前平均工作时间	MTTFF	发生首次致命、严重或一般故障时的平均工作时间
		平均故障间隔时间	MTBF	可修复机械设备或零部件相邻两次故障之间的平均间隔时间
		平均停机故障间隔时间	DTMTBF	可修复机械设备或零部件相邻两次停机故障的平均工作时间
		故障率	$\lambda(t)$	在每一时间增量里产生故障的次数,或在时间 t 之前尚未发生故障,而在随后的 dt 时间内可能发生故障的条件概率
		平均百台修理次数	RPH	100 台机械设备在规定的使用或试验条件下,在某一时刻或时间范围内,平均百台需要修理的次数
2	维修性	平均事后维修时间	MTTR	可修复机械设备或零部件使用到某一时刻所有故障排除的平均有效时间
3	耐久性	可靠度	$R(t)$	在规定的使用条件下和规定的时间内,完成规定功能的概率
		累积故障概率	$F(t)$	在规定的使用条件下,使用到某一时刻 t 时发生故障的累积概率,亦称不可靠度
		可靠寿命	L_R	在规定的使用条件下,可靠度 $R(t)$ 达到某一要求值时的工作时间
		平均寿命	MTTF	机械设备或零部件从开始使用到失效报废的平均使用时间

序号	特征量类别	可靠性指标	代号	定　义
4	有效性	有效度	$A(t)$	规定的使用条件下,在某个观测时间内,机械设备及零部件保持其规定功能的概率
5	经济性	年平均保修费用率	PWC	在规定的使用条件下,出厂第一年保修期内,每台机械设备工厂平均支付的保修费用与出厂销售的比例

前面在有关故障理论的章节里已对故障率 $\lambda(t)$、累积故障率 $F(t)$(又叫作不可靠性)、平均故障间隔时间 MTBF、平均寿命时间 MTTF 等作了介绍,下面重点介绍可靠度、有效度、可靠性的经济指标。

1. 可靠度 $R(t)$

可靠性用概率表示时称为可靠度。由于机械设备或零部件的各种性能都要随时间发生变化,所以可靠度是一个随时间变化的函数,用 $R(t)$ 表示。可靠度的最大值为 1,称为 100% 的可靠;最小值为 0,称为完全不可靠。$0 \leqslant R(t) \leqslant 1$。

可靠度也可以理解为在规定条件下和规定的时间内,不发生任何一个故障的概率,故有人把可靠度叫作无故障工作概率(或可靠性函数)。

显然可靠度与不可靠度(累积故障率)构成一个完整事件组,即 $F(t) + R(t) = 1$ 或 $R(t) = 1 - F(t)$。

零件可靠度的分类等级及应用情况,见表 2-2。

零件可靠度分类等级及应用情况　　　　　　　　　　　　　表 2-2

等级	可靠度	应 用 情 况
0	<0.9	不重要的情况,失效后果可忽略不计。例如:不重要的轴承 $R(t)=0.5\sim0.8$;车辆低速齿轮 $R(t)=0.8\sim0.9$
1	≥0.9	不很重要的情况,失效引起的损失不大。例如:一般轴承 $R(t)=0.9$,易维修的农机齿轮 $R(t)\geqslant0.9$,寿命长的汽轮机齿轮 $R(t)\geqslant0.98$
2	≥0.99	重要情况,失效将引起大的损失。例如:一般齿轮的齿面强度 $R(t)\approx0.99$,弯曲强度 $R(t)\approx$
3	≥0.999	0.999;高可靠性齿轮的齿面强度 $R(t)\approx0.999$,弯曲强度 $R(t)\approx0.9999$;寿命不长但要求高可靠
4	≥0.9999	性的飞机主传动齿轮 $R(t)\approx0.99\sim0.9999$ 以上;高速轧机齿轮 $R(t)\approx0.99\sim0.995$
5	1	很重要的情况,失效后会引起灾难性后果,由于 $R(t)>0.9999$,其定量难以准确,在计算应力时应取大于 1 的计算系数来保证

设有 N 个相同零件,当达到工作时间 t 时,有 $n(t)$ 个零件失效,仍能正常工作的零件为 $N - n(t)$ 个,则零件的可靠度为:

$$R(t) = \frac{N - n(t)}{N} = 1 - \frac{n(t)}{N} = 1 - F(t) \tag{2-1}$$

$R(t)$ 和 $F(t)$ 随时间的变化关系曲线,如图 2-1 所示。在开始使用或试验($t=0$)时,产品都是好的,故 $n(0)=0, R(0)=1, F(0)=0$;随着使用时间的增加 $n(t)$ 不断增加,$R(t)$ 递减,$F(t)$ 递增;由于不管寿命多长,产品总是要失效的,因而 $n(\infty)=N, R(\infty)=0, F(\infty)=1$。

可靠度与不可靠度及故障密度的关系,如图 2-2 所示。当产品工作到某时刻 t_1 时,在 $f(t)$ 曲线与横坐标轴所包围的面积里,t_1 以前的部分代表不可靠度 $\left[\text{即累积故障率 } F(t) = \int_0^{t_1} f(t)\,\mathrm{d}t\right]$,$t_1$ 以后的部分代表可靠度。

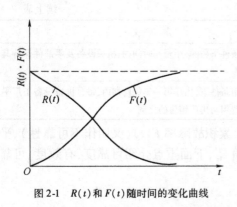

图 2-1　$R(t)$ 和 $F(t)$ 随时间的变化曲线

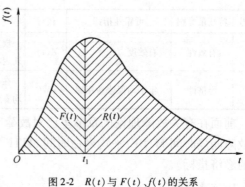

图 2-2　$R(t)$ 与 $F(t)$、$f(t)$ 的关系

可以推出,可靠度可用故障密度与瞬时故障率之比来表达,即

$$R(t) = \frac{f(t)}{\lambda(t)} \qquad (2\text{-}2)$$

2. 有效度

它是指机械设备或零部件在某种使用条件下和规定时间内保持正常使用状态的概率。可用数学式表示,即

$$A(t) = \frac{\text{正常工作时间}}{\text{正常工作时间} + \text{停机故障时间}} \qquad (2\text{-}3)$$

在这个指标下,虽然机械产生了故障,但是只要在规定的时间内修复完毕,保证机械能恢复正常工作,就是可靠有效的。由于正常工作时间与停机故障时间都是随机的,因此有效度 $A(t)$ 也是一随机函数。有效度与单纯的可靠度相比,增加了正常工作的概率,因为它维持正常功能包含了修复的结果。提高机械设备的有效度可通过降低它的故障率或提高它的修复率来实现。

3. 可靠性的经济指标

常用的经济量度指标有:

(1)费用比(CR)。

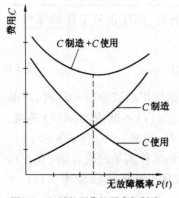

图 2-3　机械的可靠性要求与制造费和使用维修费的关系

$$\text{费用比(CR)} = \frac{\text{全年维修费}}{\text{购置费}} \qquad (2\text{-}4)$$

(2)可靠性经济指标(K_E)。

$$K_E = \frac{C_m + C_o}{T_o} \qquad (2\text{-}5)$$

式中:C_m——新设备的造价;

C_o——设备使用、维修和修理的总费用;

T_o——机械的使用期限。

从经济观点出发,期望 K_E 达到最小值。图 2-3 是某机械的可靠性要求与制造费用和使用维修费用的关系。从图中看到,对可靠性要求过高或过低都不能取得较佳的经济性,而适度的可靠性要求,却能获得较好的经济性。

第二节 系统的可靠性及可靠性理论
在机械维修中的应用

一、系统的可靠性

系统是一个能够完成规定功能的综合体,它是由若干独立的单元组成,每个独立单元不仅要完成各自的规定功能,而且还要在系统中与其他单元发生联系。系统可靠性是建立在系统中各个单元间的作用关系和这些单元所具有的可靠性基础之上的。

根据单元在系统中的连接方式不同,可分为串联、并联、混联组合三类。

1. 串联系统

若组成系统的各单元,只要有一个发生故障,系统就不能完成规定的功能,这种系统称为串联系统,如图 2-4 所示。

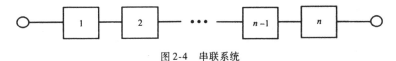

图 2-4 串联系统

大多数机械的传动系统均是串联系统。当串联系统由 n 个单元组成,它们的可靠度分别为 R_1、R_2、$\cdots$、R_n 时,其系统可靠度 R_s 为:

$$R_s = R_1 R_2 \cdots R_n = \prod_{i=1}^{n} R_i \tag{2-6}$$

2. 并联系统

若组成系统的各个单元中,只要其中还有一个单元在起作用,就能维持整个系统继续工作的,称为并联系统,又称冗余系统。

若 n 个单元同时投入运转,有一个出现故障,其他单元还能维持的,称为工作储备并联系统,如图 2-5a) 所示。

如果 n 个单元中只有一个投入运转,当该单元损坏之后,可换成另一个单元运转,系统不受影响的,叫作非工作储备并联系统,如图 2-5b) 所示。例如,电液控制自动变速器的电控系统发生故障机械无法行走时,可通过手控应急挡实现应急行驶。

并联系统的可靠度 R_s 为:

$$R_s = 1 - (1 - R_1)(1 - R_2)\cdots(1 - R_n) = 1 - \prod_{i=1}^{n}(1 - R_i) \tag{2-7}$$

3. 混联系统(串并联组合系统)

混联系统是由串联子系统和并联子系统组合而成。它分两种,一是串并联系统,如图 2-6 所示;另一是并串联系统,如图 2-7 所示。

混联系统可靠性的计算没有一成不变的公式,需具体情况具体分析。通常,串并联系统的可靠度计算是先将并联单元系统转化成一个等效的系统,然后再按串联系统计算。并串联系统的可靠度则先分别计算串联系统的可靠度,然后再按并联系统计算。

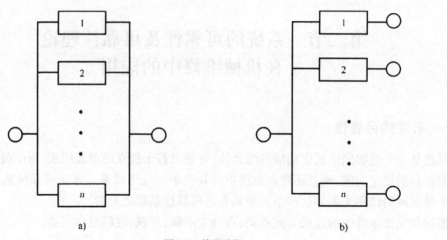

图 2-5 并联系统

a)工作储备并联系统;b)非工作储备并联系统

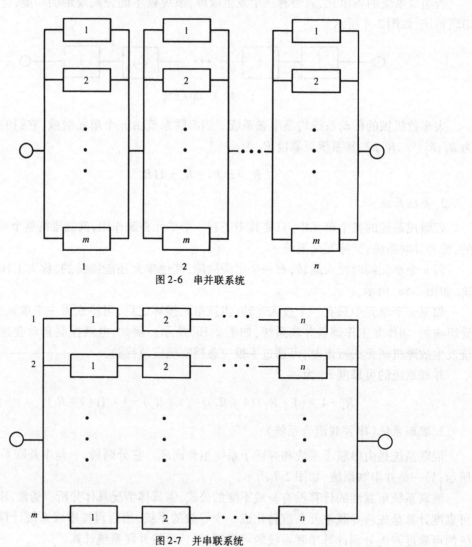

图 2-6 串并联系统

图 2-7 并串联系统

以常用的 Z—H 行星齿轮减速器为例,如图 2-8a)所示,该图可简化为串并联系统,如图 2-8b)所示。三个行星轮 2 组成一并联系统,若不计轴、轴承、键的可靠度,则并联系统的可靠度 $R_{222} = 1 - (1 - R_2)^3$,把它转化成一个等效的串联系统(图 2-8c),按串联系统公式计算,即系统的可靠度 $R_S = R_1 R_{222} R_3 = R_1 R_3 [1 - (1 - R_2)^3]$。

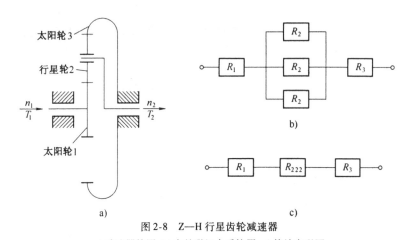

图 2-8　Z—H 行星齿轮减速器

a)减速器简图;b)串并联组合系统图;c)等效串联图

设 $R_1 = 0.995$,$R_2 = 0.999$,$R_3 = 0.990$,则此减速器的可靠度为 $R_S = R_1 R_3 [1 - (1 - R_2)^3] = 0.995 \times 0.990 \times [1 - (1 - 0.999)^3] = 0.985$。

二、可靠性理论在维修中的应用

(一)以可靠性原理指导机械维修生产

设计时赋予机械的可靠性,由机械制造过程来实现。凡具有耗损故障期的机械,在使用过程中,随着使用时间的增加,其可靠性将逐渐降低。当可靠性降低到某一极限值时,就需要进行修理了。

机械修理中,不仅要求恢复机械的技术性能,还要求恢复设计时赋予机械的可靠性。为此,机械修理技术人员必须熟悉可靠性原理,并且能够用可靠性原理来指导机械维修生产,使修理后的机械恢复设计时赋予的可靠性。

(二)通过改进性修理提高机械的可靠性

设计阶段是决定机械可靠性的主要阶段。设计完成之后,机械的固有可靠性也就定了下来,机械的制造、使用、维修阶段只能实现、保持和恢复设计时为机械定下的固有可靠性。

近年来,在机械维修行业广泛提倡改进性修理。这种修理不是按照机械设计时的原样简单地予以恢复,而是在修理的同时对机械的部分总成或部件加以现代化改造。当然,也不排斥用可靠性更高的总成或部件取代原来的总成或部件。因而,可以提高机械的可靠性。

(三)以可靠性原理指导维修制度的改革

在机械使用、维修部门往往有这样一种错误概念,认为提高维修频率、缩短维修间隔时间

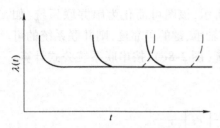

图2-9 维修频率对故障率的影响

能提高机械的可靠性,可以减少故障。其实不然,从浴盆曲线(图2-9)可以明显看出其概念性的错误。

当机械处于正常使用期时,正是其故障率最低的时候。如果在没有达到耗损故障期之前,提前进行维修,会由于早期故障而增加机械的故障率。

故障率呈正指数型的机械设备有明显的耗损故障期,应在它到来之前及时进行维修。没有耗损故障期的机械设备,就没必要进行定期检查。

故障率呈常数型的机械设备,其可靠性只受随机因素影响,定期检修不能预防随机故障。通过分析随机因素,尽量减少随机因素的发生概率或采用并联系统,就能够避免故障的产生。

（四）以可靠性技术预测机械故障的概率

预测就是根据过去和现在估计未来,根据已知推测未知。具体地说,是根据经验和教训、实际资料和现实条件,应用科学方法,探寻事物的发展规律,对某一事物的发展趋势作出估计,用以指导下一阶段的工作。

常用的预测方法有专家预测、主观概率预测、回归预测、平滑预测、概率预测、马尔可夫链预测法等。应用可靠性原理,对工作一定小时后,某型号发动机发生故障的概率进行预测,是概率预测法的应用。

某型发动机,经大量统计资料分析知道,其故障率 λ 为 1.3×10^{-3}。根据可靠性原理可知,可靠度 R 与故障率之间有如下规律:

$$R = e^{-\lambda t}$$

应用以上规律,可以预测 100h 和 200h 的累积故障率(不可靠度 F)为:

$$F(100) = 1 - R(100) = 1 - e^{-\lambda t} = 1 - e^{-1.3 \times 10^{-3} \times 10^2} = 1 - 0.878 = 0.122$$
$$F(200) = 1 - e^{-1.3 \times 10^{-3} \times 10^2 \times 2} = 1 - 0.771 = 0.229$$

（五）以可靠性原理指导机械维修情报的反馈

机械设计中,其可靠性设计是否合理,机械制造时是否实现了设计时赋予机械的可靠性,都要通过大量使用、维修情况的统计分析才能知道。所以,机械维修工作者要认真总结机械可靠性方面存在的问题,及时向设计、制造部门进行反馈,以期改进。同时,机械维修中是否恢复了该机的可靠性指标,要到使用阶段去检验。机械修理先行工序工艺的合理性,要到修理后续工序中去了解。运用初期使用的合理性,要到使用后期才能发现。但是后面发现的问题都要到前面造成这些问题的阶段才能根本解决。这种产生问题、发现问题和解决问题的时差,要求机械使用、维修部门认真组织好关于可靠性情报的反馈系统工作。

第三节 维修性理论

要做好机械设备维修工作,需要三个条件,又称维修三要素,即:①机械设备的维修性;②维修人员的素质和技术;③维修的保障系统,包括人力、技术、测试装置、工具、各种材料供应等。

一、概述

（一）定义

机械设备在规定的条件下、在规定的时间内,按规定的程序和方法进行维修时,保持或恢复到规定状态的能力称维修性。

所谓规定的条件,是指选定了合理的维修方式,准备了维修用的测试仪器及装备和相应的备件、标准、技术资料,由一定技术水平和良好劳动情绪的维修人员进行操作。

所谓规定的时间,是指从寻找、识别机械设备故障开始,直至检查、拆卸、清洗、修理或更换、安装、调试、验收,最后达到完全恢复正常功能为止的全部时间。

维修与维修性是两个不同的概念。维修是指维护或修理进行的一切活动,包括维护、修理、改装、翻修、检查等。而维修性是指:机械设备在维修方面具有的特性或能力;反映发生故障后进行维修的难易程度;是维修需要付出的工作量大小、人员多少、费用高低以及维修设施先进或落后的综合体现;是由设计、制造等因素决定的一种固有属性,直接关系到机械设备的可靠性、经济性、安全性和有效性;是机械设备三项基本性能参数之一,它和使用性一样重要。

（二）评定指标

1. 维修度

它是定量地评定维修性的尺度。可修复的机械系统、设备和零部件等,在规定的条件下进行维修,在规定的时间内恢复到正常状态完成的修复概率,称维修度,用 $M(t)$ 表示。

由于维修时间有很大的随机性,它是随故障发生的原因、部位和程度的不同而不同,因此维修的定量化只能用概率表示。

设 t 为规定的维修时间,τ 为实际维修所用的时间,是随机变量,则维修度 $M(t)$ 就是在 $\tau \leqslant t$ 时间内完成维修的概率,即 $M(t) = P(\tau \leqslant t)$。

维修度 $M(t)$ 对时间的导数称维修概率密度函数,记为 $m(t)$,即 $m(t) = \dfrac{\mathrm{d}M(t)}{\mathrm{d}t}$。它表示在某一时刻 t,可能修复的瞬时概率。当 $t = 0$ 时,处于故障状态,尚未进行维修,$M(0) = 0$;当 $t \to \infty$ 时,表明已修好,$M(t) = 1$。

具体的维修时间遵循一定的分布规律,它与 $m(t)$ 有关。在一定的时间内,$M(t)$ 大,说明维修的速度快;反之,维修速度慢。

应该指出,$M(t)$ 为 t 的单调递增函数,可按正态分布、对数正态分布和指数分布等函数来表示。通常,$M(t)$ 服从指数分布,如图 2-10 所示。

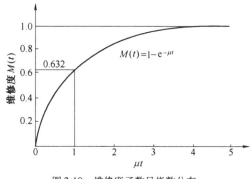

图 2-10　维修度函数呈指数分布

写成公式:

$$M(t) = 1 - \mathrm{e}^{-\mu} \tag{2-8}$$

$$m(t) = \mu \mathrm{e}^{-\mu} \tag{2-9}$$

式中:μ——单位时间内完成维修的瞬时概率,即修复率,其倒数 $1/\mu$ 为平均维修时间。

[例2-1]：某机械设备过去的平均维修时间为20h，现在该机械设备又发生了故障，假设维修条件不变，试估算其在12h、24h和48h修复的维修度。

解：根据公式(2-8)$M(t) = 1 - e^{-\mu t}$

则

$$M(12) = 1 - e^{-12/20} = 1 - 0.55 = 0.45$$
$$M(24) = 1 - e^{-24/20} = 1 - 0.30 = 0.70$$
$$M(48) = 1 - e^{-48/20} = 1 - 0.09 = 0.91$$

即12h修复的维修度为0.45，24h为0.70，48h为0.91。

[例2-2]：根据维修日记，某工程机械在一个月内发生故障15次，共停机1 200min。根据正常运行研究分析，假设故障分布遵从指数分布，机械化施工公司与用户签有协议，规定故障停机达100min需罚款，用100min作为标准时间t，试求其维修度。

解：先估算修复率

$$\mu = \frac{15}{1\ 200} = 0.012\ 5$$

根据公式(2-8)，维修度$M(100) = 1 - e^{-0.0125 \times 100} = 1 - 0.286 = 0.714$

即100min的维修度为0.714。

与维修度相反的概念是不可维修度，即修不好的可能性，用$G(t)$表示，故有$M(t) + G(t) = 1$。

不难看出，可靠度是研究机械系统、设备、零部件由正常状态向故障状态变化的可能性；而维修度则相反，它是由故障状态向正常状态变化的可能性。

2. 延续时间指标

延续时间指标主要有：

(1)平均事后维修时间。故障发生后，整个维修过程所需要的时间即为事后维修时间。平均事后维修时间则是多次事后维修时间的平均值，即

$$\text{MTTR} = \frac{1}{n} \sum_{i=1}^{n} t_i \tag{2-10}$$

式中：MTTR——平均事后维修时间；

t_i——第i次故障的修复时间；

n——发生故障的总次数。

(2)平均预防维修时间。它是完成预防维修项目所用的平均延续时间，即预防维修总时间与预防维修次数的比值。

(3)平均维修时间。包括事后维修和预防维修所需要的平均延续时间，即维修总时间与维修次数的比值。

(4)后勤保障延误时间。它是因等待备件、材料、运输等所延误的时间。

(5)行政管理延误时间。由于行政管理性质的原因，使维修工作不能按时进行而延误的时间。

(6)维修停机时间。它是发生故障所需要的停机修复时间，包括平均维修时间、后勤保障延误时间和行政管理延误时间。

3. 工时指标

它包括机械设备或零部件每工作 1h、1 个月、1 个周期所用的维修工时,以及每项维修措施所用的维修工时。

4. 维修频率指标

它关系到能否使机械设备对维修的要求减少到最低限度。可靠性特征量中的故障率 $\lambda(t)$ 和平均故障间隔时间(MTBF)是确定事后维修频率的依据。

(1)平均维修间隔时间。它是各类维修活动(事后、预防)之间的平均工作时间,是确定机械设备在某一特定的瞬间维持其正常功能的概率,即有效度的主要参数。

(2)平均更换间隔时间。它表示某零部件或总成更换的间隔平均时间,是确定备件需要量的一个重要参数。

5. 维修费用指标

机械设备的寿命周期费用是一项综合性的货币形态价值预测指标,可分解为购置费(原值)、使用费、维修费和停机损失费四大项。维修费在寿命周期费用中所占的比例很大。维修性设计的最终目标是以最低的费用完成维修工作。它包括:

(1)每项任务、每项维修措施的费用。

(2)运行 1h、1 个月、1 年的维修费用。

(3)维修效益 = 生产量/维修费用。

(4)综合效益 = 机械设备寿命周期内的输出/机械设备寿命周期费用。

6. 有效度

由于机械设备维修需要占用一定时间,使它在保有期内不能得到充分利用,为衡量其充分利用的程度,引入有效度,即可利用率的概念。参见本章第一节。有效度还可用式 $A(t) = \mu/(\lambda + \mu)$ 表示,其中 μ 是修复率、λ 是故障率,它们同时影响利用率。若要提高有效度,必须降低 λ 或提高 μ。一台高度可靠的机械,故障虽出现得很少,但维修性不好,其利用率也会降低。

表 2-3 中,将可靠度与维修度的对应关系做了比较。表里横行是当可靠性函数、维修性函数分别呈指数分布时,它们的累积分布函数与平均时间的表达式。指数分布是数学上最容易处理的一种分布。指数分布时故障率 $\lambda(t) = \lambda$ 为常数,修复率 $\mu(t) = \mu$ 也是常数。

可靠度与维修度比较   表 2-3

项 目	可 靠 度	维 修 度
累积分布函数	可靠度函数 $R(t)$:无故障 不可靠度函数 $F(t)$:有故障	维修度函数 $M(t)$:已修复 不可维修度函数 $1-M(t)$:未修复
密度函数	$f(t) = \dfrac{\mathrm{d}F(t)}{\mathrm{d}t}$	$m(t) = \dfrac{\mathrm{d}M(t)}{\mathrm{d}t}$
率	故障率 $\lambda(t) = \dfrac{f(t)}{R(t)}$	修复率 $\mu(t) = \dfrac{m(t)}{1-M(t)}$
指数分布时的累积分布与平均时间	$F(t) = 1 - \mathrm{e}^{-\lambda t}$ $\mathrm{MTBF(MTTF)} = \dfrac{1}{\lambda}$	$M(t) = 1 - \mathrm{e}^{-\mu t}$ $\mathrm{MTTR} = \dfrac{1}{\mu}$

二、影响维修性的主要因素及提高途径

(一)影响维修性的主要因素

影响维修性的因素,主要有设计、修护方针和体制、修护人员的水平和劳动情绪等,见表2-4。

影响维修性的主要因素 表2-4

设计方面	修护方针及体制	对修护人员的要求
1.总体布局和结构设计应使各部分易于检查,便于维修 2.良好的可达性,设置维修操作通道,有合适空间 3.部件与连接件易拆装 4.标准化,互换性和可更换性 5.安全性 6.材料易于购置,零件加工方便 7.技术资料齐全 8.专用工具和试验装置	1.维修方式的确定 (1)故障修理 (2)定期更换 (3)状态监测维修 (4)无维修设计 2.维修资源的组织 (1)维修组织机构 (2)维修力量配备 (3)维修计划和控制 3.材料和备件供应 (1)储备方式 (2)库存管理 4.费用因素	1.考核和选择 (1)教育 (2)经验 (3)素质 2.训练 3.熟练程度 4.能力分析 5.劳动情绪

(二)提高维修性的主要途径

从上述影响维修性的主要因素中,不难找到提高维修性的主要途径。其中要特别注意以下几点:

1. 简化结构,便于拆装

结构简单的机械设备不仅故障少,而且一旦发生故障,检查、判断、修复也容易。大量采用标准件,各种类型的机械设备零部件之间能够通用,可减少停机维修时间。

2. 提高可达性

故障发生后,维修人员在检查、拆卸和修理中,应能用眼睛直接看到,用手可直接接触到操作部位;应有足够的操作空间,并符合工程心理学和人机工程规定的标准;取出零件时应有适当的通道。

3. 保证维修操作安全

维修人员在操作时,应没有被锐边、突起划伤以及被重物砸伤的可能,也没有被电击的危险,以保证安全和提高效率。

4. 按规定使用和维修

要按使用说明书的规定进行使用、润滑、调试、维护;按编制的维修技术指南和维修标准进行维修;按机械设备本身的特点采取最合理的维修工艺、材料和方法,以取得最好的维修效果。

5. 部件和连接件易拆易装

采用整体式安装单元(模块式),设置定位装置和识别标志,配备适合的专用拆装工具等,都有利于实现易拆易装。

6. 零部件的无维修设计

可靠性、维修性的理想极限是无维修设计,即不需要维修的零部件。目前主要有:不需润滑的固定关节、自润滑轴承、塑料轴承等;不需要调整的,利用弹簧张力或液压等自调离合器间隙等;设计为具有一定寿命,到时就予以报废处理的零部件。

第四节 维修思想、方式及发展趋势

一、维修思想

维修思想是指导维修实践的理论,又称维修理论、维修原理、维修观念、维修哲学等。维修思想是人们对维修的客观规律的正确反映,是对维修工作的总体认识,其正确与否直接影响维修工作的全局。维修思想的确立取决于当时的生产水平、维修对象、维修人员的素质、维修手段和条件等客观基础。

（一）"事后维修为主"的维修思想

事后维修属于非计划性维修,它以机械设备出现功能性故障为基础,有了故障才去维修,往往处于被动地位,准备工作不可能充分,难以取得完善的维修效果。在产业革命初期维修都以此为指导思想。目前,仍在以下两种情况下采用事后维修方式:事故的后果不涉及运行安全,无法预测的突发性故障;不涉及运行安全,其所造成的经济损失小于预防维护费用的渐发性故障。

（二）"以预防为主"的维修思想

这是一种以定期全面检修为主的维修思想。它以机件的磨损规律为基础,以磨损曲线中的第三阶段起点作为维修的时间界限,其实质是根据量变到质变的发展规律,把故障消灭在萌芽状态,防患于未然。通过对故障的预防,把维修工作做在故障发生之前,使机械设备经常处于良好的技术状态。定期维修为预防性维修的基本方式,拆卸分解为预防性维修的主要方法。

预防性维修思想对很多故障的认识无能为力,使维修工作存在着很大的盲目性,显得日益保守。理论分析表明,对突发性损坏所进行的预防维护是无效的,但对于渐发性损坏,适时的维护则可延缓损坏的发生,减少损坏的概率。随着科学技术的不断发展和深化,需要更合理、更科学、更经济、更符合客观实际的新的维修思想。

（三）"以可靠性为中心"的维修思想

可靠性维修思想是指以可靠性、维修性理论为基础,在经过大量统计和研究的情况下,根据监控检测数据,综合利用各种信息而制定的视情修理的维修思想。它是建立在"以预防为主"的实践基础上,但又改变了传统的维修思想观念,是目前国际上流行的、用以确定设备预防性维修工作、优化维修制度的一种系统工程方法,也是发达国家军队及工业部门制定军用装备和设备预防性维修大纲的首选方法之一。

1. 产生的主要原因

(1)很多故障不可能通过缩短维修周期或扩大修理范围解决。相反,会因频繁的拆装而出现更多的故障,增加维修工作量和费用。不合理的维修,甚至维修"一刀切",反而会使可靠性下降。维修工作并不是做得越多越好,而是不做那些不必要的维修工作。

(2)可靠性取决于两个因素,一是设计制造水平;二是使用维修水平以及工作环境。前者是内在的、固有的因素,起决定性的作用,称固有可靠性;后者通过前一因素起作用,称使用可靠性。有效地进行维修只能保持和恢复固有可靠性,而不可能通过维修把固有可靠性差的转变为好的。

(3)复杂的机械设备只有少数机件有耗损故障期,一般机件只有早期故障和偶然故障期。可靠性与时间无关。

(4)定期维修方式采用分解检查,它不能在机械设备运行中来鉴定其内部零件可靠性下降的程度,不能客观地确定何时会出现故障。

(5)复杂机械设备的故障多数是随机性的,因而是不可避免的。预防维修对随机故障是无效的,只有对耗损故障才是有效的。

2. 基本要点

"以可靠性为中心"的维修思想的形成是以维修方式的扩大使用、以逻辑分析决断方法的诞生为标志、以最低的费用实现机械设备固有可靠性水平。

(1)提高可靠性必须从机械设备研制开始。维修的责任是控制影响机械设备可靠性下降的各种因素,保持和恢复其固有可靠性。

(2)频繁的维修或维修不当会导致可靠性下降,要科学分析、有针对性地预防故障。

(3)根据实践中取得的大量数据进行可靠性的定量分析,并按故障后果等确定不同的维修方式,分析和了解使用、维修、管理水平,发现问题,有针对性地采取各项技术和管理措施。

(4)分析机械设备的可靠性,必须要有一个较完善的资料、数据收集与处理系统,尤其要重视故障数据的收集与统计工作。

"以可靠性为中心"的维修思想不仅用来指导预防故障等技术范畴的工作,同时也用于指导维修管理范畴的工作,把有关维修的各个环节连成一个维修系统。

二、维修方式及选择

(一)维修方式

机械设备的维修方式是对机械维修时机和维修深度的控制模式。从维修的发展概况来看,维修方式总的发展趋势,是从事后维修逐步走向定期的预防维修,再从定期的预防维修走向有计划的定期检测以及按检测发现的问题而安排的近期预防性计划修理。近年的趋势是,随着状态检测技术的发展,在机械设备状态检测的基础上进行维修,即按状态维修。

根据维修时机和维修深度的不同,维修方式如图 2-11 所示可分为以下几类:

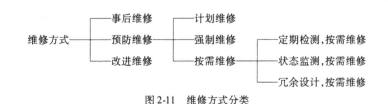

图 2-11 维修方式分类

1. 事后维修（又称故障维修或损坏维修）

它不控制维修时期，只是当机械设备发生故障或损坏，造成停机之后才进行维修，以恢复原来的功能为目的。这种维修方式的缺点主要有：停机时间长；停机造成的生产损失大；须充分准备人力、工具备件等维修资源；修理无计划，修理内容、时间长短及安排等问题都带有很大的随机性。优点是：修理费用较低；对修理管理的要求低；可缩小维修组织。

2. 计划维修（又称定期维修）

其形式较多。但各种形式基本上都是以使用时间为维修期限，只要使用到预先规定的时间，不管其技术状态如何，都要进行规定的维修工作，防止引起突发性事故成了维修的目的。

这是一种带有强制性的预防维修方式，维修活动一般是有计划地在生产空隙离线进行，对维修资源可提前充分准备。由图 2-12 可知，定期维修可减少维修工作量和停机时间。

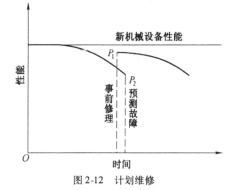

图 2-12 计划维修

定期维修的依据是机件的磨损规律，关键是准确地掌握机件的维修时机。如果在偶然故障阶段结束时，即故障率随时间迅速上升到进入耗损故障期之前，进行更换或修理，这样既能保证机件正常工作，又不造成浪费，它适用于：

（1）故障机制带有明显的时间相关性，故障特征随时间变化，主要故障模式是磨损且有一定规律。

（2）在使用期限内，机件出现预期的耗损故障，根据磨损规律，测出即将发生故障的时间。

（3）对一些重要的机件很难检查和判断其技术状况时，定期维修则是有效的方式。

定期维修的优点是能够在使用运转时间的基础上方便地建立起一套预防计划修理系统，达到以预防为主的目的，防止和减少紧急故障的产生，使生产和修理工作均能有计划地进行，有较好的预防故障作用，简便易行，可进行长周期的计划安排。

定期维修的缺点是对磨损以外的其他故障模式，如疲劳、锈蚀未能考虑在内。同时，为了达到预防的目的，尽量避免故障的发生，保险系数取值偏大，修理频率高，间隔短，机械设备的利用率低，经济效益不好。另一方面，由于维修时间间隔是对同种机械设备而言的，而每台机械设备的具体情况是不相同的，其修理内容、工作量、间隔周期也应有区别，这种维修方式不能针对实际情况进行维修。此外，采用"一刀切"的大拆大卸维修方法，使拆卸次数增多，不利于充分发挥机件的固有可靠性，甚至导致故障的增加。

3. 强制维修

对一些关键性的零部件，由于其损坏将会造成巨大的停机损失，或由于某些零部件所处的位置难以拆卸，只能在其他部件分解后才能拆卸，如单独进行这类零件的更换也将带来巨大的停产损失。在这种情况下,宜采用强制性的维修方式。利用生产中的间隙或计划的停产期,强制性地修理或更换这些零件,以使停产损失降至最低。这样虽然维修费用多一些,但这多出来的费用与停产损失相比,只占很小的比例。

这种方式对一些利用率很高,难以从生产上拿出时间来停机检修,而又需保证长期正常运行的机械设备较为有效。

4. 按需维修

按需维修是以机械设备的实际技术状态为基础,通常有三种类型。

(1)定期检测,按需维修。按照预定的时间,通过检查来了解机械当前的状态,发现存在的缺陷和隐患,据此有针对性地安排修理计划,以排除这些缺陷和隐患,减少修理费用。这种方式的关键在于检测。

定期有计划地进行检测并按检测所安排的修理计划进行修复,这时的检测与按需维修是相互配合的一个整体。没有修理安排,检测就没有实际意义。没有检测的信息,修理计划就没有了编制的依据。

这种修理方式与计划维修方式相比,其共同点都是预防性的,而不同点是:计划维修是根据磨损、概率或其他的经验,按一定的模式有规则地进行的,由于计划准确性及机械实际状况的差异等因素的影响,可能造成维修过度或维修不足;而定期检测按需维修是根据摩擦学原理及周期检查的结果来诊断机械的实际状况而进行接近机械实际需要的修理。所以相比来看,定期检测按需维修效率较高,费用少。这种维修方式不能安排长期修理计划,因而不能早期进行资源平衡,给维修工作带来一定困难。另外,受检查手段和维修人员经验的制约,可能使检测及计划不准确,造成维修不足。

(2)状态监测,按需维修。按机械设备的状态进行维修,是人们期望和努力实现的一种较理想的维修方式。这种维修方式目前国内尚有不同的翻译名词,如"状态监测维修""视情维修""项修"和外国文字直译过来的"预知维修"等。

以往各种维修方式的不足之处均在于,虽然希望维修工作在最合适的时间,即在机械将要发生故障前进行,但由于不能掌握机械的实际状况,总是不能及时得到维修而造成事后维修,或因预防性措施过多产生过剩维修。实行定期检测就是要通过有计划的检测达到这一目的,但由于检测手段的技术水平及检测频度的合理程度等所限,亦不能完全掌握机械设备的实际状态。

"状态监测,按需维修"不是根据故障特征而是由机械设备定期检测或在线监测和诊断装置预报的实际情况来确定维修时机和内容。检测包括状态检查、状态校核、趋向监测等项目。一般以在线监测的方式进行。

"状态监测,按需维修"适用于:

①属于耗损故障的机件,而且有如磨损那样缓慢发展的特点,能估计出量变到质变的时间。

②难以依靠人的感官和经验去发现故障,又不允许对机械设备任意解体检查。

③直接危及安全的机件故障,而且机件故障有极限参数可进行监测。

④除本身有测试装置外,必须有适当的监控或诊断手段,能评价机件的技术状态,指出是否正常,以便决定是否立刻维修。

这种状态监测,按需维修的方式是按机械设备的实际状况和需要,及时进行修理的方式。采用这种方式必须有如下重要的先决条件:

①机械故障的发生不具有非常明确的规律性。

②有准确且有效的检测方法和技术,可以测试到缺陷及故障的存在。

③从发现故障的征兆开始到故障出现之间的故障潜在时间有足够的长度,使修理和排除故障的措施能够实现。

④对被监测的机械能够进行分解,有排除故障的可能性。

⑤机械设备在生产中的使用情况,使其有可能在故障被发现时采取措施排除故障。

状态监测,按需维修的优点是可以充分发挥机件的潜力,提高机件预防维修的有效性,减少维修工作量及人为差错。而缺点则是费用高,要求有一定的诊断条件。

(3)冗余设计,按需维修。对于大型、贵重、关键机械的某些随机性的突发故障,在故障发生之前对征兆无法预报时,采用冗余设计,使故障发生时不会带来不良后果,可以在故障发生后对相应部件进行修理。

5. 改进维修

在故障发生过分频繁、平均故障间隔期很短,以及修理或更换的费用又很大(即人力、备件费用或停工损失很大)时,改进维修是最好办法。如果实施得正确,这种方式一次就可以排除上述问题,而其他四种维修方式都会有反复进行维修活动的可能。

(二)维修方式的选择

维修的目的在于保证机械设备运转的可靠性,即保证使用价值的可靠性、使维修费用最少。因此,维修决策的基本要求是:可靠度不得低于允许的最小值$[R]$,即$R(t) \geqslant [R]$;维修费用K_r为最少或不得大于某个预定的维修费限额K_{rmin},即$K_r \leqslant K_{rmin}$。

维修方式的选择,应从故障发生后的安全性、经济性考虑。由于机械设备一般都是断续运行,安全性不突出,所以选定维修方式一般侧重于经济性。

上述五种维修方式各有一定的适用范围。然而应用是否恰当,则有优劣之分。

维修方式的发展趋势是从维修方式本身的技术经济效果来分析的,而没有考虑到机械本身在生产中的地位及其对维修方式产生的影响等因素。各国不同的维修体系或维修制度都是根据本国的特点,在总的发展趋势下选择了某一种方式或将几种方式进行组合,或配合其他的管理方法而形成。我们要从维修方式的一般趋势来研究和分析种种不同维修方式的具体内容、特点、由来,以及各种不同维修方式的优缺点、适用范围,结合自己的实际情况和生产需要,找出优化的维修方式,取得较好的经济效益。

选择维修方式一定要结合具体情况对不同的机械选用不同的维修方式,以求得综合效率最好,防止盲目性和单纯追求不切合实际的先进性。根据故障性质和故障后果选择维修方式,如图2-13所示。

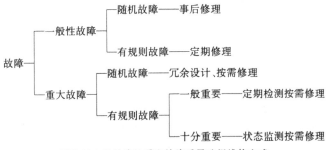

图2-13　按故障性质和故障后果选择维修方式

再如,实行计划维修方式的单位,如果具有方便而又准确的不解体检测手段,就不该把有把握工作到下一次检修的总成及部件大拆大卸,应实行计划维修与定期检测按需维修相结合的维修方式。表 2-5 为三种主要维修方式的特征,可供选用时参考。

三种方式维修方式的特征 表 2-5

序号	特征	事后维修	计划维修	视情维修
1	维修性质	非预防性	预防性	预防性
2	维修对象	一个或几个项目	一个项目	一个项目
3	维修判据	事后不断监控项目的状态变化,按结果采取相应措施	定期进行全面分解,检修或更换,有可能对不该维修的也进行维修	事先不断监控项目的状态,按状态更换或维修
4	基本条件	数据或经验	数据或经验	视情设计、资料、控制手段、检测参数、参数标准
5	检查方法	分解	分解	不分解
6	适用范围	对安全无直接危害的偶然故障、规律不清楚的故障、故障损失小于预防维修费用的耗损故障	影响严重、对安全有危害、发展迅速并无条件视情的耗损故障	影响严重、对安全有危害、发展缓慢并有条件视情的耗损故障
7	维修费用	有充分准备的维修资源,需要一定费用	接近事后维修费用,备件量过多	需要高的投资和经常性费用

三、维修的发展趋势

现代化机械设备的大量使用,使生产率成倍增长。但其复杂的结构、昂贵的价格、自动化程度的逐步提高,要求加强机械的维修与检测,尽量避免因机械故障的出现打乱生产计划,从而减少因停产带来的经济损失。不断研究新的维修技术,以最少的资源与能源的消耗获得最大的经济效益,是每个企业发展的需要和追求。将机械维修工作与系统工程、可靠性工程以及现代化科学技术的其他学科联系起来,是科学技术发展的必然趋势。

机械设备维修科学在维修方式、维修技术以及维修管理三方面的发展趋势是:

(1)随着状态检测及故障诊断技术的发展,按机械设备状态进行维修的方式已经被公认为是最新维修方式中效率最高的一种,随着状态检测技术的进步,这种维修方式的效果也会进一步提高。工程机械越先进,结构就越复杂,其维修活动就越依赖于状态监测和故障诊断技术。在引进技术、开发检测设备,不断学习国外先进的维修管理经验的基础上,结合我国的具体情况,采用以可靠性理论为指导、以机械技术状态检测为基础,进行按时维修与视情维修相结合方法。需要进一步研究、分析和积累经验,不断完善工程机械的状态检测机制,大力推行"先检测、后修理","坏什么、修什么"的原则。增强维修的针对性、灵活性,提高维修的效率和效益,使机械设备按状态进行维修的方式逐步趋向成熟。

(2)新的维修技术及零件修复技术的发展,对维修工作也起了很大的推动作用。如将表面工程学应用于零件修复上,方法简便、成本低、效果好、经济效益可观。电刷镀技术、热喷涂技术、维修焊接技术、纳米技术及其他的修补技术等,可使修复后零件的寿命有较大的延长、性能有较大的提高、经济性更好。再如,采用焊接＋胶粘、多种表面修复技术等两种或两种以上的修复工艺来修复零件或设备的复合修理方法,能综合各法之长、弥补各法之短,具有最佳的经济效益,将成为修理工艺重点研究和发展的方向。同时,一些新技术又解决了一些机械设备的翻新问题,使其经过修复可以恢复原有的性能。

这些新技术的发展主要是从零件修复开始的。由于它的独特优点,即经济性好,某些主要性能上可能优于母材,因而,这些技术很快会被应用于一些零件,包括基础件在内的磨损预防上,即采取这些技术对一些零件或基础件的易磨损部位采用预防性的保护或强化措施,来延长零件的寿命。这又是一种新的预防性维修措施。在这个基础上,今后将会出现某些维修技术推动制造技术发展的趋势,即逐步地把某些零件修复技术应用到制造上去,以提高产品的可靠性。

(3)在维修管理方法上,运用现代化的管理方法来建立和完善合理的人工管理系统,尤其是应用计算机的管理系统将普遍实现。应用计算机可对整个维修系统进行管理,包括机械设备状态的输入、修理工作命令的建立,下达、完成任务的反馈,备件、资料的查询及发放等。

今后,在管理上的发展趋势将是把状态检测技术、按机械设备的状态进行维修的方式和计算机管理系统结合在一起,建立现代监测采样系统、智能网络维修服务系统、相应专家库,直接或间接地从机械设备施工现场获得信息,构成一套完整而先进的计算机管理体系,将工程机械的科研机构、技术咨询、生产厂、维修厂、配件站和使用单位联系起来,实现远程、快速、优质和全方位的服务。

第三章

摩擦与润滑

摩擦学是研究材料(零件)的摩擦、磨损与润滑及其应用的一门科学。摩擦是发生在相互运动零件表面之间的一种不可避免的自然现象。磨损是摩擦的必然结果。润滑则是改善摩擦、减缓磨损的有效方法。

因摩擦引起的磨损是材料三种主要失效形式之一,它所造成的损失是十分巨大的。据估计,全世界有 1/2~1/3 的能源以各种形式消耗在摩擦上。而摩擦导致的磨损是机械设备失效的主要原因,大约有 80% 的损坏零件是由于各种形式的磨损引起的,是机械零件的三大主要失效形式之一。因此,控制摩擦、减少磨损、改善润滑性能,已成为节约能源和原材料、缩短维修时间的重要措施。研究摩擦对提高产品质量、延长机械设备的使用寿命和增加可靠性也有重要作用。

摩擦问题中各种因素往往错综复杂,涉及多门学科,多学科的综合分析是摩擦学研究的显著特点。例如,对金属表面进行润滑实现液体摩擦,就需要研究流体力学、固体力学、流变学、传热学和热力学、应用数学、材料科学、物理化学、摩擦化学和金属物理等问题,涉及物理、化学、材料、机械工程和润滑工程等学科。

研究摩擦磨损失效的规律、寻求减少磨损的措施,是机械维修中一个十分重要的课题。本章就几个涉及机械修理学方面的问题进行概述与讨论。

第一节　金属表面特征

摩擦是一种表面效应,两个物体相对运动时所遇到的摩擦阻力主要取决于该表面的状态,即表面的几何特性和物理化学特性。

一、金属零件表面的几何特性

任何固体的表面都不是绝对光滑的,即使经过精密加工的机械零件表面也存在许多微观的凸峰和凹谷。零件表面的这种凸凹不平的几何形状,称之为表面形貌。表面上凸起处称为波峰,凹下处称为波谷。相邻的波峰与波谷间的距离称为波幅 H,相邻波峰或相邻波谷间的距离称为波距(或波长)L,如图 3-1 所示。任何加工表面不论其加工方法如何,在加工过程中经机床—刀具—工件系统的振动、切屑分离时的塑性变形以及加工刀痕,都会使实际表面与理想光滑表面之间存在偏差(图 3-2)。根据表面的波距与波幅之比(L/H),将它们分为宏观、中间以及微观偏差三种。

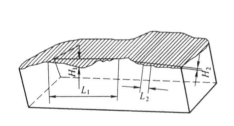

图 3-1　金属零件表面的形貌

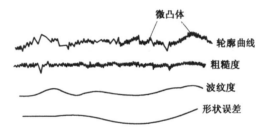

图 3-2　表面偏差示意图

1. 宏观偏差(或称形状误差)

它是不重复的或不规则的宏观变化,如凸度、凹度、锥度等。它是由于工艺设备不完善、加工方法有缺陷等引起的。一般认为宏观偏差的 $L/H > 1\,000$。

2. 中间偏差(或称波纹度)

它是呈周期性变化的偏差,一般认为 L/H 在 $50 \sim 1\,000$ 范围内。表面的波纹度是由于加工时机具性能的缺陷(如机床、刀具的低频振动等)以及不均匀进刀、不均匀的切削力等引起的,其特点是周期性地出现波峰和波谷。

3. 微观偏差(或称粗糙度)

它是表面波纹上的微观几何偏差,$L/H < 50$。微观偏差每一个单独的峰叫作微凸体。粗糙度是切削工具与金属表面作用引起的。粗糙度的大小与使用的刀具和切削规范程度等有关。

表征粗糙度的特性参数比较多,根据国际标准化组织 ISO/R 469—1982 建议案,以"轮廓的平均算术偏差 R_a""微观不平度十点高度 R_z""轮廓最大高度 R_y"作为考察表面粗糙度的特征参数。

上述金属零件表面的偏差,往往会同时出现。由于加工过程的影响因素不同,出现的表面偏差也不一样。有的是以某一种偏差为主,有的是以某两种为主。零件表面的偏差对机械的效率、耐磨性、经济性等有很大的影响,因此希望表面偏差要小。对于形状误差及波纹度,应尽量减小。对于粗糙度,要根据零件用途提出不同的要求,如精密零件要求粗糙度要小。

二、金属零件表面层的结构

金属加工零件的表面层是由不同物质的薄层构成的,其性质与金属零件材料的基体不同。一般在大气中,机械加工金属表面形成如图3-3所示的典型表面层结构。

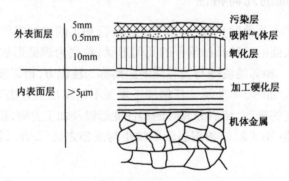

图 3-3　金属表面层的结构

金属基体的上部为变形层,这是表面在加工过程中产生了弹性变形、塑性变形和晶格扭曲而形成的加工硬化层。它的硬度高且有残余应力,金相组织也发生了很大变化。

在变形层的上部为贝氏层,这是加工过程中分子层熔化和表层流动而形成的冷硬层,结晶很细,有利于表层耐磨。

在贝氏层上面是氧化层,在氧化层外还有吸附气体分子层,以及尘埃、磨屑等形成的污染层。

对于给定条件下的表面,其实际组成及各层的厚度,与表面加工过程、环境(介质)以及材料本身的性质有关。因此,实际表面的结构及性质是很复杂的。

三、金属表面的边界膜

实际的固体表面会含有各种各样的吸附物或化学反应产物,只要把固体表面放在一定的环境之中,固体表面就会与环境(如各种润滑剂)发生相互作用而形成不同的表面膜。这些表面膜可分成四种形式:物理吸附膜、化学吸附膜、化学反应膜和氧化膜。

各种具体结构形式的边界膜的分类、特点、形成条件以及适用范围,见表3-1。

边界膜的分类、特点、形成条件以及适用范围　　　　　　　　　　　　　　　　表 3-1

分类		特　　点	形　成　条　件	适 用 范 围
吸附膜	物理吸附膜	由分子吸引力使极性分子定向排列,吸附在金属表面,吸附与脱附完全可逆	在$(2\,000\sim10\,000)\times4.184$J/mol的吸附热时形成,在高温时脱附	常温、低速、轻载
	化学吸附膜	由极性分子的有价电子与基体表面的电子发生交换而产生的化学结合力,使金属皂的极性分子定向排列,吸附在金属表面上,吸附与脱附不完全可逆	在$(2\,000\sim10\,000)\times4.184$J/mol的吸附热时形成,在高温时脱附,随之发生化学变化	中等温度、速度、荷载

续上表

分类		特　　点	形 成 条 件	适 用 范 围
反应膜	化学反应膜	硫、磷、氯等元素与金属表面进行化学反应,生成金属膜。这种膜的熔点高、剪切强度低、反应是不可逆的	在高温条件下反应生成	重载、高温、高速
	氧化膜	金属表面由于结晶点阵原子处于不平衡状态,化学活性比较大,与氧反应形成氧化膜	在室温下无油纯净金属表面氧化生成	只能起瞬时润滑作用

四、金属表面的接触特性

1. 表面接触的概念

在机械加工过程中,零件表面上形成了微观凹凸不平的形貌。当两个物体表面相接触时,接触点不是连成一片的(图3-4)实际上只有个别区域承受荷载,这些离散的承载点构成了两个接触物体的实际接触面积。

在相同条件下,实际接触面积越大,则摩擦力越大。当两个物体在荷载作用下相互靠近、相互接触时,最先接触的是两表面上对应的微凸体高度之和最大部位。荷载的增加,其他微凸体也相继对应地进入接触,开始是弹性变形,随着两表面靠得更近,微凸体将发生塑性变形。而靠近基体的材料仍处于弹性变形状态,这样在表面层内就形成弹性变形。两接触的物体所承受的荷载就由这些相互接触的微凸体的尖端处承担,尽管作用在两接触面上的荷载不大,但在很小的实际接触点上,会产生很大的接触应

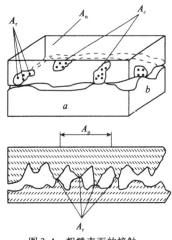

图 3-4　粗糙表面的接触

力。也正是这些小的实际接触点上承受固体之间的摩擦,发生表面磨损。随着荷载的增大,这些微凸体的尖端被压平,又有新的尖峰相接触,随之荷载就分配在较大的面积上,直到实际接触面积上的总压力与外荷载相平衡为止。

2. 固体表面的接触面积

实际零件相接触时,由于表面存在波纹度和粗糙度,实际接触区域主要出现在波峰的微凸体尖峰上,各接触区内实际物体的接触区域具有不连续性和不均匀性。因此,固体表面接触时通常具有三种不同的接触面积。

(1)名义接触面积(A_n)。物体的宏观面积 $A_n = a \times b$,被定义为名义接触面积,即在平面接触下,具有理想光滑的物体的接触面积。

(2)轮廓接触面积(A_c)。两物体在外荷载作用下相互挤压时,接触表面上波纹度的波峰因承载而被压扁的区域(接触斑点,图3-4中的小黑圈)所形成的面积总和叫作轮廓接触面积,以 A_c 表示。

(3)实际接触面积(A_r)。它指的是物体接触时,各微凸体发生变形而产生的微接触面积的总和。粗糙表面的接触十分离散,实际接触面积仅占名义接触面积的极小一部分,$A_r = (0.01 \sim 0.001)A_n$。实际接触面积决定着粗糙表面分子间相互作用力的范围,所以对 A_r 的计算是摩擦和磨损分析与计算的主要组成部分,极为重要。

3. 固体接触表面的温度

固体表面相互摩擦时,动能转变为热能,使物体表面温度升高。摩擦表面的温度随荷载及速度增加而升高,并与导热系数大小成反比。

第二节 摩 擦

一、摩擦的定义及分类

(一)摩擦的定义

任意两个相互接触的物体,在外力作用下,当有相对运动或相对运动趋势而接触面具有阻止相对运动或相对运动趋势的作用的现象称为摩擦。这种阻止两物体相对运动或相对运动趋势的作用力叫作摩擦力。简单地说,阻止两物体接触表面做相对切向运动的现象称摩擦。这个阻力叫作摩擦力。摩擦力的方向与物体的运动方向相反,而出现或发生摩擦现象的三个充分和必要条件是:两物体或物体的两个部分;要相互接触即相互作用又相互约束;有相对运动或运动的趋势。由于摩擦的存在,使配合表面产生磨损,配合间隙过大,影响机械的正常工作,摩擦热会引起配合零件膨胀,发生咬死而使机械不能正常运转,这是摩擦有害的一面;另一方面,机械在运转条件下要实现各种不同的功能,如变速、传递动力及停车等,就需要有各种各样的传动和制动装置,如摩擦传动、制动和锁紧机构就是利用了摩擦有益的一面。

(二)摩擦的分类

摩擦可根据摩擦副的运动状态、运动形式和表面润滑状态进行分类,见表3-2。

摩擦的类型及特点   表3-2

分类方法	类 型	特 点
按运动状态	静摩擦	一物体沿另一物体表面,只有相对运动的趋势;静摩擦力随外力变化而变化;当外力克服最大静摩擦力,物体才开始宏观运动
	动摩擦	一物体沿另一物体表面有相对运动时的摩擦
按运动形式	滑动摩擦	两接触物体之间的动摩擦,其接触表面上切向速度的大小和方向不同
	滚动摩擦	两接触物体之间的动摩擦,其接触表面上至少有一点切向速度的大小和方向均相同
按接触表面状态	干摩擦	物体接触表面无任何润滑剂存在时的摩擦,它的摩擦系数极大
	边界摩擦	两物体表面被一层具有分层结构和润滑性能的、极薄的边界膜分开的摩擦
	液体摩擦	两物体表面完全被润滑剂膜隔开时的摩擦,摩擦发生在界面间的润滑剂内部,摩擦系数最小
	混合摩擦	摩擦表面上同时存在着干摩擦和边界摩擦,或同时存在液体摩擦和边界摩擦的总称

(三)摩擦的实质

在机械中,互相接触并有相对运动的两个构件称"运动副"或"摩擦副"。两固体表面直接

接触时,由于各自表面实际上只有凸峰相互接触,实际接触面积很小。当在正压力作用下作相对切向运动时,将出现下列情况:

(1)在正压力作用下,各凸峰的接触点处产生很大的接触应力,对塑性材料来说即引起塑性变形,造成表面膜破坏。同时,在塑性变形后的再结晶中有可能由两表面的金属共同形成新生晶格。在此情况下,这些接触点处便产生粘着结合,当它们做相对运动时,将这些粘着点撕脱或剪断,这时所需要的作用力即是摩擦力。

(2)当两物体的材料硬度相差很大,硬质材料的凸峰便会嵌入到较软的材料中去。它们做相对运动时,硬的凸峰就会在软的材料上切削沟槽,因而摩擦力以切削阻力的形式出现。

(3)两物体的实际接触表面由于紧密相连接,会产生分子引力。相对运动时还必须克服此分子引力的作用。

(4)产生发光、辐射、振动、噪声以及化学反应等能量消耗现象。

不同的摩擦副,由于固体表面的状态和性质不同,以及摩擦表面的工作条件不同,因此产生摩擦力的四个因素各自所起的作用之大小也不相同。

以上这四种因素构成了摩擦力产生的基础,是干摩擦现象的本质。

二、摩擦理论

这里讨论的摩擦是干摩擦,是指物体表面间在无润滑条件下的摩擦。

摩擦现象的机理尚未形成统一的理论。目前几种主要的理论简介如下:

1. 早期的摩擦理论

(1)机械理论。在摩擦过程中,由于表面存在一定的粗糙度,凹凸不平处互相产生啮合力。当发生相对运动时,两表面上的凸起部分会互相碰撞,阻碍表面的相对运动,产生摩擦和摩擦力。

(2)分子理论。当摩擦面承受荷载时,表面只由若干个凸起部位支撑着,摩擦支撑点上的分子已处于分子作用范围内。一旦分子间接近到一定距离时,会产生吸引力。所以两表面做相对运动时必须克服分子引力,从而产生摩擦和摩擦力。在表面粗糙时,随着粗糙度减小,摩擦减小;而粗糙度很小时,摩擦反而加大。这一点机械理论解释不了。

(3)分子—机械理论。摩擦表面实际接触部分在很大的单位压力作用下,表面凸峰相互压入和啮合,同时摩擦表面分子也相互吸引。此时,摩擦过程就是克服这些机械啮合和表面分子吸引力的过程,摩擦力就是这些接触点上因机械啮合作用和分子吸引作用产生的切向阻力的总和。

2. 粘着理论

接触表面在荷载作用下,某些接触点会产生很大的单位压力,引起塑性变形,形成局部高温,从而发生粘着,运动中又被剪断或撕开而产生运动阻力。另外,较硬的金属表面的微凸体会嵌入较软的金属表面,两表面相对运动时,硬的微凸体会在软的金属面上犁出沟来。粘着和犁沟就是引起摩擦的原因,剪断黏结点和犁沟时所需的切向力就是用来克服摩擦阻力的。摩擦力就等于其剪切力的总和。

$$F = A_r \tau + F_p \tag{3-1}$$

式中:F——摩擦力;

A_r——实际接触面积;

τ——剪应力;

F_p——犁沟阻力。

3. 能量理论

大部分摩擦能量消耗于表面的弹性和塑性变形、凸峰的断裂、粘着与撕开犁沟等,表现为产生热能,其次是发光、辐射、振动、噪声以及化学反应等一系列能量消耗现象。能量平衡理论是从综合的观点、摩擦学系统的概念出发来分析摩擦过程。影响能量平衡的因素有材料、荷载、工作介质的物理和化学性质,以及摩擦路程等。

三、滚动摩擦

滚动摩擦阻力很小,但滚动摩擦机理却很复杂。滚动摩擦时,不发生滑动摩擦时的"犁沟"和粘着点的剪切现象。一般认为,滚动摩擦主要来自四个方面:微观滑移、弹性滞后、塑性变形、粘着作用。

1. 微观滑移

1876 年,雷诺用硬金属圆柱体在橡胶平面上滚动,由此观察到自由滚动时压力在上下两物体引起的表面切向位移不等,导致界面上产生微量滑移并有相应的摩擦能量损失。由于受荷载的金属表面会产生弹性变形,故此机理也能用于圆柱体在金属表面上滚动。通常,微观滑移只占滚动摩擦很小的部分。

2. 弹性滞后

当钢球沿橡胶类的弹性体滚动时,使它前面的橡胶发生变形,因而对橡胶做功。橡胶的弹性恢复会对钢球的后部做功,从而推动钢球向前滚动。因为没有完全弹性的材料,故相比之下,橡胶对钢球所做的功总是小于钢球对橡胶所做功,损耗的能量,表现为滚动的摩擦损失,有时称之为内摩擦。它是由变形过程中橡胶分子相互摩擦造成的。

材料的弹性滞后损失,在黏弹性材料中比在金属中显著。

在黏弹性材料中,滚动摩擦系数与松弛时间有关。低速滚动时,黏弹性材料在接触的后沿部分恢复得快,因而维持了一个比较对称的压力分布,于是滚动阻力很小;反之,在高速滚动时,材料恢复得不够快,甚至在后沿来不及保持接触。速度越高压力分布的不对称性越高,这是实验已经证明的。

3. 塑性变形

当受荷载的钢球在平面上滚动时,会使钢球附近和钢球前面的金属发生塑性变形,从而在金属表面上产生一条永久性的凹槽。而使金属发生塑性变形所需的力几乎正好等于所测得的滚动摩擦力。因此,滚动摩擦力基本上是塑性变形力的量度。

滚动摩擦力 F_f 的经验公式为:

$$F_f = \frac{W^{\frac{2}{3}}}{r} \tag{3-2}$$

式中:r——钢球的半径;

W——法向荷载。

4.粘着效应

由于滚动时,接触表面的相对运动是法向运动,而不是滑动时的切向运动。粘着力主要是弱的范德华力,而强的短程力,例如金属键合力,仅可能在微观滑动区域中产生。如果发生粘着,将在滚动接触的后沿分离,这种分离是拉断而不是剪断。

通常,滚动摩擦中粘着引起的摩擦阻力只占滚动摩擦阻力很小的一部分。

总之,在高应力下,滚动摩擦阻力主要由表面下的塑性变形产生;而在低应力下,滚动摩擦阻力由材料本身的滞后损耗产生。

四、边界摩擦的机理

边界摩擦是液体摩擦过渡到干摩擦过程之前的临界状态。这时,摩擦表面仅有一层吸附着的极薄的润滑膜,这层薄膜的厚度通常在 $0.1\mu m$ 左右,这层润滑膜称为边界膜。这种边界膜的特点是它能牢固地吸附在摩擦面上,可以随摩擦面的相对运动而运动,不能自由滚动,并且有良好的润滑性能和较大的承载能力。

根据边界膜所起的作用,边界摩擦过程可分为两个阶段进行:

（1）边界膜完全起作用阶段。多层分子吸附膜,由于极性分子紧密排列,分子间的内聚力使吸附膜具有一定的承载能力,可有效地防止两摩擦表面的直接摩擦。摩擦副滑动时,表面的吸附膜如两把毛刷子相互滑动一样（图3-5）,降低了摩擦系数,起到了润滑作用。

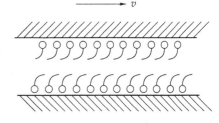

图3-5 单分子层吸附膜润滑原理

（2）边界膜不能完全起作用阶段。随着摩擦表面之间的温度不断地升高,吸附膜脱附（即被破坏）。此时,摩擦表面产生反应膜,摩擦主要发生在这个熔点高、剪切强度低的反应膜内,有效地防止了金属表面的直接接触,也能使摩擦系数降低。

由于摩擦表面凹凸不平,在荷载作用下,接触凸峰的压力很大,接触点的温度也在不断地升高。当接触点温度超过反应膜的熔点时,接触点的边界膜破坏,产生金属的直接接触。这时,摩擦力为剪断表面粘着部分的剪切抗力与边界膜分子的剪切阻力之和,用公式表示如下:

$$F = \alpha A_r \tau_b + A_r (1 - \alpha) \tau_f \tag{3-3}$$

式中：A_r——承担全部荷载的面积;

τ_b——金属粘着部分的剪切强度;

τ_f——边界膜的剪切强度;

α——在承载面积内发生金属直接接触部分的百分比。

由此可知:当边界膜能起很好的润滑作用时,摩擦系数取决于边界膜内部的剪切强度。由于它比干摩擦时金属的剪切强度低得多,所以在这种情况下摩擦系数比干摩擦时的摩擦系数低得多;当边界膜部分被破坏后,α 值比较大,使摩擦系数升高。通常,在这种情况下的摩擦系数要比边界膜完全起作用时的摩擦系数大3~4倍。

五、影响摩擦的因素

摩擦系数是表示摩擦材料特性的主要参数之一。常用材料的摩擦系数在一般手册中都能查到。研究摩擦的影响因素,实际上是研究摩擦系数的影响因素,它对机械维修工作有着重要意义。

影响摩擦系数的因素十分复杂,主要有以下因素。

(1)润滑条件。在不同的润滑条件下,摩擦系数差异很大,如洁净无润滑表面摩擦系数为0.3~0.5;而在液体动压润滑的表面上摩擦系数为0.001~0.01。

(2)表面氧化膜。具有表面氧化膜的摩擦副,其摩擦主要发生在膜层内。在一般情况下,由于表面氧化膜的塑性和力学性能比金属材料差,在摩擦过程中,膜先被破坏,金属表面不易发生粘着,使摩擦系数降低,磨损减少。纯净金属材料的摩擦副因不存在表面氧化膜,摩擦系数都较高。在摩擦表面上涂覆铟、镉、铅等软金属,能有效地降低摩擦系数。

(3)材料性质。金属摩擦副的摩擦系数,随配对材料的性质不同而变化。相同金属或互溶性较大的金属摩擦副易发生粘着,摩擦系数增高;不同金属的摩擦副,由于互溶性差,不易发生粘着,摩擦系数一般较低。

(4)荷载。在弹性接触的情况下,由于实际接触面积与荷载有关,摩擦系数将随荷载的增加而越过一极大值。当荷载足够大时,真实接触面积变化很小,因而使摩擦系数趋于稳定。在弹塑性接触情况下,材料的摩擦系数随荷载的增大而越过一极大值,然后随荷载的增加而逐渐减小。

(5)滑动速度。滑动速度对摩擦系数的影响很大,有的结论甚至互相矛盾。在一般情况下,摩擦系数随滑动速度的增加而升高,越过一极大值后,又随滑动速度的增加而降低。有时摩擦系数随滑动速度的减小而增大,并不是由于速度的直接影响,而是速度减小时摩擦表面粗糙凸起相互作用的时间长了,使它们发生塑性变形和实际接触面积增大。

(6)静止接触的持续时间。物体表面间相对静止的接触持续时间越长,摩擦系数越大,这是由于表面间接触点的变形,使实际接触面积和表面分子吸引力增大的结果。

(7)温度。摩擦副相互滑动时,温度的变化使表面材料的性质发生改变,从而影响摩擦系数,并随摩擦副工作条件的不同而变化。

(8)表面粗糙度。在塑性接触的情况下,由于表面粗糙度对实际接触面积的影响不大,因此可认为摩擦系数不受影响,保持为一定值。对弹性或弹塑性接触的干摩擦,当表面粗糙度达到使表面分子吸引力有效地发挥作用时,机械啮合理论不能适用,表面粗糙度越小,实际接触面积越大,摩擦系数也越大。

六、摩擦时表面上发生的现象

(1)表面化学效应。在摩擦过程中,表面层的化学组成会发生显著的变化,虽然这个薄层很薄,甚至只有几纳米(nm)的数量级,但它对材料摩擦起十分重要的作用。

(2)金属的转移。金属表面摩擦时材料会由一个表面转移到另一表面上,这是正常磨损的一种情况,是金属表面摩擦机理不可分割的部分。

(3)温度作用。金属物体在相对滑动时,由于弹塑性变形将消耗很大能量,这部分能量至少有90%以热的形式散发出来,在整个物体里形成温度梯度,产生热应力。摩擦表面的温度对它的摩擦学性能有很大影响:

①改变表面的摩擦状态。

②硬度随温度升高而降低,表面易破坏,磨损要加剧。

③使金属的互溶性随温度升高而变化。

④引起金属的相变,改变材料结构。

（4）产生振动。摩擦有助于产生振动,而振动又影响摩擦。摩擦与振动有着密切的联系。

（5）预位移。两摩擦物体在做宏观相对滑动之前,表面间会出现微观滑动,这种移动称为预位移。机械中的过盈配合连接是在预位移状态下工作的,配合件间是不允许出现塑性位移的。精密机械的许多接合面处,由于存在预位移,会降低它的精度。

第三节　润　滑

摩擦造成能源的大量浪费,而磨损又使机械及其零部件的使用寿命降低,因而促进了人们对摩擦、磨损与润滑、维护的研究。一些工业较发达的国家积极推进了这项研究工作,采取了一些有效措施,取得了显著效益。20 世纪 60 年代后,润滑工程已成为摩擦学的主要内容之一。

现代工程机械设备具有大型、高速、连续、自动化的特点。润滑系统被称为机械的血脉。润滑不仅影响到机械设备的寿命,而且关系到机械设备的安全连续运转。为了实现有效的润滑,就必须根据摩擦副的工作条件,正确地选用润滑材料、润滑方式和润滑装置。

润滑是利用润滑剂使摩擦副的接触面隔开,以减少相对运动物体摩擦表面的摩擦力、磨损或其他形式的破坏。

润滑的作用一般可归结为:控制摩擦、减少磨损、降温冷却、防止锈蚀,具有冲洗、密封、减振作用等。

润滑的主要任务就是减少摩擦和磨损。做好润滑能够保证:维持机械设备的正常运转,防止事故的发生,降低维修费用,节省资源;降低摩擦阻力,改善摩擦条件,提高传动效率,节约能源;减少机件的磨损,延长机械设备的使用寿命;减少腐蚀、减轻振动、降低温度、防止拉伤和咬合、提高可靠性。

合理润滑的基本要求是:根据摩擦副的工作条件和作用性质,选用适当的润滑剂;确定正确的润滑方式和润滑方法,设计合理的润滑装置和系统;严格保持润滑剂和润滑部位的清洁;保证供给适量的润滑剂,防止缺油和漏油;适时清洗换油,既保证润滑,又要节省润滑剂。

一、润滑分类

（1）根据两机件相对运动的摩擦表面之间的润滑情况,润滑状态分为:无润滑、液体润滑、边界润滑、半液体润滑和半干润滑等。相应的摩擦按摩擦表面的润滑状态分为:干摩擦、液体摩擦、边界摩擦和混合摩擦(半干摩擦和半液体摩擦)等。

①无润滑(干摩擦)。摩擦表面之间没有任何润滑介质的润滑,称为无润滑,即两机件相对运动表面直接接触,处于干摩擦状态。

干摩擦系数一般在 0.1～0.5 之间或更高,干摩擦的磨损也比较强烈。在相对运动的机件间,除需要制动外,是不允许没有润滑的。润滑系统有故障,润滑油、脂失效,可能会出现干摩擦情况。

②液体润滑(液体摩擦)。在摩擦表面间形成足够厚度和强度的润滑油膜,这层润滑膜将摩擦表面凹凸不平的峰谷完全淹没,相对运动的摩擦表面被完全分隔开来,使原来两摩擦表面之间的"外摩擦"转变为润滑膜内部液体分子之间的"内摩擦",而完全改变了摩擦的性质,这

种润滑被称为液体润滑。这样的润滑油膜厚度一般在工程上是 $1.5\mu m \sim 1mm$。

液体润滑时,摩擦力的大小可按彼得罗夫公式计算,即

$$F = \frac{\eta Av}{h} \tag{3-4}$$

式中:F——液体摩擦力;

    η——润滑油的动力黏度;

    A——相对运动的摩擦表面积;

    v——相对运动速度;

    h——润滑油膜的厚度。

液体润滑时的内摩擦系数,就是油液的黏度。为了便于与其他润滑状态进行比较,若计算外摩擦系数,其值一般在 $0.001 \sim 0.01$ 范围内或更小。

从理论上讲,液体润滑时没有磨损,是理想的润滑状态。但在机械起动、制动以及在荷载和速度变化等情况下,润滑条件会遭到破坏,仍然存在着磨损。

③边界润滑(边界摩擦)。边界润滑就是两摩擦表面被润滑油边界膜分开的润滑状态。

④半液体润滑和半干润滑(混合摩擦)。液体润滑的油膜部分遭到破坏时,油膜被破坏的部位就会出现与摩擦表面的直接接触,处于干摩擦或边界润滑状态。如果这时液体润滑仍占主要地位,则称为半液体润滑;如果油膜大部分遭到破坏,则称为半干润滑。

半液体润滑和半干润滑时,液体润滑的油膜是不连续的,摩擦表面之间可能同时存在液体润滑、边界润滑和干摩擦三种情况,其摩擦系数和磨损的大小在很大范围内变化。摩擦系数和磨损的大小取决于液体润滑油膜遭到破坏的程度、液体润滑油膜遭到破坏的部位是处于边界的润滑状态还是处于干摩擦状态,以及遭到破坏的油膜恢复的能力等。

(2)按润滑介质分为:

①气体润滑。用气体(例如空气、氧气、氮气、二氧化碳、氦气等)作润滑剂。

②液体润滑。以动植物油、矿物油、合成油、水、乳化物液和液态金属等作为润滑剂,其中矿物油应用最广泛。

③半液体润滑。它是在液体润滑剂中加入稠化剂而成的半固体膏状物,即润滑脂作为润滑剂。

④固体润滑。它是利用固体粉末、薄膜或复合材料代替润滑油、脂,达到润滑目的。常用的固体润滑剂有无机化合物、有机化合物和金属,如石墨、二硫化钼、聚四氟乙烯、尼龙、铅等。

(3)按润滑剂的供应方法分为:分散或单独润滑、集中润滑、油雾润滑等。

(4)根据供油的时间和有否压力分为:间歇润滑、连续润滑、常压润滑、压力润滑等。

(5)根据润滑系统特点分为:流出(不循环)润滑系统、循环润滑系统、混合润滑系统等。

二、液体润滑原理

1. 液体动压润滑

利用摩擦表面形状和相对运动,使润滑油自然产生油压,把接触着的两个表面分开,这种情况称为液体动压润滑。

图 3-6 所示为径向滑动轴承摩擦副建立流体动压润滑的过程。图 3-6a)为轴承静止状态时轴与轴承的接触状况。在轴的下部正中轴与轴承接触,轴的两侧形成楔形间隙。起动开始

时,轴滚向一侧(图3-6b),具有一定黏度的润滑油黏附在轴颈表面,随着轴的转动,油被带入楔形间隙。油在楔形间隙中,只能沿轴向溢出,但轴颈有一定长度,而油的黏度使其沿轴向溢出受阻而流动不畅。这样,油就聚集在楔形间隙的尖端互相挤压而使油压升高。随着轴的转速升高,楔中油压也升高,形成一个压力油楔逐渐把轴抬起(图3-6c)。但此时轴尚处于不稳定状态,轴心位置随着轴被抬起的过程而逐渐向轴承中心的另一侧移动,当达到一定转速后,轴就趋于稳定状态(图3-6d)。此时,油楔作用于轴上的压力总和与轴的负载相平衡,轴与轴承表面完全被一层油膜隔开,便把轴在轴承中"浮起",实现了液体润滑。

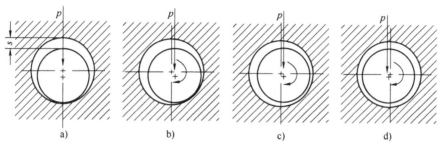

图 3-6　径向滑动轴承动压润滑油膜建立过程
a)静止状态;b)开始转动;c)不稳定状态;d)平衡状态

轴与轴承摩擦面间的油层厚度是由轴上所承受的荷载和油层的内摩擦力的大小决定的。油层内摩擦力的大小取决于润滑油的黏度和轴与轴承的相对运动速度。

实现液体动压润滑的条件是:两相对运动的摩擦表面,必须沿着运动方向上有一个倾角,即能形成收敛的楔形间隙;两表面间应该具有足够大的相对运动速度,其运动方向必须从楔形间隙较大的一端向着较小的一端;润滑油必须具有适当的黏度,能保证连续供应,油量充足;外荷载必须小于油膜所能承受的负荷极限值;动压油膜必须将两摩擦表面可靠地分隔开,即

$$h_{\min} > \delta_a + \delta_b \tag{3-5}$$

式中:δ_a、δ_b——轴颈与轴承表面的最大表面粗糙度(mm)。

当动压润滑径向滑动轴承的顶间隙为 $S = 4h_{\min}$ 时,轴承中的摩擦系数最小。

液体动压润滑的原理见图3-7。其理论基础是著名的雷诺方程。一维的雷诺方程式是:

$$\frac{\mathrm{d}F}{\mathrm{d}x} = 6\eta v \frac{h - h_0}{h^3} \tag{3-6}$$

式中:$\dfrac{\mathrm{d}F}{\mathrm{d}x}$——油膜压力 F 沿 x 轴方向的变化规律,又称压力梯度;

η——润滑油的动力黏度;

v——表面的滑动速度;

h——油膜厚度;

h_0——油膜的初始厚度。

从式(3-6)可以看出,如果不是收敛楔,即间隙 $h = h_0$ 为常量,则 $\mathrm{d}F/\mathrm{d}x = 0$。油膜压力为常量,且等于入口压力。油膜没有承载能力,不能实现液体润滑。

油压的变化与油的黏度、表面滑动速度和油膜厚度的变化有关,利用这个方程可求出油膜上各点的压力 F,并通过压力分布算出油膜的承载能力。

液体动压润滑轴承油膜径向及轴向的压力分布,如图 3-8 所示。在楔形间隙出口处,油膜厚度最小。根据雷诺方程,可导出最小油膜厚度公式:

$$h_{\min} = \frac{d^2 n \eta}{18.36 qsc} \tag{3-7}$$

$$q = \frac{F_p}{dl}$$

$$c = \frac{d+l}{l}$$

式中: η——流体的动力黏度(Pa·s);

    n——轴的转速(r/min);

    q——轴承在与荷载垂直的投影面积上的单位荷载(N/m²);

    F_p——作用在轴承上的荷载(N);

    d——轴承名义直径(mm);

    l——轴颈有效长度(mm);

    s——轴承顶间隙(mm);

    c——考虑轴颈长度有限对漏油的影响系数。

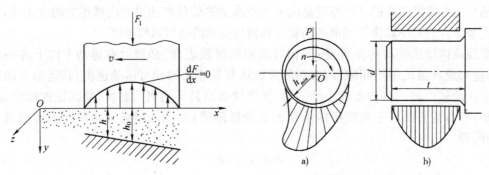

图 3-7　液体动压润滑原理

图 3-8　径向滑动轴承液体动压润滑油膜压力分布
a)径向压力分布;b)轴向压力分布

2. 液体静压润滑

通过压力供油系统把具有一定压力的高压油供到摩擦表面的间隙中,将两相对运动的摩擦表面分隔开,从而保证运动副在承受一定荷载的情况下处于液体润滑状态的润滑方式,称为液体静压润滑。

图 3-9 为具有四个对称油腔的流体静压润滑径向滑动轴承。轴承上开有四个对称的油腔9、周向封油面 11 和回油槽 10,在油腔的轴向两端有封油面 12。从供油系统送来的压力油经四个补偿器分别供给相应的油腔。从各封油面与轴颈间的封油间隙溢出的流体经回油槽返回油箱。

图中的补偿器用定流量阀来保证各轴腔的流量恒定。轴未受载(忽略轴的自重)时,由于各油腔的静压力相等,轴浮在轴承中央。此时,各油腔的泄油间隙相等。轴颈受到一外荷载 F 作用时,轴颈将沿 F 作用方向产生一个位移,这时下部油腔周围的泄油区域平均间隙(即油膜厚度 h)减小,而上部油腔泄油平均间隙将增大,根据流体力学平行板缝隙流量公式:

$$q_{\mathrm{v}} = \frac{b\delta^3 \Delta p}{12\eta l} \times 10^{-6} \tag{3-8}$$

式中：q_{v}——通过缝隙的流量（L/s）；

b——缝隙宽度（mm）；

η——流体的动力黏度（Pa·s）；

l——沿流动方向的缝隙长度（mm）；

δ——缝隙高度（mm），这里指平均油膜厚度；

Δp——缝隙前后的压力差（Pa），可用 p_{b} 代替，因回油槽的压力可视为零。

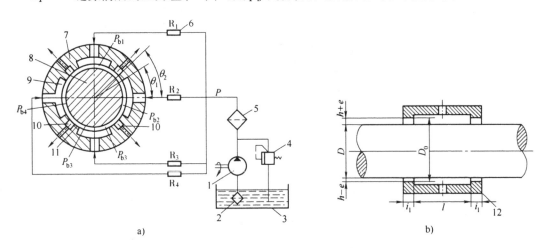

图 3-9 液体静压轴承工作原理示意图

1-液压泵;2-粗过滤器;3-油箱;4-溢流阀;5-细过滤器;6-补偿器;7-轴承套;8-轴颈;9-油腔;10-回油槽;11-周向封油面;12-轴向封油面

当流量和油腔的结构尺寸一定时,公式中的其他量均为常量,可用一个常数 k 代替。公式变为：

$$q_{\mathrm{v}} = k\delta^3 p_{\mathrm{b}} \tag{3-9}$$

由于定量方式供油保持了流量 q_{v} 不变,p_{b} 与 δ^3 成反比,即下油腔的压力增量将随油膜厚度减少量的立方值而增大,上油腔压力却按同样的规律减少。这样,在轴颈的上下方就产生了一个与外负荷平衡的力,而保持轴颈"浮"在润滑油中,处于液体润滑状态。

3. 液体动静压润滑

液体动静压润滑是在液体动压润滑与液体静压润滑的基础上发展起来的,兼有两者的作用。

液体动静压润滑系统的理论基础大致和动压与静压系统相同。根据工作原理分为三种基本类型:静压浮起、动压工作。动静压混合作用。静压工作为主,动压作用为辅。

4. 弹性流体动压润滑

对于齿轮、蜗轮、凸轮、滚动轴承等点或线接触的摩擦副,接触区单位面积上的压力很高,材料的弹性变形又很大,润滑油在此区内压力也很高而使黏度剧增。在综合考虑流体动压效应、弹性体接触变形和润滑油压黏效应三者基础上而确立的压力润滑油膜,将摩擦表面分离开来的润滑状态称弹性流体动压润滑,简称弹流润滑(EHL 或 EHD)。

三、润滑方式与润滑系统

常见的润滑油润滑方式如图 3-10 所示,润滑脂的润滑方式如图 3-11 所示。

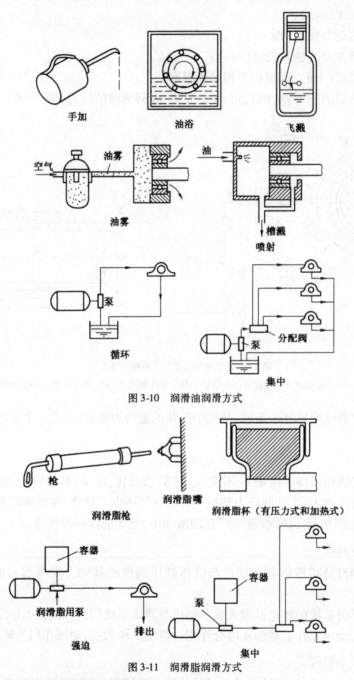

图 3-10　润滑油润滑方式

图 3-11　润滑脂润滑方式

常见的润滑方式的类型及特点,见表 3-3。

常见的润滑系统,按润滑剂的使用方式和利用情况分为:

(1)分散润滑。使用便携式工具手工加油,如用油壶、油枪对油孔、油嘴、油杯等润滑点的手工加油,这种方法又称全损耗或一次给油润滑;还有用油绳或油垫、飞溅、油浴、油环或油链润滑等进行循环润滑,它们常用于分散的或个别部件的润滑。

(2)集中润滑。由一个集中油源,使用成套供油装置同时对许多润滑点进行供油。常用于变速器、进给箱、整台或成套机械设备以及自动化生产线的润滑。集中润滑可分为:

①全损耗型。润滑剂送至润滑点以后,不再回收循环使用。它常用于润滑剂回收困难或无须回收、需油量很小、难以安置油箱或油池的场合。

②循环型。润滑剂送至润滑点进行润滑之后又流回油箱再循环使用,此种方式应用广泛。

③静压型。利用外部的供油装置,将具有一定压力的润滑剂输送到静压支承中进行润滑。

润滑方式的类型及特点表　　　　　　　　　　表 3-3

润滑方法		适用范围	供油质量	结构复杂性	冷却作用	可靠性	耗油量	初始成本	维修工作量	劳务费
润滑油润滑	全损耗性润滑	手工加油润滑	低速、轻载、间歇运转的一般轴承,开式导轨、齿轮	差	低	差	差	大	很低	小	高
		滴油润滑	轻、中荷载,低、中速的一般轴承、导轨、齿轮	中	中	差	中	大	低	中	中
		油绳或油垫润滑	轻、中荷载与低、中速的一般轴承及导轨	中	中	差	中	大	低	中	中
		压力强制润滑	中、重荷载与中、高速的各种机械、轴承导轨、齿轮	好	高	好	好	中	中至高	中	中
		集中润滑	广泛应用在各种场合	好	高	优	好	中	高	中	中
		油雾润滑	高速、高温滚动轴承、电机、泵、成套设备	优	高	优	好	中	中至高	大	中至高
		油气润滑	高速、高温滚动轴承、导轨、齿轮、电机、泵、成套设备	优	高	优	好	小	中至高	大	中至高
润滑油润滑	循环润滑	飞溅或油浴润滑	轻、中荷载普通轴承、齿轮箱、密闭结构	好	中	好	好	小	低	小	低
		油环、油轮或油链润滑	轻、中荷载普通轴承	好	中	中	好	小	低	小	低
		喷油润滑	封闭齿轮、机构	好	中	好	好	中	中至高	中	中
		压力循环润滑	滑动轴承、滚动轴承、导轨、齿轮箱	优	高	优	好	中	高	中	中
		集中润滑	机床、自动化设备、自动生产线	优	高	中	优	中	高	小	中

续上表

润滑方法		适用范围	供油质量	结构复杂性	冷却作用	可靠性	耗油量	初始成本	维修工作量	劳务费
润滑脂润滑	全损耗润滑	填装脂封闭式润滑	滚动轴承、小型轴套，亦可用于精密轴承	中	低	差	中	中	低	无	低
		手工补充脂润滑	滚动轴承、导轨、含油轴承	中	低	差	中	低	低	中	高
		手工集中补充脂润滑	滚动轴承、导轨、含油轴承	好	高	差	好	中	中	小	中
		自动集中补充脂润滑	连续运转的重要轴承、高精度滚动轴承、导轨	好	高	中	好	中	中至高	小	中

第四章

机械零件的失效分析

机械设备中各种零件或构件都具有一定的功能,如传递运动、力或能量,实现规定的动作,保持一定的几何形状等。当零件在荷载(包括机械荷载、热荷载、腐蚀以及综合荷载等)作用下丧失最初规定的功能时,即称为失效。

一个机件处于下列三种状态之一就认为是失效:

(1)完全不能工作。

(2)不能完成规定功能。

(3)不能可靠和安全地继续使用。

这三个条件可以作为机件失效与否的判断标准。

失效多指单个或几个零部件的失效,机械发生故障或事故中常含有失效。从广义上来讲,故障和失效是一致的。

机械零部件的失效与机械的使用是同步的,失效最终必将导致机械设备的故障。关键零部件的失效会带来灾难性的破坏,给生命财产造成巨大损失。

一般机械零件的失效形式是按失效件的外部形态特征来分类的。大体包括:磨损失效、断裂失效、变形失效和腐蚀与气蚀失效。在生产实践中,最主要的失效形式是零件工作表面的磨损失效;而最危险的失效形式是瞬间出现裂纹和破断,统称为断裂失效。

失效分析是指分析研究机件的磨损、断裂、变形、腐蚀等现象的机理或过程的特征及规律,从中找出产生失效的主要原因,以便采用适当的控制方法。

第一节　机械零件的磨损

磨损是两个相互接触和运动的零件摩擦表面互相作用的结果。零件的摩擦表面上出现材料损耗的现象称为零件的磨损。材料损耗包括两个方面:一是材料组织结构及性能的损坏;二是尺寸、形状及表面质量(粗糙度)的变化。

如果零件的磨损超过了某一限度,就会丧失其规定的功能,引起机械性能下降或不能工作,这种情形即称为磨损失效。据统计,机械设备故障约有 1/3 是由零件磨损失效引起的。

磨损的分类至今尚无统一的方法,图 4-1 为德国标准化协会对磨损的分类。

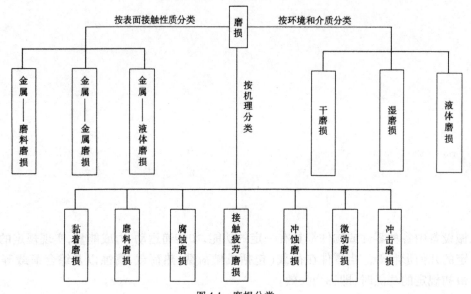

图 4-1　磨损分类

磨损涉及固体力学、流体力学、表面物理、表面化学、冶金学、材料学、机械学等学科,而影响因素则包括荷载、速度、温度、润滑剂类型及特性、环境介质、结构设计、接触面粗糙度、所用材料类型、组织结构及性能等。材料磨损的多学科和系统性可用图 4-2 表示。

一、磨损的一般规律

零件磨损的外在表现形态是表层材料的磨耗。在一般情况下,总是用磨损量来度量磨损程度。不论摩擦系统有多复杂,零件摩擦表面的磨损量总是随摩擦时间延续而逐渐增长。不同的零件由于磨损类型和工作条件不同,磨损情况也不一样,磨损规律也各不尽相同。图 4-3 表示磨损过程的曲线称为磨损曲线,用来表示动配合摩擦副中配合副的磨损规律。

1. 磨合阶段(Ⅰ阶段)

如图 4-3 中的 O_1A 段,又称跑合阶段。新的摩擦副表面具有一定的表面粗糙度。在荷载作用下,由于实际接触面积较小,故接触应力很大。因此,在运行初期,表面的塑性变形与

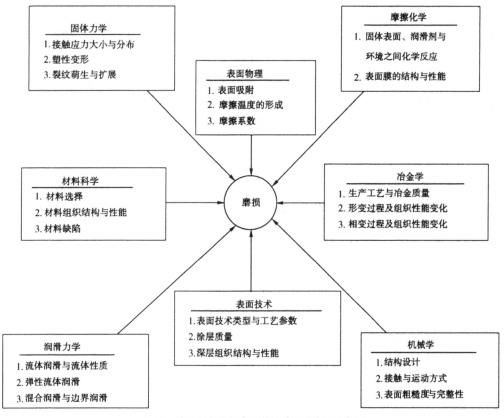

图4-2 表示材料磨损多学科性质和系统性示意图

磨损的速度较快。随着磨合的进行,摩擦表面粗糙峰逐渐磨平,实际接触面积逐渐增大,表面应力减小,磨损减缓。曲线趋于 A 点时,间隙增大到 s_0。该阶段曲线的斜率取决于摩擦副表面质量、润滑条件和荷载。如果表面粗糙、润滑不良或荷载较大,都会加速磨损。经过这一阶段以后,零件的磨损速度逐步过渡到稳定状态。机械设备的磨合阶段结束后,应清除摩擦副中的磨屑,更换润滑油,才能进入满负荷正常使用阶段。

磨合阶段的轻微磨损为正常运行、稳定运转创造条件。通过选择合理的磨合规程、采用适当的摩擦副材料及合理的加工工艺、正确地装配与调整、使用含有活性添加剂的润滑油等措施能够缩短磨合期。

2.稳定磨损阶段(Ⅱ阶段)

如图4-3 中的 AB 段。经过磨合,摩擦表面发生加工硬化,微观几何形状改变,建立了弹塑性接触条件。这一阶段磨损趋于稳定、缓慢。这一阶段工作时间与摩擦表面工作条件、技术维护好坏关系极大。使用维护得好,可以延长磨损寿命,从而提高机械的可靠性与有效利用率。稳定磨损阶段的特点是磨损量与时间成正比增加,间隙缓慢增大到 s_{max}。

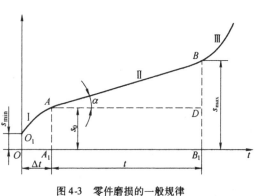

图4-3 零件磨损的一般规律

3.急剧磨损阶段(Ⅲ阶段)

如图4-3中曲线 B 点右侧部分。经过 B 点后,由于摩擦条件发生较大的变化,如温度快速增加,金属组织发生变化,使间隙 s 变得过大,增加了冲击,润滑油膜易破坏,磨损速度急剧增加,致使机械效率下降,精度降低,出现异常的噪声和振动,最后导致意外事故。

根据对磨损规律的分析,减缓磨损、延长配合副零件使用寿命的方法有:适当减小装配间隙 s_{min}。缩短磨合期。降低正常磨损阶段的磨损率。

二、磨料磨损

磨料磨损是常见的一种磨损。据估计,在各类磨损中,磨料磨损占59%左右。同时,磨料磨损又是危害最严重的一类磨损,其磨损速率或磨损强度都很大,致使机械设备的使用寿命大大降低,能源和材料耗费巨大。例如,在农业机械中,40%的配件是由于磨料磨损消耗掉的。冶金、矿山、建筑、工程等机械设备,由于磨料磨损造成的经济损失也是相当可观的。

磨料磨损是由硬颗粒或硬突出物引起材料破坏,分离出磨屑导致的磨损。

(一)磨料磨损分类

由于磨料磨损的表现形式是多种多样的,因而分类方法也很多。

图4-4是按力的作用特点、受磨损表面、相对硬度、相对运动进行分类的情况。常用的是按摩擦表面所受的应力和冲击力的大小分为凿削式磨料磨损、高应力碾碎式磨料磨损和低应力擦伤式磨料磨损。

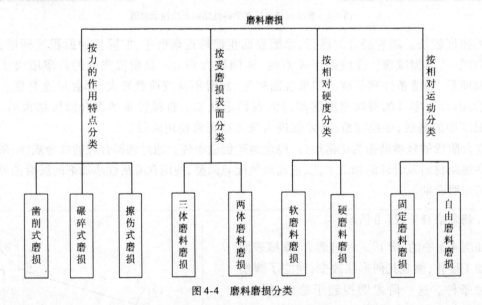

图4-4　磨料磨损分类

(1)凿削式磨料磨损。其特征是磨料以很大的冲击力作用切入摩擦件金属表面,由于受到很高应力,造成摩擦件表面宏观变形,并可从金属表面切削分离出金属屑,使摩擦件表面产生较深的沟槽和压痕。挖掘机的斗齿、碎石破碎机锤头等表面受到的是这类磨料磨损。

(2)高应力碾碎式磨料磨损。其特征是磨料与摩擦件表面作用应力高,超过磨料本身的压碎强度。磨料夹在两摩擦表面之间,产生很高的接触应力,磨料不断被碾碎,并划伤金属表面,在摩擦表面产生沟槽和凹坑。石料破碎机的颚板,轧碎机滚筒等表面受到的是这类磨料磨损。

(3)低应力擦伤式磨料磨损。其特征是磨料对摩擦面作用的应力低,不超过磨料自身的压碎强度,磨料对摩擦表面擦伤,形成细而浅的犁痕。推土机的铲刀、泥浆泵叶轮、整地农具的工作部件(如犁铧)等的磨损属于这类磨料磨损。

图4-5是典型的磨料磨损示意图。

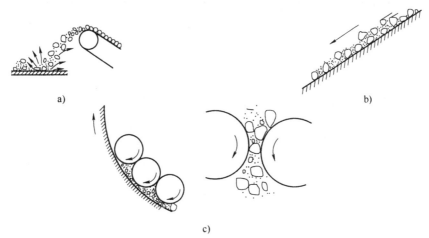

图4-5　典型的磨料磨损类型示意图

a)凿削式磨料磨损;b)低应力擦伤式磨料磨损;c)高应力碾碎式磨损

(二)磨料磨损的机理

1.金属材料的磨料磨损机理

主要有以微量切削为主的假说、以疲劳破坏为主的假说、以压痕破坏为主的假说和断裂起主要作用的假说几种。

前三种假说主要是针对韧性材料的,其机理是塑性变形起主要作用。第四种假说主要是针对脆性材料的,其机理是具有有限塑性变形的断裂起主要作用。

(1)微切削机理。该机理认为磨料磨损主要是由于磨料在金属表面产生微观切削作用而造成的。塑性金属同磨料摩擦时,在金属表面层内发生两个过程:塑性挤压,形成擦痕;切削金属,形成磨屑。在摩擦过程中,大部分磨料在金属表面上只留下两侧凸起的擦痕(即形成塑性挤压擦痕的磨料),小部分磨料(棱面在有利位置)将切削金属,形成磨屑,如图4-6所示。

(2)疲劳破坏机理。这一机理提出金属同磨料摩擦时,主要的磨损原因并不是由于磨料切下切屑,而是金属的同一显微体积的多次重复变形发生金属疲劳破坏,导致小颗粒从表层上脱落下来。也就是说,磨料对摩擦表

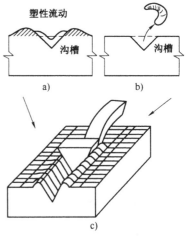

图4-6　材料因塑性变形发生磨损的两种情况

a)犁沟;b)微观切削;c)切削模型

面的法向力和切向力,使金属表面承受交变接触应力,造成材料的疲劳破坏。与此同时,也有微切削过程。

(3)压痕破坏机理。显微镜观察磨料磨损过程发现,当抛光的塑性材料金属表面紧贴在砂纸上时,个别磨料压入表面。移动试件时,压入试件的磨料就犁耕金属表面,使金属表面受到严重变形产生压痕,压痕两侧的金属,其他磨料很容易使其脱落。

(4)断裂破坏机理。当磨料压入和擦划金属表面时,压痕处的金属要产生变形。当磨料压入深度达到临界深度时,伴随压入而产生的拉伸应力足以产生裂纹。在擦划过程中,产生的裂纹可出现两种类型,垂直于表面的中间裂纹和从压痕的底部向表面扩展的横向裂纹。当横向裂纹相交或扩展到表面时,材料微粒便发生脱落,形成磨屑。

2. 材料和磨料的相互作用

从零件表层材料与磨料的相互作用来讲,磨料颗粒作用在材料表面,颗粒上承受的荷载可分解成法向分力和切向分力。在法向分力作用下,磨料的棱角刺入材料表面;在切向分力作用下,磨料沿平行表面方向滑动,若带有锐利棱角,并具有合适迎角的磨料能切削材料而成切屑,使切槽底部及两侧挤压产生塑性变形。如果磨料棱角不够锐利或刺入表面角度不适合切削,会使材料表面产生犁沟变形。

3. 磨料本身的磨损机理

磨料的硬度与磨损有很大关系,磨料硬度小,将会被压碎;磨料硬度高,磨损率会很大。

磨料磨损的显著特点是:磨损表面具有与相对运动方向平行的细小沟槽;磨损产物中有螺旋状、环状或弯曲状细小切屑及部分粉末。

(三)磨料磨损的影响因素分析

磨料磨损的机理是属于磨料磨粒的机械作用。它在很大程度上与磨粒的硬度、形状、大小、固定程度以及荷载作用下磨粒与被磨材料表面的力学性能有关。

1. 金属摩擦面材料的性质

一般情况下,金属材料的硬度越高,耐磨性越好。图4-7所示为材料硬度与相对耐磨性的关系。图4-8为四种典型显微组织与相对耐磨性的关系。

材料的硬度反映抵抗磨料压入的能力,断裂韧性反映抵抗裂纹产生和扩散的能力。材料的硬度和断裂韧性发挥最佳的配合作用,耐磨性才最佳。

若表面材料能以弹性变形的方式去适应磨料,允许磨料通过而不发生塑性变形或切削作用,则表面材料的破坏可减轻或避免。

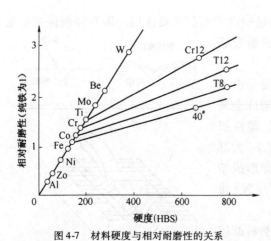

图4-7　材料硬度与相对耐磨性的关系

2. 磨料性质

磨料粒度对材料的磨损率存在一个临界尺寸。图4-9表述了磨料粒度与磨损率之间的关系。由图可以看出,磨料粒度的临界值为 $60 \sim 100 \mu m$。

磨料的硬度越大,磨损率越高。几何形状呈棱角状的磨料,其挤切磨损能力比呈圆滑状磨料强。

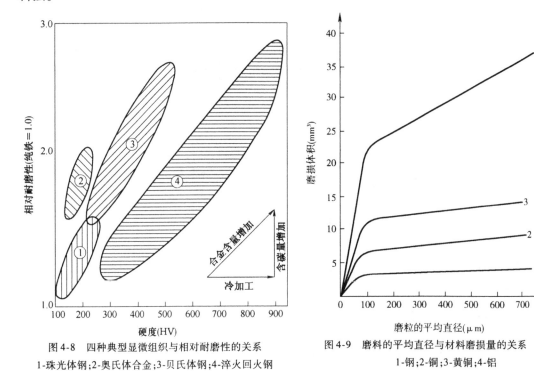

图4-8 四种典型显微组织与相对耐磨性的关系
1-珠光体钢;2-奥氏体合金;3-贝氏体钢;4-淬火回火钢

图4-9 磨料的平均直径与材料磨损量的关系
1-钢;2-铜;3-黄铜;4-铝

3.其他因素

影响磨料磨损还有许多其他因素,例如摩擦表面相对运动的方式、磨损过程的工况条件等。

(四)减少磨料磨损的措施

对于工程机械中的许多承受磨料磨损的零件,主要是选择合适的耐磨材料,优化结构与参数设计;对于轴颈与轴瓦、滚动轴承、缸套与活塞、机械传动装置等,应设法阻止外界磨料进入摩擦副,并及时清除摩擦过程中产生的磨屑。具体措施为:对空气、油料过滤;注意关键部位的密封;经常维护、清洗、换油;提高摩擦副表面的制造精度;进行适当的表面处理;两接触表面采用一软一硬的材料;在润滑系统、液压系统中装入吸铁石、集屑房和滤清器堵塞报警装置;及时清洗各种滤清器及更换滤芯等。

三、粘着磨损

粘着磨损是指两个做相对滑动的表面,在局部发生固相焊合,使一个表面的材料转移到另一个表面的磨损。

(一)粘着磨损的机理

由于摩擦表面粗糙不平,两摩擦表面实际上只是在一些微观点上接触。在重载或润滑不良时,由于法向荷载的作用,接触点的压力很大,使金属表面膜破裂,两表面的裸露金属直接接触,引起塑性变形和表面局部温度急剧升高,接触表面金属因此熔化且又迅速冷却,在接触点上发生焊合,即粘着。当两表面进一步相对滑动时,粘着点便发生剪切及材料转移现象。在邻近区域,凸出的材料又可能发生新的粘着。直至最后在表面上脱落下来,形成磨屑。这一过程可用图4-10表示。

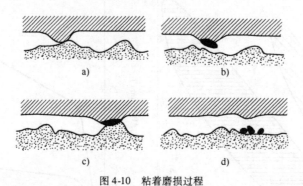

图4-10 粘着磨损过程

a)微凸体粘着;b)粘着点剪断材料转移;c)再次粘着;d)再次剪断,材料脱落

粘着磨损的过程可描述为:摩擦表面相对滑动时,粘着点被剪切,随后再粘着、再剪切,最后使摩擦表面破坏并形成磨屑。粘着磨损的大小与粘着点的剪切位置有关。

(二)粘着磨损的类别

根据粘着点与摩擦副材料强度、荷载工况以及摩擦表面的破坏的程度,粘着磨损可分为轻微磨损、涂抹、擦伤、撕脱和咬死等类型。详见表4-1。

粘着磨损的分类　　　　　　　　　　　　　　　　　　　　　　　　　表4-1

类别	破坏现象	损坏原因	实例
轻微磨损	剪切破坏发生在粘着结合面上,表面转移的材料极轻微	粘着结合强度比摩擦副的两基体金属都弱	轴与滑动轴承、缸套与活塞环
涂抹	剪切破坏发生在离粘着结合面不远的较软金属浅层内,软金属涂抹在硬金属表面	粘着结合强度大于较软金属的剪切强度	发动机主轴轴颈与巴氏合金轴瓦、重载蜗轮副
擦伤	剪切破坏,主要发生在软金属的亚表层内,有时硬金属亚表面也有划痕	粘着结合强度比两基体金属都高,转移到硬面上的粘着物质又拉削软金属表面	减速器齿轮表面、发动机活塞与缸套内孔
胶合	剪切破坏发生在摩擦副一方或两方金属较深入处	粘着结合强度大于任一基体金属的剪切强度,剪切应力高于粘着结合强度	主轴—轴瓦
咬死	摩擦副之间咬死,不能相对运动	粘着结合强度比任一基体金属的剪切强度都高,且粘着区域大,剪切应力低于粘着结合强度	齿轮油泵中的轴与轴承、齿轮副、不锈钢螺栓与螺母,主轴—轴瓦等

粘着磨损存在三条规律:材料的磨损量与法向荷载成正比;与滑动距离成正比;与较软材料的屈服点或硬度成反比。

(三)影响粘着磨损的因素

影响粘着磨损的因素有很多,主要因素如下:

1. 摩擦表面的状态

摩擦表面越洁净,摩擦接触区分子引力的作用增强,越可能发生表面的粘着。因此,应尽可能使摩擦表面有吸附物、氧化层和润滑剂。

2. 摩擦表面的成分和金相组织

一般规律是互溶性越好,粘着倾向越大。同种材料互溶性好,异种材料互溶性差,故同种材料间的磨损比异种材料的磨损大得多。一般面心立方点阵的金属明显比其他点阵形式金属的粘着倾向大,而六方点阵表现了最小的粘着倾向。材料的硬度增加时,粘着的倾向减少。

3. 荷载与速度的影响

当荷载较轻时,金属表面有氧化膜保护,不会发生粘着。当荷载或速度增大,微观接触点上的温度升高,氧化膜遭到破坏,就会发生严重粘着磨损现象。然而,当荷载较大或速度极高、摩擦表面温度很高时,磨损率反而显著下降,这是因为裸露出的金属会在高温下迅速生成新的保护膜。

(四)减少粘着磨损的措施

1. 合理润滑

合理选用润滑剂,保证摩擦面间形成液体润滑状态,隔离互相摩擦的金属表面是最有效、最经济的措施。

2. 选择互溶性小的材料配对

铅、锡、银、铟等在铁中的溶解度小,用这些金属的合金做轴瓦材料,抗粘着性能极好(如巴氏合金、铝青铜、高锡铝合金等),钢与铸铁配对抗粘性能也不错。多相金属的粘着倾向小,脆性材料比塑性材料的抗粘着性能好。

3. 金属与非金属配对

钢与石墨、塑料等非金属摩擦时,粘着倾向小,用优质工程塑料做耐磨层是很有效的。

4. 适当的表面处理

表面淬火、表面化学处理、磷化处理、硫化处理、渗氮处理、Fe_3O_4 处理以及适当的喷涂处理、提高零件表面的储油性,都能提高金属抗粘着磨损的能力。

5. 控制摩擦副零件的工作条件

如使发动机在正常的水温和润滑油温度下工作,避免长时间超负荷、超转速、低工作温度运转。

四、疲劳磨损

疲劳磨损(或称接触疲劳磨损)是摩擦副表面相对滚动或滑动时,材料微体积受周期荷载引起的很大的交变接触应力的作用而产生重复变形,当超过材料疲劳强度时,金属表层产生疲劳裂纹并不断扩展,最后引起表层材料脱落,造成点蚀和剥落,这一现象称为表面疲劳磨损。

疲劳裂纹一般在固体有缺陷的地方出现,这些缺陷可能是机械加工时造成的,也可能是材料在冶金过程中造成的,还可能在金属相之间和晶界之间形成。在摩擦磨损过程中,表面层发生塑性变形和发热,润滑油的作用等条件对疲劳磨损都会产生重要影响。

疲劳磨损主要发生在齿轮副、凸轮副、摩擦轮传动副以及滚动轴承的滚动体与内外座圈之间。其表现为摩擦表面出现大小、深浅不同的麻点状、痘斑状凹坑。结果是使零件在工作中噪声增加、振动增大、温度升高、磨损加剧,严重时失去工作能力。

(一)疲劳磨损的机理与类型

近年来,人们对疲劳机理的研究形成了一种新的、比较深入的理论,认为疲劳磨损主要是由于接触区循环切应力造成的。切应力的分布规律,如图4-11所示。

1. 疲劳磨损形成的原因

按裂纹产生的位置有三种解释:

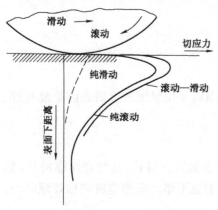

图4-11 摩擦表面接触区的切应力分布图

(1)裂纹在表面产生。在滑动接触过程中,材料表层受到周期性荷载作用引起塑性变形,表面硬化,最后在表面出现初始裂纹,并沿与滑动方向呈小于45°的倾角方向由表向里扩展。润滑油进入微裂纹、受挤压后产生楔裂作用加速裂纹的扩展。在荷载继续作用下,形成痘斑状的凹坑。

(2)裂纹从接触表层下产生。在纯滚或既滚又滑的接触过程中,根据弹性力学,两接触物体在距表面下剪应力最大处(纯滚时为$0.786b$处,b为赫芝接触区宽度之半)塑性变形最剧烈,在周期荷载作用下的反复变形使材料局部弱化,并在剪应力最大处出现裂纹,沿着最大剪应力方向扩展到表面,形成疲劳磨损。

(3)表面压碎剥落。这种破坏方式主要发生在表面经过强化处理的零件上,如渗碳、表面淬火等。其接触疲劳裂纹不是起源于最大切应力处,而是产生于表面硬化层与心部交界的过渡段。表层破坏的特征是由小的麻点坑发展成大块的麻斑,并使表层分布有错综的压碎裂纹,破坏深度可达$0.6mm$。

2. 疲劳磨损过程

根据摩擦表层发生的现象,可以认为疲劳磨损过程由三个发展阶段组成:表面的相互作用;在摩擦力影响下,接触材料表层性质的变化;表面的破坏和磨损微粒的脱离。图4-12为点蚀形成过程的框图。具体过程,如图4-13所示。

由图4-11可知,当一个表面在另一个表面做纯滚动或滚动加滑动时,最大切应力发生在亚表层。在它的作用下,亚表层的材料将产生错位运动,错位在非金属夹杂物及晶界等障碍处形成堆积。由于错位的相互切割产生空穴,空穴集中形成空洞,进而变成原始裂纹。裂纹在荷载作用下逐步扩展,最后折向表面。由于裂纹在扩展过程中互相交错,加上润滑油在接触点处被压入裂纹产生楔裂作用,使表层产生点蚀或剥落。当原始裂纹较浅时,表面为点蚀(麻点状),若原始裂纹在表层以下大于$200\mu m$时,表层材料呈片状剥落(麻坑状)。

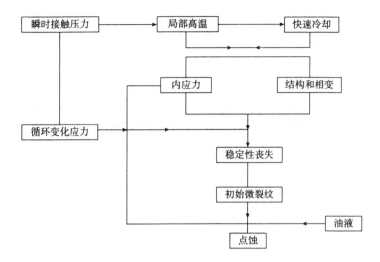

图 4-12 点蚀形成过程的框图

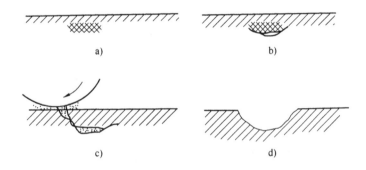

图 4-13 疲劳磨损过程示意图

a)亚表层变形堆积;b)亚表层空洞与裂纹;c)油楔的楔裂作用;d)形成剥落坑

(二)提高抗疲劳磨损的途径

能防止疲劳裂纹形成与扩展的措施都能减少疲劳磨损。具体可以考虑以下几条主要途径:

1.减少材料中的脆性夹杂物

脆性夹杂物边缘极易产生微裂纹,降低材料的疲劳寿命。硅酸盐类夹杂物对疲劳寿命危害最大。

2.适当的硬度

在一定的硬度范围内,材料抗疲劳磨损的性能随硬度升高而增大,对于轴承钢,抗疲劳的最佳峰值硬度为 HRC62 左右,钢制齿轮的最佳表面硬度为 HRC58～62。此外,摩擦副适当的硬度匹配也是减少疲劳磨损的正确途径。

3.提高表面加工质量

降低摩擦表面粗糙度和形状误差,可以减少凸体,均衡接触应力,提高抗疲劳磨损的能力。接触应力越大,对加工质量的要求也越高。

4．表面处理

对表面进行渗碳、淬火、表面喷丸、滚压等处理，可使表层产生残余压应力，提高接触疲劳抗力。

5．润滑

润滑油可使接触区压应力的集中荷载分散。润滑油黏度越高，接触区压应力越接近平均分布。润滑油黏度过低，则容易渗入裂纹，产生楔裂作用，加速裂纹的扩展和材料的剥落。在润滑油中加入适量的固体润滑剂(如二硫化钼)能提高抗疲劳磨损的性能。

6．装配质量

对齿轮和滚动轴承的装配应有严格的要求，保证装配精度，避免局部压力过大或变形。

7．清洁

要防止灰尘进入摩擦表面之间。对磨损磨粒要及时清除，避免硬磨粒对摩擦表面的磨损和局部应力过大产生压痕。

五、微动磨损

微动磨损是两固定接触面上出现相对小幅振动而造成的表面损伤，主要发生在宏观相对静止的零件结合面上，例如键连接表面、过盈或过渡配合表面、机体上用螺栓连接的表面、发动机曲轴主轴承钢背表面等。

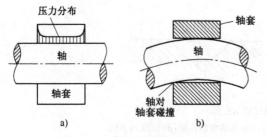

压力分布 轴套 轴 轴套 轴对 轴套碰撞

a) b)

图 4-14　车轴与轮毂静配合时的压力
分布和负荷引起的微动

微动磨损的主要危害是使配合精度下降，静配合的零件变松，更严重的是引起应力集中，导致零件疲劳断裂。如图 4-14 表示的是车轴与轮毂的静配合情况。图 4-14a)表示接触区的应力分布，在边缘处应力最大。图 4-14b)表示在运行过程中，由于负荷作用，轴发生弯曲，在两端出现微动。微动磨损会成为疲劳裂纹的核心，并可能引起结合件断裂。

(一)微动磨损的过程

当两接触表面具有一定压力并产生小振幅相对振动(振幅一般为 $2 \sim 20\mu m$，最大不超过 $100\mu m$)时，接触面上的微凸体在振动冲击力作用下产生强烈的塑性变形和高温，发生相互粘着现象。在以后的振动中，粘着点又会被剪断，粘着物在冲击力作用下脱落，脱落的粘着物与被剪断的表面因露出洁净表面会迅速氧化。这一过程如图 4-15a)所示。对于钢铁零件，氧化物以 Fe_2O_3 为主，磨屑呈红褐色。

由于两接触表面之间，没有宏观相对运动，配合较紧，故磨屑不易排出，留在结合面上起磨料的作用，磨料磨损取代了粘着磨损。这一过程如图 4-15b)所示。

随着表面进一步磨损和磨料的氧化，磨屑体积膨胀，磨损区间扩大，磨屑向微凸体四周溢出，见图 4-15c)。

随着振动过程的持续，邻近区域也发生微凸体转化成麻点坑的过程，使麻点坑连成一片，形成大而深的麻坑，如图 4-15d)所示。微动磨损实质上是一种疲劳磨损，粘着磨损、磨料磨损与腐蚀磨损兼而有之的综合型的磨损。

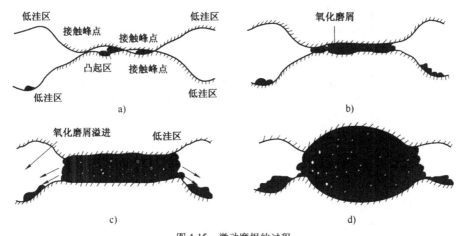

图 4-15　微动磨损的过程

a)凸起区粘着氧化;b)氧化物成为磨料;c)磨损物转移;d)形成麻坑

　　影响微动磨损的因素很多,并且各种因素不是简单的叠加,而是相互影响。这是微动磨损比其他磨损形式更为复杂和难以认识的主要原因,图 4-16 表示影响微动磨损的因素及其相互关系。

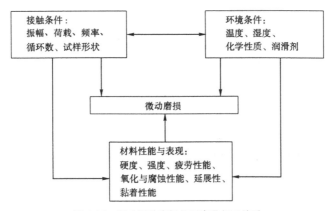

图 4-16　影响微动磨损的因素及相互关系

(二)减小微动磨损的措施

　　完全消除微动磨损是不现实的,但将其控制在一定限度内则是完全可能的。减小微动磨损的方法主要是:

1.改进设计

　　避免微动的根本办法是尽可能减少接触面,如用单一元件代替多元件的组合,或将配合面焊成一体,用焊接代替铆接。对于相对静止而不经常拆卸的配合面可用环氧树脂或其他粘接剂粘在一起等。

　　在无法消除微动的情况下,尽量避免在微动界面上的应力集中。图 4-17 表示静配合轴防微动磨损的改进设计。图 4-17b)表示可在配合面上将轴加粗,并用圆弧过渡到正常直径处。图 4-17c)表示可在配合面边沿附近加一弧形槽改变压力集中部位。

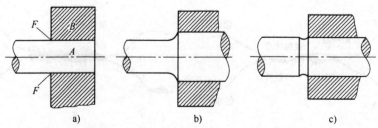

图 4-17　静配合轴防微动磨损的改进设计

2. 材料的选择

微动磨损常常从粘着磨损开始,因此凡是能抵抗粘着磨损的材料,都对防止微动磨损有利。由同一种金属或晶格类型、电化学性能和化学组成相近的金属及合金组成的摩擦副,易发生粘着。选择材料时,应尽量避免使用性质相同或相近的材料。

3. 采用表面强化工艺

采用各种表面强化工艺,可不改变设计和材料,经济易行。表面强化工艺种类繁多,防微动磨损比较有效的有:喷丸及滚压强化,渗硫、磷化、渗金属、电镀和化学镀、热喷涂以及离子束强化等。

六、腐蚀磨损

摩擦过程中,摩擦表面发生化学或电化学反应,生成腐蚀物,在随后的继续摩擦过程中,将腐蚀物磨损掉,以此不断腐蚀、磨损方式称之为腐蚀磨损。其重要特点是磨损过程中兼有腐蚀和磨损,并且以腐蚀为主导。腐蚀磨损可分为氧化磨损和特殊介质下的腐蚀磨损。

1. 氧化磨损

在摩擦过程中,摩擦的金属表面由于氧的作用而形成氧化膜层并不断在摩擦中被磨损除去,这种磨损称为氧化磨损。发生氧化磨损必须同时具备以下条件:摩擦表面要能够发生氧化,而且氧化膜生成速度大于其磨损破坏速度。氧化膜与摩擦表面的结合强度大于摩擦表面承受的剪切应力。氧化膜厚度大于摩擦表面破坏的深度。

金属表面生成的氧化膜层的性质对氧化磨损有重要影响。若金属表面生成紧密、完整无孔的,与金属表面基体结合牢固的氧化膜,则有利于防止金属表面氧化。

氧化膜硬度 H_o 及与其结合的基体金属的硬度 H_b 的比值对氧化磨损的影响也比较大。若 $H_o > H_b$,膜即使在小的荷载下,也易破碎和磨损。若 $H_o \approx H_b$,荷载作用下变形小时,因两者变形相近,故氧化膜不易脱落。但若受大的荷载作用,变形大,氧化膜也易破碎。最有利的情况是 H_o 和 H_b 都很高时,在荷载作用下变形小,膜不易破碎,耐磨性好。

2. 特殊介质下的腐蚀磨损

它是摩擦副金属材料在与酸、碱、盐等介质起作用生成的各种化合物,在摩擦过程中不断被除去的磨损过程。

特殊介质下腐蚀磨损的磨损速率较高,而且与介质的腐蚀性质、作用温度、相互摩擦的两金属形成电化学腐蚀的电位差等有关,介质腐蚀性越强、作用温度越高,腐蚀磨损速率越大。假如摩擦表面受腐蚀时能生成一层结构致密且与金属基体结合牢固、阻碍腐蚀继续发生或使腐蚀减缓速度的保护膜,则腐蚀磨损速率将减小。此外,机械零件或构件受到重复应力作用时,所产生的腐蚀速率比不受应力时快得多。

腐蚀介质来源有:工作介质;工作过程中产生的腐蚀性介质作用;极压齿轮油中的极压添加剂(在一定温度和压力下,油中的添加剂能放出活性元素硫、氯、磷等,它们与金属表面作用生成化学反应膜,防止金属表面产生粘着磨损,而代之以缓慢的腐蚀磨损);润滑油在工作中受氧化形成有机酸等。

特殊介质作用下的腐蚀磨损,可通过控制腐蚀介质的形成条件,以及选择合适的材料等来提高抗腐蚀磨损的能力,降低腐蚀磨损过程的速率。防止腐蚀磨损的方法与途径,见表4-2。

防止腐蚀性磨损的方法与途径   表4-2

腐蚀磨损	氧化磨损	1. 当接触荷载一定时,应控制其滑动速度,反之则应控制接触荷载; 2. 合理匹配氧化膜硬度和基体金属硬度,保证氧化膜不受破坏; 3. 合理选用润滑油黏度,并适量加入中性极压添加剂
	特殊介质腐蚀磨损	1. 利用某些特殊元素与特殊介质作用,形成化学结合力较高、结构致密的钝化膜; 2. 合理选用摩擦润滑剂; 3. 正确选择摩擦副材料

七、冲蚀磨损

冲蚀磨损是指材料受到固定粒子、液滴或液体中气泡冲击时,表面出现的损伤现象。冲蚀磨损可以分为硬粒子冲蚀、液滴冲蚀和气蚀。

(一)硬粒子冲蚀

冲蚀零部机件的粒子小而松散,粒子平均直径小于1mm,冲击速度在50m/s以内,粒子硬度高于被冲蚀材料的表面硬度,这是硬粒子冲蚀的主要特点。

产生冲蚀磨损的条件是:零部件与流体相对运动;流体中含有硬颗粒。如水泥输送车用气流输送干水泥粉会冲蚀输送管道,特别是弯头;燃油中的硬粒子会对柴油机燃油系统的精密偶件造成冲蚀。

硬粒子冲蚀磨损的机理,一般认为与磨料磨损类似,并伴随腐蚀现象,其冲蚀磨损过程中存在着脆性和延性两种不同的冲蚀机理。

影响硬粒子冲蚀磨损的主要因素有三个方面:环境参数,如粒子的速度、浓度、入射角、冲蚀时间、环境温度等;磨料性质,如粒子的硬度、粒度、可破碎性等;表面材料性能,如热物理性能、材料强度等。

防止硬粒子冲蚀的措施有:应尽量消除冲蚀产生的条件(例如,防止流体中夹带硬颗粒);从材质选择以及其他措施考虑,使冲蚀磨损作用尽可能减弱。

(二)液滴冲蚀

液滴冲蚀是软粒子冲蚀中的一种特殊情况。当液滴高速冲击零件表面时,会造成零件表面的损伤。

试验证明,当用速度为720m/s的水射冲钢的表面时,在直径为1.3mm的射流面积上,峰值荷载达到6 300N。因此,当高速水滴冲向零件平整的表面时,足可以冲出一个凹坑,当下一个液滴再冲向凹坑时,能量更加集中,在凹坑底部产生微射液,像锥子一样刺向深处,表面受到这些破坏后,腐蚀现象也就接踵而至,加速了整个表面的损伤。图 4-18 表示液滴冲蚀的过程:图 4-18a)表示液滴冲击区中产生的环形裂纹,或塑性很大的材料受冲击时产生的浅凹坑;图 4-18b)表示高速径向流动沿冲击区向外扩张,并与表面上的凸峰点相遇时出现剪切作用所造成裂纹的情况;图 4-18c)表示另一个随之而来的液滴使凸峰点开裂;图 4-18d)表示在冲击区深点坑上出现了加速破坏,这是冲击波从坑侧面反弹而出现高能量的微射流作用而引起的。

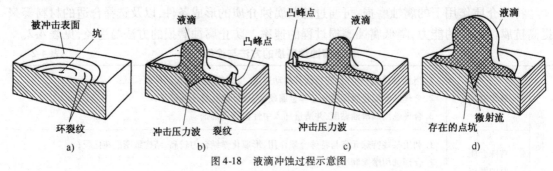

图 4-18　液滴冲蚀过程示意图

a)液滴冲击后的形貌;b)、c)液滴法向与切向冲击波;d)液滴的微射流作用

通常,液滴冲蚀中液滴直径变大其冲蚀能力也增大,材料表面粗糙度的降低及表面的平整,可提高其抗冲蚀能力。

（三）气蚀

气蚀也经常称之为穴蚀。当零件与液体接触,并有相对运动时,液流中的气泡对零件表面造成的损伤现象称为气蚀。这种破坏造成的机械失效常见于轮船的螺旋桨叶片、泵、阀门、浮筒、水轮机叶轮、湿式柴油机缸套外壁、高压泵柱塞副、曲轴主轴承等。这种破坏形式的主要特点是在局部区域出现麻点、针孔,严重时呈聚集的蜂窝状的孔穴群。孔径可达 1mm 甚至几毫米,深度可穿透零件壁厚,成为决定机械零件寿命的主要因素。

关于气蚀产生的机理,还没有公认的科学解释,需进一步深入研究。一般认为,液体在流动时因流速变化或者固体表面的振动,使液体某特定部位局部出现压力下降至低于液体的饱和蒸气压时,溶解在液体中的空气析出成核,并长大至一稳定尺寸。当压力再次升高或气泡随液体流动到达高压区时,气泡将被压缩变形,最后被压溃、破裂,气泡周围的液体急速向气泡中心涌进,气泡溃灭速度可达 500m/s,在气泡破裂的瞬间引起液体局部压力剧烈变化,并从溃灭中心呈对称地向周围液体发出高达几百兆帕甚至上千兆帕的局部冲击压力和达数百度高温的微射流。如果气泡在紧靠零件表面破裂,就会对零件表面产生很大的冲击和挤压,使零件表面产生塑性变形,并导致疲劳损坏而脱落。这种破坏在开始时呈针状小孔,随后扩展、加深成为泡沫海绵状。因此,气泡被压溃瞬时产生的局部高压和微射流冲击金属是发生气蚀的力学原因和根本原因,液体的化学或电化学腐蚀作用以及液流中含有的颗粒等将加剧这一破坏过程。

以发动机湿式缸套为例。当发动机工作时,汽缸内的气体压力呈周期性变化,而且活塞在往复运动的同时产生活塞侧压力,活塞与缸套间存在间隙。当活塞通过上止点时,侧压力改变方向,活塞与缸套的主要接触区从一侧转靠到对面时,对汽缸套产生撞击,使缸套发生高频振动,从而使缸套中冷却液的压力也产生很大波动,出现交替的拉伸和压缩。当冷却液受到拉伸时,水的连续性遭破坏,产生气泡;当冷却液受到压缩时,冷却液中还未逃逸的气泡受压缩后溃灭。当气泡的直径 $d(\mathrm{cm})$ 与缸套振动的频率 $f(\mathrm{kHz})$ 成 $d \cdot f = 0.66$ 关系式时,气泡将于缸套频率共振,产生剧烈的爆破。设初始水泡周围的水压力为 p_0,水泡的初始半径为 R_0,当水泡收缩到半径等于 R 时,全部水移动的能量为:

$$W = \int_R^{R_0} 4\pi r^2 p_0 \mathrm{d}r = \frac{4}{3}\pi p_o(R_0^3 - R^3) \tag{4-1}$$

压力的上升量:

$$\Delta p = \sqrt{\frac{2}{3}\frac{p_0}{\beta}\left[\left(\frac{R_0}{R}\right)^3 - 1\right]} \tag{4-2}$$

当 $R \to 0$ 时,$\Delta p \to \infty$

式中:β——水的压缩率。

当气泡压溃发生在缸套外表面时,就会对缸套表面局部造生冲击和挤压,造成气蚀破坏,其破坏部位在连杆摆动的平面内汽缸套承受活塞最大侧压力一方。

早期的发动机没有气蚀这一现象,在近些年,高速、大功率、低比重量的发动机由于结构日益紧凑,零件壁厚减薄,才越来越多出现这种情况。

防止气蚀破坏的措施有:尽可能减少液体内的压力波动,防止液流中产生气泡的萌生与溃灭。例如,采用减振措施;与液体接触的零件表面设计成流线型;加宽液流通道,避免通道弯曲,防止液体产生涡流;加大液体静压力;除去液体中杂质以及在液体中加入乳化剂(如 NT855 发动机防腐蚀过滤器,内装磷酸钠 $\mathrm{Na_3PO_4}$)等。选用强度高、抗腐蚀性能好的材料,如不锈钢、陶瓷、尼龙等。零件发生气蚀部位的表面覆盖高强度耐蚀层。对液体加强降温措施,在液体中添加缓蚀剂及防乳化油。增加零件刚度,适当减小配合件间的配合间隙,机械工作应柔和,减少振动。

第二节 机械零件的变形

机械设备在工作过程中,由于受力的作用而使零件的尺寸或形状发生改变的现象称变形。

机械零部件在使用中,因变形过量造成失效是机械失效的重要形式之一。如工程机械机架的扭曲变形、内燃机曲轴的弯曲和扭曲、机体的变形翘曲、齿轮轴的弯曲变形等。机械零件的变形超过允许极限,将会引起结合零件出现附加荷载,相互关系失常,加速磨损,卡滞或卡死,剧烈的振动或噪声,荷载分布不均匀等,造成零件及支承结构的损坏,甚至造成断裂等灾难性后果。因此,对于因变形引起的失效,应给予足够重视。

维修实践证明:即使对磨损的零部件进行了修复,恢复了零件原来的尺寸、形状和配合性质,但装配后仍达不到预期的效果。出现这种情况通常是由于零件变形,特别是基础件的变形,使零部件之间的相互位置精度遭到破坏,影响了零部件之间的相互关系。由于基础件形状和结构较复杂,变形的测量和校正目前还没有简单易行的方法,加之变形对机械设备的技术状态和寿命的影响又不易直观发现,所以,至今对变形的重视及研究还远远不够。在机械设备向高精度、高科技含量、高效率、大功率、低自重方向迅速发展的今天,变形问题会越来越突出,它将成为制约提高机械维修质量的一个重要因素。因此需深刻研究变形的机理,了解变形的规律,认真分析掌握产生变形的原因,采取措施减轻变形带来的危害。

一般零部件的变形有三种情况：弹性变形、塑性变形和蠕变。零部件的变形方式，如表4-3所示。

变 形 方 式

表 4-3

类型	变 形 形 式	失 效 原 因	举 例
变形	扭曲	在一定荷载条件下发生过量变形,使零件失去应有的功能而不能正常工作	花键、机架
	拉长		紧固件
	胀大超限		箱体
	高低温下的蠕变		动力机械
	弹性元件产生永久变形		弹簧

一、金属零件的弹性变形

1. 金属弹性变形的机理

金属原子间存在着相互平衡的力——吸引力和排斥力。吸引力使原子彼此密合到一起，而排斥力则使原子间不能接近得太紧密。在正常情况下，原子占据的是这两种力保持平衡的位置。这种互相作用情况可用双原子模型来分析，如图4-19所示，也可以从如图4-20所示的弹性变形时晶体的变化看出。

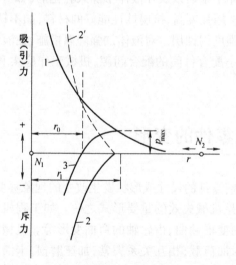

图 4-19　原子间的相互作用

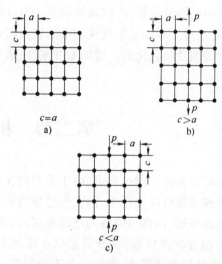

图 4-20　弹性变形时晶体的变化

图4-19中 N_1 和 N_2 分别代表晶体相邻两原子的中心；曲线1代表两原子间的吸力随距离 r 的变化关系；曲线2代表两原子间的斥力随距离 r 的变化关系；曲线2′为曲线2的对称投影；原子间最终的合力如曲线3所示。在无外力作用情况下，原子间的距离 $r=r_0$，此时吸力与斥力平衡，曲线3与横轴相交；此时原子间相互作用能最小，在能量上原子处于最稳定的状态；原子间距离此时亦最为稳定，如图4-20所示。

当施加外力，使原子间距离靠近，$r<r_0$，或原子间距离拉远 $r>r_0$ 时，都必将产生相应的相斥抗力（图4-20c）或相吸抗力（图4-20b），与之建立新的平衡。当外力去除后，又出现新的不平衡；原子重新回到原来相互平衡的位置 $r=r_0$。这就是弹性变形的机理。因此，弹性变形是由于外力所引起原子间距离发生可逆变化的结果。

2. 包申格效应

当对一个试件预先加载变形,然后再同向加载变形时,弹性极限升高;反向加载变形时,弹性极限降低;这种现象被称为包申格效应。这种现象在所有退火状态或高温回火状态的金属或合金中都可发现。

3. 弹性后效及其应用

弹性后效指的是金属材料在低于弹性极限应力范围内受某一不变荷载作用,其应变随时间缓慢增长,在去除荷载后,应变需要经过一段足够时间之后才能逐渐恢复原状的现象,如图4-21所示。

把一定大小(弹性极限以内)的应力骤然加到多晶体试样上,试样立即发生的应变,只是该力所应该引起的总应变(OH)的一部分(OC),其余部分的应变是在该负荷恒定的长期保持下逐渐发生的,这一现象称之为正弹性后效。当外力骤然去除时,应变也不是全部立即消失,而只是消失一部分(DH),其余部分(OD)也是逐渐消失的,这一现象称之为反弹性后效(负弹性后效)。

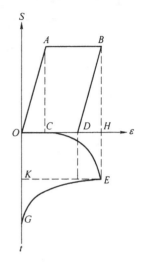

图 4-21 弹性后效

对于金属这样的实际弹性体,当对它施加一定的应力时,它除了产生一个瞬时应变以外,还会产生一个随时间而变化的附加应变,这一现象称为弹性蠕变。弹性蠕变发生在弹性后效之前,二者统称为滞弹性。

弹性后效与金属材料的性质、应力大小和状态以及温度等有关。金属组织结构愈不均匀,作用应力愈大,温度愈高,则弹性后效愈大。通常,经过校直的轴类零件过了一段时间后又会发生弯曲,就是弹性后效的表现,所以校直后的零件都应进行回火处理。钢的回火温度是 300 ~ 450℃。

二、金属零件的塑性变形

1. 金属塑性变形的特点

(1)引起材料的组织结构和性能发生变化。

(2)较大的塑性变形会使多晶体的各向同性遭到破坏而表现各向异性,金属产生硬化现象。

(3)多晶体在塑性变形时,各晶粒及同一晶粒内部的变形是不均匀的,当外力去除后晶粒的弹性恢复也不一样,因而产生内应力。

(4)塑性变形使原子活泼能力提高,造成金属的耐磨腐蚀性下降。

2. 金属塑性变形的类型

金属零件的塑性变形,从宏观形貌特征上看主要有翘曲变形、体积变形和时效变形等。

(1)翘曲变形。当金属零件受外加机械应力、热应力或组织应力等的作用,其实际应力值超过了金属在该状态下的拉伸屈服极限或压缩屈服极限后,就会产生呈翘曲、椭圆和歪扭的塑性变形。此种变形常见于细长轴类、薄板状零件以及薄壁的环形和套类零件。金属零件产生翘曲变形是自身受复杂应力综合作用的结果。

（2）体积变形。金属零件在受热与冷却过程中,由于金相组织转变引起比容变化,导致金属零件体积胀缩的现象称为体积变形。例如,钢件淬火相变时,奥氏体转变为马氏体或下贝氏体,比容增大、体积膨胀。钢件中含碳量越多,形成马氏体时的比容变化越大,膨胀量也大。钢中碳化物不均匀分布也会增大变形程度。发生在金属零件局部范围内的体积变形,往往是在该区域产生微裂纹的原因。

（3）时效变形。金属零件中的不稳定组织引起的内应力,在常温或零下温度较长时间的放置或使用过程中,会逐渐消除或趋于稳定,伴随此过程产生的变形称为时效变形。

3.金属塑性变形的机理

（1）单晶体塑性变形。单晶体材料的塑性变形是在切应力作用下发生的,主要以滑移和孪晶两种方式进行。当切应力超过晶体的弹性极限后,晶体的一部分沿着原子排列最紧密的晶面(滑移面)并沿着该晶面上原子排列最紧密的方向(晶面间的间距较大,原子结合力较弱)发生相对滑动,这就是滑移方式的塑性变形,如图 4-22 和图 4-23 所示。这种相对滑动不能复原,大量层片间滑动的累积表现为宏观的塑性流动。滑移的结果会产生滑移线和滑移带,如图 4-24所示。

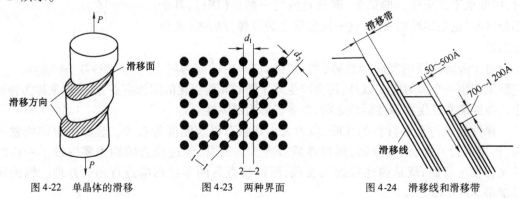

图 4-22　单晶体的滑移　　　　图 4-23　两种界面　　　　图 4-24　滑移线和滑移带

晶体的滑移并非是晶体一部分沿着滑移面与晶体的另一部分做整体刚性的滑动,而是以位错中心移动方式进行。在切应力作用下,位错中心前进一个原子距时,只要求位错中心附近原子做不到一个原子间距的位移就能实现。当位错线移动至晶体边缘时,就使晶体沿此滑移面产生了一个原子间距的台阶,而大量位错的移动导致晶体发生宏观的塑性变形。图 4-25 是刃位错在切应力作用下的运动。

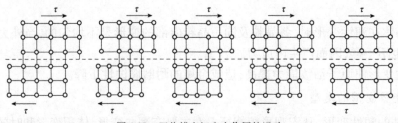

图 4-25　刃位错在切应力作用的运动

在塑性变形过程中,既有位错的运动,还能不断地有新的位错产生,形成位错的增殖。其增殖数量可远远大于移至晶体边缘而消失的位错数,使晶体的位错密度迅速增高并使晶体滑移面上的位移量达到一个可观的数值。位错与位错之间、位错与其他缺陷间的交互作用,溶质原子和第二相粒子的阻挡等使位错在晶体中移动受到阻碍。因此,随着位错密度增加,晶体强度提高。

晶体在滑移时,经常伴随着晶面的转动,如图 4-26 所示。

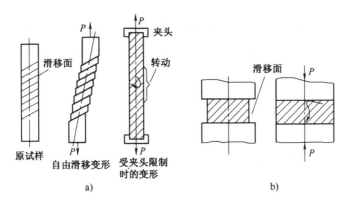

图 4-26　晶体滑移过程中晶面的转动
a)受拉力;b)受压力

孪生是晶体塑性流动的另一种基本形式。它通常发生在滑移系少的晶体中或在低温、冲击作用的条件下。通常孪生变形的特点是:在晶体的一部分发生了均匀的切变,不像滑移那样集中于滑移面进行。孪生变形区中各层晶面对应于一定晶面(孪生面),沿着一定方向(孪生方向)做相对移动。孪生变形后,晶体变形部分与未变形部分以孪晶面为分界面,构成了镜面对称的位向关系。孪生变形时,孪生面和孪生方向与晶体结构有关,但与滑移面、滑移方向不尽相同。孪生变形的发生也必须有一定的临界分切应力,但其值远较滑移临界分切应力大。

孪生与滑移的区别是:孪生的晶格取向是倾动的。切变是连续的。

(2)多晶体塑性变形。多晶体塑性流动的主要方式也是滑移和孪生。但是,由于多晶体通常由不同位向的晶粒组成,各晶粒受到晶界和相邻晶粒的制约,晶粒变形时必须克服晶界的阻碍以及需要相邻晶粒做相应的变形才能保持晶粒之间的结合和物体的连续性。因此,多晶体的塑性流动过程较单晶体复杂。

多晶体受外力时,因各晶粒的滑移系的位向不同,那些滑移面处于有利位向的晶粒首先滑移,但滑移只能局限于在各自晶粒内部进行,这样将导致位错在晶界附近逐步堆积,从而形成较大的应力场,它通过晶界作用到相邻的晶粒上。当作用力增大到一定值,相邻晶粒也会发生滑移,其结果使原先位错应力场得以应力松弛,反过来又使首先滑移的晶粒进一步滑移,依此方式进行下去,最后整个多晶体金属材料发生了塑性变形。

三、蠕变

金属在恒应力作用下发生缓慢塑性变形的现象称为蠕变。蠕变又分为三种:在再结晶温度以下发生的蠕变——对数蠕变。在再结晶温度区内发生的蠕变——回复蠕变。在接近熔点温度时发生的蠕变——扩散蠕变。

对数蠕变的特点是随着塑性变形的增加,材料内部出现加工硬化效应。在恒定应力作用下,变形速率直线下降。

回复蠕变发生时,材料内部同时出现再结晶过程,没有加工硬化现象,故在恒应力作用下,塑性变形速度恒稳,变形过程不断进行,直至断裂。

扩散蠕变因温度高,发生分子扩散现象,在低荷载作用下会很快断裂,这种失效形式工程上不常见。

蠕变主要与外加荷载的大小与温度的高低有关。当外加荷载较小或者温度较低时,蠕变将停止或蠕变速率很低;当外加荷载较大或者温度较高时,蠕变速率很高,甚至短时间内会发生蠕变断裂。

四、变形的原因

机械零件变形的原因主要是零件的应力超过材料的屈服强度所致,大致可从外荷载、温度、内应力、结晶缺陷等几个因素分析。

如温度升高,金属材料的屈服强度降低,临界切变抗力下降,容易产生滑移变形,而且引起体积膨胀而发生变形,同时各处体积膨胀不均匀还会产生内应力。当温度超过一定程度时,同时在一定应力作用下,金属材料将缓慢地发生蠕变。如果零件受热不均,各处温差较大,会产生较大的热应力和内应力而引起零件变形。

零件变形的原因是多方面的,往往是几种原因共同作用的结果。较小的应力也能使零件产生变形,而这种变形并不一定是一次产生的,实际上是多次变形累积的结果。

五、减少变形的措施

变形是不可避免的,只能从产生的原因及规律着手采取相应的对策来减少变形。如在机械设备大修时,除检查并修复零件配合面的磨损情况外,对于相互位置精度即零件的变形情况也必须认真检查、精心修复,修理质量才有保证。

1. 设计

设计时要考虑零件的强度、刚度、截面尺寸大小和形状等,考虑制造、装配、使用、拆卸、修理等问题。正确选用材料,注意工艺性能。如焊接的冷裂、热裂倾向;机加工的可切削性;热处理的淬透性、冷脆性等。要合理设计零部件,选择适当的结构尺寸,避免截面多变、尖角、棱角,尽量做到过渡平顺,多用圆角、倒角;厚薄悬殊的部分可开工艺孔或加厚太薄的地方;部件布置应合理,避免悬臂受力等。形状复杂的零件在可能的条件下应采用组合结构、镶拼结构,改善受力状况。形成较好的热对流效果,减少工作温度的差异。设计中注意应用新技术、新工艺和新材料。

2. 制造

在加工和装配中,要采取一系列工艺措施来减小内应力,防止和减少变形。如铸铁壳体零件自然时效处理不充分会存在残余内应力,应进行高温退火等人工时效处理消除内应力或利用振动的作用来消除内应力。高精度零件在精加工过程中要继续安排人工时效处理等。制造时,零件热处理不良会使其硬度和屈服强度降低,导致抵抗塑性变形的能力降低。不适当的装配,可能使零件承受附加荷载,引起变形。

在制订零件机械加工工艺规程中,应在工序、工步安排、工艺装备以及操作上采取减少变形的工艺措施。例如,采用粗精加工分开的原则;在粗、精加工中间留出一段存放时间,利于消除内应力。

在了解有些零件的变形规律之后,可预先加以反向变形量,经热处理后两者抵消;也可预加应力或控制应力的产生和变化,使最终变形量符合要求,达到减少变形的目的。

装配时应注意严格按规程进行,避免使零件承受附加荷载。如螺栓的紧固顺序应正确,拧紧力矩不能过大、过小或不均匀。

3. 修理

在修理中,除要满足恢复零件的尺寸、配合精度、表面质量等,还应注意要检查和修复主要零件的形状及位置误差,制定出与变形有关的标准和修理规范,大力推广能减小内应力及变形的新修复工艺,如刷镀、真空熔结等,用来代替传统的焊接。修理中应注意零件正确放置,如轴类零件应竖直放,以免产生变形等。

4. 使用

机械在使用中,应严格执行操作规程,避免超负荷、超速运行;发现零部件有局部变形,应及时校正;避免局部高温;避免剧烈冲击;机械出现故障征兆时及时维修,才可减少变形的发生。

第三节　机械零件的断裂

所谓断裂,是物体在机械力、热、磁、声响、腐蚀等单独作用或联合作用下,其本身连续性遭到破坏,发生局部开裂或分裂成几部分的现象。前者称为局部断裂,后者叫作完全断裂。

断裂是零件失效的重要原因之一,虽然与磨损变形相比其占失效的百分比较小,但零件的断裂往往会造成重大的机械事故,产生严重的后果,具有更大的危险性。

工程机械通常是在较严酷的工况下工作,工作环境较恶劣,荷载较高、短时间的超载很严重,而且频繁的起动、停车以及由于零件外形复杂造成的应力集中,都是促使零件发生断裂的因素。发动机内一个螺钉断裂,往往会造成杆缸而使整台机械报废;轮式机械转向节轴断裂,可能造成翻车,因此必须对断裂给予足够的重视。随着工程机械日益向着大功率、高转速的方向发展,断裂失效概率有所提高,造成的危害也越来越大,如近几年,建筑塔吊因断裂造成重大事故的事件时有发生。应该讲,研究断裂是一个日益紧迫的任务。

一、断裂的分类

按研究断口的具体需要,对断裂有不同的分类方法。

(一)按零件断裂后的自然表面即断口的宏观形态特征分类

1. 韧性断裂

韧性断裂也叫延性断裂,是金属材料在断裂前产生明显塑性变形,并且经常有缩颈现象的断裂。在发生塑性变形过程中,首先使某些晶体局部破断,裂缝割断晶粒而穿过,最终导致金属的完全破断。韧性断裂一般是在切应力作用下发生,故又称切变断裂。其断口的宏观状态呈杯锥体,或鹅毛绒状,暗灰色,边缘有剪切唇,断口附近有明显的塑性变形。

2. 脆性断裂

金属材料在断裂前无明显的塑性变形(变形量 < 5%),多沿着晶界扩展而突然发生的一类断裂叫作脆性断裂,也称晶界断裂。它的断口呈结晶状,常有人字纹或放射花样,平滑而光亮,且与正应力垂直(这种断口面称为解理面),故又称这种断裂为解理断裂。由于这种断裂通常在没有预示信号的情况下以极快速度发展而突然发生,因此是金属件的一种危害性很大的断裂失效模式。

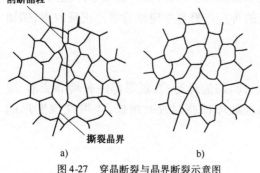

割断晶粒

撕裂晶界

a)   b)

图 4-27 穿晶断裂与晶界断裂示意图

a) 穿晶断裂;b) 晶界断裂

(二)按断口微观形态分类

在显微镜下观察断口微观组织,可将断裂分为穿晶断裂和晶界断裂,见图 4-27。裂纹穿过晶粒内部而发生的断裂为穿晶断裂,多数穿晶断裂为延性断裂,但也可以是脆性断裂。当裂纹沿结晶平面扩散,断面上的晶粒大多保持完整的,则称为晶界断裂(或解理断裂)。大多晶界断裂时,塑性变形量很小,故称为脆性断裂,韧性的晶界断裂只有在高温蠕变中才能发生。

(三)按断裂的原因分类

按零件断裂的原因分类是常用的分类方法。它将断裂分为过载断裂、疲劳断裂、氢脆断裂、腐蚀断裂、低应力脆性断裂、蠕变断裂等。

1. 过载断裂

零件在一次静拉伸、静压缩、静扭转、静弯曲、静剪切或一次冲击能量作用下的断裂称为过载断裂,也称一次加载断裂。一次加载的概念不是第一次加载。一般断裂发生在应力循环周次 $N_f < 10^3$ 均认为其是一次加载。

2. 疲劳断裂

经历反复多次的应力作用或能量负荷循环后才发生断裂的现象叫作疲劳断裂。疲劳断裂占整个断裂的 80% ~ 90%,它的类型很多,包括拉压疲劳、弯曲疲劳、接触疲劳、扭转疲劳、振动疲劳等。疲劳又根据循环次数的多少分高周疲劳(应力循环周次 $N_f > 10^4 ~ 10^5$)和低周疲劳($N_f < 10^4 ~ 10^5$)。广义的疲劳断裂还包括腐蚀疲劳、热疲劳等。

3. 其他断裂

腐蚀断裂是在腐蚀介质环境中,零件材料承受拉压力时发生的断裂;低应力脆性断裂是零件在制造过程中工艺不正确或使用环境温度低时材料变脆、在低应力下发生的断裂;由于氢的作用,零件在低于材料屈服强度时发生的断裂是氢脆断裂;零件在高于一定的温度下,缓慢发生塑性变形最后导致零件发生的断裂是蠕变断裂。

二、过载断裂

当零件外加荷载超过其危险截面所能承受的极限应力时,零件将发生断裂,这种断裂称为过载断裂。

零件强度设计不合理,结构上应力过度集中,操作失误,机械设备超负荷运行,使某些零件承受过大荷载,都可能导致过载断裂。

(一)过载断裂的主要特征

过载断裂的断口宏观特征与材料拉伸断口形貌类似。当材料塑性较好时,宏观断口显示出较大的塑性变形,而材料较脆时,零件断口显示出脆性。

过载断裂的断口通常分为三个区域。当断口处无应力集中时,三个区域的分布如图 4-28 所示,分别称为纤维区 F、放射区 R 和剪切唇区 S。

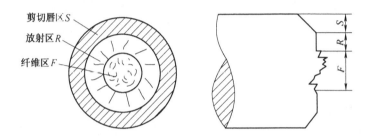

图 4-28 过载断口示意图(杯锥状)

纤维区 F 凹凸起伏,呈纤维状。纤维区受三向应力作用出现微小空穴,空穴不断扩大、聚集,形成所谓韧窝,留下纤维状特征。截面的断裂首先从纤维区中心开始,当纤维断裂区面积达到一定极限时,断裂裂纹便会迅速扩展。

放射区只是由纤维区裂纹迅速扩散而形成的区域,主要特征是有放射状花纹。材料塑性越大,放射状花纹也就越粗大。

剪切唇区 S 是由断裂最后阶段形成的区域。这一区域的表面比较光滑,而且与拉伸应力呈 45°交角,是由最大切应力形成的切断型断裂。

(二)特殊情况下过载断裂特征

1. 带应力集中槽的过载断裂

当裂口出现在应力集中槽部位时,则 F、R、S 三区完全颠倒,如图 4-29 所示。纤维区 F 分布在周围,即周围首先破断,然后裂纹向中央扩展,产生收敛形放射花纹区 R,最后在中央部位出现终断区(剪切唇)S。值得指出的是,如果零件的切槽为光滑圆弧,则断口形貌仍如图 4-28 所示。

2. 纯塑性金属断裂

纯塑性金属过载断裂时,也可能出现一种全纤维状断口,没有放射区与剪切区,两对偶的断面均为内凹的杯状,即双杯状断口。

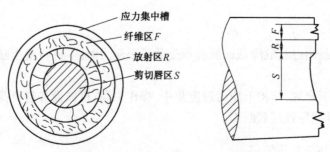

图 4-29　带有尖锐应力集中槽的过载断口

3.在冲击弯曲荷载作用下的断裂

这种过载断裂断口的显著特点是剪切唇不完整、宏观的塑性变形(缩颈)减小。

4.在扭转荷载作用下的过载断裂

扭转荷载过程断口分两种情况:当断口与扭转角呈 45°方向时,为拉断,断口形貌类似于图 4-28;当断口与扭转轴线垂直时,为剪断,周向剪应力较大,形成扭转状纤维区 F,中心部位为最后破断区,故其形貌类似于图 4-29。

(三)过载断裂的过程

金属零件过载断裂的过程,其实质是裂纹的产生和发展的过程。金属零件的裂纹是指金属材料内部出现金属的原子与原子之间原有原子结合键被破坏而导致原子与原子彼此分离的现象。裂纹通常按其长度大致分为裂纹核、微观裂纹和宏观裂纹。裂纹核的长度一般为 $3 \sim 10^3 \text{Å}$,微观裂纹的长度一般为 $10^3 \text{Å} \sim 1\text{mm}$,宏观裂纹的长度是 $1 \sim 1\ 000\text{mm}$。过载断裂从裂纹的产生和成长过程来讲,明显地分为三个阶段。

1.裂纹核的产生阶段

当对金属零件施加大于其材料的屈服极限的外载后,金属零件便会在材料中有线缺陷、应力集中、孔洞、有夹杂物等地方首先发生位错滑移而产生塑性变形。当滑移面上有障碍物时,(如晶界、杂质及第二相等)就会阻止位错运动,这样位错会就在这些障碍物前堆积而产生应力集中区,作用于障碍物上的力可达到外加应力的数倍。当位错堆积所形成的应变足以破坏原子结合键时,便产生了裂纹核。

2.微观裂纹的形成阶段

当第一个裂纹核产生后,致使晶体的一部分相对另一部分的滑移更加迅速,大量的位错就会在裂纹核周围产生运动和增殖,并且金属零件会出现外应力不变而应变迅速增加的蠕变现象。由于金属材料蠕变部分的塑性变形较大,因此这部分金属材料内部会产生许许多多的裂纹核。在外加荷载继续增加的情况下,这些裂纹核逐渐长大,并产生相互间的连接和贯通,进而形成微观裂纹。

3.瞬时断裂阶段

瞬时断裂过程在断裂力学中又称为裂纹的临界扩展过程。工程断裂力学认为各微观裂纹尖端的应力强度因子 K_I,超过了金属材料的断裂韧性 K_{IC} 时,微观裂纹便会迅速扩展,致使零件出现瞬时断裂的过程称为裂纹的临界扩展过程。

K_I 的大小反映了裂纹尖端附近区域内应力场的强弱程度。对不同形状的零件来讲,受力状况不同时,K_I 具有不同的表达式。

在一个微观裂纹形成后,金属的蠕变现象更加严重,大量的微观裂纹不断产生,同时微观裂纹迅速向材料的纵深方向发展,使许多裂纹迅速沟通,当局部破断(裂纹)发展到临界裂纹尺寸时,剩余载面承受的荷载超过其强度极限而导致完全破断。

三、疲劳断裂

疲劳断裂是工程结构和机械零件普遍而严重的失效形式,在实际失效件中,它占了较大的比重。

试验表明,给材料施加的疲劳荷载(即疲劳应力 σ)与断裂前循环周次 N 之间存在着 $\sigma^s(N)$ = 常数的关系(S 为与材料有关的常数)。若将 σ—$\ln N$ 作出如图 4-30 所示的曲线,则该曲线称之为疲劳曲线。一般有应力时效的合金取该曲线上水平阶段所对应的应力作为疲劳极限,如图 4-30 的曲线 a。如常温下的碳钢、合金结构钢、铸铁等,是以循环周次 $N = 10^7$(或 $N = 5 \times 10^6$)次时不断裂的最大应力作为疲劳极限(曲线出现水平阶段)。但是对于有色金属及其合金、超高强度钢以及在高温和腐蚀介质中承受疲劳应力的所有材料,因其不存在应变时效,而呈图 4-30 的曲线 b 特性(不会出现水平阶段),则应是根据技术条件要求,规定 N 为某一周次(如 10^7 或 10^8)时不断的应力作为疲劳极限。

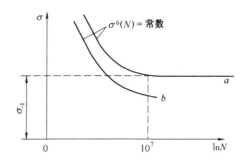

图 4-30　一般的疲劳曲线

(一)疲劳断裂的机理与特征

金属零件疲劳断裂一般经历裂纹萌生、疲劳裂纹亚临界扩展、疲劳裂纹扩展和瞬时断裂四个阶段。各阶段的形式与机理如下:

1. 疲劳裂纹萌生阶段

裂纹源一般是在金属的表面,只有当金属内部有较严重的冶金缺陷时,裂纹源才产生于内部或表层下。以下几种情况易产生裂纹:

(1)晶体滑移产生裂纹。滑移在金属表面形成"挤出峰"和"挤入槽",使挤出和挤入处尤其在峰根槽底部位应力集中,经过应力多次交变后在该处将形成裂纹——疲劳断裂源,如图 4-31 所示。因最初的滑移是由最大剪应力引起的。故挤入槽与挤出峰及原始裂纹源均与位伸应力呈 45°角。

(2)相界面产生裂纹。在外切应力作用下,粗大第二相或夹杂物与基体的界面处,位错堆集到一定程度后,界面强度将降低,形成分离,从而萌生裂纹。或者脆性夹杂物在交变应力下脆性解理,使裂纹早期形成。

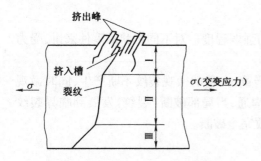

图 4-31 疲劳裂纹的萌生、扩展与断裂
Ⅰ-裂纹萌生稳定扩展阶段；Ⅱ-稳态扩展阶段；
Ⅲ-失稳态扩展阶段(瞬时断裂)

(3)晶界处产生裂纹。当滑移面上的位错在外力作用下沿一定方向运动遇到晶界障碍时,产生堆集,形成应力集中。在应力不断循环作用下,晶界处的应力集中得不到松弛时,应力将越来越大。当它超过晶界结合强度时,形成裂纹。

(4)孔穴聚集产生裂纹。在低周大应力疲劳中,有一定的塑性变形,在应力应变交变的情况下,位错运动较剧烈,位错缠结形成胞状结构。随着循环次数的增大,胞界上形成空洞,空洞扩大并增殖,最后连接成裂纹。

形成疲劳裂纹源所需的应力循环次数为 N_0,N_0 与应力大小成反比。当应力较大(接近或超过材料的屈服点 σ_s)时,N_0 较小,为低周疲劳;当应力小于 σ_s 时,N_0 增大,为高周疲劳。但如果材料表面或内部本身有缺陷,如气孔、夹杂、划伤痕迹等,都会使 N_0 大大减小。

2. 疲劳裂纹的亚临界扩展

一个含有表面初始裂纹 a_0 的零件,在承受静荷载时,只有当其应力达到临界应力 σ_c,即裂纹顶端的应力强度因子达到临界值 K_c 时,才会发生断裂(图 4-32)。静应力降低至 σ,则零件不会发生破坏。但是,假如零件承受的是与上述静应力 σ 相同大小的交变应力(图 4-32a),那么这个初始裂纹 a_0 便会发生缓慢的扩展,当它达到临界裂纹尺寸 a_c 时,同样会发生突然脆性破坏。裂纹在交变应力作用下,由初始值 a_0 到临界 a_c 这一扩展过程,叫作疲劳裂纹的亚临界扩展。一个具有一定长度裂纹的零件,虽然在静应力下不会发生破坏,但在交变荷载下,由于裂纹的亚临界扩展,经过若干循环后,有可能发生断裂。

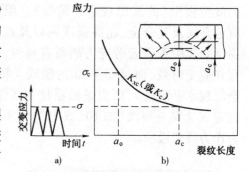

图 4-32 临界裂纹尺寸与亚临界裂纹扩展

在交变应力作用下,带初始裂纹的零件,其疲劳裂纹的亚临界扩展可定量的用扩展速率 da/dN 加以表示;其中 a 为裂纹尺寸,N 为交变应力的循环次数。在高循环疲劳范围内,应力强度因子 K_I 是控制裂纹扩展速率的重要参量。裂纹扩展率的半经验公式是:

$$\frac{da}{dN} = C(\Delta K_I)^n \tag{4-3}$$

式中:a——裂纹一半长度;

ΔK_I——裂纹尖端处与应力幅 $\Delta\sigma$ 相对应的应力强度因子的变化幅度,$\Delta K_I = K_{max} - K_{min}$;

N——应力循环周次;

C、n——由材料决定的常数,通过试验测定,也可查阅有关手册得到,绝大多数材料 $n = 2\sim4$。

疲劳裂纹扩展性存在一个极限值,即界限应力强度因子幅度 ΔK_{th},又叫作门坎值。当裂纹尖端的 $\Delta K_I < \Delta K_{th}$ 时,裂纹不发生亚临界扩展,并处于稳定状态。ΔK_{th} 是材料本身固有的性质,在断裂力学书籍中有各种材料的 ΔK_{th} 值。

3. 疲劳裂纹扩展阶段

金属疲劳裂纹的扩展是一个包括滑移、塑性变形与不稳定破裂交替作用的复杂过程,通常有明显的两个阶段,如图 4-33 所示。

疲劳裂纹扩展的第一阶段为切向扩展阶段。滑移带裂纹在交变应力的持续作用下,疲劳裂纹尖端将沿着与名义应力轴呈 45°方向滑移扩展。切应力疲劳裂纹扩展的深度,一般取决于材料的晶体结构、晶粒尺寸、应力幅值、温度、晶体与应力轴的取向、加载速度等。

随着切应力的减小和正应力的相应增大,疲劳裂纹就从扩展的第一阶段向第二阶段转变。第二阶段为正向扩展阶段。正应力疲劳裂纹产生以后,在交变应力作用下,绝大部分疲劳裂纹均与名义应力轴呈 90°夹角的平面扩展。

4. 瞬时断裂阶段

当裂纹在零件断面上扩展达到一定值时,零件残余断面不能承受其荷载(即断面应力大于或等于断面的临界应力)。这时,裂纹由稳态扩展转化为失稳态扩展,整个断面的残余面积便会在瞬间断裂。

综上所述,整个疲劳裂纹扩展由几个直线段组成,如图 4-34 所示。在①$\Delta K_1 \leqslant \Delta K_{th}$ 时,$da/dN \to 0$。②阶段:$\Delta K_1 > \Delta K_{th}$ 的低应力扩展阶段。此阶段断口的微观特征主要是疲劳条痕。③阶段:ΔK_1 上升,但 da/dN 减慢。裂纹前端两侧出现剪切唇。④阶段:为加速阶段,$da/dN \to \infty$。

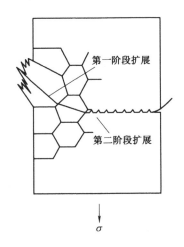

图 4-33 疲劳裂纹扩展的两个阶段

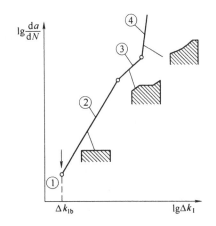

图 4-34 疲劳裂纹扩展速率$\left(\lg \dfrac{dN}{da}\right)$与应力强度因子幅度($\lg\Delta k_1$)的关系曲线

(二)疲劳断口的主要特征

典型的疲劳断口按照断裂过程有三个形貌不同的区域:疲劳核心区、疲劳裂纹扩展区和瞬断区。如图 4-35 所示的断口特征,是由单向弯曲荷载作用而出现的。随着荷载性质、应力大小以及应力集中等因素的变化,三个特征区的分布形态会发生变化。

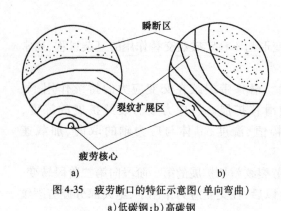

图 4-35　疲劳断口的特征示意图(单向弯曲)
a)低碳钢;b)高碳钢

1.疲劳核心区

用肉眼或低倍放大镜就能找出断口上疲劳核心位置,它是疲劳断裂的源区,一般在零件表面,但如内部有缺陷,这个疲劳核心也可能在缺陷处产生。当疲劳荷载较大时,断口上也可能出现两个或两个以上的疲劳核心区。

在疲劳核心周围,存在着一个以疲劳核心为焦点的非常光滑、细洁、贝纹线不明显的狭小区域。这是由于荷载作用,裂纹源反复张开闭合,使断口面磨光的缘故。

2.疲劳裂纹扩展区

该区是断口上最重要的特征区,常呈贝纹状或类似于海滩波纹状。每一条纹线标志着荷载变化(如机械起动或停止)时,裂纹扩展一次所留下的痕迹。这些纹线以疲劳核心为中心与裂纹扩展方向相垂直。对裂纹不太敏感的低碳钢,贝纹线呈收敛型(图 4-35a),而对裂纹敏感的高碳钢贝纹线则呈发散型(图 4-35b)。疲劳弧线的形状多受材料缺口敏感性、零件形状、疲劳核心数量等因素的影响。疲劳弧线的数量与加载情况有关,它是在加载有较大变化时留下的痕迹。加载若为恒定振幅或荷载变化很小时,断口则显得非常光滑,难见到疲劳弧线。在潮湿大气和高温条件下,疲劳弧线则特别明显。

3.瞬断区

瞬断区是疲劳裂纹扩展到临界尺寸后,残余断面发生快速断裂而形成的区域。该区域具有过载断裂的特征,即具有放射区与剪切唇,但有时仅出现剪切唇而无放射区。对于极脆的材料,瞬断区为结晶状脆性断口。

(三)疲劳断口分析

1.疲劳核心的分析

疲劳核心区是疲劳裂纹的发源区。它总是在强度最低、应力最高的部位出现。承受弯扭荷载的零件,表面应力最高,一般疲劳核心在表面。如果表面经过了强化处理(如滚压、喷丸等),则疲劳裂纹可移至表层以下。零件在加工、储运、装配过程中留下的伤痕,极有可能成为疲劳核心,因为这些伤痕既有应力集中,又容易被空气及其他介质腐蚀损伤。

此外,疲劳核心的数目与荷载大小有关,特别是对旋转弯曲和扭转交变荷载作用下的断口,疲劳核心的数目随着荷载的增大而增多。

2.裂纹扩展区分析

疲劳断口上的裂纹扩展区越光滑,说明零件在断裂前,经历的荷载循环次数越多,接近瞬断区的贝纹线越密,说明荷载值越小,如果这一区域比较粗糙,表明裂纹扩展速度快,因而荷载也比较大。

3.瞬断区分析

如果瞬断区面积很小,则零件承受的荷载较小;瞬断区周边如有毛刺,即有塑性变形,说明材料韧性较好;瞬断区如呈结晶状,并有碎裂现象,则说明材料极脆;破断区的偏心越大,说明零件的超载程度越小;最后破断区在截面的中心,超载程度较大,偏离中心的程度愈大,则超载程度愈小。

四、脆性断裂

金属零件因制造工艺不正确,或因使用过程中遭有害介质的侵蚀,或因环境温度不适,都可能使材料变脆,从而使金属零件发生突然断裂。这种性质的断裂一般称为脆性断裂,也有称为环境断裂的。

引起金属脆化的原因很多,例如氢或氢化物渗入金属材料内部可导致"氢脆";氯离子渗入奥氏体不锈钢中可导致"氯脆";硝酸根离子渗入钢材可出现"硝脆";与碱性接触的钢材可能出现"碱脆";与氨接触的铜质零件可发生"氨脆"。此外,在 $10 \sim 15℃$ 以下的环境温度,中低强度的碳钢易发生"冷脆"(钢中含磷所致)。含铝的合金,如果在热处理时温度控制不严,很容易因温度稍高而过烧,出现严重脆性。

五、减轻断裂危害的措施

几乎所有的零件由于各种原因均有宏观或微观裂纹,只是裂纹的大小、性质不同而已。有裂必断的概念是错误的。有裂纹的零件不一定立即就断,都有一段亚临界扩展时间,在一定条件下,裂纹还可不发展,有裂纹的零件也可不断。但是因断裂事故后果严重,目前在维修中一经发现裂纹都要加以修复或更换,重要零件则予以报废,因裂纹而报废的零件数量相当可观。

影响断裂的因素很多,只有在深入研究断裂的机理、充分认识断裂的规律之后,才能提出减轻断裂危害的有效措施。

(1)减少局部应力集中。通过断口分析可知,绝大部分疲劳断裂都是起源于应力集中严重的部位,因此减少局部应力集中,是减轻或防止疲劳断裂的最有效措施之一。

一般零件上只要有任何几何形状的不连续(通称为缺口),或者有存在于材料中的不连续时,它们附近的实际应力要比名义平均应力高得多,都可能产生应力集中。

静荷载下应力集中所起的作用不是十分显著,但在循环荷载或冲击荷载下,其影响是决定性的。所以在设计时应通过适当的结构布局(如增大圆角、开卸荷槽等)改善零件的结构形状,减小或改善局部应力集中。机械装配时,应注意装配精度,避免局部接触应力过大。焊缝通常是疲劳断裂的起源区域,焊接时尽量减小拉压力和避免裂纹产生。

(2)减少残余应力影响。各种加工和处理工艺过程,如拉拔、挤压、校直弯曲冲压、机加工、磨削以及焊接、热处理等均能引起残余应力。这些应力是由加工或处理时的塑性变形、热胀冷缩以及组织转变造成的。一般残余拉应力是有害的,残余压应力则是有益的。渗碳、氮化、喷丸和表面滚压加工等工艺过程均可产生残余压应力,它们将抵消一部分由外荷载引起的拉应力,因而减少了发生断裂的可能性。

(3)控制荷载防止超载。荷载对断裂有直接影响。为减轻或防止断裂,应十分注意零件所受荷载的大小。如防止零件承受过大的冲击荷载,防止发动机爆震燃烧和冷态下大负荷工作,运动零件应做动、静平衡试验。有些机械只能空载起动的,就不要负载起动。

（4）正确选择材料。应根据环境介质、温度、应力大小、负载性质、预计寿命等选择适宜的材料。注意采用"裂纹防止结构"，尽量降低表面粗糙度，提高防裂能力。利用金属纤维在不同方向上机械性能的差别，改善金属疲劳性能，防止零件断裂。

（5）正确安装，防止产生附加应力与振动。对重要零件，应防止碰伤拉伤，因为每一个伤痕都可能成为一个断裂源。

（6）防止腐蚀。金属表面的腐蚀易造成应力集中，使疲劳强度下降。应注意保护机械的运行环境，防止腐蚀性介质的侵蚀，防止零件各部分温差过大产生热应力。如冬季起动发动机时，需先低速空运转一段时间，待各部分预热以后才能负载运行。

（7）维修时，应避免可能导致零件断裂因素的产生。如避免因拆装、存放、加工而使零件表面损伤；裂纹和断裂零件可用焊接、粘接、铆接等方法修复；对不重要零件上的裂纹可钻止裂孔防止或延缓其扩展，并补强修复；在强度足够的情况下，定期清除零件表面，去掉已经形成的微裂纹（去皮法）。

（8）注意早期发现裂纹，定期进行无损探伤和检测。为了减轻零件断裂所造成的危害，在裂纹发生和发展的初期，及早发现，并采取有效修复措施。

第四节　机械零件的腐蚀

金属零件在某些特定的环境中，会发生化学反应与电化学反应，造成表面材料损耗、表面质量破坏、内部晶体结构损伤，最终导致零件失效。这一失效形式称为零件的腐蚀失效。

金属腐蚀给人类带来的损失是巨大的，它体现在造成金属材料的巨大损耗、经济上的巨大损失以及对人类生命财产的威胁等方面。全世界每年因腐蚀造成的金属损失量高达全年金属产量的 20% ~ 40%，由于金属腐蚀造成的直接损失占国民生产总值的 1.5% ~ 4.2%。按照国民生产总值（2013 年 GDP 56.88 万亿）3% 的损失量计算，我国每年将有近 1.7 万亿元的腐蚀损失。因腐蚀造成的间接损失诸如停工减产、物料流失、环境污染等比金属腐蚀本身的直接损失还要大很多。金属遭受腐蚀以后，会使组织变脆，容易断裂，在燃气、化工、核能、航天、运输等工业设备设施及工程机械上，一旦发生腐蚀断裂事故，往往会造成灾难性后果。

腐蚀损伤总是从金属表面开始，然后或快或慢地往里深入，并使表面的外形发生变化，出现不规则形状的凹洞、斑点等破坏区域。破坏的金属变为氧化物或氢氧化物，形成腐蚀产物并部分地附着在表面上。铁生锈就是最明显的例子。

工程机械设备经常在高温、露天或与一些腐蚀介质接触等恶劣条件下工作，疲劳腐蚀的现象极易发生，不仅影响机械设备的性能、缩短使用寿命，而且会造成严重的机械事故，恶化操作环境，危害操作人员的身体健康。

研究腐蚀失效，进行有效防护，有着非常重要的意义。

一、腐蚀的类型

金属零件由于所处的环境及其材料内部成分和组织结构的不同，腐蚀破坏形式也不同，如表 4-4 所示。金属腐蚀按其机理可分为化学腐蚀和电化学腐蚀两种。

工程上常见的金属腐蚀形式表　　　　　　　　　　表4-4

腐蚀形式	主要特点	举例
均匀腐蚀	金属的整个表面以相近的速度腐蚀	钢材的大气腐蚀、金属的氧化、碳钢和低合金钢在海水中全侵蚀
不均匀腐蚀	金属的整个表面以不等的速度腐蚀	铝在苛性碱溶液中腐蚀
斑点状腐蚀	腐蚀不太深,但占有较大面积	不锈钢在海水中的腐蚀
点腐蚀	腐蚀损坏集中在个别小点上,严重者,穿孔	铝在海洋中腐蚀
穴状腐蚀	腐蚀发生在表面有限面积上,严重,较深	铝在大气中腐蚀
表面下腐蚀	腐蚀自表面开始,但在表面下发展	具有层状结构的铝合金在海水中剥离
晶界腐蚀	腐蚀沿晶界进行,金属在外形变化很小时严重丧失力学性能	奥氏体不锈钢在受热后缓冷,再经长期使用,所发生的腐蚀
选择性腐蚀	合金中某元素或组织选择性地优先腐蚀	黄铜脱锌,灰口铸铁的石墨化腐蚀

1. 化学腐蚀

金属零件表面材料与周围介质直接发生化学反应,形成腐蚀层,这种腐蚀称为化学腐蚀。它的特点是在作用过程中没有电流产生。

化学腐蚀是金属与外部电介质作用直接产生化学反应的结果。外部电介质多数为非电解质物质,如干燥空气、高温气体、有机液体、汽油、润滑油等,它们和金属接触进行化学反应形成表面膜,在不断脱落又不断生成的过程中使零件腐蚀。化学腐蚀又可分为如下两类:

(1)气体腐蚀。金属在干燥气体中的 O_2、H_2S、SO_2 等发生的腐蚀,称为气体腐蚀。

(2)在非电解质溶中腐蚀。这是指金属在不导电的液体中发生的腐蚀,如金属在有机液体(酒精、石油等)中的腐蚀。腐蚀产物一般都形成一层膜,覆盖在金属表面。这层膜如果致密,则金属表面"钝化",使化学反应逐渐减弱、终止;这层膜如果疏松,化学反应(腐蚀)就会持续进行。

2. 电化学腐蚀

电化学腐蚀是金属与电解质物质接触时产生的腐蚀。电化学腐蚀是具有电位差的两个金属极,在电解质溶液中发生的具有电荷流动特点的连续不断的化学腐蚀。它与化学腐蚀不同之点在于腐蚀过程中有电流产生。金属发生电化学腐蚀需要几个基本条件:一是有电解质溶液存在;二是腐蚀区有电位差;三是腐蚀区电荷可以自由流动。

某些活泼金属,当表面有电解液存在时,表层金属正离子容易与电解液中极性分子的负极结合,使金属表面出现多余电子而使电极电位降低,金属离子越活泼,金属表面电极电位就越低。也有一些金属,表面上的正离子不那么活跃,而电子却相对较容易逸出,与电解液中的极性分子的正极结合,使晶体中正离子较多,金属表面电极电位升高。金属离子惰性越大,金属电极电位就越高。

影响金属电位高低的因素主要是金属离子的活动性与电解质的腐蚀性,因此:

(1)在同一种电解液中,不同金属电极电位不同。

(2)同一种金属在不同电解液中电极电位不同。

(3)同一种金属,在同一种电解液中,不同的组织、不同的含杂量、不同的应变量、不同的表面温度,都会表现出不同的电极电位。

当具有电位差的两个金属极和电解质溶液相处一体时,就构成了所谓腐蚀电池,如伏打电池。

根据腐蚀电池的大小,腐蚀电池又分为宏观腐蚀电池和微观腐蚀电池。宏观电池的电极用肉眼可以看到,构成该电池的体系中,腐蚀是构成阳电极的金属整体或其局部。普遍存在的有:不同金属浸于不同电解质溶液;两种相接触的金属浸于电解质溶液;同一金属与相同的电解质溶液接触(但其浓度、温度、流速不同)所引起的腐蚀电池。微观电池是指在金属表面上由于存在许多微小的电极而形成的微腐蚀电池。微小电极来源于:

(1)金属化学成分不均匀。

(2)金属组织的不均匀。

(3)物理状态(变形和应力状态等)不均匀。

(4)金属表面膜不完整。如:晶体与晶界可以构成两极,使晶界(低电位极)受到腐蚀;微裂纹壁面与周围组织可以构成两极,使裂纹遭受腐蚀而扩展;表面不同合金元素可以构成两极,使其中的一极受到腐蚀等。

无论是宏电池还是微电池,其腐蚀的原理是完全一致的,只不过微电池对金属零件的腐蚀更为普遍。

电化学腐蚀比化学腐蚀强烈得多,大多数金属腐蚀是电化学腐蚀引起的。

二、几种典型的腐蚀形式

1. 氧化腐蚀

金属在高温含氧气体介质下的氧化是典型的化学腐蚀。

大多数金属在室温下就能自发地氧化,但在表面形成氧化层之后,如能有效地隔离金属与介质间的物质传递,就成为保护膜层。如果反应产物不能有效阻止氧化反应的进行,那么金属将不断地被氧化。金属氧化膜要在含氧气的条件下起保护膜作用必须具有以下条件:

(1)膜必须是紧密的,能完整地把金属表面全部覆盖住,为此氧化膜的体积必须比生成此膜所消耗掉的金属体积大。

(2)膜在气体介质中是稳定的。

(3)膜和基体金属的结合力强,具有一定的强度和塑性。

(4)膜具有与基体金属相当的热膨胀系数。

2. 接触腐蚀

在电解质溶液中,两种具有不同电极电位的金属或合金相互接触时,电极电位较低的金属加速被腐蚀,电极电位较高的金属腐蚀速度减小,甚至停止。这类腐蚀现象就是接触腐蚀或称电偶腐蚀。因此,对于两种金属或合金组成的构件,在有电解质溶液存在环境下工作时,应注意会发生接触腐蚀,并需采取必要的防止措施。

3. 小孔腐蚀

金属件的大部分表面不发生腐蚀或腐蚀很轻微,但是局部地方出现腐蚀小孔并向深处发展的腐蚀现象称为小孔腐蚀,简称孔蚀。由于工业上用的金属往往存在有极小的微电极,故在溶液中或在潮湿环境,常常发生小孔腐蚀。金属管道若受小孔腐蚀,则由于检查困难(特别是从内壁发生小孔腐蚀),将很容易腐蚀穿通发生泄漏。

4. 缝隙腐蚀

这是金属与金属连接处或金属与非金属连接处,由于存在一定的缝隙(0.025~0.1mm),当溶液进入并处于滞留状态时所引起的一种局部腐蚀。例如,金属铆接件铆合处会发生这种局部腐蚀。

5. 晶界腐蚀

这是指沿着金属晶粒晶界或它的近旁发生的腐蚀现象。晶界腐蚀将使晶粒之间的结合力大为减弱,材料强度显著降低。由于不易检查,会造成突然破坏,其危害很大,腐蚀严重时,机件可能突然脆断,酿成事故。而且这种腐蚀具有隐蔽性,没有明显的宏观形貌特征。容易发生晶界腐蚀的材料主要有不锈钢、镍合金、铝、镁合金以及钛合金等。

金属结晶时,晶界处的原子排列疏松而紊乱,因而晶界区域易于富集杂质原子,易于产生晶界沉淀。例如,不锈钢的晶间腐蚀,常常是因为碳化铬在晶界析出,使晶界成为阳极,而晶粒本身成为阴极,与电解质溶液一道构成"异类电池"(即两极材质不同),从而使晶界严重腐蚀,如图4-36所示。如果腐蚀产物为可溶性金属盐,晶界腐蚀就会不断向纵深发展,削弱金属零件的强度,导致腐蚀性脆断。

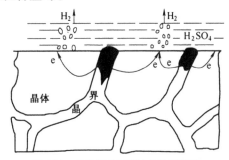

图 4-36　晶界腐蚀(异类)电池示意图

6. 应力腐蚀开裂

这是在特定腐蚀环境和机械拉应力共同作用下的一种极为隐蔽的局部腐蚀形式,而且往往事先无明显预兆,因此常常造成灾难性的事故。据统计,由于应力腐蚀开裂引起的事故约占腐蚀事故总数的一半左右,由此造成的经济损失相当可观。

应力腐蚀开裂通常是在一定条件下产生的:要在一定拉力作用下;腐蚀环境(包括介质、浓度、温度等)是特定的;金属材料本身对应力开裂的敏感性。

7. 腐蚀疲劳

这是金属材料在腐蚀介质和交变应力共同作用下产生疲劳强度或疲劳寿命降低的现象。和纯机械疲劳相比,腐蚀疲劳引起的危害更大,因为腐蚀疲劳可以在很低的循环(或脉冲)应力下发生断裂破坏,并且往往没有明显的疲劳极限值。绝大多数金属都会发生腐蚀疲劳,对介质也没有选择性。只是在易产生孔蚀的介质作用下更容易发生,介质的腐蚀性越强越易发生。

金属的腐蚀疲劳是由于受交变应力作用时金属内部晶粒产生塑性变形的结果。同时,它在电化学腐蚀中成为阳极,在腐蚀介质作用下被腐蚀生成微裂纹并进一步沿晶粒的滑移面发展。因此,腐蚀疲劳裂纹大部分是穿晶型的。

三、减轻腐蚀危害的措施

为了防止或降低腐蚀失效,需要采用既实用又经济的预防和改进措施。防腐措施很多,应针对腐蚀的原因,采用适当方法。

1. 正确选材

根据环境介质和使用条件,选择合适的耐蚀材料,如含有镍、铬、铝、硅、钛等元素的合金钢,在条件许可的情况下,尽量选用尼龙、塑料、陶瓷等材料。

2. 合理设计

在制造机械设备时,虽然应用了较优良的材料,但是如果在结构的设计上不从金属防护角度加以全面考虑,常会引起机械应力、热应力、局部过热等现象,从而加速腐蚀过程。

不同的金属、气相空间、热和应力分布不均以及各部位之间的其他差别,都会引起腐蚀破坏。因此,设计时应努力使整个部位的所有条件尽可能地均匀一致,做到结构合理、外形简化、表面粗糙度合适。

3. 覆盖保护层

在金属表面上覆盖一层不同的材料,改变表面结构,使金属与介质隔离开来,用以防止腐蚀。保护层的类型有:金属保护层、非金属保护层、化学保护层、表面合金化保护层等。

4. 电化学保护

这是用改变金属与电介质电极电位的电化学方法来保护金属的。用一个比零件材料的化学性能更活泼的金属铆接到零件上,形成一个腐蚀电池,零件作为阴极不会发生腐蚀。

对被保护的机械设备通以直流电流进行极化,以消除这些电位差,使之达到某一电位时,被保护金属的腐蚀可以很小甚至呈无腐蚀状态。这是一种较新的防腐蚀方法,但要求介质必须是导电的、连续的,它可分为阴极保护(主要是在被保护金属表面通以阴极直流电流,消除或减少被保护金属表面的腐蚀电池的作用)和阳极保护(使其金属表面生成钝化膜)。

5. 添加缓蚀剂

在腐蚀性介质中加入少量能改变介质的性质,以减少腐蚀作用的物质叫作缓蚀剂。按化学性质,缓蚀剂可分为无机和有机两种:

(1)无机缓蚀剂。它能在金属表面形成保护,使金属与介质隔开。常用的有:重铬酸钾、硝酸钠、亚硫酸钠等。

(2)有机缓蚀剂。它能吸附在金属表面上,使金属溶解和还原反应都受到抑制,减轻金属腐蚀。有机缓蚀剂分为液相和气相两类,一般是有机化合物,如胺盐、琼脂、糊精、动物胶、生物碱等。

6. 改变环境条件

将环境中的腐蚀介质去除,减轻其腐蚀作用。如采用通风、除湿、去掉二氧化硫气体等措施,可显著减缓大气腐蚀。

第五节　机械零件失效的分析方法

机械零件失效分析也称故障分析,研究机械设备零部件的过量变形、断裂和表面损伤等失效现象的特征或规律,从中找出损坏原因,并据此制订改进措施,防止同类失效再发生的一门综合性学科。

通过对失效零件的分析与研究,找到失效产生的原因,有针对性地制订预防和改进措施,不但能减少由于零件失效导致的各种故障的产生,还能够为机械设备的设计研发、材料选择、加工制造、装配调试以及使用维护等环节提供有效的依据。

一、机械零件失效的分析方法

零件失效的分析方法,就是对已发生的失效事件,按一定的思路去分析研究失效现象的因果关系,进而寻找失效原因,提出改进措施。由于零件的工作条件、失效模式和失效机理各不相同,其失效的分析方法也不尽相同,图 4-37 所示的为几种不同零件失效的分析方法。按失效检验项目的分析方法主要用于零件的失效分析,按失效模式和系统工程的分析方法大多用于系统的失效分析。

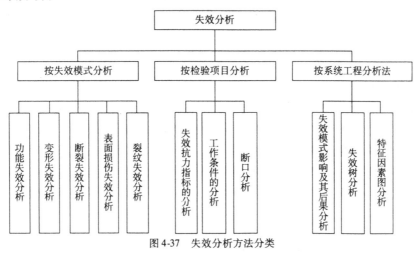

图 4-37 失效分析方法分类

系统工程分析方法是把产品看成一个系统,采用数学方法或计算机等现代化工具,研究系统故障率的原因与结果之间的逻辑关系,对系统构成要素、组织结构、信息交换等功能进行分析、设计、制造及维护等,从而达到最优设计、最优控制和最优管理的目的。因此,系统工程分析方法不仅是在故障发生后才采用的一种善后处理方法,而且可在事故发生前就采取必要的预防措施,避免故障的发生。目前,国内外应用的系统工程失效分析方法主要有"失效模式影响及危害性分析"(简称 FMEACA)、"故障树分析"(简称 FTA)、"现象树分析"(简称 ETA)、"特性要因图"和摩擦学系统分析等。

二、机械零件失效分析程序

由于机械零件失效的原因较为复杂,虽单个零件的表现形式较为简单,但机械失效往往不是一个零件而是多个零件发生失效,并且在事故发生的时候,大量零件同时遭到破坏,情况错综复杂。所以要准确把握机械零件的失效原因,就必须建立一套科学合理的机械零件失效原因分析方法,以便在发生失效故障时,能够更加系统化、科学化地将失效表征同失效的具体原理对应起来。失效检验项目分析方法中的典型失效分析程序,需经现场调查、收集资料、分析及确定故障原因和机理、分析结论、提交结论报告等步骤。

1.现场调查和背景材料的收集

(1)现场调查的首要条件是保护失效现场的一切证据,维持原状和确保真实,是保证失效分析得以顺利有效进行的先决条件。

(2)对部件发生故障的基本情况进行调查。通过失效事故发生前的现场调查,了解、掌握所有数据将对日后的分析工作提供依据。主要内容有:对失效部件及其附近范围部件进行拍照或画草图;记录失效零件损坏的程度,如碎片的名称、尺寸大小、形状和散落方位;失效零件和碎片的变形、裂纹、断口、腐蚀、磨损的外观、位置和起始点;零件表面的材料特征,如烧伤色泽、附着物、氧化物和腐蚀产物等;失效零件周围散落的金属屑或粉末、氧化皮、润滑残留物及其他可疑物等。

(3)收集背景材料。了解部件故障发生的顺序,生产日期、产生故障的时间等;收集失效设备或部件的设计资料(机械设计资料、零件图等)、材料资料、工艺资料、加工工艺流程、装配图与使用资料(维修记录、使用记录);了解零件功能、要求及设计依据,结构特征,相关技术规范、标准和法规;向有关人员作询问调查,听取操作人员及事故目击者介绍事故发生时的情况;记录机械设备的使用经历,包括使用寿命、操作温度、环境条件、负荷情况、加载速度、拉力或压力、超载情况等。

2. 零件失效原因分析

失效模式是一种或几种物理或化学过程所产生的效应,不同的物理或化学过程对应着不同的失效模式。有些零件的失效通过现场和背景材料的分析就能得出失效原因的结论。大多数失效案例都需根据现场取证和背景材料进行综合分析才能确定失效结论,这就需要制订失效分析计划,明确进一步分析试验的目的、内容、方法和实施方式。失效分析试验过程通常包括以下内容:试样的选取、保护和清洗;金相检验(宏观和微观);化学成分分析;无损检测;材料性能测试等。

(1)确定零件失效分析的正确思路和方法。由于零件的失效是由于工作应力大于失效抗力所造成的,因此对机械的零部件进行综合分析时,应当首先从零件的受力状态、环境介质、温度等去考虑失效原因。不同的工作条件要求零件具有不同的失效抗力指标,而材料的失效抗力指标则主要取决于材料的成分、组织和状态。根据资料和现场调查就可以确定主要的分析项目,例如承受交变应力的零件多表现为疲劳断裂,若此时有介质存在,则可能是腐蚀疲劳,处于高温环境则多为高温疲劳。根据零件的残骸(断口、磨屑等)的特征和残留的有关失效过程信息,可首先判断失效模式,进而推断失效的根本原因。

在一般的机械零件失效分析中,采用排除法是切实可行的。也就是将可能引起零件失效的因素全部列出,然后做深入的分析研究,将与失效无关的因素逐个排除,最后找到引起失效的直接原因。

(2)失效零件的宏观观察。主要依靠肉眼或放大镜仔细观察失效零件的形貌,用文字绘图或照相记录其特征,如色泽、粗糙程度、纹路、边缘情况、裂纹位置等来判断失效的性质和可能引起失效的原因。对断裂失效零件的断口宏观观察,能分析断口全貌、裂纹和形状的关系、断口与变形的关系、断口与受力状态的关系、初步判定裂纹源位置、断口的性质与原因。

(3)失效零件的微观检验。可利用光学显微镜或电子显微镜进行失效零件的形貌观察、微区成分分析、X光结构分析等,以便取得零件失效直接原因的证据。

(4)失效零件材料化学分析及金相组织检验。分析材料的化学成分,可以判定零件材料是否符合标准规范要求。这是一种很重要的常规检验。成分分析的试样要尽可能取自零件的失效处。检验失效零件的金相组织,可以判别失效零件锻、铸和热处理的质量。如果金相组织不符合要求,材料中夹杂物过多,表面有脱碳现象或晶界氧化等,都可能是零件失效的直接原因。

(5)失效零件材料的力学性能测试。对于较重要的机械零件,设计图样上对材料的力学性能等都有明确的规定。在失效分析时,如有需要,可以从失效零件上截取试样,进行力学性能测试。在实际工作中,零件的硬度往往可在一定程度上反映材料的力学性能。因此,测定零件失效部位的硬度就非常重要。

(6)其他因素的考虑。除上述各种检验和分析外,还可以针对特定的零件失效进行其他项目的检验,如探伤检查、残余应力测定等。另外,由于使用不当可能使零件超载、超速、超温,由于维护不当可能使零件缺乏润滑、磨损过度、漏电电蚀等,这些都有可能是零件失效的原因。

3. 分析结论

当机械零件的失效原因分析到一定阶段或试验工作结束时,需要对所得到的全部资料、调查记录、证词和测试数据,按设计、材料、制造和使用四个方面是否有问题来进行集中归纳、综合分析和判断处理,经过详细、全面的理论分析与计算,周密、严谨的推理后,就能够确定机械零件失效的原因和机理,逐步形成结论。

4. 提出改进和预防措施

在失效分析结论的基础上,应有针对性地提出改进和预防措施,这可能涉及设备的结构设计、制造技术、材料技术、质量管理的改进,乃至涉及技术规范、标准和法规的修订建议。个别简单的改进和预防措施可由承担失效分析的人员进行,研究工作量大的应由失效分析人员提出问题或补救方案,由专业部门进行专题研究,提出研究报告,作为改进机械设备的依据。

5. 形成失效分析报告

撰写机械零件失效分析报告时,应将与报告无关的内容、数据尽可能省去,提出失效的性质及原因,提出预防措施及建议。报告条理应清楚,简明扼要,重点突出,逻辑性强,结论明确。失效分析报告应包括:项目、任务来源、任务内容、分析目的;各项试验过程及结果;失效原因分析;改进和预防措施;附件(原始记录、图片等),失效分析人员签名及日期等。

6. 反馈失效分析结果

反馈失效分析结果的目的在于充分利用失效分析所获得的宝贵技术信息,推动技术创新、促进科学进步和提高产品质量。同时,失效分析往往要牵扯到质量责任问题,需与责任方和用户进行必要的沟通,明确责任。

失效分析是一门综合性很强的技术学科,所要解决的问题错综复杂,是一项系统工程。应以科学的分析方法和程序、严谨的态度,得出准确的结论。

第五章

机械零件的修复技术与再制造

工程机械在使用过程中,一些零件因磨损、变形、破损、断裂、腐蚀和其他损伤而改变了零件原有的几何形状和尺寸,从而破坏了零件间的配合特性和工作能力,使部件、总成甚至整机的正常工作受到影响。

零件修复的任务,是恢复有修复价值的损伤零件的尺寸、几何形状和机械性能。

零件修复的目的是在经济合理及有效的原则下恢复零件的配合性质和工作能力。

零件修复是机械设备维修的一个重要组成部分,是修理工作的基础。零件修复原理及技术是一门综合研究零件的损坏形式、修复方法及修后性能的学科。应用各种修复新技术修理机械是提高机械维修质量、缩短修理周期、降低修理成本、延长机械使用寿命的重要措施,尤其对于贵重、大型零件及加工周期长、精度要求高的零件,以及需要特殊材料或特种加工的零件,意义更为突出。

与更换新件相比,对失效的机械零件进行修复较有如下优点:修复零件一般可节约材料、节约加工以及拆装、调整、运输等费用,降低维修成本;减少新备件的消耗量;避免等待配件,缩短停修时间;一般不需精、大、稀关键设备,易于组织生产。利用新技术修复旧件还可提高零件的某些性能。

零件的修复可以有多种工艺方案,如焊、补、喷、镀、铆、镶、配、改、校、胀、缩、粘等。科学技术的飞速发展,也促进了修复技术的提高,新科学技术已广泛地应用到机械零件修复工艺中。但在具体零件的修复中,应分析零件的结构特点、使用要求、工作环境等,根据各种修复方法的

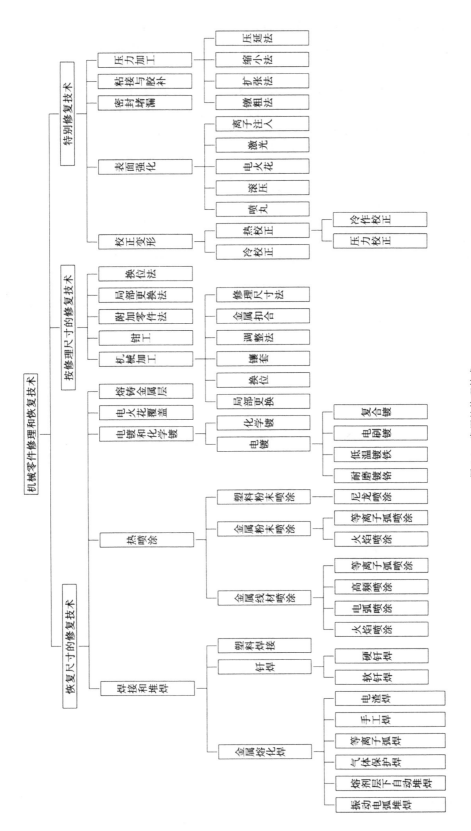

图 5-1　常用的修理技术

特点和适用范围,通过技术经济分析来确定较合理且经济的修复工艺。

零件修复可采取三种基本方法:其一,是对已磨损的零件进行机械加工,以使其重新具有正确的几何形状(改变了原有尺寸),这种方法叫作修理尺寸法;其二,是利用堆焊、喷涂、电镀和粘接等方法增补零件的磨损表面,然后再进行机械加工,并恢复其名义尺寸、几何形状以及表面粗糙度等,这种方法叫作名义尺寸修理法;其三,是通过特别修复技术,改变零件的某些性能,或利用零件的金属塑性变形来恢复零件磨损部分的尺寸和形状等。

目前,在生产中常用的修理技术,如图 5-1 所示。应按照"以修为主,以换为辅"的原则,在经济合理的条件下,大力推广和采用行之有效的先进修复技术。

再制造是指对旧的工程机械、汽车产品等进行高技术修复和改造的工程活动,它针对的是损坏或将要报废的零部件或机械设备,以优质、高效、节能、节材、环保为目标,在性能失效分析、寿命评估等分析的基础上,进行再制造工程设计。以先进表面技术、复合表面技术等多种高新技术和产业化生产为手段,进行拆卸、清洗、修复、改造、装配、调试和验收,完成专业化修复的批量化生产,使再制造产品质量达到或超过新品的质量和性能。

再制造与制造新产品相比,可节能 60%,节材 70%,节约成本 50%,几乎不产生固体废物,大气污染物排放量降低 80% 以上,有利于形成"资源—产品—废旧产品—制造产品"的循环经济模式,是制造与修复、回收与利用的有机结合,可以充分利用资源,保护生态环境。再制造的工程机械零部件产品主要用于维修,既能提高维修技术质量,又能提高维修效率和效益。

第一节　机械加工修复

机械加工在零件修复中占有很重要的地位,原因在于绝大多数已磨损到必须修理的零件,均需经机械加工来消除缺陷,进行修复;当采用名义尺寸修理法修复零件时,经堆焊、喷涂、电镀、粘接等技术修复的零件表面,也需经机械加工,才能达到配合精度和表面粗糙度的要求;在对零件表面进行喷涂、电镀等修复工艺时,往往需对磨损后的零件表面进行预处理(如进行表面加工、表面粗糙等),以保证获得均匀的并具有一定厚度的涂层或镀层。因此,机械加工是零件修复过程中最常用也是最重要的一种方法,它可以作为一种独立的手段直接修复零件,也是其他修复方法工艺中准备和最后加工阶段不可缺少的工序。

零件修复中,采用机械加工修复与制造新件有很大的不同。机械加工修复的对象是,已磨损了的表面、有变形、原来的加工基准已被破坏、加工余量小的旧件。旧件修复的特点是:

(1)修理中加工零件品种较多,数量较少,有时甚至是单件生产,零件尺寸不一,结构复杂。

(2)加工余量小,且有一定的限制。如有的旧件原有基准损坏造成加工定位复杂化,有的零件只进行局部加工等。

(3)加工的工件硬度高,有时甚至要切削淬硬的金属表面,加之使用中产生的磨损与变形等,使零件的修理困难较大,加工技术要求较高。

零件的机械加工修复对精度的要求一般是与新件一样,即符合图纸规定的技术要求(采用修理尺寸法时,修复的零件的某些尺寸可按技术要求有些变化)。

一、机械加工修复中应注意的问题

零件机械加工修复的难度通常要比制造新零件还要大。为了保证零件机械加工修复的质量,必须注意以下几个主要问题。

(一)零件的定位基准与加工精度

待修零件工作表面往往因使用而产生变形或出现不均匀的磨损等缺陷,零件表面间相互位置发生改变,加上有的零件的加工基准在使用过程中遭到破坏或损伤。这对于本身加工余量很小的待修零件来讲,如果稍不注意,就会造成修复零件的精度不高,出现大的加工误差。机械加工修复零件除合理选择机加工方法外,在加工前必须使零件在机床上或夹具中处于正确位置,对已磨损或损伤的基准应进行仔细修整,只有恢复到其原有精度才能使用。从定位基准选择这个角度看,修旧比制新的难度更大。

零件机械加工修复中,定位基准的选用应遵循基准重合原则(选择零件上的设计基准作为定位基准)、基准统一原则(在多数工序中采用一组可方便地加工其他表面的基准来定位)、均匀性原则(以变形和磨损最小的基面作为定位基准,并足以保证重要表面的加工均匀)。

对零件进行机械加工修复时,应合理选择定位基准,并对定位基准进行仔细检查修整,然后把零件用正确的方法安装到加工机械上,这是保证达到加工精度要求的重要前提。

(二)轴类零件的圆角

曲轴、转向节、球头销、液压油缸活塞杆等一些承受交变荷载的轴类零件,在形状和尺寸改变处,对应力集中很敏感。为了减少应力集中,在形状和尺寸改变处应有圆角过渡,如图 5-2 所示。

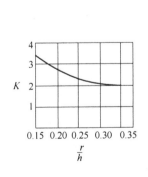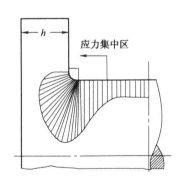

图 5-2 曲轴圆角处的应力情况

K-应力集中系数;h-曲柄臂厚;r-圆角半径

从图 5-2 中可见,圆角处的最大应力要比轴颈中部的应力大 2~4 倍。这个增大的倍数 K 叫应力集中系数。圆角半径 r 越小,应力集中系数越大;反之,则小。但 r 过大,会使装配间隙增加,所以 r 值有一定的范围。柴油机曲轴多为高强度中碳钢,对应力集中更为敏感。旧曲轴的强度比新曲轴有所下降,在修复加工中,只要不妨碍装配,圆角应尽量取其图纸规定的上限,尽可能留大一点。经修复后的曲轴,发生断裂的原因绝大多数是 r 角过小或无过渡角。

正确的圆角修磨方法是先按圆角半径修整砂轮边缘的圆角,然后再磨削曲轴。

曲轴的圆角经高频淬火后抗疲劳强度较高,如进行堆焊修复,会使圆角处的金相组织改变。因而,曲轴经堆焊、磨削后,还应对圆角进行滚压强化。

转向节、球头销等零件同曲轴一样,圆角半径在修复时未按图纸规定的加工而偏小时,疲劳强度就会降低,在使用过程中易发生断裂而造成事故。

(三)零件的表面粗糙度

零件修复后应具有与新零件相同的表面精度。但是,在实际修理中,许多零件的精度未能达到上述要求。这不仅会加剧零件磨合期的磨损,并且会导致零件的使用寿命缩短。

零件表面粗糙度的高低会影响零件的疲劳强度。零件表面的加工刀痕、锈斑都会引起应力集中,产生疲劳断裂。材料强度越高,应力集中现象越严重,疲劳强度的降低也就越多,尤其是优质高强度钢材,在交变荷载下,对粗糙度很敏感。因此,加工高强度合金钢的轴类零件时,更要注意其表面精度。

表面粗糙度的高低,对零件的耐磨性有直接影响,对润滑油膜的形成也有影响。粗糙的表面使零件初期磨损增加,正常工作期的初始工作间隙增大,这实质上是大大缩短了零件的使用寿命。粗糙度表面经初期磨损后,由于间隙大大扩展,润滑油膜的连续性遭到了破坏,零件处在干摩擦或半干摩擦状态下工作,从而进一步加剧零件的磨损,且由于摩擦的加大使功率消耗增加。

此外,表面粗糙度对零件的配合性质也有影响。如对于静配合的零件,若表面粗糙度过大,其表面突起部分或突点易被压平,使实际过盈量减小,严重时,甚至可改变配合性质。

表面粗糙度还会对零件的抗腐蚀性能产生影响。腐蚀性物质易黏聚在裂纹和表面凹谷处,对零件产生腐蚀作用,并逐渐扩展。

用抛光或滚压的方法,可降低表面粗糙度。用滚压法处理表面,使表面预伏压应力,则既可以提高抗腐蚀性能,也可使表面上的微观凸峰或显微裂纹被压平,降低应力集中的敏感性而增加抗疲劳强度。抛光虽未使零件表面预伏压应力,但因零件表面光滑而产生上述两种效果也被广泛采用。

(四)零件的平衡

工程机械上有许多高速旋转的零件,为了减少振动,都要经过平衡。但是,零件在使用过程中,由于变形、磨损、松旷改变了原来的平衡状态;在修理过程中,由于堆焊、喷涂、机械加工等,又会引起新的不平衡。这种不平衡,将使零件在运动中产生附加荷载、振动以及噪声等,甚至造成断裂等事故。曲轴主轴颈偏磨、飞轮和曲轴在装配时不配套、曲轴凸缘与飞轮上的座孔松旷或未装正,以及维护和修理时没有把出厂时离合器盖上的平衡片装在原来的螺栓上等均会造成发动机工作时的不平衡。

修复对平衡有要求的零件,需按规定的条件进行平衡试验,保证其不平衡值在允许的范围内,以免造成零件和机构的早期损坏。

二、修理尺寸法

工程机械上的许多配合副零件,在使用中会发生不均匀磨损,形成较大的配合间隙和圆度、圆柱度误差,在零件的强度足够的情况下,若采用名义尺寸修理法显然工艺太复杂,成本也高。

修理尺寸法是利用机械加工除去待修配合件中磨损零件表面的一部分,使零件具有正确的几何形状、表面粗糙度和新的尺寸(这个新尺寸对外圆柱面来说,比原来名义尺寸小,对孔来说比原来名义尺寸大),而另一零件则换用相应尺寸的新件或修复好的磨损配合件,使它们恢复到原有的配合性质,保证原有配合关系不变的修理方法。配合件的这一新尺寸,称之为修理尺寸。修理尺寸是根据零件的磨损规律事先规定的与原来公称尺寸不同的并依据它来修理两相配零件的配合尺寸。修后配合尺寸改变,但配合精度没有改变。用修理尺寸法修理时常需有修理尺寸配件。

修理尺寸是根据相配两零件中重要而复杂的零件确定的,如轴与轴承配合的修理尺寸是根据轴确定的,活塞与缸套配合的修理尺寸是根据缸套确定的。

按修理尺寸法修理零件时有几种典型方法:一是均匀磨损同心修理(修后轴心与新件相同);二是不均匀磨损不同心修理(修后轴心与新件轴心不相同);三是不均匀磨损同心修理。轴颈用修理尺寸法修理时的典型方法,如图5-3所示。由于不同心修理会造成机械工作时产生不良后果,因而较少使用。

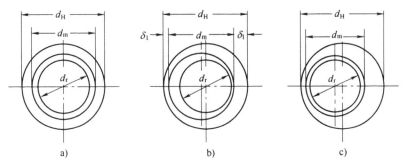

图 5-3 轴颈按修理尺寸法修理

修理尺寸有两种:一种是标准的,即各级修理尺寸的间隔值为定值,其修理尺寸和修理次数由国家或生产厂家统一规定,修理厂只需修理配合件中的一个,而另一配件由配件厂统一供应。如对于缸套,柴油机分为八级修理尺寸;曲轴主轴颈与连杆轴颈,柴油机分为十三级修理尺寸。维修厂只要将缸套、曲轴主轴颈以及连杆轴颈加工到合适的修理尺寸,就可用同一修理尺寸的标准活塞、主轴瓦、连杆轴瓦与之相配使用。修理尺寸的每级级差以 0.25mm 为最多。采用这种标准化的修理尺寸法,互换性好,便于加工供应配件及修理;另一种是非标准的也称为任意尺寸修理法,其间隔值为变数,修理时将相配零件中的主要件进行加工,去除缺陷恢复零件的正确几何形状和表面质量,而不必达到一定的修理尺寸。根据加工好的零件尺寸再更换或修复其配合件。这种方法的加工余量小,修理次数较多,但由于其非标准化,因此会造成配件供应复杂化、配合副两个零件最终都要进行加工。采用非标准化修理尺寸时,除修理件加工表面必须满足技术要求外,还要求自制的配合件也必须符合技术标准,以确保修理后的配合性质与质量。

采用修理尺寸法,可大大延长复杂贵重零件的使用寿命,简便易行,经济性好;缺点是减弱了零件的强度,使零件互换性复杂化。

采用修理尺寸法达到最后一级时,零件强度下降较多,若需要继续使用此零件时需可采用镶套、堆焊、喷涂、电镀等方法使其恢复到基本尺寸。

三、附加零件法

附加零件法用来补偿零件工作表面的磨损(镶套修复法),也用于替换零件磨损或损伤的部分(局部更换法)。

(一)镶套修复法

零件镶套修复法的实质,是利用一个特制的零件(附加零件),镶配在磨损零件的磨损部位(需先加工恢复零件这个部位的几何形状),以补偿基本零件的磨损,并将其加工到名义尺寸从而恢复其配合特性。这种方法适用于表面磨损较大的零件,如可用来修复变速器、后桥和轮毂壳体中滚动轴承的配合孔,壳体零件上的磨损螺纹孔及轴的轴颈。气门座圈、气门导管、汽缸套、飞轮齿圈以及各种铜套的镶配,也都采用此法。有些零件在结构设计和制造上就已经考虑了用镶套法,如湿式缸套。有些本身就可以镶换,如气门导管和气门座圈。

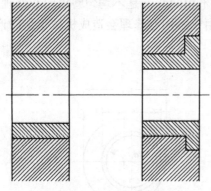

图5-4 磨损孔的镶套

依据待修表面的形状,镶补件可做成衬套、垫圈或螺纹套的形状。

磨损较大的孔,如结构及强度允许采用镶套法修复,应先将原孔镗大,压入特制的套,再对套的内孔进行加工使之达到需要的孔径尺寸和精度(图5-4)。这特别适用于修复一些壳体件的轴承孔。

轴的磨损端轴颈若结构和强度允许,可将轴颈加工至较小的尺寸,然后在轴颈上压入特制的轴套(图5-5),并加工到需要的尺寸和精度。轴套和轴颈应采用过盈配合,为防止松动也可在套的配合端面点焊或沿整个截面焊接,也可用止动销固定。如果轴头有凸台,整体套无法套入,可采用两半片的套筒,镶在车小的轴颈上,并沿着轴颈形成线加以焊接,最后加工到名义尺寸,图5-6为推土机铲刀架支承轴轴颈的镶套修理示意图。

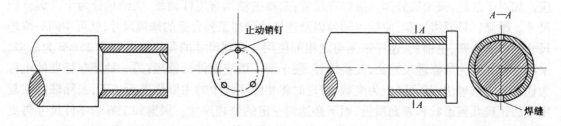

图5-5 轴颈的镶套修理　　　　图5-6 推土机刀架支承轴轴颈的镶套修理

镶套材料应与被修零件的材料尽量一致,并应根据所镶部位的工作条件选择,如高温下工作的部位,应选择与基体材料线膨胀系数相同的材料,才能保证工作的稳定性。套的厚度根据选用的材料和零件的磨损量确定(钢套的厚度不应小于2~2.5mm,铸铁套厚度不得小于4~5mm)。

镶套的过盈量应选择合适。过盈量过大,易使零件变形或挤裂镶套或承孔,过盈量不足,镶套又易松动和脱落。镶套时,应根据相对过盈量的大小,选择镶套等级(表5-1)。

镶套中的静配合   表5-1

级别	相对平均过盈	配合代号	装配方式	特 点	应 用
轻级	0.000 5 以下	$\dfrac{H6}{r5} \dfrac{H7}{r6}$	压力机压入	传递较小转矩,如果受力较大时,需另加紧固件或焊牢	变速器中间轴齿圈,镶后焊牢。转向节指轴镶后焊牢
中级	0.000 5 ~ 0.001	$\dfrac{H7}{s6} \dfrac{H7}{r6} \dfrac{H8}{s7}$	压力机压入	受一定转矩和冲击负荷,分组选择装配,受力大时,需另行紧固	缸体、变速器壳、后桥壳、主销孔、变速器中间轴齿轮(加键)
重级 特重级	0.001 > 0.010	$\dfrac{H8}{s7}$ $\dfrac{H7}{V6}$	压力机压入 温差法	受很大转矩动负荷,不必再加紧固件,分组装配。加热包容件,冷却被包容件	飞轮齿圈、气门座圈、转向节指轴(不焊)

注:相对过盈量是单位直径(为镶套的基本尺寸)上的过盈量,其值为过盈量与套外径尺寸之比。

配合部位的加工精度和粗糙度应达到规定要求,以保证配合部位能紧密接触。通常采用IT6、IT7级,粗糙度 $R_a2.5 ~ 1.25$。表面粗糙度过高,镶套压入后使实际过盈量减小,贴合面也减小,易造成过盈不足和散热性能差。

重及特重级配合,用温差法加热包容件至150~200℃。被包容件用干冰冷却收缩,然后压入。

螺纹孔的附加零件修复是:先将螺纹孔镗大到一定尺寸,并车出螺纹,螺纹的螺距通常与原有螺纹的螺距相同。然后将特制的具有内外螺纹套旋入零件的螺纹孔中,螺纹套的内螺纹应与原有的螺纹相同,螺纹套可用锁止螺钉固定(图5-7)。

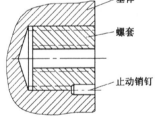

基体
螺套
止动销钉

图5-7 螺孔镶螺塞

(二)局部更换法

具有多个工作表面的机械零件,各表面在使用过程中的磨损程度是不一致的,有时只有一个工作表面磨损严重,其他表面尚好或只有轻度磨损,若零件结构允许,可从零件上除去磨损部分,对这一部分另行制造好后,将其与零件的余留部分再焊接在一起。如半轴,磨损剧烈的部位往往是花键槽,而其他工作面的磨损则不大。用局部更换法修复半轴时,可将有花键槽的一端切去,然后用与半轴相同的材料制造一新轴端。再将此新轴端焊在半轴上(通常用对接焊),然后校正半轴,对焊接上的轴端进行加工,铣出花键槽并进行热处理。最后对花键槽端进行精加工。

对于齿类零件,尤其是精度不高的大中型齿轮,若出现一个或几个轮齿损坏或断裂,可先将坏齿切割掉,然后在原处用机加工或钳工方法加工出燕尾槽并镶配新的轮齿,端面用紧固螺钉或点焊固定,如图5-8所示。

若轮齿损坏较多,尤其是多联齿轮齿部损坏或结构复杂的齿圈损坏时,可将损坏的齿圈退火车去,再配新齿圈,连接可用键或过盈配合,新齿圈可预先加工或装后再加工。

四、换位修理法

换位修理法是将零件的磨损(或损坏)部分翻转过一定角度,利用零件未磨损(或未损坏)的部位来恢复零件的工作能力。这种方法只是改变磨损或损坏部分的位置,不修复磨损表面。修理作业中,此法经常用来修理磨损的槽、螺栓孔和飞轮齿圈等。

图 5-9 为采用换位修理法修复磨损键槽和螺栓孔的实例。

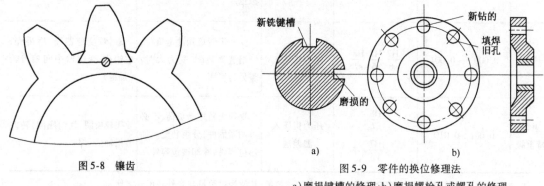

图 5-8　镶齿

图 5-9　零件的换位修理法
a)磨损键槽的修理;b)磨损螺栓孔或螺孔的修理

飞轮齿圈轮齿啮入部分,单面磨损严重后常用换位修理法修理。具体方法是,将齿圈压出、翻转 180°后再将齿圈压入飞轮,利用轮齿未磨损部位可继续正常工作。

对于履带式机械的驱动轮,经常采用两种换位修理法:一种是在驱动轮一面磨损大(前进方向)、一面磨损小的情况下,将左右驱动轮互换安装;另一种是若驱动轮是偶数齿,而履带链轨节距恰等于两个齿距时,驱动轮只有一半轮齿工作,当这一半轮齿磨损严重时,可将驱动轮相对转过一个齿距,使另一半轮齿进入工作,以延长其使用寿命。

五、钳工加工修复

1.铰孔

利用铰刀进行精密孔加工和修整性加工的工艺,它能得到很高的尺寸精度和较小的表面粗糙度,主要用来修复各种配合的孔。

2.珩磨

用 4~6 根细磨料的砂条组成可涨缩的珩磨头,对被加工的孔做既旋转又沿轴向上下往复的综合运动,使砂条上的磨料在孔的表面上形成既交叉而又不重复的网纹轨迹,并磨去一层薄的金属。由于参加切削的磨料多且速度低,又在珩磨过程中施加大量的冷却液,使孔的表面粗糙度变小,精度得到很大提高。

3.研磨

通过用铸件制成的、具有良好嵌砂性能的研具,再加上由磨料中加入研磨液和混合脂调制成的研磨剂,在工件表面上进行研磨,磨去一层极薄的金属,获得一定的加工精度和粗糙度。研磨常用于修复高精度的配合表面。

4.刮削

刮削是用刮刀从工件表面上刮去一层很薄的金属的手工操作。刮削生产效率低、劳动强度大,常用磨削等机械加工方法代替。

5. 钳工修补

(1)键槽。当轴和轮毂相配的键槽只磨损或损坏其中之一时,可把磨损或损坏的键槽加宽,然后配制阶梯键。当轴和轮毂相配的键槽全部损坏时,允许将键槽扩大10%~15%,然后配制大尺寸键。当键槽磨损大于15%时,可按原槽位置旋转90°或180°,重新按标准开槽。开槽前需把旧槽用气、电焊填满并修整。

(2)铸铁裂纹修补。对铸铁裂纹,在没有其他修复方法时,可采用加固法修复,如图5-10所示。一般用钢板加固,螺钉连接。脆性材料裂纹应钻止裂孔。

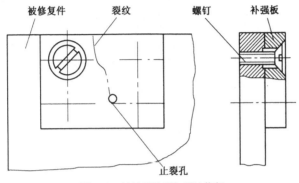

图 5-10　铸铁裂纹用加固法修复

第二节　焊　　修

焊接技术用于修理工作时通常称为焊修,利用焊修法能修复工程机械常用金属材料制作的大部分零件的损伤,如磨损、破裂、断裂、凹坑、缺损等,而且具有维修质量高(焊修的零件可以得到较高的强度)、焊层厚度容易控制、生产率高、成本低、焊修设备简单、操作容易、便于野外抢修等特点,因而成为应用较广的零件修复方法。

焊修可分为焊接、补焊与堆焊等。焊接多用于结构件开裂与零件断裂的修复,补焊多用于裂纹与破洞的修补。焊接及补焊又分为普通焊(电焊与气焊)与钎焊,钎焊的熔焊温度低于零件熔点,靠焊料的渗透与吸附使零件连接起来,如钢质零件的铜焊与锡焊。堆焊多用于修复磨损较严重的零件表面,它与焊接的不同之处是施焊点堆集的金属较多,焊层较厚,而且形成一定的堆焊面。堆焊有普通堆焊与特殊堆焊之分。前者多指手工堆焊,后者指用特殊设备、特殊工艺进行的堆焊,如振动堆焊、埋弧堆焊、等离子喷焊、CO_2 气体保护焊,蒸气保护焊等。

焊修有不少优点,但也存在下列的缺点:因焊修的温度高热影响大,对零件进行局部不均匀焊修后,易产生焊接变形和应力;焊修时在焊缝近缝区因温度高引起组织变化,易造成焊修缺陷;焊修时易产生焊接裂纹,尤其是铸铁件;焊修热处理过的零件时,其较高的温度会破坏热处理层;焊修时易产生气孔等缺陷,对焊缝的强度及密封性均有影响等。尽管如此,焊修仍然是工程机械零件修复的主要方法之一,其应用非常广泛。

一、焊修的基本概念及产生应力与变形的原因

(一)基本概念

1.电焊

电焊是利用电弧的热能,以焊条为填充金属材料,使欲焊接的金属零件部位处于熔化状态

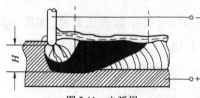

图 5-11　电弧焊

的焊接方法。在电焊的过程中,焊接的工件是电路的一部分,电焊的能源来自电焊机或焊接变压器。电源的一极与工件相接,另一极与焊具相接,当焊具与工件之间有适当的距离时,便在焊条与工件之间形成电弧,电弧的高温将使其周围的金属溶化(图 5-11)。

焊接电流决定于焊条直径、焊接金属厚度、焊接接头的形式及焊缝在施焊时的位置。

焊接电流可按焊条产品说明书或参照下式选用:

$$I = kd \tag{5-1}$$

式中:I——焊接电流(A);

d——焊条直径(mm);

k——系数;当 $d = 1.6mm$ 时为 15 ~ 25;$d = 2 ~ 2.5mm$ 时为 20 ~ 30;$d = 3.2mm$ 时为 30 ~ 40;$d = 4 ~ 6mm$ 时为 40 ~ 50。

各种直径的电焊条使用电流的参考值可按表 5-2 选取。

各种直径的电焊条使用电流参考表　　　　　　　　　　　　表 5-2

焊条直径(mm)	焊接电流(A)	焊条直径(mm)	焊接电流(A)
1.6	25 ~ 40	4	160 ~ 200
2	40 ~ 60	5	200 ~ 270
3.2	100 ~ 130		

2.气焊

气焊所用的火焰(焊接热源)是由可燃气体与氧混合燃烧而成的。可燃气体有乙炔气、液化石油气、天然气以及氢气等。目前,在气焊中常用的是以乙炔气(C_2H_2)为主。

乙炔气与氧气混合燃烧形成最高温度约 3 300℃的氧乙炔焰,利用氧乙炔焰的热能,将欲焊接的工件部位边缘金属和焊条的金属熔化而实现焊接,气焊的焊缝是母材与焊条金属的混合物。

氧乙炔焰根据氧气与乙炔的比例不同,可分为中性焰(正常焰)、碳化焰(还原焰)和氧化焰三种。当 O_2/C_2H_2 比值为 1.1 ~ 1.2 时为中性焰,它使用最为广泛;比值小于 1.1 时为碳化焰;当比值大于 1.2 时称为氧化焰。三种火焰的外形如图 5-12 所示,外形特征见表 5-3。

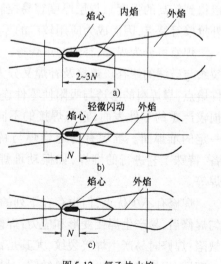

图 5-12　氧乙炔火焰

a)中性焰;b)碳化焰;c)氧化焰

三种火焰的外形特征   表 5-3

名　　称		中 性 焰	碳 化 焰	氧 化 焰
O_2/C_2H_2		1.1~1.2	<1.1	>1.2
焰心	颜色	光亮蓝白色	蓝白色	淡紫蓝色
	形状	圆锥形	较长	轮廓不太明显
	温度(℃)	850~1 200		
内焰	颜色	蓝白色	淡蓝色	
	形状	有深蓝色线条		无明显轮廓
	温度(℃)	3 050~3 150	2 700~3 000	3 100~3 300
外焰	颜色	从里向外由淡蓝色变为橙黄色	橘红色	蓝紫色
	形状			火焰挺直
	温度(℃)	1 200~2 500		

3. 钎焊

钎焊是利用氧乙炔焰或汽油喷灯等的热能将欲焊接工件两个接头中间的钎料熔化(一般钎料的熔点温度比母材的要低 10℃以下)。待冷凝后将钎焊接头连接在一起的焊接方法,其焊缝是由钎料熔化后形成,要求钎料具有良好的浸润性、液态时与母材在接触面上必须能发生相应的原子扩散、有一定的机械强度等性能。

4. 焊修生产率

焊修生产率常用熔敷率来表示。熔敷率即单位时间内熔敷到零件上的金属重量,单位为kg/h。手工焊修的熔敷率比较低。

5. 冲淡率

焊缝由焊条和基体金属熔化后的混合物冷却而成。进入焊缝中的基体金属重量与焊缝重量的百分比叫冲淡率。若焊条中所含合金元素越高,则冲淡率越大,焊缝的强度越低,对焊接性能的影响就越大,而且说明受热过多,易产生焊接应力和变形。为了保证质量,应设法降低冲淡率。

(二)焊修时零件产生应力与变形的原因

焊修时,由于对被焊零件进行局部加热,焊件上各部分的温度是很不均匀的。距焊缝越近的金属,其温度越高,体积的膨胀也越大;而距焊缝越远的金属,其温度越低,体积的膨胀越小。由于这些温度不同的金属是处于同一焊件上的,低温区的金属保持原有强度和硬度,会对高温区体积膨胀大的金属产生压应力,限制其自由膨胀,高温区的金属在此压应力的作用下便会产生塑性变形(此时也易产生塑性变形)。当加热停止后,在冷却过程中,高温区的金属将逐渐以较高速率收缩,但周围的低温金属因收缩小对其起牵制收缩作用而形成拉应力。若此拉应力不超过材料的强度极限,会引起焊件变形;若此拉应力大于材料的强度极限,焊件就会在薄弱处产生裂纹。焊件在产生变形和裂纹后,部分内应力会消失。但因是部分消失,所以焊件既产生了一定的变形或裂纹,同时又在内部还存在残余应力。残余应力的存在,会使零件在使用过程中继续产生变形或裂纹。

除上述热应力外,焊修合金钢、高碳钢和铸铁零件时,由于焊缝中某些元素含量的变化及金属在被快速加热和冷却时,内部组织发生转变(如淬火倾向增大),这种组织的转变引起局部的体积变化及塑性变差,在焊件内部形成所谓组织应力,由于组织应力和低塑性的淬硬组织的影响,易造成较大的焊接应力而产生裂纹。低碳钢和低碳合金钢基本上不产生组织应力,因低碳钢组织发生变化的温度在600℃以上,此时材料有很好的塑性。

由焊修应力引起的变形和裂纹是焊修中最常见和主要的缺陷,必须足够重视,否则会严重影响焊修质量,乃至造成零件报废。

(三)防止焊件产生应力和变形的方法

对于应力与变形,既要设法在焊修过程中减少和防止其产生,又要在其发生后,尽量设法来消除它。减少应力防止变形通常采用如下措施:

1.焊前预热、焊后缓冷或焊后退火处理

焊前预热是消除应力最根本的方法之一,其原理是使焊件各部的温度尽可能均匀,焊修区和焊件其他部分的温差减小,温差越小,冷却后的应力越小,产生裂纹或变形的倾向也就越小。同时,预热还可以起到其他一些作用,如对铸铁件的焊修,预热除可以防止裂纹外,还有助于避免白口的产生。对于高强度钢等可焊性较差的材料的焊修,预热除可防止裂纹外,还有助于改善焊补金属和基体金属的组织和性能。

焊后缓冷和高温退火的目的,是为了消除残余应力。焊后缓冷退火是将工件焊后趁热放在炉中随炉缓慢冷却,或放在保温材料(石棉灰、干燥的熟石灰等)中缓冷。焊后退火应在炉中进行,加热温度为600℃左右,保温时间一般为12~24h,体积大,形状复杂的零件,需要保温48h以上,保温后随炉冷却。

2.采用合理的施焊顺序

(1)对称焊。如图5-13所示,补焊较长裂缝时,可从中间把焊缝分成两个相等长度的区段,再把这两个区段分成左右对称、长度相等的区段(每段长15~40mm),然后按标号和箭头所示方向依次补焊。这种补焊方法可使因温度变化而产生的收缩互相抵消,应用甚广。

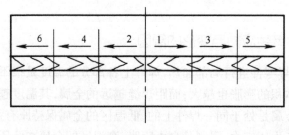

图5-13 对称焊

(2)分段后退焊。如图5-14所示,把长焊缝分成若干相等的区段(每段长15~40mm),然后按标明的次序,顺着箭头方向后退焊补,这样可以大大缩小热影响区,产生的应力也相应减少了。为了保证焊缝质量,各段应稍有重叠。

3.多层焊

如图5-15所示,焊补较厚工件的时候,可采用较细焊条,较小的电流,分多次填满焊缝。

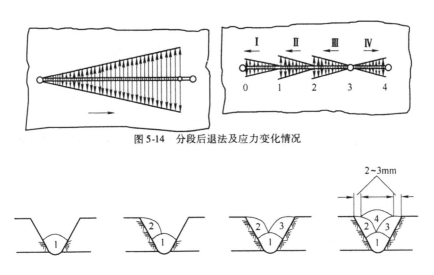

图 5-14　分段后退法及应力变化情况

图 5-15　多层焊接法

焊完一道,待温度降低后,再焊下一道,后面的一层对先焊的一层有退火软化的作用。这样既可减小焊件的温升,又可起到改善组织、消除内应力和减少焊件变形的作用。这种方法,对铸铁件的焊修尤其有效。

4. 锤击焊缝

焊后焊件发生收缩,是焊件产生应力和变形的原因。趁热锤击焊缝可消除部分焊接应力,因焊缝金属在热的时候塑性比较好,锤击相当于锻延,有助于金属晶格的滑动,用其伸长来补偿收缩量,可减小残余应力和变形。操作方法是,当焊层处在炽热状态时,用端头有 R3 ~ R5 圆角、重约 1.5 磅的手锤轻轻敲击焊层,直至将焊层表面打出均匀密布的麻点时为止。如为多层焊,底层和表面层一般不敲击。凡具有延展性的金属,都可以采用这种方法。焊层在 800℃ 左右时锤击效果较好。随温度下降,锤击的力量也应随即减小。温度在 300 ~ 500℃ 时,不允许锤击,以免发生冷脆裂纹。

另外,锤击也可砸实气孔,提高焊缝的致密性,这对气孔较多的铜铁焊条焊缝尤为需要。

5. 人工冷却

为了防止非焊部位热处理层的破坏和焊件的变形,可采用人工冷却的方法。其方法是:焊缝附近覆盖湿石棉或用冷水喷射非焊部位,常见的方法是将零件浸入冷水槽中,只露出施焊部位。

这种方法,对于易形成淬火组织的钢制零件不宜使用,否则易产生裂纹。

6. 加热减应区法

加热减应焊又叫对称加热法,即补焊时另用焊炬对零件选定的部位(减应区)进行加热,以减少补焊的应力和变形。其方法是:焊修前在焊件上选择一处或几处"减应区",用火焰进行低温或高温预热,使其膨胀伸长。当减应区受热膨胀时,需补焊处还未加热,减应区部位的金属膨胀,将使需补焊处受拉或裂缝加宽。当进行焊修后,补焊处和减应区的温度均较高,这样在冷却时,它们将同时较自由地收缩,减小了应力和变形,防止了焊件的炸裂。

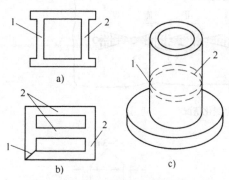

图 5-16　几种简单零件的"加热减应区"
1-需焊补的位置；2-减应区

图 5-16 为几种简单零件的"加热减应区"。

"减应区"的选择，直接关系到焊修工作的成败。其选择原则是：

（1）减应区应选择在能阻碍焊缝膨胀和收缩的部位，通过这些部位的加热伸长，可使补焊区焊口扩张，焊后又能和补焊区同时收缩，从而给焊缝造成自由伸缩的条件。

（2）减应区可以选择在工件的边、角、棱、筋、凸台等部位，这些部位与其他部位连接不多且强度较高，即使减应区变形，对其他部位影响也不大。

（3）减应区可根据需要，选择一处或多处。

减应区的选择比较困难，需不断总结和积累经验。减应区选得是否正确可通过加热的简便方法来检验。当对所选部位加热到 500～700℃ 时，零件上待焊补的裂缝如扩张，即说明减应区选择的正确，如果裂缝宽度未增加或反而缩小了，则说明减应区选择得不恰当，需另选合适部位。

7. 使用夹具和固定工具，防止焊件变形

除上述方法外，还有其他防止产生应力和变形的方法。仅在焊修时采取措施防止焊件变形是不够的，因为焊修后焊件往往仍有不同程度的变形。

二、铸铁零件的焊修

铸铁零件在发动机和工程机械中都占有很大比重，而且许多是重要零件，如汽缸体、汽缸盖、变速器壳等。这些零件体积较大、结构较复杂、成本较高，使用中也较易损坏。

铸铁含碳量高，从熔化状态到骤冷，碳在铸铁中来不及析出，以 Fe_3C 化合物状态存在形成白口铁。白口铁硬而脆，难以切削，其收缩率大于灰铸铁近一倍，加上铸铁塑性差，脆性大，焊缝区产生热应力和相变应力就极易使焊缝处产生裂纹。铸铁中含硫、磷量较高，也会给焊修带来困难。

对铸铁进行补焊时，要采取一些必要的技术措施才能保证质量。如要选择性能好的铸铁焊条；铸好焊前的准备工作，如清洗、预热等；控制冷却速度；焊后要缓冷等。

铸铁件焊接中主要的问题是提高焊缝和熔合区的可切削性，防止白口；提高补焊处的防裂性能；提高焊接接头的强度系数。

铸铁的补焊方法有很多，各有特点。工程机械修理中常用的补焊方法见表 5-4。

常用铸铁补焊方法简明表　　　　　表 5-4

焊补方法		要　点	优　点	缺　点	适用范围
气焊	热焊	焊前预热 650～700℃，保温缓冷	焊缝强度高，裂纹、气孔少，不易产生白口，易于修复加工，价格低	工艺复杂，加热时间长，容易变形，准备工序的成本高，修复周期长	焊补非边角部位，焊缝质量要求高的场合
	冷焊	不预热，焊接过程中采用加热感应法	不易产生白口，焊缝质量好，基体温度低，成本低，易于修复加工	要求焊工技术水平高，对结构复杂的零件难以进行全方位补焊	适于补焊边角部位

焊补方法		要 点	优 点	缺 点	适 用 范 围
电弧焊	冷焊	用铜铁焊条冷焊	焊件变形小,焊缝强度高,焊条便宜,劳动强度低	易产生白口组织,切削加工性差	广泛用于焊后不需加工的地方
		用镍基焊条冷焊	焊件变形小,焊缝强度高,焊条便宜,劳动强度低,切削加工性能极好	要求严格	用于零件的重要部位,薄壁件修复,焊后需加工
		用纯铁芯焊条或低碳钢芯铁粉型焊条冷焊	焊接工艺性好,焊接成本低	易产生白口组织切削加工性差	用于非加工面的焊接
		用高钒焊条冷焊	焊缝强度高,加工性能好	要求严格	用于补焊强度要求较高的厚件及其他部件
	半热焊	用钢芯石墨焊条,预热400～500℃	焊缝强度与基体相近	工艺较复杂,切削加工性不稳定	用于大型铸件,缺陷在中心部位,而四周刚度大的场合
	热焊	用铸铁芯焊条预热、保温、缓冷	焊后易于加工,焊缝性能与基体相近	工艺复杂、易变形	应用范围广泛

气焊条直径可按表5-5选取。电弧冷焊铸铁零件时,应采用严格的工艺措施来防止白口和裂纹,通常采用直流反接电源,同时采用小电流、断续焊、分层焊、细焊条、锤击等方法,减少焊接时的内应力和变形,并限制基体金属成分对焊缝的影响。

焊件厚度与气焊条直径的关系   表5-5

焊件厚度（mm）	焊条直径（mm）	焊件厚度（mm）	焊条直径（mm）
1～2	不用焊条	5～10	3～5
2～3	2	10～15	4～6
3～5	3～4	15以上	6～8

电焊条直径的选择,按焊件厚度、接头形式、焊接位置、热输入量以及焊工熟练程度而定。焊件厚度小于4mm时,焊条直径一般不超过焊件厚度。焊件厚度增大时,可根据接头形式、焊接电源容量、焊接位置以及焊接工熟练程度来选择,如角焊可选直径大一些的焊条,仰焊一般焊条直径不超过4mm等。一般焊件厚度在4～12mm时,选择焊条直径为3.2～4.0mm,焊件厚度大于12mm时,焊条直径应大于4.0mm。

三、钢零件的焊修

工程机械所用的钢材种类很多,其可焊性相差很大,主要原因是钢中含有不同数量的碳及其他合金元素。

(一)钢零件的可焊性

低碳钢(含碳量0.25%以下)零件最易焊修。中碳钢(含碳量0.25%～0.45%)零件较易焊修,但易产生裂纹。高碳钢(含碳量0.45%～1.7%)零件不易焊修。钢中含量愈高,出现裂纹的倾向就愈大,因含碳高时熔化温度降低,焊时易过热和生成 CO 气体使焊层疏松、性脆和多孔。

合金钢最不易焊修。因含有较多的 Mn、Ni、Mo、W、V 等元素,导热性差而易过热;合金钢熔化后有急剧硬化的趋势,故焊层易产生内应力和裂纹,使强度降低;合金钢中某些混合物在焊修时易与氧形成难熔的氧化物,降低了焊层质量。

易焊是指不需要采取任何技术措施即可获得较好的焊接质量;可焊是指一般情况下不采取技术措施也能获得较好的焊修质量,但零件较厚较复杂时,可采用低温预热(200~250℃)等简单技术措施;限制焊是指用一般焊修方法易产生裂纹等缺陷,故应采取较复杂的技术措施,如焊前中温(250~350℃)预热,焊后退火处理等;不堪焊是指一般焊接方法极易产生裂纹,故应采取严格的技术措施才能获得较好的焊修质量,如焊前高温预热(350~500℃),焊后退火处理等。

(二)钢零件焊修时易产生的缺陷及防止措施

1. 中碳钢

中碳钢焊接时主要困难是产生裂纹,裂纹有热裂纹、冷裂纹和热应力裂纹之分。

热裂纹多产生于焊缝内,弧坑处更易出现。这种裂纹在焊缝表面产生时,焊后马上可以出现。裂纹呈不明显的锯齿形,与焊缝的鱼鳞状波纹线相垂直。产生热裂纹的主要原因是含碳量偏高;含硫量偏高,含锰量偏低。

冷裂纹多出现在近缝区的母材上,有时也出现在焊缝处。产生的时间是在焊后冷却到300℃左右或更低的温度时。产生冷裂纹的原因主要是钢材含碳量高,其淬火倾向也相应大。母材近缝区受焊接热的影响,加热和冷却速度都大,产生低塑性的淬硬组织。当工件刚度较大时会引起大的焊接应力,常常产生裂纹。

热应力裂纹产生的部位多在大刚度焊件的薄弱断面,产生的时间是在冷却过程中。产生热应力裂纹的主要原因是焊接区的刚性较大,使焊接区不能自由收缩,产生较大的焊接应力,焊件薄弱断面承受不了而开裂。

防止中碳钢焊修时产生裂纹的主要措施有:尽量降低冲淡率或适当预热;减慢近缝区的冷却速度和应力;采用碱性低氢型焊条避免焊接区受热过大,减小焊接区与焊件整体之间产生过大的温度差。

碳钢焊前预热的程度取决于含碳量和零件刚度,可以大致按下列经验公式来估计手工电弧焊焊前的预热温度:

$$预热温度(℃) = 500(C_{eq} - 0.11) + 0.4t \tag{5-2}$$

式中:C_{eq}——钢的碳当量(%),$C_{eq} = C + \dfrac{Mn + Si}{4}$,其中 C 为碳含量(%),Mn 为锰含量(%),Si 为硅含量(%);

　　　t——零件厚度(mm)。

此公式主要用于零件厚度 $t \geq 20mm$ 的情况。

焊条尽可能选用碱性低氢型,因其抗裂性能较强。个别情况下,当严格掌握预热温度和尽量减少母材熔深时,也可用普通酸性焊条。表 5-6 可供选用焊条时参考。特殊情况下,可采用铬镍不锈钢焊条。其特点是在焊前不预热的情况下也不容易产生近缝区裂纹。

中碳钢零件焊修时焊条的选择　　　　表 5-6

钢 号	母材含碳量（%）	可焊性	母材抗拉强度（MPa/mm²）	选用焊条牌号	
				不要求等强度	要求等强度
35	0.32～0.40	较好	≥540	E4303,E4301 E4316,E4315	E5016,E5015
45	0.42～0.50	较差	≥610	E4303,E4301 E4316,E4315 E5016,E5015	E5516－G,E5515－G
55	0.52～0.60	较差	≥660	E4303,E4301 E4316,E4315 E5016,E5015	E6016－D1,E6015－D1

2. 高碳钢

高碳钢与含有少量合金元素的高碳结构钢、弹簧钢、工具钢,如 60Si2Mn,65Mn 等,其焊接特点相近。

这类钢的焊接特点与中碳钢基本相似,由于含碳量更高,使得焊后硬化和裂纹的倾向更大,即可焊性更差。焊修时对焊接接头要求高的要选用 E7015－D2 或 E6015－D1 焊条,要求一般的选用 E5016 或 E5015 等牌号的焊条。焊时要保证不产生缺陷,须用小电流慢速度施焊尽量减少母材的熔化。必须进行预热,而且温度不低于 350℃。焊后要进行热处理。

四、铝合金零件的焊修

铝合金常用来制造工程机械上的一些重要零件,如汽缸体、汽缸盖、飞轮壳、活塞、喷油泵壳体、离合器壳体、液力变矩器等。原因在于它有足够的强度和较好的抗腐蚀性以及耐热性。铝合金零件损坏后常用补焊法修复。

(一)铝合金的焊接特点及可焊性

铝合金件焊修的难度要比其他材质的大。

(1)铝表面有一层难熔而且强度极高的氧化膜,它阻碍铝的熔化和焊接。

铝的熔点在 650℃左右,而氧化膜的熔点高达 2 050℃;铝的相对密度为 2.7,氧化膜相对密度为 3.85。所以氧化膜很难熔化,而且又包于铝合金表面,阻碍铝的熔化。当氧化膜熔化后,又阻碍了铝的熔合,因而很易形成夹渣。氧化膜可吸附较多的水分,在高温时它与水反应分解,产生氢气。铝在液态时能吸收大量的氢,而在固态时却几乎不溶解氢,在焊缝快速冷却与凝固时,氢气来不及析出时,使焊缝里产生针孔、疏松或气孔。

(2)铝合金受热后的冷却收缩率大,高温时强度特别低,易产生较大的焊接变形和内应力,使焊缝熔合区容易产生裂缝。铝合金的导热系数和比热比铁大一倍,要求焊接时使用大功率或能量集中的能源,有时还需预热。

(3)铝与铝合金由固体转为液体无明显的颜色变化,很难判断加热程度和温度,而且铝熔化时会造成四处溢流,不易控制。加之高温时强度很低,常不能支持自身的重量,焊接时易发生坍塌现象。

气焊、碳弧焊、金属极电弧焊以及钨极氩弧焊都可以用来补焊铝合金铸件。补焊质量各不相同,如母材强度为100%,则气焊接头为70%~90%,碳弧焊为80%~95%,金属极电弧焊为90%~95%,钨极氩弧焊为80%~100%。显然,气焊的质量较差,但它的适应性强,特别适合补焊中小型零件。碳弧焊和金属极电弧焊适用于大铸件和大缺陷的补焊。而钨极氩弧焊适用于补焊重要铸件。

铝及铝合金的焊接性,见表5-7。

铝及铝合金的可焊性   表5-7

焊 接 方 法	材料牌号及其相对可焊性					适用厚度范围（mm）
	L1~L6	LF21	LF5 LF6	LF2 LF3	LY11,LY12 LY16	
钨极氩弧焊（手工,自动）	好	好	好	好	差	1~25
熔化极氩弧焊（半自动,自动）	好	好	好	好	尚可	≥3
电阻焊（点焊、缝焊）	较好	较好	好	好	较好	≥4
气焊	好	好	尚可	差	差	0.5~25
手工电弧焊	较好	较好	差	差	差	3~8
等离子焊	好	好	好	好	尚可	1~10

(二)铝合金的氩弧焊

氩弧焊是以氩气作为保护气体的一种电弧焊接法。钨极和焊件分别作电极而引起电弧。焊时氩气从喷嘴流出,在电弧和焊接熔池周围形成连续封闭气流,以保护钨极和焊接熔池不被氧化,如图5-17所示。同时,氩是惰性气体,与熔化金属不起化学反应,也不溶于金属。

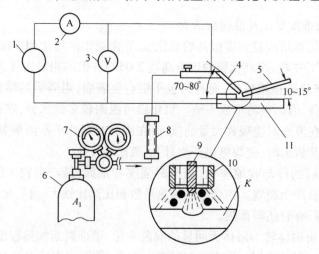

图5-17 铝合金氩弧焊示意图

1-直流电焊机;2-电流表;3-电压表;4-焊炬;5-焊丝;6-氩气瓶;7-调压表;8-流量计;9-钨极;10-气流量;11-工件

对铝铸件进行补焊修复时,一般采用交流手工钨极氩弧焊。这是因为:采用直流反接法(工件接负极,钨棒接正极),虽可使氩气电离后的正离子在电场作用下以高速冲向熔池,可使熔池表面的氧化膜被冲破,产生"阴极破碎"现象,有利于溶滴与熔池的熔合,适合于氧化物熔点高的铝镁及其合金材料的焊接,但同时也会造成钨极烧损严重。如采用直流正接法,可使钨棒烧损少,电弧稳定,但又没有"阴极破碎"作用。因此,铝合金钨极氩弧焊时要用交流电源,它可以弥补直流电不足之处。熔化极氩弧焊采用直流电源较适宜。采用交流电源时,需装有引弧、稳弧及排除直流分量等装置。

钨极手工氩弧焊焊修铝合金零件的规范,参见表5-8。

钨极手工氩弧焊的焊接规范 表5-8

焊件厚度 (mm)	钨极直径 (mm)	焊丝直径 (mm)	喷嘴口径 (mm)	焊接电流 (A)	氩气流量 (L/min)
3 ~ 5	3 ~ 4	3	8 ~ 12	120 ~ 200	8 ~ 10
6 ~ 8	4 ~ 5	3 ~ 4	10 ~ 14	140 ~ 220	10 ~ 14
8 ~ 12	4 ~ 5	4	12 ~ 16	200 ~ 280	12 ~ 16
>12	5 ~ 6	4 ~ 5	14 ~ 18	260 ~ 350	14 ~ 18

五、钎焊

用比需焊件熔点低的金属材料作钎料(填充材料),将焊件和钎料共同加热到高于钎料熔点而低于焊件熔点的温度,钎料熔化润湿焊件的钎焊面,并靠毛细作用填充接头缝隙,经钎料与焊件之间的扩散而形成钎焊接头的焊接方法,称之为钎焊。与熔化焊相比,焊件加热温度低,变形小,其组织及力学性能变化小;受焊件焊接性的限制少,可连接异种材料;绝大多数金属及合金以及非金属材料都可用钎焊修复。钎焊的缺点是焊缝强度较其他焊接方法低,故适于强度要求不高的零件的裂纹、断裂的修复,尤其适于低速运动零件的研伤、划伤等局部缺陷的补焊。

钎焊质量与钎焊方法、钎剂、钎料以及保护气氛有关,也与钎焊前焊件表面的清洗、接头间隙的控制以及焊后处理有关。

钎焊按温度分为硬钎焊和软钎焊。钎料熔点高于450℃的钎焊称为硬钎焊,低于450℃的钎焊称为软钎焊,钎料分为硬钎料、软钎料,钎剂分为硬钎剂和软钎剂。

六、堆焊

堆焊是焊接工艺方法的一种特殊应用。它的目的不是形成接头,而是在零件表面堆敷一层金属,使零件到一定尺寸,或赋予零件的工作表面一定的特殊性能。例如,堆焊修复已磨损的零件时,不仅可以恢复零件的尺寸,而且可以通过选择堆焊材料改善零件的表面性能,使其比新件更耐磨。

由于堆焊与焊接的任务不同,在焊接材料的选用以及生产工艺上都有它本身的特点。但是,作为焊接工艺方法的一种特殊应用,堆焊的物理实质、工艺原理、热过程以及冶金过程的基本规律和焊接没有什么不同。绝大多数的熔焊方法都可用于堆焊。表5-9所列为几种堆焊方法的特点。

几种堆焊方法的主要特点 表 5-9

堆焊方法	应用形式	渗合金方法	稀释率 (%)	熔敷率 (kg/h)	单层堆焊 最小厚度 (mm)
氧乙炔气焊	手工	实心焊丝;管状焊丝	1~10	0.45~2.7	0.8
	手工	合金粉末	1~10	0.45~6.8	0.8
手工电弧焊	手工	实心焊条;管状焊条	15~25	0.45~2.7	3.2
熔化极气体 保护焊	半自动或自动	实心焊丝;管状焊丝	15~25	2.3~11.3	3.2
钨极气体 保护焊	手工	实心焊丝;管状焊丝	10~20	0.45~3.6	2.4
	自动	实心焊丝;管状焊丝	10~20	0.45~3.6	2.4
埋弧焊	半自动	管状焊丝	20~60	4.5~9.0	3.2
	单丝自动	管状焊丝	30~60	4.5~11.3	3.2
	多丝自动	管状焊丝	15~25	11.3~27.2	4.8
	串联电弧自动	管状焊丝	10~25	11.3~15.9	4.8
	单带极自动	带极	10	12~36	3
	双带极自动	带极	5	22~68	4
等离子弧焊	自动	合金粉末	5~30	0.45~6.8	0.8
	双热丝自动	焊丝	5	13~27	2.4~6.4

(一)手工堆焊

手工电弧焊和氧乙炔气焊是普遍采用的堆焊方法。特别适用于批量小,外形不规则,不利于机械化自动化堆焊的场合。手工堆焊的操作技术与普通焊接基本相同,但要针对零件和堆焊材料的具体情况采用不同的工艺,才能获得满意效果。气焊时常需使用中性焰,甚至碳化焰,以免合金元素烧损等。

(二)埋弧堆焊

埋弧堆焊又叫熔剂层下焊接,这一工艺在船舶、工程机械等制造行业中早已获得了广泛的应用。在修复发动机曲轴和其他直径较大的轴类、轮类零件,特别是磨损量大、外形比较简单的零件时也经常用到。

埋弧堆焊与手工电弧焊及振动堆焊等相比较,有以下的特点:

(1)焊接是在熔剂层下进行的,电弧不外露又有一层焊渣罩在焊缝上,可有效地防止氧、氮对熔池金属的作用,焊缝质量好,飞溅损失小。

(2)焊缝冷却缓慢,焊层金属组织致密均匀,气孔及夹渣都很少。

(3)可用改变熔剂的成分来控制焊层的物理化学性能,如提高硬度、耐热性、耐磨蚀性等。

（4）生产率高，工作环境好。

（5）液态金属与熔渣及气体的冶金反应较充分，堆焊层的化学成分和性能较均匀，焊缝表面光洁。

（6）堆焊层与基体金属的结合强度高。

（7）堆焊层的抗疲劳性能比用其他修复工艺获得的修复层的性能强。

（8）工艺和技术比较复杂，且由于焊接电流大，工件的热影响区大，因而主要用于较大的不易变形零件的修复。

（9）敷撒助焊剂有许多限制，特别是焊曲轴及直径小于 50mm 的轴形零件较困难。

埋弧堆焊是焊剂保护下的一种自动堆焊。图 5-18 为埋弧自动堆焊示意图。堆焊时电源正极与焊丝相通，负极与工件相通，裸焊丝和工件之间产生电弧。焊丝由焊丝盘经焊嘴送入堆焊区，焊剂由焊剂箱经送药管和焊嘴漏入堆焊区，堆成焊剂层。在焊剂层保护下，焊丝与工件自动短路、空载、起弧，因而焊丝被熔化，同时焊丝周围的焊剂也被熔化，有的甚至被蒸发成气体。由于电弧的高温作用，熔化的金属与焊剂蒸发形成金属蒸气与焊剂蒸气，在焊剂层下造成一个密闭空腔，电弧在空腔内燃烧。在空腔的上面覆盖着熔化的焊剂层，隔绝了大气对焊缝金属的影响。由于气体的膨胀作用，空腔内的蒸气压力略大于大气压力，此压力与电弧的"磁吹"作用共同向后排挤熔化的金属，加深了基体金属的熔深。与金属一同被挤向溶池较冷部位的焊渣，因密度较小而浮在金属熔池上部，减缓了焊缝金属的冷却速度，使焊渣、金属以及气体之间的反应更充分，能更好地清除熔池中的非金属杂质、焊渣和气体，从而得到化学成分理想的堆焊层。密闭空腔上面的焊渣和焊剂覆盖，使焊丝熔化、过渡及形成堆焊金属层的全过程中与空气隔离，所以保护作用很好，防止产生氧化、飞溅、烧蚀和形成气孔。熔化的焊丝金

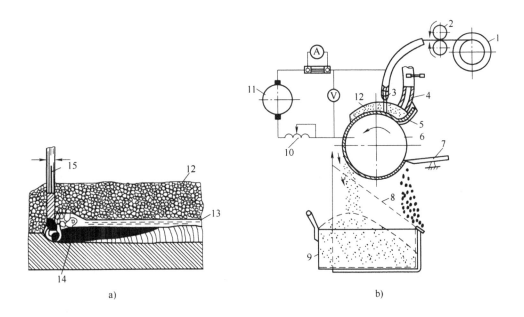

图 5-18 埋弧自动堆焊示意图

a）原理图；b）设备示意图

1-焊丝盘；2-送丝轮；3-焊丝导管；4-焊剂软管；5-焊剂挡板；6-工件；7-铲渣刀；8-筛网；9-焊剂箱；10-电感；11-堆焊电源；12-焊剂；13-渣壳；14-熔化金属；15-焊丝

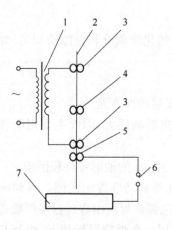

图 5-19 预热焊丝埋弧堆焊示意图

1-预热变压器;2-焊丝;3-上下预热导电轮;4-送丝轮;5-堆焊电源导电轮;6-堆焊电源;7-零件

属堆焊在工件上,由于焊件在做旋转运动,堆焊机头做纵向运动,因而零件表面将形成螺旋形焊道。

埋弧堆焊时,应注意控制冲淡率和设法提高熔敷率。

增大焊条直径、增大送丝速度、使焊丝倾斜等都可降低基体金属在焊缝中的分量及熔深,降低冲淡率。提高熔敷率的方法也很多,其中多丝埋弧焊和预热焊丝法都能显著提高熔敷率。预热焊丝埋弧的原理如图 5-19 所示,用附加的交流电对焊丝预热,并大幅度提高送丝速度,可以在不增加对母材的热输入情况下显著地提高焊丝熔化速度。

工程机械零件埋弧自动堆焊的一般规范,见表 5-10。

工程机械零件埋弧自动堆焊的一般规范 表 5-10

零件直径(mm)	焊丝直径(mm)	堆焊规范		
		电流(A)	电压(V)	堆焊速度(mm/s)
60	1.2	110~130	25~28	3~5
90	1.6	150~180	26~29	4.5~5.5
120	2.0	170~200	26~29	5.5~6.6
160	2.0	200~240	27~30	6.6~7.7
200	2.0	220~260	27~30	7.7~8.8

埋弧堆焊可用交流电或直流电,一般电流强度可按下式计算:

$$I = 110d_0 + 10d_0^2 \tag{5-3}$$

式中:d_0——焊丝直径。

(三)振动堆焊

振动堆焊是一种新的堆焊方法。它的特点是溶层浅、工件的受热和变形小、堆焊层的耐磨性比较好。因此,它已广泛地用于修复工程机械和其他机械的轴类零件。

1.振动堆焊过程

振动堆焊的基本电路,如图 5-20 所示。

电流从直流发电机的正极经焊嘴 2、焊丝 3、工件 13 以及电感线圈 14 回到发电机的负极。焊丝从焊丝盘 5 经送丝轮 6 进入焊嘴,送丝轮由小电动机 7 驱动,焊嘴受交流电磁铁 4 和弹簧 9 的作用产生振动。为防止焊丝和焊嘴熔化粘上,焊嘴由少量冷却液冷却。为控制堆焊层的硬度和零件温度,设有喷液嘴 10 向焊层或零件上喷射冷却液。

工件 13 被夹持并以一定的转速转动。焊丝等速下降、振动,并沿旋转轴线方向移动,堆焊出螺旋状的焊纹。

振动堆焊在送进焊丝的同时,按一定频率振动,造成焊丝与工件周期性地短路、放电,使焊丝在较低电压(12～20V)下熔化,并稳定均匀地堆焊到工件表面。由于焊丝是振动的,因此堆焊过程中是以一定的频率和振幅振动的脉冲电弧焊。在堆焊过程中,同时向电弧区及工件表面浇送冷却液,使焊接区域加速冷却。在电弧的每一断续循环过程中,焊丝相对工件的运动情况及相应的电压、电流是变化的。堆焊过程中电压和电流变化的波形,如图 5-21 所示。堆焊过程的每一振动循环,可分为短路期、电弧期和空程期三个阶段。三个阶段的长短取决于各堆焊参数,关键的参数是电路中的电感。增加电感可使电弧期延长,空程期缩短。电路中最佳电感量是恰好将空程期消灭,如图 5-21 所示。此时一个振动循环只有短路和电弧两个阶段,堆焊过程稳定,质量好。

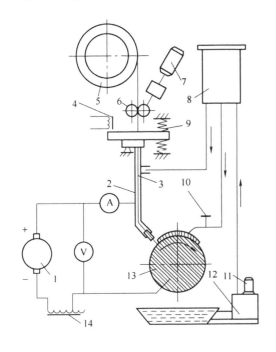

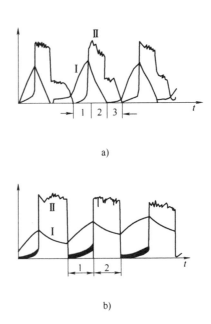

图 5-20　振动堆焊示意图
1-电源;2-焊嘴;3-焊丝;4-交流电磁铁;5-焊丝盘;6-送丝轮;7-小电动机;8-上水箱;9-弹簧;10-喷液嘴;11-水泵;12-冷却液水箱;13-工件;14-电感线圈

图 5-21　振动堆焊中的电压和电流变化波形图
a)三阶段时的波形;b)二阶段时的波形
1-短路期;2-电弧期;3-空程期

2. 水蒸气保护振动堆焊

为了改善堆焊层质量,防止裂纹,提高零件的疲劳强度,堆焊过程应在保护介质下进行。一般保护介质为惰性气体、水蒸气、二氧化碳或溶剂层。

用水蒸气作为保护介质送入堆焊区进行振动堆焊,可以明显地提高堆焊质量。其原因是水蒸气包围着堆焊区,使空气不能进入,从而防止了空气的有害作用。另外水蒸气对熔池有一定的搅拌作用,有利于溶入液体金属中的气体逸出和焊渣浮起,可大大减少焊缝中的气孔和夹渣,再和防裂纹措施配合起来,就可以得到质量较好的焊缝,因而零件修复后疲劳强度有明显的提高。

水蒸气保护下的振动堆焊,如图 5-22 所示。常用的堆焊规范列于表 5-11 中。

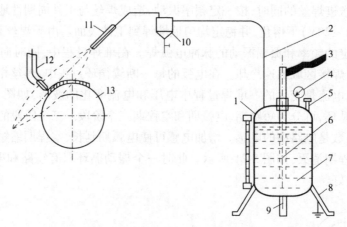

图 5-22　水蒸气保护振动堆焊示意图

1-水蒸气发生器;2-水蒸气管;3-电缆;4-气压表;5-给水管;6-电加热管;7-水;8-发生器支腿;9-排水管;10-气水分离器;11-水蒸气喷管;12-焊嘴;13-工件

水蒸气保护振动堆焊常用规范　　　　　　　　　　　　表 5-11

规范参数＼焊丝	φ1.6 中碳钢丝	φ1.8 中碳钢丝
工作电压(V)	16~17	16~17
工作电流(A)	150~160	170~190
振幅(mm)	1.5~2	1.6~2.2
堆焊速度(mm/min)	500~620	500~620
堆焊螺距(mm)	2.5~2.9	2.9~3.2
焊丝伸出长度(mm)	8~12	8~12
水蒸气压力(kPa)	50~100	50~100
水蒸气嘴离电弧距离(mm)	100~120	100~120

3. CO_2 气体保护振动堆焊

采用 CO_2 作保护气体可防止空气中的氧、氮等气体侵入,堆焊后抗裂纹性好,同时由于堆焊层内氢含量显著降低更使工件产生裂纹的倾向大大降低。焊层硬度均匀,生产效率高,采用细焊丝时工作电流小,热影响区小。缺点是要求采用高纯度(99.5%以上)的 CO_2 气体,并要求使用含有脱氧元素的特殊合金钢丝。

CO_2 气体保护振动堆焊,如图 5-23 所示。图 5-24 为焊嘴的结构。

CO_2 的氧化还可以抑制氢的有害作用,因而对油、水、锈不敏感,焊前对零件和焊丝的清理要求较低,只要气体保护适当,堆焊层内不会出现气孔。同时由于堆焊层含氢少,焊层的应力小,产生裂纹的倾向也小。这些因素使得 CO_2 比水蒸气的保护效果更好。

CO_2 保护焊的特点是焊层强度高而硬度低,焊曲轴轴颈时如适当喷水冷却,堆焊层硬度可达 HRC30~35,这对于采用巴氏合金轴瓦的曲轴轴颈是适合的。对于铝合金或铜铅轴瓦,可在轴颈中段施以一般弹簧钢丝的振动堆焊,而在两边圆角处各留下 5~6mm 不焊。焊后将圆角处车光。再用细丝 CO_2 保护下的振动焊填补两圆角。

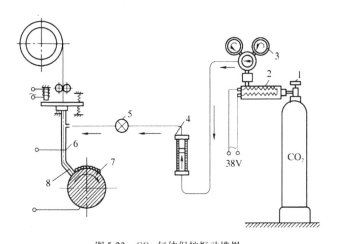

图5-23　CO_2 气体保护振动堆焊

1-开关;2-干燥器;3-调压表;4-浮子流量计;5-电子气阀;6-焊嘴;7-工件;
8-焊丝

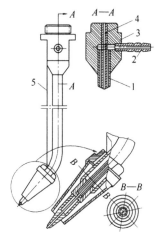

图5-24　CO_2 气体保护振动堆焊的焊嘴

1-钢管;2-CO_2 接头;3-焊嘴连接头;
4-焊丝导管;5-加强筋

4. 振动堆焊的电参数

振动堆焊的电参数及机械参数较多,它们是互相制约、互有影响的。每一参数选用不当都会影响到堆焊过程的稳定和堆焊质量。

目前,最常用的焊丝为直径 1.6mm 的优质碳素弹簧钢丝,使用这种焊丝时,选用的参数见表5-12。

振动堆焊参数的选择　　　　　　　　　　　　　　　　　　　表 5-12

序号	参数名称	选取数值	参数改变的影响
1	工作电压 $U(V)$	14~18V,铸铁件用 14V	电压低于 14V,焊不透、有气孔 电压高于 18V,飞溅大、工件温度高
2	电流 $I(A)$	$I = 140~180$　$I \propto V_S$	电流表指针摆动应小于 ±10A 电流表指针摆动过大,表明堆焊过程不稳定
3	电感 L	0.5mH ADZ-300 型设备　10~16 圈	小于 0.3mH,堆焊过程不稳定,熔化不良 大于 0.7mH,空程期长、飞溅大
4	焊丝速度 $V_s(m/min)$	$V_S = 1.1~1.6$	焊丝速度不足,堆焊过程不稳定 焊丝速度过高,飞溅大、起焊困难、堆焊金属熔化不良 焊丝运动受到阻碍,焊道上出现凹坑

序号	参 数 名 称	选 取 数 值	参数改变的影响
5	堆焊速度 $V(\text{m/min})$	$V=\pi Dn$，$V=0.3\sim0.6\text{m/min}$ $\dfrac{V_s}{V}=2\sim4$	堆焊速度低,焊层厚 堆焊速度过高,焊波不连续
6	螺距 $S(\text{mm})$	$S=(1.5\sim2)d$ $=2.5\sim3.0$	螺距小,焊层硬度低;螺距大,硬度高 螺距过小,抢弧、焊不透 螺距过小,焊层不平、零件疲劳强度降低较多
7	焊丝振幅(mm)	$1.5\sim2.5$	振幅过小,焊嘴易结瘤,并会引起短路灭弧 振幅过大,飞溅大,堆焊过程不稳定
8	焊嘴位置	焊丝伸出长度 $C=8\sim12\text{mm}$ 焊丝倾斜角度 $\beta=40°\sim50°$	C 过小,焊嘴易结瘤,并会引起短路灭弧 C 过大,堆焊过程不稳定
9	焊嘴冷却液 5% Na_2CO_3 水溶液	$50\sim100$ 滴/min ($0.01\sim0.02\text{L/min}$)	冷却液过少,焊丝粘在焊嘴上 冷却液过多,易冲灭电弧
10	工件冷却	$0\sim1.5\text{L/min}$ 堆焊直径小于 25mm 的工件,必须冷却	冷却液过多,焊层的硬度高、裂纹多 冷却液少,硬度低。细工件冷却不足,基体金属熔化流溢

(四)等离子弧堆焊

等离子弧堆焊是利用联合型等离子弧或转移型等离子弧为热源,以合金粉末或焊丝作为填充金属的一种熔化焊接工艺。

按照填充材料的填充方式不同,等离子弧堆焊可分为:热丝等离子弧堆焊(焊丝利用本身的电阻预热后,再送入等离子弧区进行堆焊);冷丝等离子弧堆焊(焊丝不经加热而直接送入等离子弧区堆焊);预制型等离子弧堆焊(堆焊合金预先制成环状或其他形状放置在零件的堆焊表面,然后用等离子弧加热而形成熔敷层);粉末等离子弧堆焊(合金粉末自动送入电弧区实现堆焊)。

1.等离子弧产生的原理和分类

对气体加热,使原子获得足够的能量,则其外层电子会从原子中分离出来,中性的原子变成了带负电的离子和带正电的离子,这个过程称为气体的电离。电离较充分的气体叫作等离子体。其中,正负离子的总电荷相等,故等离子体仍呈中性。

普通焊接电弧的弧柱温度高达 $6000\sim7000K$,弧柱气体中相当一部分已呈等离子状态。对这种自由弧弧柱进行三种形式的压缩而得到的等离子弧,如图5-25所示。自由电弧通过焊枪喷嘴的细孔道时,弧柱直径被迫缩小,这种作用称为"机械压缩效应"(图5-25a)。在焊枪中同时有高速气流通过,气流均匀包围着弧柱,不断把弧柱的热量带走,使弧柱外层的温度下降,外层的气体电离程度也急剧降低,迫使带电离子流往高温和高电离程度的弧柱中心区集中,使弧柱直径变细,这种收缩作用称为"热压缩效应"(图 5-25b)。另外,带电离子流在弧柱中可以看成是无数根平行通电的导体。两根平行而且通过同方向电流的导体之间,在自身磁场的作用下产生相互吸引力,使导体相互靠近,由于这种相互的吸力而使弧柱进一步收缩变细,这种收缩作用通常称为"电磁收缩效应"(图 5-25c)。以上三种效应对弧柱所产生的压缩作用使弧柱产生的能量进一步集中,直到与电弧的热扩散等作用相平衡时,便形成稳定的等离子弧。温度可高达 15 000 ~ 30 000K 。可以熔化已知的所有工程材料。

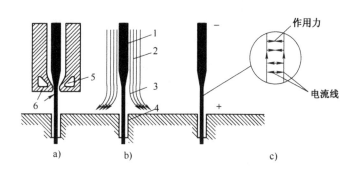

图 5-25 等离子弧的压缩效应
a)机械压缩;b)热压缩;c)电磁压缩;
1-钨极;2-冷却气流;3-电弧;4-工件;5-冷却机;6-细孔

根据线路的不同接法,等离子弧有三种类型,如图 5-26 所示。电弧在电极和工件间产生,称为转移型等离子弧或直接弧,工件受热多而集中,常用于切割金属材料、焊接、堆焊和喷焊。电弧在电极和喷嘴内表面之间产生,通过从喷嘴喷出等离子焰流输出热能,称为非转移型等离子弧或间接弧,这种电弧使工件受热较少,但受热面较大,常用于喷涂和非金属材料的切割。直接弧和间接弧联合起来形成的电弧称为联合型等离子弧,两种弧的强弱可按需要调整。这种联合型等离子弧广泛用于切割、焊接、喷焊、喷涂、冶炼以及淬火和渗氮等。

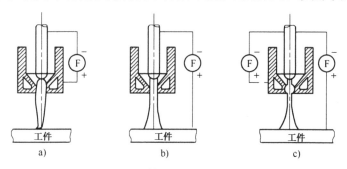

图 5-26 等离子弧的三种形式
a)非转移弧;b)转移弧;c)联合弧

2.等离子弧堆焊的过程和设备

(1)等离子弧堆焊的过程。等离子弧堆焊,如图 5-27 所示。工作时首先在喷嘴中通入副工作气(小气流),用起动电弧电源(引弧电源)在电极与喷嘴之间引燃非转移型电弧。非转移型电弧在电极与工件之间引燃转移型电弧,同时送入主工作气(大气流)、送粉气和保护气。

由送粉机构将粉末材料送入喷嘴体,粉末材料在电弧中熔化,随同等离子弧焰喷到工件表面,与工件表面层金属焊合。

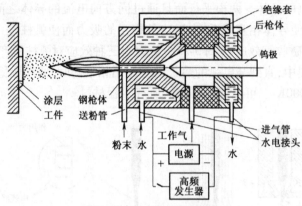

图 5-27　等离子弧堆焊示意图

(2)喷焊设备。等离子弧堆焊设备由电源、控制箱、水路系统、气路系统、堆焊枪、送粉机构、专用机床、安全防护设施等几部分组成,如图 5-28 所示。

焊枪和送粉器是整套设备的核心部分。焊枪是高温等离子弧的发生装置。整个系统的电、气、水、粉都在枪体内交汇,对枪的设计、制造和使用维护都要特别重视。整个焊枪大体上可分为前枪体、后枪体和中间绝缘体三大部分。前枪体用来安置喷嘴、构成喷嘴冷却腔以及安置进水管、进气管、进粉管等零件。后枪体用来安置电极、出水管等零件。中间绝缘体用以保证前后枪体互相绝缘和连接。喷枪的形式很多,图 5-29 是其中的一种。

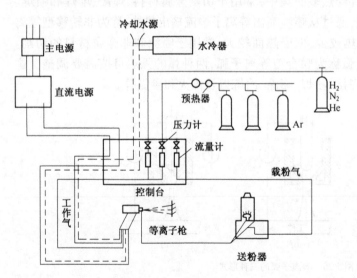

图 5-28　等离子堆焊设备示意图

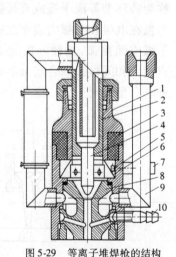

图 5-29　等离子堆焊枪的结构
1-后枪体;2-钨极夹头;3-绝缘套;4-钨极;5-隔热均气环;6-前枪体;7-排气管;8-喷嘴;9-进水管;10-送粉管

(五)火焰喷焊

将合金粉末加热后喷涂并熔化在零件上形成堆焊层的过程叫喷焊,使用氧乙炔火焰进行喷焊时为火焰喷焊。

火焰喷焊的实质是将金属粉末喷涂与普通气焊结合起来的一种工艺。

1. 火焰喷焊的原理

图 5-30 为火焰喷焊枪的工作原理示意图。首先用气焊火焰将工件表面加到一定温度,然后按下顶杆操纵手柄,顶杆放松夹着的胶管,料杯中的金属(合金)粉末即随同焊枪内的气体一同喷出。在喷射过程中,金属粉末被气焊火焰加热成半熔化状态,半熔的金属粉末喷到工件上,被预热的工件表面黏敷住,此时停止送粉,再用气焊火焰加热工件及其表面的金属粉,使金属粉熔化,与工件表面焊合,形成敷焊层。将常用的氧乙炔焊枪改装后,可使上述三个步骤连续进行,一气呵成,因而也可以把这种方法看成是金属喷涂和金属堆焊两种工艺的复合。它克服了金属喷涂层结合强度低、硬度低等缺陷,同时使用高合金粉后,又可以使喷焊层具有一系列特殊性能,这是一般堆焊所不易做到的。

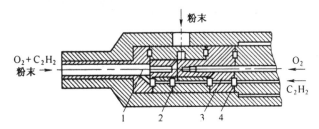

图 5-30 火焰喷焊枪的工作原理示意图
1-混合室;2-射吸室;3-喷射器;4-进气通道

2. 火焰喷焊的设备与材料

普通氧乙炔气焊设备可以直接使用,仅需将气焊枪加以改装。喷焊枪的结构如图 5-31 所示,实际上就是在普通焊枪上加一套送粉装置。当送粉阀 11 未打开时,粉末通道关闭,此时焊枪可作喷粉前的预热和喷后重熔之用。打开粉阀 11,合金粉末即进入枪内,随氧乙炔气流喷向零件。

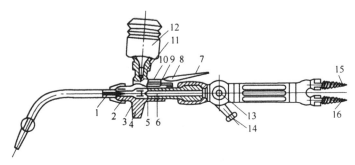

图 5-31 喷焊枪的构造
1-混合气管;2-混合室;3-喷枪体;4-射吸室;5-喷射器;6-进气通道;7-粉阀柄;8-尼龙套;9-粉阀杆;10-弹簧;11-粉阀;12-粉斗;13-氧气开关;14-乙炔开关;15-乙炔接头;16-氧气接头

火焰喷焊多采用自熔性合金粉末做喷焊材料。自熔性合金粉末分为铁铬硼硅系、镍铬硼硅系、钴铬钨系和 NT 系等,依据合金粉末的成分不同,可以获得各种性能的喷焊层,如高硬度、耐磨、耐腐蚀、耐热以及抗氧化喷焊层等。它们的物理性能见表 5-13。铁铬硼硅的资源广泛,价格较便宜。

自熔性合金粉末物理性能

表 5-13

种　类	相对密度	熔点 （℃）	线膨胀系 （100～800℃）（1/℃）	耐磨数 （g/40 万次）
铁铬硼硅系	7.8	1 380	1.35×10^{-5}	0.4～0.6
镍铬硼硅系	7.8	1 050	1.4×10^{-5}	0.25～0.35
钴铬钨系	8.9	1 360	1.57×10^{-5}	0.2～0.3

喷焊有两种操作方法：一种是两步法，将喷粉和重熔分两步进行；另一种是一步法，将喷粉和重熔一次完成。

第三节　金属热喷涂修复

热喷涂是用高速气流将已被热源熔化的粉末材料或线材吹成雾状，喷射到事先准备好的零件表面上，形成一层覆盖物的修复工艺。生产中多用来喷涂各种金属材料，因而通常称为金属喷涂或金属喷镀。如果所用材料是钢，则一般简称为喷钢。非金属材料如塑料、陶瓷等，也可以喷涂。

目前还没有标准的热喷涂分类法，一般是根据所用热源的不同来分类，分为燃气法、气体放电法、电热法和激光热源法等（图 5-32）。

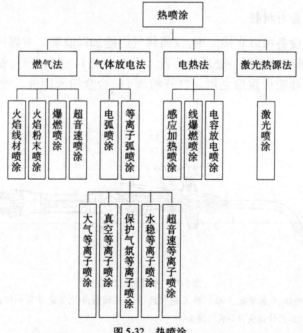

图 5-32　热喷涂

利用喷涂技术，可以在各种基体上获得具有耐磨、耐蚀、隔热、导电、绝缘、密封、润滑以及其他特殊机械、物理、化学性能的涂层，达到强化表面某些性能的目的，因而其应用广泛，可以涉及包括尖端技术在内的各种领域。

在机械修理方面，喷涂是几种主要的零件修复工艺之一。如可应用喷钢修复各种直轴、曲轴、内孔、平面、导轨面等的磨损面,喷锌作防护层,喷青铜作轴承,喷高熔点耐磨合金以修复气门等零件,喷塑料修复磨损面等。这种技术不仅可以恢复零件的尺寸,而且可强化其性能,成倍地提高其寿命,经济意义十分重大。

一、几种金属喷涂的原理

1. 电弧喷涂

如图 5-33 所示,喷涂时,送丝机构 3 不断将两根金属丝向前输送。两根金属丝进入导向嘴 4 以后弯曲,从导向嘴伸出来时就相互靠近。由于两导向嘴分别与电源的正负极相连,在具有一定电位差的两根金属丝相互接触短路后,电流产生的热量将尖端处的金属丝熔化并产生电弧,电弧进一步熔化金属丝。熔化的金属丝被从空气喷嘴 5 喷出的 0.5～0.6MPa 的压缩空气吹成微粒,并以 140～300m/s 的速度撞击到需喷涂的零件表面上。这样,半塑性的金属颗粒以高速度撞击变形并填塞在粗糙的零件表面上,就逐渐地形成覆盖层。金属丝不断地向前输送,同时不断地被熔化,熔化的金属又不断地吹向工件表面,从而保证了喷涂过程的连续进行。

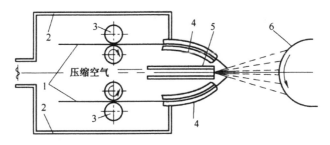

图 5-33　电喷涂示意图
1-金属丝;2-电缆;3-送丝机构;4-导向嘴;5-空气喷嘴;6-工件

电弧喷涂过程由下列四个循环阶段组成:两电极接触,钢丝的尖端短路被熔化。熔化的金属丝被压缩空气吹断,电流突然中断,引起自感电势并产生电弧。电弧熔化的金属丝被吹散成为小颗粒。电弧中断。此后,两电极再次接触短路并重复前一循环。每循环的时间很短,通常只有千分之几秒。

2. 高频电喷涂

高频电喷涂的工件原理与电弧喷涂基本相同,只是其钢丝的熔化是靠高频感应实现的,如图 5-34 所示。高频电喷涂的喷头由感应器和电流集中器组成,感应器 4 由高频发电机供电,电流集中器 3 主要是用于保证钢丝在不大的一段长度上熔化,钢丝 6 由送丝轮 7 以一定的速度经导筒 8 送进,压缩空气经气道 5 将电流集中器内熔化的金属喷向工件表面。

3. 氧乙炔火焰喷涂

火焰喷涂的原理如图 5-35 所示,它与电喷涂比较,其主要不同点是只有一根金属丝和熔化金属丝的热源为氧乙炔混合气。喷涂时,氧乙炔气体从混合气喷嘴 5 喷出并着火燃烧,与此同时,金属丝 2 不断地被送丝机构 1 输送到喷枪头的中央。当其端头进入火焰中时便被熔化,熔化的金属立即被压缩空气吹散成很小的微粒,这些微粒与高速气流一起冲击到工件表面上,并黏附和嵌合到工件表面上,形成喷涂层。

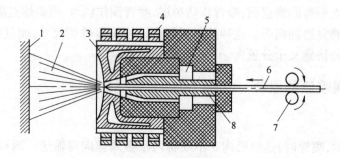

图 5-34 高频电喷涂

1-被喷涂表面;2-气体金属流;3-电流集中器;4-感应器;5-气道;6-钢丝;7-送丝轮;8-导筒

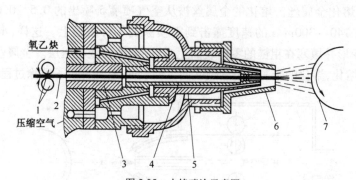

图 5-35 火焰喷涂示意图

1-送丝机构;2-金属丝;3-套管;4-金属丝导管;5-混合气嘴;6-空气帽;7-工件

氧乙炔火焰喷涂金属氧化小、金属飞散小,涂层强度较高,但生产率低(每小时喷射金属 2~4kg)。

粉末火焰金属喷涂是粉末材料受高速气体的带动,在喷嘴出口处受到燃烧气体加热至熔化或接近熔化的高塑性状态后,高速喷射撞击到经预处理的工件表面,沉积成为涂层,原理如图 5-36。涂层与工件一般为机械结合。若用自黏结复合粉末(如镍铝复合粉末),还可以形成冶金结合。

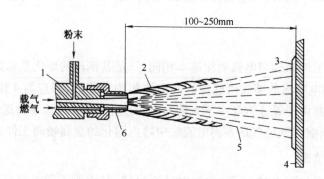

图 5-36 粉末火焰金属喷涂原理图

1-喷枪;2-燃烧气体;3-涂层;4-工件;5-喷射流;6-喷嘴

4.爆燃式喷涂

爆燃式喷涂的原理如图 5-37 所示。它是把经严格定量的氧气和乙炔送到对准零件 1 的水冷式喷枪2的燃烧部分3(图5-37a)。再从另一入口把氮气和金属粉末(如碳化钨粉末)也混合送入燃烧部分3(图5-37b),并与氧乙炔混合后用火花塞点火(图5-37c),产生高热和压力波,把经爆燃熔化的粉末以高速喷射在零件表面上(图5-37d),形成致密的涂层。

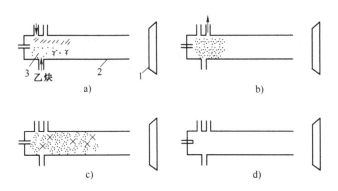

图5-37 爆燃式喷涂的原理
1-零件; 2-喷枪; 3-燃烧部分

爆燃喷涂时,由于喷涂粒子的飞行速度高,因此将使在较小的角度下喷涂时,涂层质量仍然高于同等条件下的等离子喷涂层。当喷涂角度在60°~90°的范围内变化时,爆炸喷涂层的质量几乎不受影响,直到喷涂角度降低至45°时,所获得的涂层仍然可以满足使用要求。

爆燃喷涂时的工艺条件,见表5-14。由于爆燃式喷涂在作业时有压力波的存在而产生巨大的噪声,因此需在专门的双层隔音厂房中由操作人员通过监视窗进行监视操作,而且设备的造价也很高。

爆燃喷涂时的工艺条件　　　　　　　　　　　　　　　　　　　　表5-14

爆燃流压力 (kPa)	爆燃波速度 (m/s)	爆燃流温度 (℃)	喷涂粒子速度 (m/s)	喷涂粒子温度 (℃)	噪声 (dB)
600	2 930	7 500	760	3 540	150

5.等离子喷涂

采用等离子弧进行喷涂时,要用非转移型弧(间接弧),其原理在上一节已有阐述。等离子喷涂是通过气体把金属粉末送入高温射流而实现喷涂的。等离子喷涂原理,如图5-38所示。

图5-38右侧是等离子发生器,又叫等离子喷枪,根据工艺的需要经进气管通入氮气或氩气,也可以再通入5%~10%的氢气。这些气体进入弧柱区后,将发生电离并形成等离子体。由于钨极与前枪体有一段距离,故在电源的空载电压加到喷枪上以后,并不能立即产生电弧,还需在前枪体与后枪体之间并联一个高频电源。高频电源接通,使钨极端部与前枪体之间产生火化放电,于是电弧便被引燃。电弧引燃后,切断高频电路。引燃后的电弧在孔道中受到三种压缩效应,温度升高,喷射速度加快,此时枪体的送粉管中输送粉状材料,粉末在等离子焰流中被加热到熔融状态,并高速喷射在零件表面上。当撞击零件表面时,熔融状态的球形粉末将发生塑性变形,黏附于零件表面,各粉粒之间也依靠塑性变形而相互结合起来,随着喷涂时间的增长,零件表面就获得一定尺寸的涂层。

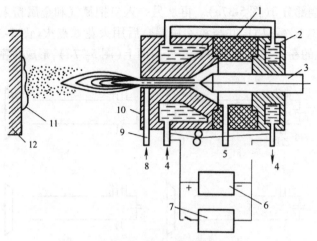

图 5-38　等离子喷涂原理

1-绝缘套;2-后枪体;3-钨极;4-水口;5-进气口;6-电源;7-高频发生器;8-粉末口;9-送粉管;10-前枪体;11-涂层;12-工件

等离子电弧可以产生 10 000℃以上的高温,目前已知的各种工程材料中,除熔化后会发生分解或升华的材料外都可以作为涂层材料。由于等离子弧的高温,金属颗粒达到工件表面时仍有很高温度,可使基体金属表面部分熔化而形成冶金结合,使涂层的结合强度大为提高。金属颗粒从等离子弧喷枪喷出的速度很大,可使涂层的致密性大为增加,对提高结合强度也有利。

6. 超音速喷涂

超音速喷涂是 20 世纪 60 年代由美国 Browning Engineering 公司研究的 Jet-Kote 喷涂法,1983 年获美国专利,目前较成熟。应用较广的有超音速粉末火焰喷涂和超音速等离子喷涂。

最早开始的 Jet-Kote 超音速粉末火焰喷枪的结构原理,如图 5-39 所示。燃料气体(丙烷、丙烯或氢气)和助燃剂(氧气)以一定的比例输入燃烧室,燃气和氧气在燃烧室爆炸或燃烧,并产生高速热气流;同时由载气(Ar 或 N_2)沿喷管中心套管将喷涂粉末送入高温射流,粉末加热熔化和加速。整个喷枪由循环水冷却,射流通过喷管时受到水冷壁的压缩,离开喷嘴后燃烧气体迅速膨胀,产生达 2 倍以上音速的超音速火焰,并将熔融微粒喷射到基材表面形成涂层。新发展的超音速粉末火焰喷枪在结构上对 Jet-Kote 喷枪进行了改进,可用比较低的压力输送燃气,而且可以使用乙炔,提高了火焰温度,可实现熔点高于 2 000℃材料的喷涂。

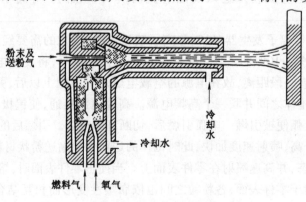

图 5-39　超音速粉末火焰喷枪原理

超音速粉末火焰喷涂在获得高质量的金属和碳化物涂层上显示出突出的优越性,但难以喷涂高熔点的陶瓷材料。为实现陶瓷材料的喷涂,人们开发了超音速等离子喷涂。高电压低电流方式产生超音速等离子射流的原理,如图5-40所示。大量的等离子气体(主要是 N_2)从负极周围送入,在连接正负极的长筒形喷嘴管道内产生旋流,喷嘴和电极间有很高的空载电压(DV 600V),可通过高频引弧装置引燃两极间的电弧,电弧在强烈的旋流作用下向中心压缩,并被引出喷嘴,电弧的阴极区在喷嘴出口上,弧柱因此被拉长到100mm以上,弧电压高达400V,在弧电流为500A情况下,电弧功率达200kW。这样长的电弧使等离子气体充分加热,当极高温度的等离子气体离开喷嘴后产生超音速等离子射流。

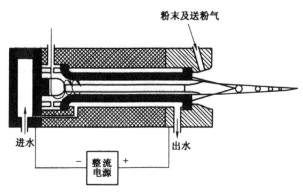

图5-40 超音速等离子喷涂原理

超音速喷涂的主要特点为:涂层致密,孔隙率很小,结合强度高,涂层表面光滑,焰流温度高、速度大,可喷涂高熔点材料,熔粒与周围大气接触时间短,喷涂材料不受损害,涂层硬度高。

7.激光喷涂

采用激光作为热源进行喷涂、喷焊以及对涂层重熔是近年来迅速发展的一项新技术。

激光喷涂是将从激光器发出的激光束聚集在喷枪喷嘴附近,喷涂粉末由压缩气体从喷嘴喷出,由激光束加热熔化,压缩气体将熔粒雾化、加速,喷射到基材表面形成涂层。

二、喷涂层的形成过程、结构和性能

(一)喷涂层的形成过程

金属丝或金属粉末熔化后,被压缩空气吹成很小的微粒,这些微粒以 $140 \sim 300 m/s$ 的速度冲向工件表面,并与工件表面结合起来,后到的颗粒又与先到的颗粒结合,如此连续进行,便逐渐形成了喷涂层,如图5-41所示。微粒在飞行过程中,高温的液态金属与空气接触,在凝固的同时,产生强烈的氧化与氮化,结果使金属丝中的合金元素烧损。到达工件时,每个颗粒外面包着一层氧化膜和氮化膜,对涂层的性能有严重的影响。

高温颗粒以高速撞击到工件表面时,被撞扁而贴在工件表面上。此时,颗粒与工件表面之间有如下连接过程:

(1)机械黏合。工件表面通常都要进行粗糙加工(例如喷砂、拉毛等),表面上的不平凸起对涂层有一种钩锚作用,微粒既和工件金属又和后到的微粒产生机械结合而形成覆盖层。发生这种情况的前提是金属微粒到达工件表面时,其温度应很高,处于塑性状态。喷涂时微粒运

127

动速度近似等于空气流的速度,且微粒从喷枪口飞到工件表面的时间很短(不超过0.003s),金属微粒不会剧烈地冷却。

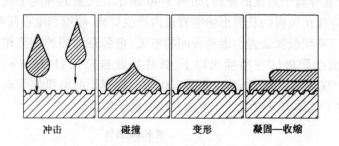

冲击　　碰撞　　变形　　凝固—收缩

图5-41　涂层形成过程示意图

(2)吸附。金属颗粒撞击到工件表面时,在两接触表面上,部分分子间距离极近,它们的相互吸引力能使颗粒吸附在工件表面上。飞到工件表面的金属微粒,由于撞击变形,一些微粒表面的氧化膜可能破裂而裸露出纯金属,而会产生分子状直接接触。发生这种情况的前提是两表面没有油污、水汽等杂物。

由此可知,金属喷涂层的连接,既有机械结合,又有分子结合,以机械结合为主。

(二)喷涂层的结构和性能

1.喷涂层的结构

金属喷涂层不是熔合的而是由大大小小的金属小颗粒在塑性状态下堆砌而成的,颗粒被撞击成鱼鳞状,颗粒堆砌成的喷涂层形成孔隙,具有多孔性。在其他条件相同的情况下,电弧喷涂层的孔隙占喷涂层体积的15%~20%,等离子喷涂层的孔隙率为5%~10%。喷涂距离增大,各种喷涂层的孔隙率都会增加;金属颗粒受热温度越高,喷射速度越大,氧化程度越轻,喷涂层的孔隙率越低。整个喷涂层由金属颗粒、氧化物、氮化物和孔隙组成,如图5-42所示。

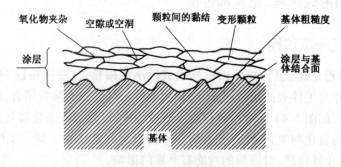

氧化物夹杂　空隙或空洞　颗粒间的黏结　变形颗粒　基体粗糙度

涂层

涂层与基体结合面

基体

图5-42　喷涂层结构示意图

喷涂过程中金属颗粒会被氧化,金属中的合金元素会被烧损。不同喷涂方法、不同的喷涂规范,其氧化和烧损量是不同的。

金属熔滴在喷射途中会被冷却,其到达零件表面时的温度一般不低于1 000℃,这样炽热的颗粒与零件表面接触后被急剧冷却至70℃左右,产生强烈的淬硬作用。因此,钢喷涂层中的金属颗粒除外边包有一层硬的氧化膜和氮化膜外,颗粒内部为马氏体、索氏体或托氏体的金相组织。

涂层中存在残余应力是热喷涂涂层的特点之一,残余应力是由于撞击基材表面熔融态变形颗粒的冷凝收缩产生的微观应力累积形成的。涂层中存在残余应力影响涂层的质量,限制了涂层的厚度。

2. 喷涂层的性能

(1)喷涂层硬度。喷涂层的硬度取决于喷涂材料和喷枪规范。一般为 HB150～350。

喷涂材料、喷射距离、压缩空气压力和喷涂层厚度对涂层硬度都有影响。

金属喷涂层的硬度高于所用的金属丝的硬度,这是因为金属微粒喷射到零件表面上后迅速冷却而产生了淬火作用;后到的金属微粒撞击已经堆积的微粒时,产生了冷作硬化作用;喷涂层中夹杂着氧化物。

(2)喷涂层的耐磨性。喷涂层的多孔结构有利于在零件表面上保持一层油膜。因此,在正常的润滑条件下,喷涂过的轴颈和轴瓦的摩擦系数较小(约为 0.008)。喷涂层的较高硬度和较好的适油性能,使涂层具有较好的耐磨性。但在干摩擦条件下,喷涂层的耐磨性则很差,会很快磨损,所以那些在干摩擦条件下工作的零件,不应用金属喷涂法修复。

(3)喷涂层对零件疲劳强度的影响。喷涂层对零件的疲劳强度影响不大,但喷涂前零件的表面准备及涂层内存在的残余拉应力会对疲劳强度产生一定的影响。因此,在进行表面准备时,应注意选择对零件疲劳强度影响不大的表面粗糙方法。

(4)喷涂层的机械强度。喷涂层的非金属熔合型结构使其本身的机械强度较低,各种钢质喷涂层的抗拉强度极限为 150～250MPa(等离子涂层的强度最高)。由于涂层的机械强度较低,在零件磨合期或干摩擦情况下,涂层的金属易脱落。

结合强度取决于零件喷涂前的表面准备方法、喷涂方法和规范以及喷涂材料。

零件表面喷涂前的准备方法对涂层的结合强度有较大的影响,零件表面越粗糙,涂层与基体的结合强度越高。金属熔化温度越高,喷射速度越大,涂层与基体的结合强度越好。

压缩空气压力、喷射距离、压缩空气内含有油或水,金属丝上有油污和铁锈,以及送丝速度太大,电喷涂的电压、电流选择不当,都会降低喷涂层与基体的结合强度。

金属喷涂层的作用,除了增加零件的尺寸和提高零件的耐磨性外,对提高零件的承载能力基本上不起作用。

三、喷涂工艺

喷涂或喷焊修复零件的工艺过程均可分为:表面准备、喷涂以及喷涂后加工。

(一)零件喷涂前的准备

零件喷涂前的准备包括:表面除油、除锈,表面加工,表面粗糙以及键槽和油孔的处理等。

喷前表面加工的目的是除去零件表面的变性层、消除不均匀的磨损、恢复零件正确的几何形状,并保证喷涂层有一定的厚度。一般加工量为 0.5～1.0mm。常用的表面粗糙法有:喷砂、拉毛以及车螺纹。

各种表面加工方法对涂层结合强度的影响是不同的,从表5-15中可以看出这一点。

表面加工方法对涂层结合强度的影响 表 5-15

结合强度	光滑表面电拉毛	粗糙表面电拉毛	喷 砂	车螺纹
抗拉强度（MPa）	9	19	12	15
抗剪强度（MPa）	31	63	45	60

零件经表面加工后，疲劳强度要降低，其影响如表 5-16 所示。

表面加工方法对零件疲劳强度的影响 表 5-16

试件材料	试件直径	喷涂前疲劳极限（MPa）	喷涂后疲劳极限（MPa）					
			喷砂	电拉毛	车圆沟螺纹	车皱形螺纹	车环状沟	阳极机械加工
钢45		252	317～354	212	194	188	165	150

表面准备工作完成后，最好立即喷涂。待喷时间越长，工件表面层产生的氧化层越厚；吸附空气中的水汽、灰尘越多，涂层的结合强度就越低。有资料表明，曲轴拉毛以后，停放 2h 喷涂，结合强度为 11.9MPa，停放 24h 以后喷涂，结合强度降为 9.2MPa。

对不需喷涂的表面应设法保护，以防喷涂金属黏附。对较大表面可用薄铁皮包扎，对键槽、油孔可用木塞、炭棒等堵塞，使堵塞块高出喷涂层厚度约 1.5mm，以便喷完加工后进行清除，如图 5-43、图 5-44 所示。

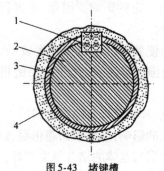

图 5-43 堵键槽

1-木块；2-工件；3-加工后的喷涂层；4-喷涂层

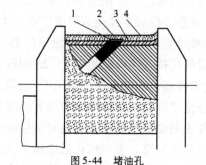

图 5-44 堵油孔

1-炭棒；2-喷涂层；3-加工后的金属面；4-基体金属

（二）零件的喷涂

零件喷涂规范是根据采用的喷涂设备、喷涂材料以及零件的结构尺寸等确定。

等离子喷涂可参考表 5-17 喷涂规范选用，规范取决于被修复零件的材料、形状、所用粉末合金的种类以及要求涂层的性能。

等离子喷涂规范 表 5-17

粉末材料	粒度（目）	送粉量（g/min）	工件电压（V）	工作电流（A）	喷涂功率（kW）
Ni04	140～300	19.5	70	260～300	18～21
Fe04	140～300	19.5	70	280～320	19～23
Fe07	140～300	19.5	70	310～340	22～24
NT-2	140～300	19.5	70	260～310	18～22
Ni/Al	160～260	23	70	400～500	28～32

（三）涂后加工

喷涂后要对喷涂层进行检查,通常用榔头轻轻敲击,如果是清脆的声音,表示合格。如果是低哑的声音,说明喷涂层与零件表面贴合的不紧密,应除掉重喷。

喷涂层加工,一般是先车后磨,而磨削时因砂轮易被喷涂层的小颗粒堵塞,所以应采用粗粒度软砂轮(粒度 36～46)。切削、磨削的进给量应小些,切忌对喷涂层施加过大的压力。

喷涂层的加工规范,见表5-18。

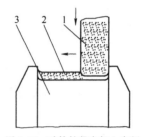

图 5-45 砂轮的径向切入磨削
1-砂轮;2-喷涂层;3-轴颈

磨削时可先采用径向切入,如图5-45所示,待磨到比要求直径尺寸大 0.1mm 时再做轴向移动。要避免因砂轮压力过大而迫使喷涂层龟裂或脱层,同时,应大量供给冷却液,以防磨粒嵌入涂层空隙中。

涂层机械加工规范 表 5-18

加 工 方 法	涂 层 材 料	切削速度(m/min)	走刀量(mm/r)	切削深度(mm)
车削	碳钢	12～20	0.1～0.2	0.3～0.4
		6～12	0.1	0.2～0.3
	有色金属	30～40	0.1～0.2	0.3～0.5
磨削	碳钢	25～30	0.6～1.2(m/min)	0.015～0.03

零件喷涂、磨削并清洗后,应进行渗油处理,即将零件浸入 80～100℃的润滑油中,煮 8～10h,使润滑油较多地渗入喷涂层孔隙。

第四节 电 镀

将金属工件浸入酸类、碱类或盐类电解质溶液中,把它作为阴极通以直流电,使电解质溶液发生电解现象,溶液中的金属析出而沉积在工件表面形成金属镀层的这样一个电化学过程叫作电镀。

在工程机械零件的修复中,电镀法不仅用来恢复磨损零件的尺寸,而且还可以用来改善零件的表面性质,如提高耐磨性、硬度及耐腐蚀性,改善润滑条件等。同时,电镀过程是在低温(15～105℃)下进行的,基体金属性质几乎不受影响,原来的热处理状况不会改变,零件也不会因热而变形,镀层结合强度又高,在某些方面比堆焊、喷涂等法优越。但镀层力学性能随镀层的加厚而变化,而且生产过程又比较长,故一般使用镀层均较薄,加之在部分情况下,电镀中要使用剧毒的氰化物,电镀后排出的废水、废渣、废气造成环境污染,影响人类生存环境。近年来,低温镀铁、电刷镀等基本排除了上述工艺缺陷,在机械金属零件的修复中得到了普遍使用。

在工程机械上,有许多重要的、优质合金钢制造的、加工精度高的零件,只磨损 0.01～0.10mm 就不能继续使用,这种情况用电镀法修复最为方便。

一、镀铬

镀铬是在机械修理生产中应用较广的一个镀种,铬层的性质和其他金属镀层相比,具有许多特点:金属铬的硬度很高;抗腐蚀能力强;镀铬层与钢、镍、铜等基体金属有较高的结合强度。广泛地应用于提高零件的耐磨性、修复尺寸、提高光反射性能以及装饰等方面,外表美观,对光的反射率仅次于银,而且不变色。

镀铬层的油附性不好,油分子与镀铬层的附着力小,所以在镀铬层上难以形成油膜层。在润滑条件差时,工作表面耐磨性就会降低,但可采用多孔性镀铬的方法补救。多孔镀铬后的零件疲劳强度会降低30%～40%,甚至更高。

镀铬层的力学性能随着镀层加厚而降低,所以镀铬层厚度仅在0.1～0.3mm范围内适用。它只能承受均匀分布在其表面上的荷载,在集中的冲击力作用下将会破裂。

镀铬层具有裂纹,所以不能直接作为钢质零件的防腐性镀层。一般是经多层电镀(即镀铜、镀镍后镀铬),才能达到防锈、装饰的目的。

此外,镀铬所用电解质较贵,生产过程复杂而且要求严格,所以镀铬成本高,电流效率低(仅达13%～18%),且污染环境。机械设备修理厂一般不设镀铬车间。

1. 镀铬层的种类

镀铬层的性质与电解液温度和电流密度的关系很大。镀铬层可分为硬质镀铬(平滑镀铬)层和多孔性镀铬层两类,其特性及适用范围见表5-19。

镀铬层的种类、特点及应用   表5-19

种 类		特 点	应用范围
硬质镀铬	乳白铬	在高温度和低电流密度时获得。无裂纹,硬度低,但韧性高,耐磨性较好,颜色乳白	适用于防腐装饰性镀铬和受冲击负荷特别大的零件的镀铬
	灰铬	在较低温度和较高电流密度下获得。硬度高,脆性大,并有网状裂纹,颜色灰暗	只用于某些工具、刀具的镀铬
	亮铬	在中等温度和中等电流密度下获得。网状裂纹较灰铬少,硬度较高,比一般淬火钢高,具有一定韧性,耐磨性高。表面光亮	可作为修复零件的耐磨层应用,也可作为一般装饰性镀铬
多孔镀铬	沟状铬	阳极腐蚀亮铬或亮铬和乳铬的过镀铬层时获得。腐蚀裂纹呈沟状,硬度高,储油性好	宜用于润滑条件较差、需抗磨损的零件上,如发动机缸套
	点状铬	阳极腐蚀灰铬或灰、亮铬过镀铬层时获得。腐蚀表面呈凹坑状剥落(点状)。硬度较低,储油性更好,易磨合	宜用于交变重负荷,易于磨合提高气密性的场合,如活塞环、压缩环

2. 镀铬规范

(1)硬度镀铬。镀铬层的性质取决于镀铬规范,当电解液浓度一定时,改变电流密度和电解液温度,可获得不同性质的镀层,即灰暗、光亮和乳白色铬层。图5-46为中等浓度的电解液,电流密度和温度与镀层质量的关系,灰暗镀铬层的内应力较高,镀层裂纹多,硬度高(可达显微硬度HV1200),韧性差。光亮镀铬层裂纹比灰暗层少,硬度比一般淬火钢高(HV900),当镀层较薄时韧性尚可,也耐磨,适用于修复轴颈、销子等。当镀层较厚或零件受冲击负荷较大时,镀后应在150～180℃下保温1～2h,以去除晶格中的氢,提高镀铬层的韧性。乳白色镀层的裂纹稀少或没有裂纹,硬度低(HV400～500),韧性高,适用于装饰性镀铬和承受冲击负荷特别大的零件。这种铬层所用的电流密度小,生产率低。

（2）多孔镀铬。硬质镀铬层的主要缺点是持油性差,油质分子与铬层的吸附力小于油质分子间的吸力。因此,润滑油难以在铬层上形成油膜,如图 5-47a）所示。而一般钢质零件则易于吸附油膜（图 5-47b）。为了增加油膜在铬层上的吸附力,可将硬质铬层形成多孔状。以储存润滑油并构成油膜（图 5-47c）。

多孔镀铬是建立在形成网状显微裂纹铬层的基础上,通过在电解液中对镀层进行阳极刻蚀扩展显微裂纹形成多孔铬。阳极刻蚀时,铬层沿裂纹遭到溶解,裂纹得到加深和加宽,镀层表面呈零碎的网状沟纹。还可在零件镀铬前,通过喷砂、滚花等方法使零件表面先具有一定网纹状或坑洼,然后再镀铬,这种方法称为机械法,其缺陷是镀铬层质量不高。

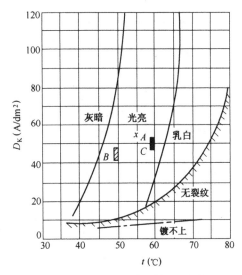

图 5-46　电流密度及温度对镀层的影响

根据铬镀层裂纹网的形式,多孔镀铬层可分为沟状的和点状的两种（图 5-48）。沟状镀铬层是由乳白或光亮镀层经阳极刻蚀形成;点状镀铬层是由灰暗或光亮镀铬层经阳极刻蚀形成,主要用于要求磨合性较好的零件（如活塞环）。如果镀铬层本来的裂纹细密,则成点状,如果本来的裂纹稀宽,刻蚀后就呈沟状,如图 5-49 所示。

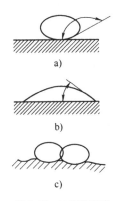

图 5-47　油膜的形成

a）光滑铬层上的油滴;b）钢质零件上的油膜;
c）多孔性铬层上的油膜

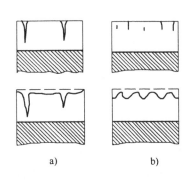

图 5-48　多孔镀铬层表层形成示意图

a）沟状的;b）点状的

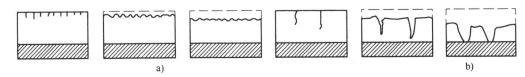

图 5-49　点状与沟状多孔镀铬的形成

a）点状;b）沟状

（3）镀铬的工艺规范。表 5-20 为常用的硬质镀铬的工艺规范,表 5-21 为多孔镀铬前硬质铬层常用的工艺规范,而表 5-22 则为获得多孔铬层时所采用的阳极腐蚀工艺规范。

硬质镀铬工艺规范表 表5-20

镀层种类	含量(g/L) 浓度	名称	铬酐 (CrO₃)	硫酸 (H₃SO₄)	温度 (℃)	阴极电流密度 (A/dm²)
防护装饰	低浓度		150~180	1.5~1.8		
	中浓度		230~270	2.3~2.7	48~53	15~30
铬层	高浓度		320~370	3.2~3.6	48~56	15~35
	低浓度		150~180	1.5~1.8	55~60	30~45
耐磨铬层	中浓度		230~270	2.3~2.7	55~60	50~40
	高浓度		320~360	3.2~3.6		
	低浓度		150~180	1.5~1.8	74~79	25~30
乳白铬层	中浓度		230~270	2.3~2.7	70~72	25~30
	高浓度		320~360	3.2~3.6		

多孔性镀铬工艺规范 表5-21

含量(g/L) 配方 名称	1	2	3	4
铬酐	240~260	250	150	180
硫酸	2~2.2	2.3~2.5	1.5~1.7	1.8
CrO₃/H₂SO₄	120/1	100~110/1	189~100/1	100/1
温度(℃)	60±1	50±1	57±1	59±1
阴极电流密度(A/dm²)	50~55	45~50	45~55	50~55

阳极腐蚀多孔处理工艺规范 表5-22

铬酐(CrO₃)	150~300	阳极电流密度(A/dm²)	35~45
硫酸(H₂SO₄)	1.5~3.0	温度(℃)	55~60
三价铬(g/L)	<15	时间(min)	8~15

(4)镀铬工艺过程。镀铬工艺过程为:镀前准备、镀铬以及镀后处理。

镀前准备包括:待镀表面镀前的机械加工;清除零件上的油污;将零件安装在挂具上;对非镀表面绝缘,镀前除油等。

3.其他镀铬工艺简介

一般镀铬工艺采用的电解液为普通硫酸电解液,需有镀槽,而且存在电流效率低、沉积速度慢、工作稳定性小等缺点,因此人们一直在进行镀铬新工艺的探索研究。目前,已用于生产的其他镀铬工艺有:快速镀铬和流动镀铬法(电解液强制循环)。快速镀铬又有低铬镀铬(用比标准浓度低得多的铬电解液)、复合镀铬(向电解液中加入某些阴离子或金属盐,提高电流效率、铬层质量,减少气孔等)和在电解液中添加氟硅酸(氟硅酸可以降低析出铬的阴极电流密度,从而提高了镀铬溶液的深镀能力)等多种工艺。

流动镀铬法根据有无镀槽分为槽内镀铬(有喷气法和喷射法)和无槽镀铬。槽内镀铬与普通镀铬的不同之处是电解液被强制循环。无槽镀铬是在辅助容器内或零件本身中空部位中,注入流动的电解液进行电镀。

二、镀铁

镀铁工艺至今已有 100 多年的历史了,但在我国机械修理行业开始广泛采用此项技术是在 20 世纪 70 年代,原因在于此前镀铁必须在 100℃ 左右的高温下施镀(通称高温镀铁)才能获得结合强度较高的镀铁层,且还需对镀层进行渗碳和淬火等一系列热处理,很不方便。20 世纪 70 年代至今,镀铁采用不对称交流—直流、直流电小电流起镀和特殊波形起镀等新工艺,实现了在低温下镀铁,镀铁工艺才在机械修理中得到一定的应用。以不对称交流电或直流电小电流、特殊波形起镀逐步过渡到直流镀的镀铁工艺的特点是电镀液的温度比过去大大降低,因此被称为低温镀铁。

镀铁主要用来补偿零件的磨损。较之镀铬其优点如下:电流效率高(可达 85% ~ 90%),比镀铬高 4 ~ 5 倍;镀铁沉积速度快,在稳定的电解液中达 0.3 ~ 0.5mm/h,比镀铬高 9 ~ 14 倍;镀铁层厚度可达 1 ~ 1.5mm,甚至更大;镀铁的成本低。

(一)镀铁电解液及电源

1. 镀铁电解液及电解规范

镀铁电解液的配制有多种方法。用低碳钢、工业盐酸配制电解液,镀铁修复零件时以可溶性低碳钢作阳极,被镀零件作阴极,采用氯化亚铁电解液。

镀铁工艺目前不能被广泛使用的一个重要原因是镀铁电解液易发生氧化与水解。在零件修复量不大、不能连续进行镀铁生产时,电解液易发生变质。

镀铁层性质取决于电解液的成分与电解规范。镀铁规范可根据镀层性能的要求参考表5-23 选用。

镀铁电解液成分及电解规范 表 5-23

电解液成分 与电解规范 ＼ 镀层性质	镀层硬度 HRC50 ~ 52	镀层硬度 HRC60 ~ 62	镀层硬度 HRC30 ~ 35
氯化亚铁 ($FeCl_2 \cdot 4H_2O$)(g/L)	400 ~ 460	250	400 ~ 460
氯化锰($MnCl_2 \cdot 4H_2O$) (g/L)	60	—	60
氯化镍($NiCl_2 \cdot 6H_2O$) (g/L)	—	50	—
次磷酸钠(NaH_2PO_2) 或次磷酸钾(KH_2PO_2) (g/L)	—	15 ~ 2.0	—
盐酸(HCl) (g/L)	1.2 ~ 3	1.2 ~ 3	1.2 ~ 3
电解液温度(℃)	65 ~ 80	65 ~ 80	80 ~ 85
电流密度(A/dm²)	10 ~ 40	20 ~ 30	10 ~ 15

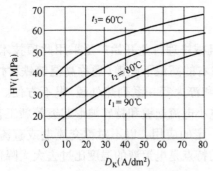

图 5-50　中等浓度电解液的镀铁层显微硬度(HV)
与电流密度 D_K 和电解液温度的关系

最佳电解液成分,氯化亚铁(400±20)g/L;盐酸(2±0.2)g/L 和氯化锰(10±2)g/L。这种电解液工作稳定,能保证获得所需硬度和厚度的均匀镀层,而且电流效率高。由于含有氯化锰,从而有助于提高镀层与基体金属的结合强度。

镀层的硬度随阴极电流密度的增加和电解液温度的降低而增加。图 5-50 为中等浓度电解液的镀层硬度与电解液温度和电流密度的关系。当显微硬度 HV<300MPa 时,镀铁层为粗粒结构,其中内应力未超过抗拉强度极限,镀层中没有裂纹。

2. 镀铁电源

采用直流小电流起镀镀铁工艺需用可调直流电源,一般电镀车间所用的电镀电源都可以使用。

采用不对称交流电镀铁所需的不对称交流—直流电源,根据工艺特点,应满足下列条件:

(1)能供给正负半波自动周期换向交流电,并能分别进行幅度调整,以达到起镀时不对称比 β 的要求。

(2)能供给可调整的直流电流,满足电镀时用电,且由起镀到电镀为连续的过程。

(3)从交流转换为直流镀过程中,正向交流不断开,并要避免转入直流瞬间出现电流加倍的现象,以保证由起镀到直流电镀过程中,电流变化缓慢、平稳、可控制。

图 5-51 分别表示幅度不同和导角不同的不对称交流电的波形。正半波电流与负半波电流的比值 β 为:

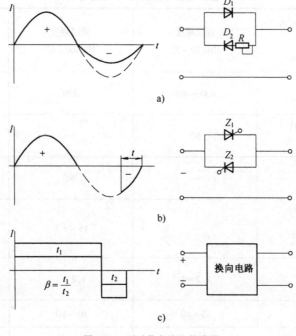

图 5-51　不对称交流电的波形

$$\beta = \frac{I_+}{I_-} = \frac{D_+}{D_-} \tag{5-4}$$

式中：I_+——正半波电流值；

　　I_-——负半波电流值；

　　D_+——正半波的电流密度；

　　D_-——负半波的电流密度。

当 $\beta = 1$ 时，即为普通的对称交流电，当 $\beta > 1$ 时，为不对称交流电。起镀阶段，开始不对称比 $\beta = 1.3$，此时镀层的应力最小，同时硬度也很低，然后逐渐加大 β，在 $8 \sim 10 \text{min}$ 后提高到 $\beta = 6 \sim 8$，此时镀层的内应力和硬度值也最大，相当于直流镀的应力和硬度值。这样，用不对称交流获得了一个结晶细密、内应力和硬度都较低的底镀层，最后把不对称交流转变为直流（$\beta = \infty$）继续镀铁。

当采用直流镀时，为获得一个低应力细结晶的底镀层，可用小电流密度（$D_k = 1 \sim 2\text{A}/\text{dm}^2$）起镀，然后在约半小时内，逐渐加大电流密度，最后达正常施镀的电流密度，进行正常施镀。

图 5-52 为可控硅全控的镀铁用的实用电源电路。

直流时，控制电路可使可控硅 SCR_3 处于关断状态，使可控硅 SCR_1、SCR_2 导通，构成全波整流电路，供给镀槽直流电。电流流经路线如下：

正半周"A"→SCR_1→A_2→（ ＋ ）→（ － ）→"O"；

负半周"B"→SCR_2→A_2→（ ＋ ）→（ － ）→"O"。

输出电压通过触发系统改变可控硅 SCR_1 和 SCR_2 的导通角来调节。

交流时，控制电路使可控硅 SCR_2 关断，使可控硅 SCR_1 和 SCR_3 导通，构成交流网路，供给镀槽交流电。电流的流经路线如下：

正半周与直流时相同；

负半周"O"→（ － ）→（ ＋ ）→A_1→SCR_3→"A"。

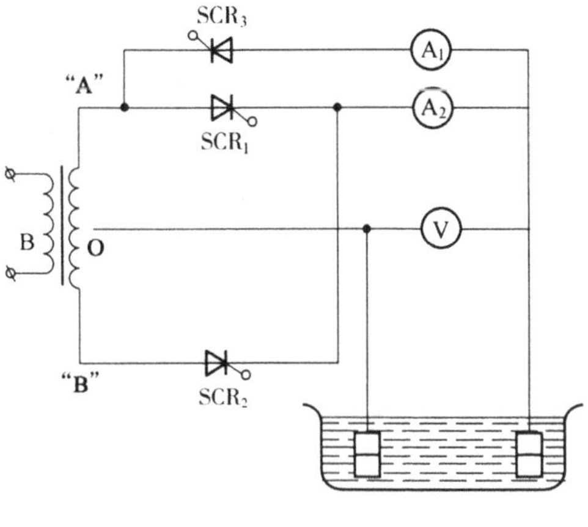

图 5-52　可控硅整流主电路方案

正、负半周输出电压，通过改变可控硅 SRC_1 和 SCR_2 的导通角来调节。

使用不对称交流电时，工件的接法应该是：在电流较大的半波（由图 5-52 中可控硅 SCR_1 输出，一般称为正半波，用 I_+ 表示电流值）时，工件正好处于阴极。此时通电，电解液中的 Fe^{++} 在工件表面放电而沉积为镀层。当电流转为较小的半波（称为负半波，用 I_- 表示）时，工件就处于阳极，表面镀上的铁层被电解而进入电解液。

不对称交流电起镀的作用主要是由于所用有效电流密度小，可以保证氢气的排除和减少浓差极化，可得到应力小、硬度低而韧性好、结合强度高的底镀层。

其次，在镀槽内通有不对称交流电时，零件的极性就发生周期性变化。当零件为阴极时电流密度较大，在零件表面沉积的铁较多，生成的晶核也较多。这些晶核还来不及长大时，零件就转为阳极，开始了电解过程，此时的电流密度较小，镀到零件上的铁有一部分又重新被氧化成离子而进入电解液。余下镀层内的铁离子得到重新排列和组合的机会，因而有减弱内应力的作用。如此反复进行，在起镀阶段就可以得到晶粒细、内应力小、结合强度高的底镀层。在这一底镀层的基础上，逐渐过渡到直流电镀，就可以得到结合强度高、硬度高、耐腐蚀性好的镀铁层。

(二)低温镀铁工艺

低温镀铁分为不对称交流—直流电镀铁、小电流起镀直流镀铁、特殊波形镀铁三种工艺。当零件经过表面电化学处理后立刻进行起镀和过渡镀。

为缓和镀层内应力对结合强度的影响,保证镀层质量,在镀铁过程中一定要遵守镀铁工艺规范,见表5-24。

镀 铁 工 艺 规 范　　　　　　　　　　　　表 5-24

项　　目		不对称交流—直流电镀铁	直 流 镀 铁	特殊波形镀铁
起镀	电解液含量（g/L）	400 ± 50	450 ± 50	交流活化 调制器交流电流密度 30 ~ 50A/dm²
	电解液酸值	pH = 1.5 ~ 2.0	pH = 1.5 ~ 2.5	时间 0.5 ~ 2.0min
	电流密度（A/dm²）	1.5 ~ 2.5	1.0 ~ 3.0	微镀 调制器交流电流密度 30 ~ 50A/dm²
	温度（℃）	30 ± 5	32 ± 2	直流电流密度 1 ~ 2A/dm²
	时间（min）	3 ~ 5	5	
	过渡镀	在 10 ~ 20min 内,正半波电流密度 D_+ 不变,将负半波电流密度 D_- 均匀缓慢地降到 $\beta=8$ 或更低,随即转入直流镀铁	在 15 ~ 25min 内将电流密度均匀连续地上升到选定值	在 15 ~ 25min 内将电流密度均匀连续地上升到选定值
直流或正常镀	电流密度（A/dm²）	直流镀 20 ~ 35	正常镀 20 ~ 35	直流电流密度 10 ~ 20A/dm² 调制器交流电流密度 30 ~ 50A/dm²
	电镀过程中最高温度（℃）	< 50	< 50	调制器交流电流与直流电流之比 1 ~ 3

图 5-53 为镀铁工艺流程图。

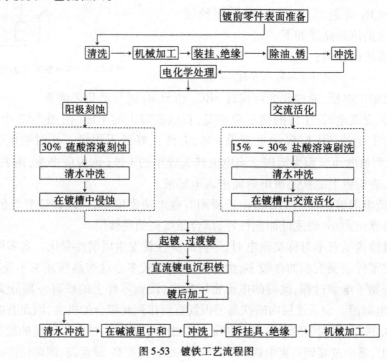

图 5-53　镀铁工艺流程图

三、电刷镀

电刷镀,又称涂镀、快速电镀、快速笔涂电镀、擦镀、选择性电镀等,它是一种特殊的电镀,也是一种新的表面处理技术和修复工艺。

(一)电刷镀的工作原理与特点

1.电刷镀原理

图5-54 为电刷镀示意图。零件作为阴极(一般将零件装在机床的卡盘上,使零件转动),阳极用仿型的不溶解的材料(如铅、石墨、不锈钢、铂等)制成,外包有一层吸收电解液(镀液)的材料(如棉纱、毛毡或玻璃丝布等)。刷镀时工件与阳极有相对转动,一边转动一边由储液箱不断滴下浓电解液(也可用阳极刷镀笔在盛有浓电解液(镀液)的容器里使包套吸满镀液后刷镀,过一会再重复吸一次)。这时,镀液中的金属离子在电场力的作用下沉积在被镀工件的接触部位,形成镀层。镀笔刷到哪里,哪里就形成镀层,随着刷镀时间的增加,镀层逐渐加厚,直至所需的厚度,达到保护、修复和改善零件表面理化性能的目的。

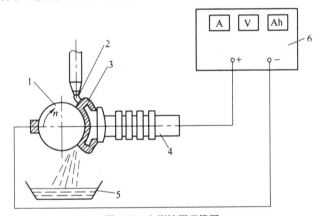

图5-54 电刷镀原理简图

1-工件;2-刷镀液;3-阴极包套;4-刷镀笔;5-贮液盒;6-电源

电刷镀过程由三个阶段组成:物质转移过程、电荷迁移过程、金属原子的沉积结合过程。

2.电刷镀的特点

电刷镀技术是基本的金属维修技术之一,其特点如下:

(1)设备简单,工艺灵便,不需镀槽,工件可大可小,尤其是可以在现场不解体而进行电刷镀修复,给机械维修或机加工的超差件的修旧利废带来极大的方便。同时,一台设备可镀多种金属和合金。

(2)结合强度高。由于电刷镀层是在电、化学、机械力(涂笔与工件的摩擦)的作用下沉积的,因而结合强度比槽镀的高,比喷涂更高。喷涂层结合强度约为 15～50MPa,电刷镀层结合强度大于 70MPa。

(3)沉积速度快。因电刷镀的刷镀液金属离子浓度较高,故比槽镀速度快 5 倍以上,辅助时间少、效率高。

(4)工件加热温度低,通常小于 70℃,不会引起变形和金相变化。

(5)镀层厚度基本可以精确控制,镀后一般不必加工,表面粗糙度低,可以直接使用,即使进行机械加工,留的加工余量小,可大大减少不必要的浪费。

(6)污染小、成本低。刷镀液无有毒成分,不像镀铬那样有氰化物,故公害小;耗油耗水少,比较经济。

(7)适应材料广,常用金属材料基本都可刷镀修复,如低碳钢、中碳钢、高碳钢、合金钢、铸铁、铝和铜及其合金、淬火钢、氮化钢等。焊接层、喷涂层、镀铬层等的返修或局部返修也可应用电刷镀技术;淬火层、氮化层不必进行软化处理,不必破坏原工件表面,可直接电刷镀修复;同一金属零件又可获得不同性能的镀层。

(8)修复磨损件时,电刷镀层可根据工件的耐磨、耐蚀、耐热、防渗碳、防氮化等需要来选择合适刷镀液,从而改变原摩擦副,大大延长使用寿命。

(9)配制好的镀液不易变质,一般不需调整和化验,保管容易。

(10)镀层的孔隙率小,比等厚度的槽镀层小75%,比喷涂层小90%。

(11)电刷镀只适宜局部修复,只能单件修复,对大面积和大批量零件的修复,其技术经济指标不如槽镀。

3.应用范围

电刷镀技术在国外应用和发展较快。我国从1980年开发,近年来推广速度较快,在航空、船舶、机车、电子、化工、石油、汽车、机械、冶金以至文物保护部门都获得广泛应用,已取得明显经济效益。工程机械维修部门主要用于:

(1)恢复磨损或超差零件的名义尺寸,使零件表面具有耐磨性。尤其适用于精密零件的修复。

(2)新件防护层,用于防磨、防蚀、抗高温氧化等场合,使零件具有工况需要的特殊性能,节约贵重金属。

(3)大型及精密零件,如轴、套、油缸、柱塞、机体等局部磨损、划伤、凹坑、腐蚀的修复。

(4)改善零件表面的冶金性能。如需要局部防渗碳、防氮化,只需刷镀一层碱铜即可;如想提高喷涂层的结合强度,可以在喷涂前电刷镀一层过渡层等。

(5)改善轴承和配合面的过盈配合性能,电刷镀后顺应性良好。

(6)通常槽镀难以完成的作业,如盲孔、深孔、超大件、难拆难运件、铬层的修补等,都可用电刷镀来进行。

(7)电气触点、接头、开关的保护及维修,修复印刷电路板。

(8)作为其他工艺的过渡层,以提高结合强度、减少零件表面的摩擦系数等。

(二)电刷镀溶液与工艺装备

1.电刷镀溶液

根据用途,电刷镀溶液分为表面处理溶液、电刷镀金属溶液、退镀液和特殊用途溶液。

(1)表面处理溶液。镀层是否有良好的结合力,工件表面的制备情况是关键。电刷镀技术采用专用的溶液对工件表面进行电化学处理,加工擦拭的机械作用,可以得到非常纯净的表面。

常用的表面处理溶液化有四种:电净液、1号活化液、2号活化液、3号活化液,国外研制的活化液主要有0~8号活化液、铬活化液、镉活化液、铜活化液、巴氏合金活化液。

电净液用于镀前除油净化,它是碱性较强的水溶液(对于铝、锡、锌等易溶于碱的金属,也可配制弱碱性的电净液），其中主要成分为氢氧化钠、碳酸钠以及磷酸三钠,少数电净液中加缓冲剂和少量非离子表面活性剂。

活化液均为酸性水溶液,其作用是通过电化学的方法去除工作表面的氧化膜,使基体金属露出纯净的显微组织,以利还原放电的金属沉积,使电刷镀层与基体金属牢固结合。

（2）电刷镀金属溶液。沉积金属溶液与槽镀液不同,主要的区别是:金属离子浓度高,故沉积速度快;不是无机盐的简单混合液,刷镀液是络合物的水溶液,稳定,不需要中间调节;无氰化物,使用温度区域宽,可长期放置。

电刷镀溶液有上百种,常见的也有数十种之多。选用不同的金属溶液进行刷镀,可获得不同性能的镀层。

表 5-25 为常用电刷镀溶液的性能和用途。

常用电刷镀溶液的性能和用途 表 5-25

溶液名称		代号	主 要 性 能	主 要 用 途	镀层硬度
表面准备溶液	电净液	SGY-1	无色透明,碱性,pH = 12 ~ 13,手摸有滑感,−10℃不结冰,经 −40℃ 冰冻试验,回升到室温性能不变	具有较强的去油作用和轻度去铁锈能力,用于各种金属材料电解去油	
	1 号活化液	SHY-1	无色透明,酸性,pH = 0.8 ~ 1,经 −40℃ 冰冻试验,回升到室温性能不变	适用于去除不锈钢、铬镍合金、铸铁、高碳钢等的金属表面氧化膜	
	2 号活化液	SHY-2	无色透明,酸性,pH = 0.6 ~ 0.8,经 −40℃ 冰冻试验,回升到室温后性能不变	适用于去除铝及低镁的铝合金、钢、铁、不锈钢等的表面氧化膜	
	3 号活化液	SHY-3	淡蓝色,弱酸性,pH = 3 ~ 5,经 −40℃ 冰冻试验,回升到室温后性能不变	适用于去除经 1 号或 2 号活化液活化的碳钢和铸铁表面残留的石墨（或碳化物）或者是不锈钢表面的污物	
	4 号活化液	SHY-4	无色透明,酸性,pH > 1	适用于钝态的铬、镍或铁素体钢的活化	
电刷镀金属溶液	特殊镍	SDY101	深绿色,pH = 0.9 ~ 1,有较强烈的醋酸味,在 −5℃左右可能有结晶析出,加热后,结晶重新溶解,性能不变。使用时加热到 50℃	适用于铸铁、合金钢、镍、铬及铜、铝等材料的过镀层和耐磨表面层	HRC40
	快速镍	SDY102	蓝绿色,中性 pH = 7.5 ~ 8.0,略有氨的气味	刷镀层具有多孔倾向和良好的耐磨性,在铁、铝、铜和不锈钢上都有较好的结合力,用来恢复尺寸和作为耐磨层	HRC52
	低应力镍	SDY103	深绿色,酸性,pH = 3 ~ 3.5 有醋酸气味。在 5℃左右可能有结晶析出,加热后结晶物溶解,溶液性能不变。使用时加热到 50℃	刷镀层组织致密孔隙少,镀层内具有压应力,可用作防护层和组合镀层的"夹心层"	HB350
	镍钨合金	SDY104	深绿色,酸性,pH = 1.8 ~ 2,有轻度醋酸气味。在 −5℃左右可能有结晶析出,加热后结晶物溶解,溶液性能不变。使用时加热到 50℃	刷镀层较致密,耐磨性很好,具有一定的耐热性,可用作耐磨表面层。不能沉积过厚	HB750
	镍钴合金	SDY105	绿褐色,酸性,pH = 2,有醋酸味	刷镀层耐磨性好,致密,具有良好的导磁性能	

溶液名称	代号	主 要 性 能	主 要 用 途	镀层硬度
电刷镀金属溶液				
酸性钴	SDY201	红褐色,酸性,pH=2,有醋酸味	镀层致密,在铝、钢、铁等金属上具有良好的结合强度,作为过渡层。具有良好的抗粘着磨损的性能和导磁性能	
快速铜	SDY401	深蓝色,酸性,pH=1.2~1.4,溶液的冰点在-15℃左右。恢复到室温后性能不变	适用于镀厚层及恢复尺寸。不能直接在钢铁零件上刷镀,需加过渡层,交变荷载的工况禁用	
碱铜	SDY403	紫色,碱性,pH=9~10,溶液-21℃左右结冰,回升到室温后性能不变	刷镀层组织致密,孔隙率小,在钢、铸铁、铝、铜金属上有很好的结合强度。主要作为过镀层和防渗碳、防氮化层、改善钎焊性的镀层和抗粘着磨损的镀层等	HB250
厚沉积铜	SDY404	蓝紫色,中性,pH=7~8	镀层厚度增厚时,不产生裂纹,用于恢复尺寸和修补擦伤	
酸性锡	SDY511	无色透明,酸性,pH=1.2~1.3	沉积速度快,结合强度高,用于恢复尺寸和防氮化层、减磨层、防护层等	
酸性锌	SDY521	无色透明,酸性,pH=1.9~2.1	沉积速度快,耐蚀性好,用于恢复尺寸和防腐蚀镀层	
碱性铟	SDY531	淡黄色,碱性,pH=9~10,要求密封存放	沉积速度快,致密,结合力好。用于防海水腐蚀、抗粘着磨损、密封、润滑等	

此外,还有金镀液、银镀液、铅镀液、镉镀液、铬镀液。我国还研制开发了国外尚无的镍铁钨和镍铁钴等镀液。为便于运输,各镀液的固体制剂也被开发出来了。

(3)退镀液。用于去除旧镀层或不合格的刷镀层,以便重新刷镀。现有退铬液、退铜液、退钴液、退锌液等近十种,退镀时须采用工件接正极的反接法。

(4)特殊用途镀液。主要用于处理某些刷镀层的表面,起氧化保护和装饰作用。如纯化液(主要为铬酸盐)、阳极氧化液(用于铝和铝合金表面的阳极氧化处理)等。

2.电刷镀设备

刷镀设备包括直流电源、刷镀笔,以及辅助工具、辅助材料等。

(1)刷镀电源。对刷镀电源的要求是:直流输出外特性是平直的,电源输出电压为0~30V,最高不超过50V;要求能无级调节;直流输出的正负极可随意转换并具有过载保护装置,以满足电镀、活化、电净等不同工艺要求;为控制刷镀时的镀层厚度,电源设备上应带有"安培·小时计"显示刷镀过程中电量的消耗,间接控制镀层的厚度。目前,国产电刷镀电源型号有 SD-10、SD-30、SD-60、SD-100、SD-150 等。

图 5-55 所示为 SD-30 型刷镀电源的框图。

(2)刷镀笔。刷镀笔由刷镀笔杆和阳极组成,刷镀笔杆包括电杆、散热器、绝缘手柄等。为适应工件的不同形状,阳极常用的形状有月牙形(CY 形)、方条形(CF 形)、平板形(CP 形)、圆棒形(CDY 形)、圆柱形(CDL 形)以及半圆形(CB 形)。刷镀笔的阳极应具有良好的导电性,目前大都采用高纯石墨作为阳极。除石墨外,还可用不锈钢、钛、铂(90%)、铱(10%)合金等制作阳极。用铂铱合金做的阳极一般尺寸较小。阳极的形状要求与受镀面的形状吻合,即以仿形为原则。刷镀笔的作用是与电源的一极相连,刷镀时使刷镀笔与另一极有相对运动,完成规定的刷镀动作,在零件上沉积金属或完成其他工艺过程。

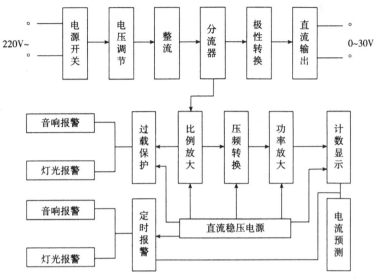

图 5-55　SD-30 型刷镀电源框图

刷镀笔的结构见图 5-56。电缆插头 8 插入电缆插座 7 的插口内,电流经导电螺栓 6,柄体 4 到阳极块 1 上,阳极由锁紧螺母 3 和 O 形密封圈 2 锁紧贴压在笔杆柄体接头上,操作者手持尼龙手柄 5 即可进行刷镀作业。

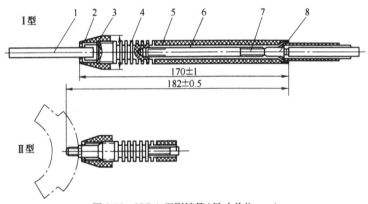

图 5-56　SDB-1 型刷镀笔(尺寸单位:mm)

1-阳极;2-O 形密封圈;3-锁紧螺母;4-柄体;5-尼龙手柄;6-导电螺栓;7-插座;8-电缆插头

刷镀过程中,电化学反应产生的热量与电阻热会使阳极的温度急剧升高,小型阳极可依靠刷镀笔杆的散热片和镀液散热,大型阳极就必须另外增加散热措施。

3.辅具和辅助材料

(1)转胎。转胎用于夹持工件,使之做匀速旋转运动,达到要求的相对运动速度。对于一般的工件,转速在 0~600r/min 内时可利用旧车床作为转胎。

(2)镀液循环泵。用镀液循环泵不断将新鲜镀液输送到受镀表面,使受镀表面完全被镀液所覆盖。小流量的镀液循环泵可用 ZYB-Z 型医用蠕动输液泵。流量较大的可选用塑料叶片泵和 CB01 型输液泵。

(3)阳极包裹材料。通常用医用脱脂棉、针织涤棉或羊毛毡等将阳极包裹起来,其作用是:储存镀液;防止阳极与工件直接接触产生电弧以致灼伤工作面;过滤掉阳极脱落下的石墨粒子及盐类。工业脱脂棉因含糊精、易污染镀液,不宜使用。

(4)涤棉套管。在包裹材料外面,作用是提高耐磨性。成分为60%涤、40%棉。包裹时注意外涤内棉用于硬镀层的刷镀;外棉内涤用于软镀层(如铟)的刷镀。

尼龙套虽然耐磨,但是在高温时容易溶解到含有冰乙酸的镀液中而污染镀液,使镀层龟裂,不能使用。

(5)塑料盘、挤压瓶及烧杯。盛装和回收镀液、冲洗工件、加热镀液用。

(6)油石、刮刀和成型小砂轮。清整工件表面用。油石不得浸泡在油中,可浸泡在水或镀液中。200号金相水磨砂纸必须常备。

(7)涤轮胶纸和绝缘漆。保护工件,屏蔽工件不需刷镀处,以防污染镀液。

(8)填充塞。用于堵塞键槽,油孔等,可用去脂木材、石墨、电木制作,不能用铝或尼龙。

(9)电炉。将镀液加热至40~50℃能获得较好的刷镀效果,特别是铁合金的镀液。

(10)捆扎绳。捆绑阳极包套,用空芯塑料绳或橡皮筋。

(三)电刷镀工艺

电刷镀工艺包括刷镀表面的准备及刷镀。刷镀表面的准备根据零件的具体情况可包括:清洁、修整、电净、活化。刷镀过渡层和工作层称为刷镀阶段。

1.清洁

刷镀表面要用化学溶剂清洗,厚的腐蚀层、锈斑要用钢丝刷、砂布清除,工件基体表面的油脂要先用汽油或丙酮清洗干净。

2.修整

刷镀表面要求光滑、平整,刷镀前应清除表面上的毛刺、锐边,并打磨平整。刷镀沟槽时,要求沟槽的宽度与深度比为4:1~30:1,槽底和零件表面应平滑过渡。

3.电净

电净相当于槽镀的电解除油,是刷镀的重要工序。电净一般采用正向电流(零件接负极)。钢的电净电压为10~20V,时间为30~60s;铜的电净电压为8~12V,时间15~30s;镍和铝用6~8V的工作电压,时间为5~10s。电净时,阴阳极相对接触面积为电净总面积的20%~40%。通电使电净液成分离解,产生大量氢气对油膜产生撕裂作用及吸附作用去油,同时刷镀笔与工件的摩擦使油污被碱液乳化和皂化而带走。注意电净时间应尽量短,以减少工件被渗氢,避免发生氢脆。电净去油效果的标准是,冲水时水膜均匀摊开。

4.活化

刷镀中的活化相当于槽镀中的刻蚀,可根据零件的材料,选用适当的活化溶液,通过电化学和机械摩擦作用,除去刷镀表面的金属氧化物和其他不利于镀层结合的杂质,以保证镀层的结合强度。

活化处理有阳极活化和阴极活化,以阳极活化为最常见。

阳极活化时工件接正极,其活化机理是:金属在阳极被电解液溶解及氧化物被析出或被机械地撕裂,从而露出基体金属。

阴极活化工件接负极,其活化是靠阴极氢气猛烈地析出,将氧化物还原及机械地撕掉,露出基体金属。

活化是保证电刷镀质量的关键,必须认真做好。活化的标准是达到指定颜色,如低碳钢表面呈银灰色,中、高碳钢呈深黑灰色,铸铁表面呈深黑色,未达到标准不能进行刷镀,否则将严重影响工件与刷镀层之间的良好结合。

5. 刷镀过渡层

在一般情况下,刷镀可不必采用过渡层,但采用过渡层可大大提高镀层与基体的结合强度。例如,在结构钢零件的表面刷镀一层镍和钴,在合金钢零件表面刷镀一层镍,在巴氏合金和铝合金零件表面用中性液刷镀一层镍等,不仅可提高镀层的结合强度,而且可防止酸液对基体的侵蚀。

常用的过渡层镀液有特殊镍和碱铜。碱铜作过渡层用于改善钎焊性或需防渗碳、防氮化的工件和需要具有良好的电气性能的工件,碱铜过渡层限于 $0.01 \sim 0.05\text{mm}$ 厚。其他工件采用特殊镍作为过渡层,特殊镍镀层结合力好,硬度较高,有时也用作工作层。用作过渡层时,为节约成本起见,特殊镍只需刷镀 $2\mu\text{m}$ 厚即可。

过渡层的作用主要是提高镀层与基体的结合强度及稳定性,另外也可使工艺简单划一,即不同材料用不同活化方法进行表面准备之后,过渡层只刷镀镍或铜,使工艺简化。

6. 镀工作层

过镀层镀完后,根据使用要求,选择合适的刷镀液直接镀覆工作层。刷镀的厚度较薄时,用一种镀液刷镀;镀层较厚时,可选用两种或几种镀液,分层交替刷镀,以减少镀层内应力。

常用材料表面处理及刷镀规范,见表5-26。

常用材料表面处理及刷镀规范 表5-26

金属种类	工件表面准备阶段							电刷镀阶段					
	电净		工件表面情况	工序间处理	活化			工序间处理	刷镀过渡层			工序间处理	刷镀工作层	
	溶液	规范			溶液	规范	工件表面情况		溶液	规范	工件表面情况		溶液	规范	工件表面情况
低碳钢	电净液	正极性 12~18V	水膜均匀摊开	自来水冲洗	2号活化液	负极性 6~12V	均匀银灰色	自来水冲洗	特殊镍	先进行无电擦拭;正极性 14~15V v=15m/min 镀层 δ=2μm	淡黄色	自来水冲洗	快速镍	先无电擦拭;正极性 14~15V v=15m/min 均匀淡灰色
中、高碳钢、铸钢铸铁	电净液	正极性 10~15V	水膜均匀摊开	自来水冲洗	2号活化液	负极性 6~12V	均匀灰黑色	自来水冲洗	特殊镍	先进行无电擦拭;正极性 14~15V v=15m/min 镀层 δ=2μm	淡黄色	自来水冲洗	快速镍	先无电擦拭;正极性 14~15V v=15m/min 均匀淡灰色
					3号活化液	负极性 11~18V	均匀深黑色							
铝及铝合金	电净液	正极性 10~15V	水膜均匀摊开	自来水冲洗	2号活化液	负极性 12~15V	均匀灰色	自来水冲洗	特殊镍或碱铜	正极性 8~15V v=15m/min 镀层 δ=2μm	淡黄色或玫瑰色	自来水冲洗	快速镍或高速铜	正极性 14~15V v=15m/min 淡灰色或铜紫色
铜及铜合金	电净液	正极性 8~15V	水膜均匀摊开	自来水冲洗				自来水冲洗				自来水冲洗		
镍、铬、不锈钢	电净液	正极性 10~15V	水膜均匀摊开	自来水冲洗	2号活化液	负极性 10~18V	先绿后灰色	自来水冲洗	特殊镍	正极性 14~15V v=15m/min 镀层 δ=2μm	淡黄色	自来水冲洗	快速镍	先无电擦拭;正极性 14~15V v=15m/min 淡灰色
					1号活化液	负极性 10~12V	均匀灰色							

(四)影响电刷镀层质量的因素

表5-27为常用电刷镀溶液的主要工艺参数。电刷镀时,应根据选用的电刷镀液合理选择工艺参数,否则将会引起镀层质量问题。影响刷镀层质量的因素主要有:

(1)工作电压和电流。电压低时电流较小,这时金属沉积速度慢,镀层光滑细密,内应力小;电压高时电流相对较大,沉积速度快,镀层粗糙、发黑,甚至烧伤。工作电压与电流的选择应与镀液温度、阴阳极相对速度相匹配。

(2)阴阳极相对速度。阴阳极相对速度太低时,镀层粗糙、脆化,有时造成镀层发黑,烧伤;阴阳极相对速度太快时,电流效率和沉积速度降低,甚至不能沉积金属。刷镀时应考虑与电参数相匹配,电压高、电流大时,相对速度也应大些。

(3)镀液与工作温度。工作与镀液的温度均在50℃左右时,沉积速度快,内应力小,晶粒细密,结合强度高;温度较低时,应降低电压起镀,待工件温度升高再提高电压;温度过高(>70℃)时,则镀液蒸发加快,沉积速度降低。

(4)被镀表面的湿润状况。被镀表面应在电刷镀过程中始终处于湿润状况,否则会使镀层钝化,继续刷镀会影响刷镀层的质量。

常用刷镀溶液的主要工艺参数   表5-27

溶液名称		颜色	pH值(36℃)	金属离子含量(g/L)	金属密度(g/cm³)	适用电压(V) 刷镀笔				极性要求	合适的工件阳极相对速度(m/min)	耗电系数(A·h)/(dm²·μm)	单一镀层的安全厚度(mm)	镀层硬度
						SDB-1	SDB-2	SDB-3	SDB-4					
表面准备溶液	电净液	无色	>11			6~16				正极性	4~15			
	1号活化液	无色	<2			6~16				正或负	4~15			
	2号活化液	无色	<2			6~15				负极性	4~15			
	3号活化液	浅绿色	3~5			10~25				负极性	4~15			
沉积金属溶液	快速镍	蓝绿色	7.5	50	8.8	8~15	12~18	15~20	8~15	正极性	6~35	0.1132	0.25	HBW500
	特殊镍	深绿色	<2	70	8.8	10~15	12~18	15~20	10~15		6~20	0.245		HBW500
	低应力镍	绿色	3~3.5	75	8.8	8~15	12~18	15~20	6~12		6~20	0.21	0.03	HBS350
	镍钨合金	深绿色	2~3	95	9	6~12	8~15	12~18	6~12		6~20	0.21	0.13	HBW750
	高速铜	深蓝色	1.5~2.5	85	8.9	4~12	8~15	12~18	6~12		10~40	0.095		HBS300
	碱铜	蓝紫色	9~10	40	8.9	8~15	8~15	12~18	6~12		6~20	0.18		HBS250
	酸性钴	暗红	2	73	8.9	10~12	12~15	12~18	10~12		3~8	0.245		HBW600
	酸性锡	无色	1.3	130	7.3	6~10	8~12	10~15	6~10		15~40	0.07		HBS1
	酸性锌	无色	1.9~2.1	136	7.2	6~12	8~15	12~18	6~12		10~30	0.0755	0.13	HBS70
	碱性铟	黄棕色	9~10	70	7.3	10~12	12~15	15~18	10~12		10~20	0.071		HBS1

（5）镀液的清洁。刷镀溶液必须保证纯净、清洁、严防污染,特别要防止各种镀液的交叉污染。

（6）刷镀前应多准备几个包裹好的阳极块,在进行电净活化、刷镀过镀层、刷镀工作层等工序时分别使用,每一包裹好的阳极块只能吸用一种电刷镀溶液,不得通用、混用。

第五节　零件的粘接修复法

粘接修复法是用粘接剂将修复件粘接在一起的修复工艺。粘接剂产生黏附的机理,至今还没有一致的结论,在长期的生产实践和科学实验中,从不同角度出发,总结出有多种观点来解释粘接现象和本质,如吸附理论、扩散理论、机械理论等。

（1）吸附理论。认为物理吸附作用是粘接剂与被粘物之间牢固结合的普遍原因。吸附理论有两个主要结论:粘接剂材料的浸润性能好,表面张力小,粘接就越容易;反之,则较难粘接。粘接强度随分子间作用力的增大而增强。由于被粘物通常都具有强的极性,所以希望粘接剂极性大。因此,分子中极性大、数量多,而且易使极性基团暴露在粘接面上的粘接剂,其粘接性能好,粘接强度高。

（2）扩散理论。认为高聚物的自粘或互粘是由于长链分子或它们的个别链段扩散所致。由于这种扩散的结果,粘接剂和被粘物之间形成牢固的粘合。

扩散理论主要应用于解释高聚物之间,特别是热塑性高聚物之间的粘接现象。

（3）机械理论。认为被粘物体表面都有一定的微观不平度,粘接剂会渗入凹坑和孔隙中,固化后便形成无数微小的"销钉",把粘接剂与被粘物连接在一起。

机械理论主要用来解释多孔性材料的粘接。

（4）化学键理论。认为粘接剂与被粘物之间如果形成化学键,则粘接会很牢固。

（5）静电理论。认为黏合力是由于粘接剂与被粘物界面上的双电层之间的静电引力的作用。

实际上,固态物体之间的粘接往往是机械力、分子吸附和扩散作用以及化学键力等多种粘接因素作用的结果。

一、粘接工艺的特点、应用和粘接剂的分类

（一）粘接的特点

粘接的特点是,能粘接各种金属、非金属材料,而且能粘接两种不同的材料。在粘接两种不同金属时,在两种金属间有一层绝缘性的胶,可防止电化学腐蚀;粘接时不受形状、尺寸的限制。

粘接过程中不需加高温可修补铸铁件、铝合金件和极薄的零件,不会出现变形、裂纹等。粘接过程的温度不超过200℃,不会改变材料金相组织。

粘接缝有不漏泄、耐化学腐蚀、耐磨和绝缘等性能,粘接部位表面平整。

工艺简便,不需复杂的设备,操作人员不需要很高的技术水平,在施工现场和行驶途中可就机修理。成本低,节约能源。

粘接工艺的缺点是:不耐高温(一般结构胶只能在150℃以下长期工作;某些耐高温胶也只能达到300℃。无机胶粘接可承受800℃以上的高温,但较脆)。抗冲击性能差(一般粘接剂由于脆性太大,所以抗冲击性能很差);耐老化性能差,影响长期使用;尚无可行的无损质量检验办法,应用受到一定限制。

(二)粘接工艺的应用范围

从机械产品制造到机械维修,都可利用粘接来满足部分工艺需要。如以粘代焊、以粘代铆、以粘代螺、以粘代固等,如对零、部件裂纹、破碎部位的粘补;对铸件砂眼、气孔的填补;用于间隙、过盈配合表面磨损的尺寸恢复;连接表面的密封补漏、防松紧固;以粘接代替铆接、焊接、螺栓连接和过盈配合来修补零件。

在工程机械的修理中,粘接修复法常用于粘补散热器水箱、油箱和壳体零件上的孔洞、裂纹,也用于粘接离合器摩擦片及堵漏等。

(三)粘接剂的分类

粘接剂品种繁多,分类方法很多。按粘料的物性属类分为有机粘接剂和无机粘接剂;按原料来源分为天然粘接剂和合成粘接剂;按粘接头的强度特性分为结构粘接剂和非结构粘接剂;按粘接剂状态分为液态粘接剂与固体粘接剂;粘接剂的形态有粉状、棒状、薄膜、糊状以及液体等;按热性能分为热塑性粘接剂与热固性粘接剂等,见表5-28。

粘接剂的分类　　　　表5-28

分类	粘接剂														
	有机粘接剂											无机粘接剂			
	合成粘接剂							天然粘接剂							
	树脂型		橡胶型		混合型										
	热固性粘接剂	热塑性粘接剂	单一橡胶	树脂改性	橡胶与橡胶	树脂与橡胶	热固性树脂与热塑性树脂	动物粘接剂	植物粘接剂	矿物粘接剂	天然橡胶粘接剂	磷酸盐	硅酸盐	硫酸盐	硼酸盐
典型代表	酚醛树脂、环氧树脂、不饱和聚酯	α—氰基丙烯酸酯	氯丁胶浆	氯丁—酚醛	氯丁—丁腈	酚醛—丁腈	酚醛—缩醛、环氧尼龙、环氧—聚硫	骨胶、虫胶	淀粉、松香、桃胶	沥青	橡胶水	磷酸—氧化铜	水玻璃	石膏	

二、有机粘接剂的组成及性能

有机粘接剂是由高分子有机化合物为基础组成的粘接剂,根据其来源,可分为天然粘接剂和合成粘接剂两类。天然粘接剂,如虫胶、鱼胶、天然橡胶等,其粘接性能较低,不适合于金属部件的粘接;合成粘接剂一般由粘料、固化剂、增韧剂、增塑剂、稀释剂以及填料等组成。各组分采用原料的配比不同,粘接剂的性能也不同。机械零件粘接修理中,常用的是以环氧树脂和热固性酚醛树脂为主要粘料的粘接剂。

（一）有机粘接剂的组成

1. 粘料

粘料是粘接剂的基本组分，对粘接剂的性能起主要作用。在一种粘接剂里，可以只采用一种粘料，也可以同时采用几种粘料。

2. 固化剂

固化剂是粘接剂的一个主要成分。固化剂的种类很多，有各种胺类、酸酐类、高分子树脂类等。使用不同种类的固化剂，固化条件不同，粘接剂的性能也就有很大差别。固化剂的用量对粘接剂的力学性能影响很大，固化剂不足会因固化不完全而粘接不牢；固化剂过多又会降低粘接后的力学性能。因此，必须严格控制固化剂的用量。表5-29为环氧树脂常用的固化剂性能及配制方法等。

环氧树脂常用的固化剂　　　　　表5-29

名　　称		实际使用量（%）	特　征	配制方法	固化条件	
					温度（℃）	时间（h）
胺类	乙二胺	6~8	液体，有刺激嗅觉毒性，放热反应固化快，使用期短	室温下混合，逐步加入适当冷却，防止温度过高失效	室温	24
					80	3
	间苯二胺	14~16	淡黄色固体，熔点63℃，受潮变黑色，耐热性和耐化学品性好，机械强度高	间苯二胺14~16份，加入15份环氧树脂，加热到70℃熔解搅拌，冷却到30℃后加其余环氧树脂	室温	24
					80	4
					120	2
					150	2
酸酐类	顺丁烯酸酐	30~40	白色固体，熔点53℃、使用期长，耐热性好	将树脂加热到60~70℃加入固化剂搅匀	160	4
树脂类	650聚酰胺树脂	40~100	固体，使用期长，毒性小，韧性好，强度高	在室温下与树脂搅匀	室温	24
					150	4
	酚醛树脂	30~40	液体，固体速度慢，可加胺类催化剂，耐热性好	在室温下与树脂搅匀	180	2

3. 增塑剂

增塑剂是为了增加粘料的流动性和粘接剂的塑性与韧性而加入的一种高沸点低黏度液体。它与粘料有良好的相溶性，可以提高粘接剂的抗冲击强度和抗弯强度。增塑剂的用量过多会降低粘接强度和电绝缘性，并使粘接剂不易固化。环氧树脂粘接剂常用磷苯二甲酸二丁酯、磷酸三甲苯酯等作为增塑剂，其用量如表5-30所示。

常用增塑剂及其用量　　　　　表5-30

名　　称	形　态	用　量（克）
邻苯二甲酸二丁酯	无色液体	15~20
邻苯二甲酸二辛酯	无色液体	15~20
聚酰胺树脂650[①]	棕色黏状液体	20~30
磷酸三苯酯	白色结晶	20~30
聚硫橡胶（分子量1 000）	灰黑色黏状液体	20~30

注：①增塑剂用量按环氧树脂100g计。

4. 稀释剂

稀释剂是为了降低粘接剂的黏度,便于施工、改善操作性能、增加粘接剂的润湿能力。常用稀释剂有两种,一种是活性稀释剂,它除了起稀释作用外还参加固化反应,成为交联树脂结构中的一部分,如甘油环氧树脂、环氧丙烷丁基醚等;二是非活性稀释剂,它只起降低粘接剂黏度作用,如甲苯、丙酮等。凡能溶解粘料的溶剂或能参加粘接剂固化反应的某些低黏度化合物,均可作为粘接剂的稀释剂。

5. 填料

填料是为了降低粘接剂的收缩率和获得耐磨、耐热性能以及降低成本而加入粘接剂中的金属或非金属材料。常用填料为金属粉末、金属氧化物以及非金属物质等,如表·5-31 所示。

常用填料的用量和作用 表 5-31

填料名称	用量(%)	主要作用
各种金属粉	50 ~ 300	提高导热、导电性能,降低热膨胀系数和收缩率
石棉粉、玻璃纤维	20 ~ 50	提高抗冲击韧性和耐热性
石英粉、瓷粉、钢玉粉	40 ~ 200	提高表面硬度,降低收缩率和热膨胀系数
氧化铝粉、氧化硅粉	30 ~ 100	提高黏附性和耐热性
二硫化钼、石墨粉	30 ~ 80	提高耐磨性和润滑性
水泥、陶土、生石灰,滑石粉	25 ~ 100	提高黏度,降低收缩率和成本

除上述物质外,还可根据需要在粘接剂中加入一些其他物质,如增韧剂、防老化剂、加速固化剂等。

(二)常用有机粘接剂的性能

1. 环氧树脂粘接剂

环氧树脂粘接剂,是以环氧树脂和固化剂为主,再加入增塑剂、填料、稀释剂等配制而成的,是一种人工合成的高分子树脂状的化合物。用它配用的粘接剂用途很广泛,能粘各种金属和非金属材料。

环氧树脂粘接剂的优点是:黏附力强,固化收缩小,耐腐蚀、耐油、电绝缘性好和使用方便。其缺点是:耐温性能较差,抗冲击和弯曲的能力差。因此,选用时必须注意零件的工作条件。

2. 酚醛树脂粘接剂

酚醛树脂可以单独使用,也可以和环氧树脂混合使用。单独使用的酚醛树脂,具有良好的粘接强度,耐热性也好,缺点是脆性大,不耐冲击。目前,用它粘接制动摩擦片效果很好。能用来粘接木材、硬质泡沫塑料和其他多孔性材料。用作金属粘接剂时,需要加入热塑性树脂、合成橡胶等高分子化合物进行改性。为了进一步提高粘接剂的耐热性,在组分内加入有机硅化合物,可得到较高的高温下的粘接强度。如 JF-1 酚醛—缩醛—有机硅粘接剂(又名 204 胶)的使用温度为 −60 ~ +200℃,短时间可耐 300℃温度,可用于摩擦片的粘接。

三、无机粘接剂和厌氧密封胶

(一)无机粘接剂

无机粘接剂主要有硅酸盐和磷酸盐两种类型,在机械维修中广泛使用的是磷酸—氧化铜无机粘接剂。

无机粘接剂的特点是能承受较高的温度(600~850℃),黏附性好,抗压强度达90MPa,套接抗拉强度达50~80MPa,平面粘接抗拉强度为80~30MPa,制造工艺简单,成本低,但性脆、耐酸、碱性能差。多用于陶瓷和硬质合金刀具的粘接和量具的粘接,在机械维修中广泛用来粘修金属零件的破裂损坏,如粘补内燃机缸盖气门裂纹,具有良好的效果。

(二)厌氧密封胶

厌氧密封胶是由甲基丙烯酸酯或丙烯酸双脂以及它们的衍生物为粘料,加入由氧化剂组成的催化剂和增稠剂等组成。其特点是在空气中不能固化,当粘合后,由于胶层内隔绝了氧气,丙烯酸双酯在催化剂作用下很快发生交链反应而固化,起粘接和密封作用,故称为厌氧胶。

厌氧胶处于金属面之间时,因空气被隔离且与金属发生触变反应,从而自行固化并变到一定的坚韧硬度,固化后其体积不收缩,不溶于燃油、润滑油和水。

四、粘接剂的选择与粘接接头的设计和选择

要得到良好的粘接质量,除选用合适的粘接剂种类外,还应设计、选择合适的接头形式,并按照规定的工艺条件进行操作。

(一)粘接剂的选择

粘接剂的品种繁多,国内成熟的粘接剂品种达二百多种。选用粘接剂的基本原则是:

1. 根据被粘件材料的种类和性质选用粘接剂

各种材料可选用的粘接剂参考表5-32。

各种材料可选用的粘接剂   表5-32

材料名称 粘接剂代号 材料名称	软质材料	木材	热固性塑料	热塑性塑料	橡胶制品	玻璃、陶瓷	金属
金属	3,6,8,10	1,2,5	2,4,5,7	5,6,7,8	3,6,8,10	2,3,6,7	2,4,6,7
玻璃、陶瓷	2,3,6,8	1,2,5	2,4,5,7	2,5,7,8	3,6,8	2,4,5,7	
橡胶制品	3,8,10	2,5,8	2,4,6,8	5,7,8	3,8,10		
热塑性塑料	3,8,9	1,5	5,7	5,7,9			
热固性塑料	2,3,6,8	1,2,5	2,4,5,7				
木材	1,2,5	1,2,5					
软质材料	3,8,9,10						

注:表中代号1-酚醛树脂;2-酚醛—缩醛;3-酚醛—氯丁;4-酚醛—丁腈;5-环氧树脂;6-环氧—丁腈;7-聚丙烯酸酯;8-聚氨酯;9-热塑性树脂溶液;10-橡皮胶浆

2. 考虑被粘件的使用条件

首先要根据被粘件的受力情况、受力形式来选择能满足强度要求的粘接剂,其次是根据被粘件的使用温度和所接触的介质(如油、水蒸气、酸、碱等)来选择不同温度等级、耐不同介质的粘接剂。

3.考虑被粘件允许的工艺条件

因为好的粘接效果,往往需要一定的固化温度、时间和压力才能达到,因此所选用的粘接剂应为被粘接工艺条件所允许和现有设备条件可能实现的。例如,对于加热困难的大型部件和受热易变形部件,一般要选有常温固化粘接剂;对于形状复杂的曲面不能很好吻合,以及无法加压的部件,一般不可选含有溶剂的要求加压加温固化的粘接剂;对于应急抢修则必须选用快速固化粘接剂等。

4.考虑特殊要求

有些特殊要求,如密封、导电、导磁等,必须选择具有这些特殊性能的粘接剂。另外,要考虑成本和粘接剂的来源,也是选择粘接剂的原则之一。

(二)粘接接头的设计和选择

相同的粘接剂,由于选用的接头形式不同,胶层受力状态差异很大。因此,要获得满意的粘接质量,还要进行合理的粘接接头设计,其基本原则是:

(1)尽可能增加粘接面积。

(2)尽量使所受应力均匀分布在整个粘接面上。

(3)尽量使接头粘接面承受压缩、剪切或拉伸力,避免承受弯曲力或剥离力。

(4)当接头要求耐震时,在胶层内可增加玻璃纤维布或其他织物作为中间层。

(5)当接头在较高温度下工作时,应尽量使粘接件与粘接剂的膨胀系数一致或接近。

(6)对于受力较大和冲击荷载的接头,可考虑采用粘接和铆接、螺栓连接、焊接、机械加固、贴加布层或钢板等结合的复合连接方法。几种粘接接头的基本形式和改进型结构,如图5-57所示。

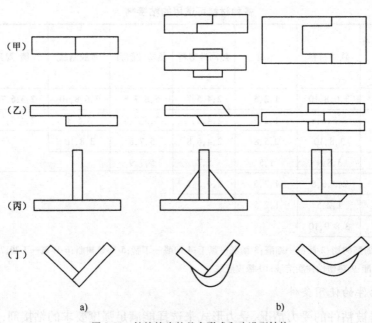

图 5-57　粘接接头的基本形式和改进型结构

a)基本形式;b)改进结构

(甲)对接;(乙)搭接;(丙)丁接;(丁)角接

五、粘接修复工艺

粘接修复工艺包括,粘接前零件粘接表面的准备、配胶和涂胶、固化。粘接工艺的方框图,如图 5-58 所示。

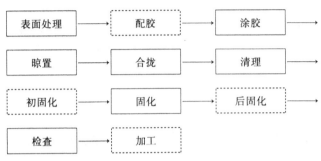

图 5-58　粘接工艺方框图

要获得牢固的粘接,粘接剂是基本因素、接头是重要因素、工艺是关键因素,三者紧密相关。表 5-33 列出合成粘接剂的种类及其主要用途(被粘物材质),可供选用时参考。

合成粘接剂的分类及用途　　　　　　　表 5-33

类　别	重要品种	主要用途
热固性树脂粘接剂	1. 脲醛树脂	胶合板、集成材、木材加工
	2. 酚醛树脂	胶合板、砂布、砂轮粘接
	3. 酚醛—丁腈	金属结构、金属—非金属粘接
	4. 酚醛—缩醛	金属结构、金属—非金属粘接、层压材料加工
	5. 三聚氰胺树脂	胶合板、贴面板加工
	6. 环氧树脂	金属结构、金属—非金属粘接,硬塑料粘合
	7. 环氧—尼龙	金属结构粘接
	8. 环氧—丁腈	金属结构、金属—非金属粘接
	9. 环氧—聚硫	金属结构、金属—非金属粘接、密封
	10. 聚胺酯	耐低温胶,金属结构、金属—非金属粘接
	11. 不饱和聚酯	玻璃纤维增强塑料粘接
	12. 丙烯酸双酯	厌氧胶,金属零件粘接,耐压密封
	13. 有机硅树脂	耐高温胶,金属零件固定,耐压密封
	14. 杂环高分子	耐高温金属结构粘接剂
热塑性树脂粘接剂	1. 氰基丙烯酸酯	硫化橡胶金属零件,硬质塑料粘接
	2. 聚乙烯及共聚物	软质塑料制品粘接
	3. 乙酯(乙酸—乙醋酸乙烯共聚物)热溶胶	木材加工、包装、装订
	4. 聚醋酸乙烯酯	木材加工、包装、装订
	5. 聚乙烯醇	纸制品、乳液粘接剂的配合剂
	6. 聚乙烯醇缩醛	安全玻璃、织物加工
	7. 聚氯乙烯和过氯乙烯	聚乙烯制品粘接
	8. 聚丙烯酸酯	压敏胶
	9. 聚乙烯基醚	压敏胶

续上表

类　　别	重要品种	主要用途
橡胶粘接剂	1. 氯丁橡胶	金属—橡胶粘合,塑料织物粘合
	2. 丁腈橡胶	金属—织物粘合,耐油橡胶制品粘合
	3. 丁苯橡胶	橡胶制品粘合,压敏胶
	4. 改性天然橡胶	橡胶制品粘合,压敏胶
	5. 羧基橡胶	金属—非金属粘接
	6. 硅橡胶	密封
	7. 聚硫橡胶	耐油、密封

第六节　零件的其他修复技术

一、零件的压力加工修复法

塑性是金属材料的一个重要特性,零件修复中的压力加工修复法就是利用金属的这一特性而对金属零件进行修复加工的。

零件的压力加工修复法是利用金属在外力作用下产生的塑性变形,将零件非工作部分的金属转向磨损表面,以补偿磨损掉的金属,从而恢复零件工作表面的原有形状和尺寸。它与零件制造中的锻压、冲挤等压力加工基本相同,但压力加工修复往往是局部的加工,塑性变形量较小,加热温度也较低。

压力加工修复的特点是,修复质量高、省工又省料;常常需要制作专用模具;受到零件结构和材料的限制,如形状复杂的零件不便于冲压,脆性材料(如铸铁)不能采用压力加工。

根据零件的材料,损坏状况和结构特点,压力加工修复法具有多种形式。一般可按外力作用方向和零件变形方向将其归纳为:镦粗、压延、胀大、缩小、校正、滚压和挤伸等,其主要加工特性如表5-34所示。

压力加工修复的方式及特性　　　　　　　　　　表5-34

压力加工的形式	简 要 的 特 性
镦粗	作用力 p 的方向与要求变形的方向(δ)不重合,由于减少了零件的高度,可增大空心和实心零件的外径,缩小空心零件的内径,可用来修复有色金属套筒的外径或内径
压延	作用力的方向与要求变形的方向不重合,由于压伸作用使零件的金属从非工作面转向工作面,可用来增加外表面的尺寸。压伸法常用来修复工作锥面磨损的气门头,磨损的轮齿及花键齿
胀大	作用力的方向与要求变形的方向一致,可用来增大空心零件的外表面尺寸,并使零件的高度基本保持不变,可用于修复活塞销及有色金属和钢制套筒的外圆柱面等
缩小	作用力方向与要求变形方向一致,压缩使零件外表面尺寸和空心零件的内径缩小,可用于修复有色金属套筒的内径,齿形套合器的内齿(齿形磨损时)等
校正	作用力或力矩的方向与要求变形的方向一致,它可用来修复变形零件,如曲轴、连杆、机架等
滚压	作用力方向与要求变形的方向相反,工具压入零件内将金属从各个工作表面的区段向外挤出,增大零件外部尺寸,在某些情况下可用于修复轴承座孔配合表面

压力加工修复零件可在冷态或热态下进行,在冷态下要使零件产生塑性变形需要施加较大的外力。冷态下的压力加工将使金属强化,提高金属的强度和硬度。为减少压力加工对外力的要求,常将零件需加工表面加热到一定温度。

用压力加工法修复机械零件,由于所要求的塑性变形量较小,并且要避免影响到零件其他未磨损的部位。因此,应尽可能采用冷压加工,而一定要加热的话,也要选择较低的温度,因为温度较高时,氧化现象严重,晶粒迅速长大会使金属材料的性能发生变化,在低温时,应特别注意因金属材料的变形抗力大引起的破裂现象。

二、零件的校正

工程机械许多零件在使用中会产生弯曲、扭曲和翘曲。零件产生变形的原因是多方面的,如不合理的运用和装配造成的额外荷载、零件的刚度不足以及零件中未消除的残余应力等都是引起零件变形的因素。

零件修复中应用的校正方法有压力校正、火焰校正和敲击校正。

(一)压力校正

压力校正一般在室温下进行,如果零件塑性差或零件的尺寸较大,也可适当加热。由于零件受力变形时必然包含一部分弹性变形,撤去外力后,弹性变形部分会消失,只留下塑性变形部分;所以矫枉必须过正,凸轮轴和曲轴压校时所需的反向压弯值是零件原弯曲值的 10 ~ 15 倍,只有这样,当压力除去以后,才能得到需要的塑性变形。考虑到材料的正弹性后效作用,零件在受压状态下要保持 1.5 ~ 2min。

由于材料具有反弹性后效特性,压校后的零件常会再一次发生弯曲变形;为了使压校后的变形稳定,并提高零件的刚性,零件在压校后应进行一次消除应力、稳定变形的热处理。对于调质或正火处理的零件,可加热到略高于再结晶温度(450 ~ 500℃),保温 0.5 ~ 2h。对表面淬硬的零件(如凸轮轴、曲轴),可加热到 200 ~ 250℃,保温 5 ~ 6h。

冷校后的零件、疲劳强度一般降低 10% ~ 15%,因此切忌压力过大,不然反复校正会使零件疲劳破坏。

压力校正分校弯和校扭两种。

对轴类零件产生的弯曲,在校正时,应根据轴的弯曲方向,将轴支承在两 V 形铁上,用压力机在轴上施加压力,压力方向应和轴的弯曲方向相反,如图 5-59 所示。轴受压后的变形量可从置于轴下的百分表观察。对工字梁、机架等大件的校正,需用专门的设备,图 5-60 是在整体情况下校正纵梁弯曲的情形。

零件的扭曲变形造成零件不同部位的相互扭转,使零件的形位公差超过规定。校正时必须给零件作用一个转矩,此转矩的方向要与零件扭曲的方向相反。最常见的如连杆的扭曲校正。大件的扭正所需转矩很大,需用专门的设备。

(二)火焰校正

火焰校正也是一种比较有效的校正方法,校正效果好、效率高,尤其适用于尺寸较大、形状复杂的零件。火焰校正的零件变形较稳定,对疲劳强度的影响也较小。

火焰校正是用气焊炬迅速加热工件弯曲的某一点或几点,再急剧冷却。如图 5-61 所示,当工件凸起点温度迅速上升时,表面层金属膨胀,驱使工件更向下弯。由于此时加热点周围和底层的金属温度还很低,限制了加热点金属的膨胀,于是加热点的金属受到压应力,在高温下产生塑性变形。比如某工件要膨胀 0.1mm,由于受到限制只膨胀了 0.05mm,在高温下产生 0.05mm 的塑性变形;这样,当工件冷后,加热点表面金属实际上缩短了 0.05mm,使得工件反向弯曲,从而达到校正的结果。

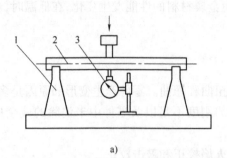

a)

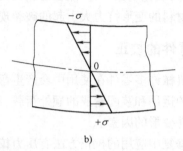

b)

图 5-59　零件的弯曲校正

a)压力校正;b)工件的应力

1-V 形块;2-轴;3-百分表

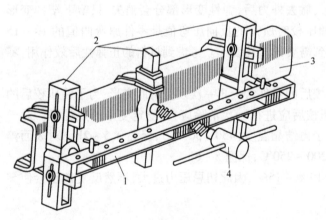

图 5-60　车架纵梁压力校正

1-横挡;2-夹持器;3-纵梁;4-螺杆

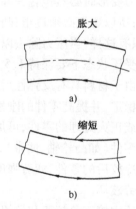

胀大

a)

缩短

b)

图 5-61　火焰校正的应力和变形

a)加热时;b)冷却后

加热温度以不超过金属相变温度为宜,通常在 200~700℃。对于低碳钢的工件,可以达到 900℃。对于塑性较差的合金钢件、球墨铸铁件,以及弯曲较大的工件,宜多选几个加热点。每个加热点的加热温度可低一些,使工件均匀的校正。不要在一点加热温度过高,以免应力过大导致使工件在校正的过程中断裂。

火焰校正的关键是加热点温度要迅速上升,焊炬的热量要大,加热点面积要小。如果加热的时间拖长了,整个工件断面的温度都升高了,就减小了校正作用。

火焰校正中,金属加热产生变形的大小决定于加热温度、加热范围大小和零件的刚度。温度越高,范围越大,零件的刚度越小,则变形越大。

加热方式有点状加热、线状加热和三角形加热等,其中线状加热和三角形加热形式,如图 5-62 所示。

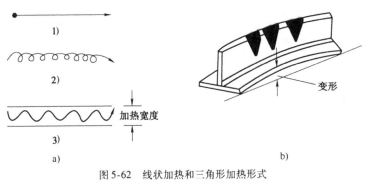

图 5-62 线状加热和三角形加热形式
a)线状加热;b)三角形加热
1)直通加热;2)链状加热;3)带状加热

加热长度,一般不超过工件长度的 70% ;加热深度,不得超过工件厚度的 60% ,以 30% ~ 50% 为最好。

火焰校正时,工件架在 V 形铁上,用百分表检查工件的弯曲情况,并用粉笔画上记号(如 A 点凸起 0.5mm,B 点凸起 0.2mm),按照凸起部位向上的方向架置(图 5-63)。校正过程中,仍用百分表抵在工件上,以观察工件变化的情况。所焊炬调整为热量集中的短火焰(氧化焰),再将 A 点迅速加热到 700 ~ 800℃后,立即移开,同时用湿棉纱挤水冷却。当 A 点加热时,百分表指针顺时针方向转动,记下指针读数;当 A 点温度下降时,百分表指针逆时针回转,并越过未加热前的位置,表示工件已被校正。如果校正量不够,可在 B 点再加热一次。

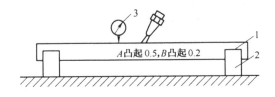

图 5-63 火焰校正
1-工件;2-V 形块;3-百分表

(三)敲击校正

敲击校正用来校正曲轴时,是用锤子敲击曲柄臂表面,使曲柄臂变形,从而使曲轴轴心线产生位移,达到校正的目的。详见发动机修理有关章节。

第七节 机械零件的表面强化技术

工程机械中许多重要零件在承受较大的应力、润滑条件差且与其他零件发生摩擦的环境下工作,虽经一系列表面热处理使工作表面具有高的强度、硬度、耐磨性和疲劳极限,但仍不能满足使用要求。如发动机中的缸套、曲轴轴瓦、曲轴轴颈等零件,往往在机械的一个大修期内需修复或更换两三次。这将严重影响到机械的使用效率和经济寿命。

零件的表面处理就是要使零件的工作表面经较理想的表面强化、处理工艺,大大提高零件的强度、硬度、耐磨性和抗疲劳性。

除了传统的表面冷作强化外,现代表面处理技术发展很快,如真空熔结、粒子氮化、激光处理、表面镀铬、复合镀、物理气相沉积、化学气相沉积、加铜滚压以及电接触加热表面处理等。

一、冷作强化

冷作强化是利用金属的塑性特点,在一定条件下使金属表面在外力作用下产生塑性变形和表层组织结构的改变而不破坏金属整体形状的加工方法。

工程机械中许多零件是在重复、交变动荷载下工作的,它们的失效多是由于材料的"疲劳"。零件经堆焊、电镀等修复后,疲劳强度和使用寿命常有不同程度的降低。为此,对于某些重要零件,在堆焊、电镀修复后,需要进行一次冷加工表面强化处理,简称冷作强化。

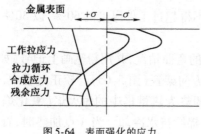

图 5-64　表面强化的应力

冷作强化是使零件表层产生残余压应力。当零件承受交变荷载时,只有当荷载的拉应力与残余压应力抵消后,仍超过疲劳极限时,才有可能发生断裂,从而大大提高了零件的疲劳强度(图 5-64)。

常用的冷作强化方法有射丸、滚压及敲击等。

(一)滚压强化

滚压通常用来加工轴类零件的表面,但也可以用于内孔表面加工。

它是用很硬的滚子对零件表面滚压,使零件形成紧密的冷作硬化层,并降低零件的表面粗糙度,得到强化表面。

滚压加工虽能大大降低表面粗糙度,但尺寸和形状精度的提高不明显,特别是钢和铸铁件,滚压后表面受弹性变形恢复的影响,修正尺寸误差和形状误差的能力较低。因此,滚压加工前,零件各部精度应符合要求。

表面经滚压后产生残余压应力,减少了切削痕迹等表面缺陷,降低了应力集中程度,疲劳强度一般提高 10% ~20%。承受较大交变应力的轴类零件,圆角经滚压后,疲劳强度可提高60% 以上。所以,曲轴、转向节轴、变速器轴等,常在机加工中安排圆角滚压工序。

(二)挤压强化

挤压强化是利用挤刀或钢球等挤压工具,对工件表面施加一定力,使其产生塑性变形,从而使表层产生冷硬或残余应力,以提高其硬度和强度的加工工艺,如图 5-65 所示。

挤压强化往往只用于内孔加工。其挤压过程是通过对挤压工具施加推力或拉力完成的。如用钢球挤压内孔时,因钢球本身不能导向,为获得较高的轴线直线度的内孔,挤压前孔的轴线应具有较高的直线度精度。此方法

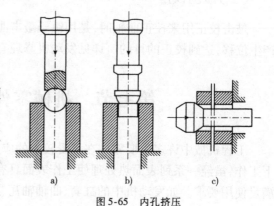

图 5-65　内孔挤压
a)用滚珠推压;b)用挤刀推压;c)用挤刀拉压

适用于浅孔的加工。

挤压过盈量大小与材料、工件孔径和壁厚有关。过盈量太小,粗糙度和精度达不到要求;过盈量过大,表面会产生刮伤和拉毛。过盈量选取,见表5-35。

挤压过盈量参考值 表5-35

零件材料	孔　径　（mm）		
	10～18	18～30	30～50
钢	0.07～0.10	0.08～0.12	0.12～0.15
铸铁	0.05～0.08	0.06～0.10	0.10～0.12
青铜	0.06～0.08	0.07～0.09	0.09～0.12

挤压中需要润滑剂,钢用机油加少量石墨、青铜用稀机油、铝合金用肥皂即可。

（三）射丸强化

射丸有喷丸和抛丸两种形式,喷丸是用400～500kPa压力的压缩空气,将小铁丸高速喷向零件表面。抛丸是用旋转的圆盘将小铁丸抛向零件的表面。小铁丸粒高速射向零件表面,使表面冷作硬化和产生残余的压缩应力而提高其疲劳强度。

（四）敲击强化

零件的花键槽、焊缝、圆角更适宜用敲击强化。

用气动铆枪可以改装成敲击工具,用它敲击机架纵梁焊缝两侧可使焊缝疲劳强度提高2～4倍。敲击次数达1 600～3 000次/min,敲击能量为6～12N·m。

敲击头可装一个滚,也可以装一个直径为1.2～3mm直径的弹簧钢丝束。后者用来敲击键槽或圆角。

（五）水流喷射强化

近年,国外用高速水流喷射软钢表面,以达到强化、防腐、改善疲劳强度的目的。其优点是:喷射的覆盖性好,能获得均匀光滑的表面,而且切削、磨削都不能再使水流喷射后的表面粗糙度降低;水流喷射引起的残余应力不像喷丸分布的那样深,数值也较小;由喷水动能转化的热量能导致大量蒸汽的产生,喷射区域的表面温度与一般喷丸不一样,而且成本也比一般喷丸低。

水流喷射强化系统采用两台22kW的水泵,附有一个容量为10m^{3}的蓄水池,由一台7.5kW的空气压缩机供给压缩空气。喷射管直径为1/2～1in,由高强度碳钢焊接成,并经3MPa的压力试验和100% X光检查合格方可使用;水必须经过净化处理;所有仪表,如压力表、流量计、安全阀等都必须具有抗冲击波的能力,还必须采取排除由喷射所产生的蒸汽及噪声的措施。

喷射水流的流速为90～100m/s,喷射处理时间为5～30min。喷射水流不要太强,否则会切割金属表面。

上述表面强化只能对受弯曲、扭曲的零件有效。对于受到接触压应力的表面(如齿轮轮齿表面及滚动轴承外座圈等)强化,反而有害。

二、真空熔结

真空熔结技术可以制备各种合金涂层。熔结涂层工艺可单独采用,也可与电镀、喷涂等其他工艺配合使用。

(一)真空熔结的基本原理

真空熔结合金涂层工艺是一种现代表面冶金新技术,其作用是改变机械零件工作表面的成分与组织,从而得到能够满足耐磨、耐蚀等各种使用要求的物理化学性能。形成涂层的过程是在一定真空度条件下,把足够而集中的热能作用于基体金属的涂敷表面,在很短的时间内使预先涂敷在基体表面上的涂层合金料熔融并浸润基体表面,开始了涂层与基体之间的扩散互熔与界面反应,待扩散互熔到一定程度后就会在涂层与基体的内界面形成一条狭窄的互熔区。冷凝时涂层与互熔区一起重结晶,并与基体牢固结合在一起。从熔融、浸润、扩散、互熔以至重结晶的整个过程就是表面熔结的全部过程。

(二)真空熔结的形式

根据采用热源与装置的不同,真空熔结方法有炉熔法、感应熔结法、装合熔结法和电子束或激光熔结法四种。

1. 炉熔法

在真空或氩气中,以电阻元件为辐射加热源的炉中熔结是应用较多的一种熔结方法。真空环境不仅对涂层合金与金属基体有防氧化保护作用,而且在涂层合金粉熔化时容易排除熔融体中的气体夹杂而得到比较致密的合金涂层。当涂层粉料中含有 Al 或 Ti 等活性元素时,真空度需高于 $1 \times 10^{-8}\text{MPa}(1 \times 10^{-5}\text{mmHg})$;而熔结一般粉料时真空度只需 $1 \times 10^{-5}\text{MPa}(1 \times 10^{-2}\text{mmHg})$ 即可。炉熔法的优点是简便易行,适用于对各种形状金属部件进行高质量的涂层;而缺点是对基体有中等程度的热影响。

图 5-66 是钼丝加热炉真空系统示意图。它包括电动机、真空泵、电磁阀、隔离阀等。

真空加热炉的电源可根据涂层和修复零件的需要选用一般加热炉用变压器。按低真空熔结工艺要求选定。

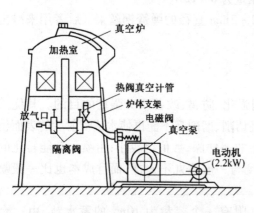

图 5-66 钼丝加热炉真空系统示意图

2. 感应加热法

感应加热法是利用感应热对零件局部进行涂敷合金的局部强化处理的方法。感应熔结法一般只适用于对较小圆形部件的上表面进行熔结,涂层中难免有少量气孔和杂质,但对基体的热影响较小。如把 20 号钢内燃机挺杆的顶部置于直径 $\phi40\text{mm}$ 的感应圈中,顶部凹槽内盛满 NiCrBSi 合金粉,在合金粉上再覆盖硼砂,如图 5-67 所示。当挺杆顶部受感应加热时,硼砂首先熔融起到了焊剂的保护作用,继续升温至 $1\,200℃$ 左右时,涂层合金粉熔融,数秒钟后即对挺杆淬冷。冷凝后合金涂层的硬度可高达 HRC60 ~ 62。

3. 装盒熔结法

在元件合金基体上电镀一层金属,再浸涂料浆,待干燥后悬置元件在一个盒子内,待盒内充满氩气或抽成真空之后送入熔结炉中加热到一定温度进行熔结,形成表面熔结层的方法称为装盒熔结法。

4. 电子束或激光熔结法

利用能产生极高热流的电子束或激光这些高密度能源把已喷涂好的涂层进行处理,也可把带有涂层合金粉的氩气流同高密度能源产生的能束一起打在基体表面上,形成合金涂料的熔池,扫描之后,冷凝成结合牢固的合金涂层,如图 5-68 所示。

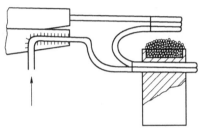

图 5-67　感应熔结法

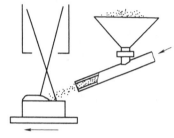

图 5-68　激光溶结法

(三)真空熔结技术的功能与应用

真空熔结技术具有涂层、成型、钎接、封孔和修复五大功能。

真空熔结技术可在零件表面制备耐磨耐蚀的合金涂层,也可制备多孔润滑涂层和新型的非晶态涂层。如高功率柴油机需要的既耐磨又可形成一层润滑油膜、减少摩擦的多孔型活塞环,就可用真空熔结技术制造。

许多在高压下使用的不锈钢铸件或焊件,往往因本身不够致密,有许多毛细孔或微观隙缝等缺陷,造成漏气渗液而无法使用。将工件表面清洗干净,放在真空熔结炉中,熔结一层 Ni 基或 Co 基自熔性合金涂层,可以完全密封住所有的表观和微观缺陷。

真空熔结技术不仅可以制造新件也可以修复已经磨损或断裂的旧件,是一种非常实用的修复技术,工程机械上许多精密贵重零件及断裂零件,都可通过真空熔结技术进行修复。如采用 NiCrBSi81A 涂层合金修复的气门阀面,能适应柴油机排气门的高温、磨损及燃气腐蚀的工作条件。

三、激光表面强化技术

采用激光对材料表面进行改性或合金化的技术,是近十几年来迅速发展起来的材料表面新技术,是材料科学的最新领域之一。

用激光对材料表面进行改性的技术主要是利用脉冲激光器可获得极高的加热和冷却速度,改变材料表面的化学成分和物理结构(包括相结构和显微结构),获得某些其他方法难以得到的,并具有独特性质的过饱和固溶体、亚稳相、超细化晶体结构、陶瓷化合物和非晶态等,有效地改善材料或零件表面的力学和物理化学性质,开辟了材料表面强化的新领域,这些方法统称激光表面优化,也叫激光表面处理。目前的激光发生器已有足够的能量在短时间内加热和熔化大面积的表面区域。

激光用于材料表面加热时,由于加热速度极快,所以整个基体的温度在加热过程中可以不受影响。用激光加热材料表层的一般深度为几微米,加热熔化这些微米级的表层所需能量一般为几个 J/cm^2。激光的脉冲宽度可短至 $10^{-12}s$。它们的能量沉积功率密度可以相当大,在被照物体上,由表面向里能够产生 $10^6 \sim 10^8 K/cm$ 的温度梯度,使表面薄层迅速熔化。正因为达到了这样高的温度梯度,冷的基体又会使熔化部分以 $10^9 \sim 10^{11} K/s$ 的速度冷却,使固液界面以每秒几米的速度向表面推进,使凝固迅速完成。

(一)激光的特性及进行表面处理的特点

1. 激光的特性

激光的发光是以激光辐射为主,发光物质中大量的发光中心基本上是有组织地、相互关联地产生光发射的。各个发光中心发出的光波具有相同的频率、方向、偏振态和严格的位相关系。正是由于激光的这种基本性质才使它具有普通光所没有的一系列特性。

(1)高亮度(高功率密度):它比太阳表面的亮度高 10^{10} 倍,聚焦后的功率密度可达 $10^{14} W/cm^2$。焦斑中心温度可达几千度乃至几万度,因此激光就可作为材料加工和表面处理的理想热源。

(2)方向性好:光束的发散角小到 $0.1mrad$,是任何其他光源无法达到的,可认为接近平行光束。这样,光的传输过程中能量损失很小,可以把高功率密度的激光束导向需要加工和处理的部位,便于控制。

(3)单色性和相干性好:激光的光谱线宽可以调制到小于 $10^{-7}Å$,根据加工需要把焦斑调节适当。当切割和焊接时,把光斑调至 $0.2mm$ 以下;激光表面处理时,光斑比较大,并可以通过光镜的调制获得矩形或线形光束,根据零件的特点进行处理。

2. 激光表面处理的特点

激光表面处理技术有激光固态相变硬化、激光合金化、激光涂敷、激光"非晶态处理"、激光冲击硬化和激光化学反应涂层等,尽管各种具体技术的方法和应用场合不同,但在对零件的改性处理中,它具有一些比其他表面改性技术更突出的优点:

(1)改性层有足够的厚度,适应工程需要。激光改性层厚度一般在 $0.10 \sim 1.0mm$,激光涂敷则可根据需要增加厚度。

(2)结合状态良好。激光处理中改性层和基体材料之间或改性层内部都是致密的冶金结合,不会发生改性层和基体之间的脱落。

(3)高功率密度的激光,能量集中,适于进行局部表层处理,对零件整体热影响小,因此对一些细长的杆件、导轨和薄片的处理,热影响和热变形都很小。

(4)工艺柔性大。激光器本身作为一个独立单元,可用导光系统将激光导向需要处理零件的局部,如深孔、内孔、盲孔、凹槽等。

(5)工艺操作简单,而且灵活。激光功率、光斑大小、扫描速度可以随意调节,只要把需处理的零件置于工作台上,配以微机程控系统可以方便地实现自动化生产。

(6)多数情况下可在大气中进行,无环境污染,噪声低,无辐射,无须介质,不会造成公害,可以很大程度地改善劳动条件。

激光表面处理技术包括激光技术、机电技术和材料分析技术,其中以激光技术最为关键。首先是激光器的输出功率水平,再者是输出光束的质量。

激光加工机的主要性能特点,如表5-36所示。

激光加工机的主要性能特点 表 5-36

种类	激光工作物质	基体	激活离子	激光波长（μm）	发散角（rad）	输出方式	输出能量或功率	主要用途
固体	红宝石	Al_2O_3	Cr^{+++}	0.69	$10^{-2} \sim 10^{-3}$	脉冲	几个～几十焦耳	打孔、焊接
	钕玻璃	玻璃	Na^{+++}	1.06	$10^{-2} \sim 10^{-3}$	脉冲	几个～几十焦耳	打孔、焊接
	YAG（掺钕钇铝石榴石）	$Y_3Al_5O_{12}$	Na^{+++}	1.06	$10^{-2} \sim 10^{-3}$	脉冲	几个～几十焦耳	打孔、切割、焊接、刻槽
						连续	100～1 000W	
气体	二氧化碳	$CO_2 - Ne - N_2$	CO_2	1.06	$10^{-2} \sim 10^{-3}$	脉冲	几个焦耳	切割、打孔、焊接、热处理
						连续	几十～几万瓦特	

（二）激光表面处理

激光表面处理的技术很多，图 5-69 为工业应用较为成熟的几种技术的简图。

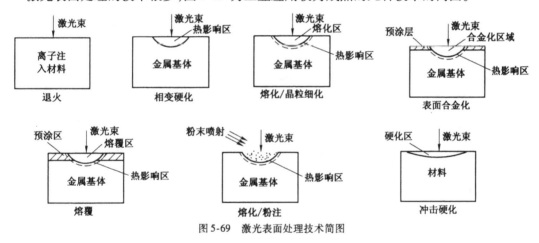

图 5-69 激光表面处理技术简图

激光表面处理的目的是改变表面层的成分和显微结构，从而提高表面性能。

1. 激光相变硬化

激光相变硬化是激光表面处理中最成熟、应用最多的一种技术。它是利用激光照射到具有固态相变的铁碳合金（包括含碳量在 0.3% 以上的各种碳钢、低合金钢和灰口铸铁）的表面上，使金属表面温度迅速升到奥氏体化温度以上、熔点以下，使合金表层形成奥氏体，当激光离开后，高温的表层被处于常温的内层材料所冷却，即"自淬"，使表层 0.1～1.0mm 范围内的组织结构和性质都发生了明显的变化，成为超细的马氏体组织，硬度比普通淬火高 15%～20%，而且只是表层受热，零件热变形很小。其过程如图 5-70 所示，只有满足 B 的过程才能发生硬化。

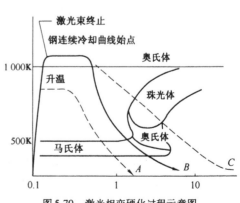

图 5-70 激光相变硬化过程示意图

163

2. 激光合金化

根据对零件表面性能的要求,选择适当的合金元素涂抹于零件表面,利用高能激光束进行加热,使合金元素和基体表层同时熔化,在表层形成一种新的合金材料。这样,可以在低性能材料上对有较高性能要求的部位进行表面合金化处理,以提高耐磨性、耐腐蚀性、耐冲击性等性能,达到表面改性的目的,如图 5-71 所示,B 为基体材料,A 为添加的合金元素,经激光熔化后形成新的 $A_x B_{1-x}$ 合金层。

激光合金化过程中,合金元素的加入主要有以下两种方式:

一种是在激光处理前,把准备好的合金元素预置在样品或零件的表面上,如图 5-72 所示。

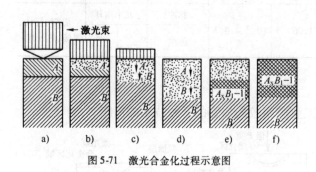

图 5-71　激光合金化过程示意图

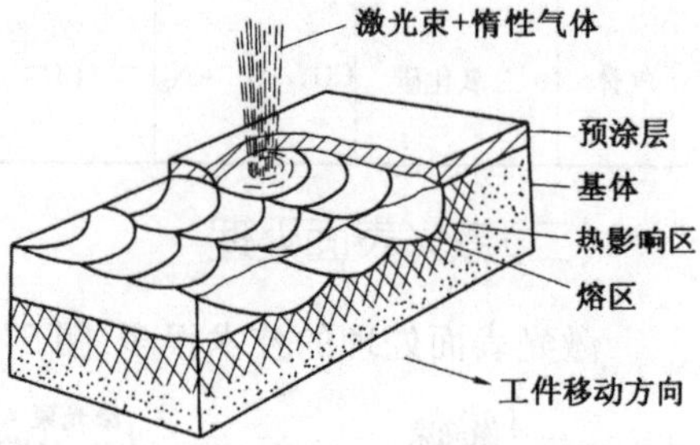

图 5-72　激光表面合金化预涂技术示意图

另一种是在激光对基体表面预熔化的同时,用气流(Ar、He、N_2)把预先配合好的合金粉末喷注在激光熔池内,经熔化、均匀混合、凝固后则形成新的合金表层。

3. 激光表面涂敷

激光表面涂敷将粉末状涂敷材料预先配制好并黏结在需要处理的部位上,用高功率密度的激光加热,使之全部熔化,同时使基体表面微熔;激光束移开后,表面迅速凝结,如图 5-73 所示。涂敷层的性质和基体性质不同,可根据工况条件选配涂敷材料。

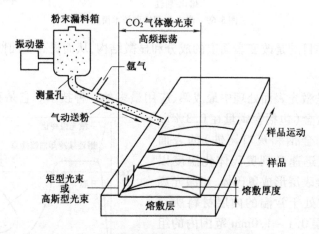

图 5-73　激光熔敷气流送粉技术示意图

激光涂敷的目标主要是提高零件表面的耐磨损、耐热和耐腐蚀性。与热喷涂、电镀等工艺相比较,操作简单、加工周期短、节省材料。例如,在刀具上涂敷碳化钨或碳化钛、阀门上涂敷Co-Ni 合金等,既可满足性能要求,又可节约大量高性能材料。

目前,陶瓷和某种金属粉末混合而进行的涂敷,效果最好。工艺上多采用热喷涂预涂层后激光处理和将配好的陶瓷与金属粉末喷注于激光对金属作用的熔池内,也有采用合金丝进喂熔化法。

4. 激光"非晶态处理"

利用高能激光束使金属表层快速熔化并造成和基体之间很大的温度梯度,激光离去而快速凝固,形成极细乃至超细化的晶体结构或非晶态金属玻璃。这种处理可以减少表层成分偏析,熔合表面存在的缺陷和裂纹,提高零件的强度和焊缝的抗腐蚀性特别有效。如汽车凸轮轴铸件、柴油机缸套外壁,经非晶态处理后使强度和耐蚀性都有明显提高,在改善奥氏体不锈钢焊缝的晶界腐蚀也有明显的效果。

5. 其他

激光反应化学沉积、激光冲击硬化、激光渗碳、渗氮、渗硅、渗硼等许多探索性的研究都在不断地深入,前景良好。

表面处理时激光束在空间运动的控制图,如图 5-74 所示。

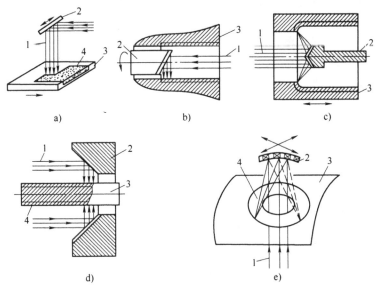

图 5-74 激光表面强化处理的激光束在空间运动的控制图
a)平面;b)孔;c)内端面;d)外圆柱面;e)带中心孔呈曲面
1-光束;2-反射镜;3-零件;4-强化区

四、电火花表面强化技术

电火花表面强化工艺是通过电火花的放电作用把一种导电材料涂敷熔渗到另一种导电材料的表面,从而改变后者表面的性能。如把硬质合金材料涂到用碳素钢制成的各类刀具、量具以及零件表面,可大幅提高其表面硬度(硬度可达 HRC70 ~ 74)、增加耐磨性、耐腐蚀性,提高使用寿命 1 ~ 2 倍。因此,电火花表面强化技术可用于零件的表面强化和磨损部位的修补。

图 5-75 是电火花强化机原理图,它主要由脉冲电源和振动器两部分组成。较简单的脉冲电源采用图中的 CR 弛张式脉冲发生器。其中,直流电源、限流电阻 R 和储能电容器 C 组成充电回路,而电容器 C、电极、工件及其连接线组成放电回路。通常,电极接电容器 C 正极,而工

件接负极。电极与振动器的运动部分相连接,振动的频率由振动器的振动电源频率来决定。振动电源和脉冲电源组成一体,成为设备的电源部分。

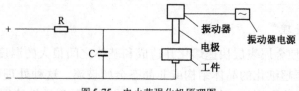

图 5-75　电火花强化机原理图

电火花强化一般是在空气介质中进行,强化过程如图 5-76 所示,图中箭头表示当时电极的运动方向。其中,图 5-76a)表示电极未接触到工件时,强化机直流电源经电阻 R 对储能电容器 C 充电;图 5-76b)表示电极向工件运动而无限接近工件时,间隙击穿而产生火花放电,强化机电容 C 上所储存的能量以脉冲形式瞬时输入火花间隙,形成放电回路通道,这时产生高温,使电极和工件上的局部区域熔化甚至汽化,随之发生电极材料向工件迁移和化学反应过程;图 5-76c)表示电极仍向下运动接触工件,在接触处流过短路电流,使电极和工件的接触部分继续加热;图 5-76d)表示电极以适当的压力压向工件,使熔化了的材料相互熔结、扩散,并形成新合金或化合物;图 5-76e)表示电极离开工件,除了有电极材料熔渗进入工件表层深部以外,还有一部分电极材料涂覆在工件表面。这时,放电回路被断开,电源重新对强化机电容器 C 充电。至此,一次电火花强化过程完成。重复这个充放电过程并移动电极的位置,强化点相互重叠和融合,在工件表面形成一层强化层。

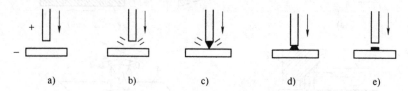

图 5-76　电火花强化过程示意图

金属零件表面之所以能够强化,是由于在脉冲放电作用下,金属表面发生超高速淬火、渗氮、渗碳以及电极材料的转移四个方面的物理化学变化。

电火花表面强化层的金相组织变化、强化层厚度、硬度及耐磨性、耐腐蚀性等均与电极材料、工件材料及强化条件有关。

五、金属材料表面纳米技术

近年来,纳米材料和纳米技术的研究异常活跃,这主要是由于纳米材料具有独特的结构和优异的性能,对纳米材料的研究不但进一步深化了人们对固体材料本质结构特征的认识,也为新一代高性能材料的设计、开发提供了技术基础。

1.纳米材料与纳米技术

纳米(nm)是一种长度计量单位,1nm 是 1m 的 10 亿分之一。纳米材料是由无数超微粒子组成的聚合体。可分为三类:一是纳米微粒,指晶粒尺度为 1～15nm 的超微粒子;二是纳米固体,是由大量超微粒子在保持新鲜表面的情况下,经过加压成型而获得的固体材料;三是纳米薄膜,是直接依靠成膜机制,由在固体表面形成的纳米晶粒组成的膜层。纳米材料具有许多不同于晶态和非晶态材料的崭新物理、力学和化学性质,如高热膨胀率、高强度、高热容、高扩散性、低饱和磁率、高导电性、高硬度和高韧性等。可用作高密度信息处理材料、化学反应中的催化剂,也可用于控制生物反应、制备高效电子元件等。

纳米技术是纳米量级的技术。属于分子原子层次上的加工制作技术。运用纳米技术制作出来的器件和材料有许多优越的特性和功能。如超微型机器人,只有人的头发丝那样粗细,可在人体血管中穿行,清除血管壁上的沉积物和疏通血栓;纳米金属材料能强烈吸收电磁波,可用作隐形飞机吸收雷达波的材料;纳米陶瓷有很高的硬度和韧性,不易破碎等。纳米技术可广泛应用于微电子工业、生物工程、化工、机械制造与维修、医疗器械等科研和生产领域。人类已研制出了微型纳米钳、纳米旋转电机、纳米摇摆电机、容纳单个电子的量子点、微型光调器等,今后出现微电机化坦克、纳米航天飞机、纳米火车等也不会是天方夜谭的神话。

2. 金属材料纳米表面技术的基本原理

金属材料表面上获得纳米结构表层有三种基本方式:表面涂层或沉积、表面自身纳米化和混合方式,如图5-77所示。

(1)表面涂层或沉积。首先制备出具有纳米尺度的颗粒,再将这些颗粒固结在材料的表面,在材料上形成一个与基体化学成分相同(或不同)的纳米结构表层。这种材料的主要特征是:纳米结构表层内的晶粒大小比较均匀,表层与基体之间存在着明显的界面,材料的外形尺寸与处理前相比有所增加,如图5-77a)所示。

许多常规表面涂层和沉积技术都具有开发、应用的潜力,如电镀和电解沉积等。通过工艺参数的调节可以控制纳米结构表层的厚度和纳米晶粒的尺寸。整个工艺过程的关键是,实现表层与基体之间以及表层纳米颗粒之间的牢固结合,并保证表层不发生晶粒长大。

(2)表面自身纳米化。对于多晶材料,采用非平衡处理方法增加材料表面的自由能,使粗晶组织逐渐细化至纳米量级。这种材料的主要特征是:晶粒尺寸沿厚度方向逐渐增大,纳米结构表层与基体之间不存在界面,与处理前相比,材料的外形尺寸基本不变,如图5-77b)所示。

由非平衡过程实现表面纳米化主要有两种方法:表面机械加工处理法和非平衡热力学法,不同方法所采用的工艺技术和由其所导致的纳米化的微观机理均存在着较大的差异。

①表面机械加工处理法:在外加荷载的重复作用下,材料表面的粗晶组织通过不同方向产生的强烈塑性变形而逐渐细化至纳米量级。

典型的表面机械加工处理设备,如图5-78所示。在一个U形容器中放置大量的球形弹丸,容器的上部固定样品,下部与振动发生装置相连,工作时弹丸在容器内部做高速振动运动,并以随机的方向与样品发生碰撞。

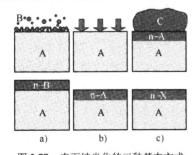

图5-77 表面纳米化的三种基本方式

a)表面涂层或沉积;b)表面自身纳米化;c)混合方式

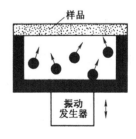

图5-78 表面机械加工处理设备简图

②非平衡热力学法:将材料快速加热,使材料的表面达到熔化或相变温度,再进行急剧冷却,通过动力学控制来提高成核率、抑制晶粒长大速率,可以在材料的表面获得纳米晶组织。

(3)混合方式。将纳米表面技术与化学处理相结合,在纳米结构表层形成时或形成后,对材料进行化学处理,在材料的表层形成与基体成分不同的固溶体或化合物,如图5-77c)所示。由于纳米晶的组织形成,晶界的体积分数明显增大,为原子扩散提供了理想的通道,因此化学处理更容易进行。

3.纳米表面工程与实用纳米表面技术

纳米表面工程是以纳米材料(或其他低维非平衡材料)和纳米加工技术为基础、通过特定的加工技术、组装方法,使材料表面纳米化、纳米结构化或功能化,从而使材料表面得以强化、改性,或赋予表面新功能的系统工程。因纳米表面工程以具有许多特质的低维非平衡材料和纳米加工技术为基础,它的研究和发展将产生具有力、电、热、声、光、磁等性能的低维度、小尺寸、功能化表面。

目前实用的纳米表面技术有:

(1)纳米热喷涂技术。热喷涂技术是表面工程领域中十分重要的技术,在各种新型热喷涂技术(如超音速火焰喷涂、高速电弧喷涂、气体爆燃式喷涂、真空等离子喷涂等)不断涌现的同时,纳米热喷涂技术已成为新的发展方向。热喷涂纳米涂层的组成可分为三类:单一纳米材料涂层体系;两种(或多种)纳米材料构成的复合涂层体系;添加纳米材料的复合体系。

(2)纳米电刷镀技术。电刷镀技术具有设备轻便、工艺灵活、镀覆速度快、镀层种类多等优点,被广泛应用于机械零件表面修复与强化。近年来,纳米级颗粒材料在电刷镀技术中的应用,使复合电刷镀技术在耐磨领域呈现出强大生命力。添加固体微粒为纳米粉时,复合镀层的摩擦学性能有较大改善。如将纳米Si颗粒净化配成浆液加入到Ni-P镀液中制备成Ni-P-Si纳米粒子镀液,纳米Si含量为1g/L时,镀层硬度可达HV600,400℃热处理1h,镀层的硬度可以达到最高值HV900。

(3)纳米添加剂技术。机械部件的磨损,主要发生在边界摩擦和混合摩擦状态下,而润滑油添加剂,特别是摩擦改进剂是降低其摩擦磨损最有效的途径之一。近年出现的新型的添加剂——摩擦修复润滑油添加剂的作用机理是在摩擦条件下,在摩擦表面上沉积、结晶、铺展成膜,使磨损得到一定补偿,并具有一定抗磨减磨作用。如在一定温度、压力、摩擦力作用下,表面产生剧烈摩擦和塑性变形,纳米材料在摩擦表面沉积,并与摩擦表面作用。当摩擦表面的温度高到一定值时,纳米材料粒子强度下降,即与金属表面摩擦的微观颗粒产生共晶,填补表面微观沟谷,从而形成一层具有抗磨减磨作用的修复膜。

(4)纳米固体润滑干膜技术。固体润滑技术是将固态物质涂(镀)于摩擦界面,以降低摩擦、减少磨损的技术。纳米固体润滑干膜通过在干膜粘接剂中添加起润滑和抗磨作用的纳米粒子,能够改善干膜的润滑、耐磨和防腐等性能,同时,还能够适当提高膜层的结合强度,延长膜层的使用寿命,特别在不适合采用液体润滑剂的条件下发挥重要作用。

此外,纳米粘涂与粘接技术,可使粘接效果和密封胶的密封性大大提高;纳米涂料技术可明显提高涂料的耐老化性能、吸收入射雷达波的隐身性能,也可使涂料具有良好的静电屏蔽性能或抗菌性能。

六、其他表面强化技术简介

(一)离子氮碳共渗

离子氮碳共渗可显著提高金属材料表面的耐磨、耐蚀和耐疲劳性能。由于离子氮碳共渗工艺加工温度较低,零件整体变形小,对材料内部组织影响小,所以在零件修复中得到应用。

离子氮碳共渗在辉光离子轰击炉内进行。炉内一般采用丙酮与氨混合气体(丙酮:氨 = 1:9~2:8 为宜)。加热温度一般为(600±20)℃。硬度要求高的零件取较高的温度;要求变形小的零件取较低温度(520~560℃);高速钢刀具宜在540℃以下处理;要求离子氮碳共渗层厚的低碳钢、铸铁及合金钢取较高温度,即620℃左右。含碳及合金元素较高的材料,其渗扩速度较慢,如中高碳钢、中高碳合金钢、高镍铬钢、奥氏体耐热钢等保温时间为4h左右;工具钢保温2h左右;单纯防腐及高速钢刀具保温1h即可。冷却速度是随炉冷却到150~200℃出炉后空冷。

(二)电接触加热表面淬火

电接触加热表面淬火是利用接触电阻来加热工件表面,靠工件自身的热传导或水介质冷却,达到表面局部淬火的目的,其投资少、操作方便。

图5-79 为汽缸套进行电接触加热表面淬火处理情形。两个接在低压大电流电源上的铜制滚轮,与缸套内表面接触(相当于短路)产生接触电阻,由焦耳定律 $Q = 0.24I^2Rt$ 可知,在接触电阻处有较大的电能转化成热能,当温度达到 900~1 000℃时,缸套表面接触处金属的奥氏体相变转化,在铜制滚轮离去的同时,通过冷却液(最好采用皂化液)的快速冷却而产生相变硬化,生成组织细密的马氏体,在缸套内表面上均匀地留下淬硬的耐磨条纹。淬硬条纹的形状和排列密度,可通过选用不同凸缘形状的铜制滚轮及对淬火机床进给系统的参数调整予以选择。

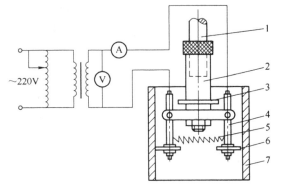

图5-79 汽缸套电接触加热表面淬火装置示意图
1-机床主轴;2-轴套;3-滚轮轴开闭凸轮;4-滚轮轴;5-弹簧;6-铜制滚轮;7-缸套

经电接触加热表面处理的缸套其耐磨性大大地提高,表5-37 为淬火缸套与未淬火缸套的台架快磨(采用 MT 碳化硅磨料)试验对比情况。

汽缸套的台架快磨试验对比 表5-37

磨损量(mm) ╲ 磨合时间(h)	6	14	20	27.5	34.5	41.5	48.5	54	60
淬火缸套	0	0	0	0.01	0.015	0.028	0.05	0.06	0.07
未淬火缸套	0	0.01	0.018	0.054	0.06	0.09	0.128	0.135	0.145

第八节　零件修复技术的选择与工艺规程的制定

对于某种零件的修复,可能因损伤的原因不同有多种方法。即使是同一种零件,同一种原因造成零件的损伤,也可能有多种方法可进行修复。但究竟哪一种最适宜,就需合理地比较与选择。

一、零件修复方法选择的原则

选择修复零件的方法的原则是:选定的修复方法所修出的零件必须满足使用要求,在质量上是可靠的;在经济上是合算的;技术上是先进的;工艺上是合理的。此外,还应考虑各种修复方法的修复层厚度、性能;零件本身结构、形状、尺寸和热处理对修复的影响;零件的磨损情况、工作条件对修复的要求等。

二、选择修复工艺时应考虑的因素

(1)应充分考虑零件的工作条件(工作温度、润滑条件、荷载及配合特性等)及其对修复部位的技术要求等。

机械零件的工作条件包括承受的荷载、温度、运动速度、工作面间的介质等,选择修复工艺时应考虑其必须满足机械零件工作条件的要求。例如,所选择的修复工艺使零件受热多温度高,则会使机械零件退火,原表面热处理性能被破坏,热变形及热应力均增加,材料力学性能下降。

机械零件工作条件不同,所采用的修复工艺也应不同。如在滚动配合条件下工作的机械零件两表面,承受的接触应力较高,则只有镀铬工艺、喷焊、堆焊等工艺可以胜任。

(2)对具有多种不同性质损伤的零件,不仅应考虑修复方法对每一种损伤的合理性,而且应考虑零件整体修理工艺方案的合理性,这是零件修复的同一性原则。

同一性原则即是对一个零件不同的损坏部位所选用的修复方法应尽可能少。因为对同一个零件来说,修复方法选择越多,零件的往复周转越多,工艺流程越长,将增加修复工时和修复成本。

(3)应考虑经济合理性。在保证零件的工作条件和技术要求的前提下,选择修复方法还要考虑修复的技术经济性,应尽可能选用修复成本低而使用寿命长的修复方法。

衡量零件修复的技术经济性,在通常情况下要满足下面的公式:

$$C_b \leq kC_H \tag{5-5}$$

式中: C_b——零件修复成本;

C_H——新品零件成本;

k——耐久性系数(零件修复后的使用寿命与新品零件寿命之比)。

如果用 T_b、T_H 分别代表修复件和新品件的寿命,式(5-5)可写成:

$$C_b/C_H \leq T_b/T_H \tag{5-6}$$

该式表明,对于某一零件来说,C_b/C_H 越小,T_b/T_H 越大,则零件修复的经济价值就越大。因此应当通过合理地选择修复方法,改善修复工作中的组织管理,降低修复成本;通过改进工艺,提高零件的使用寿命,来提高零件修复的技术经济性。

当然,经济合理性不能只从一个零件上考虑,要有全局观点。在配件供应不足的情况下,为了缩短维修期,提高机械完好率,有些零件的修复明知经济上不合理,也要积极修复,以免因待料造成更大的损失。

(4)应考虑零件修复后的耐用性。以成本最低为原则来选取修复工艺是不全面的,还应着重考虑零件修复后的使用寿命。评价零件修复方法的重要原则之一是零件修复后的耐用性,即零件的使用寿命。耐用性系数可定量地表示使用寿命,它表示修复后的零件使用寿命与新品零件寿命的比值。一个修复件的寿命至少要达到新件的80%,否则把它装在总成里变成一个不可靠的零件是不合算的。对一些拆卸困难或其使用寿命决定整个总成使用寿命的重要零件其修复的使用寿命要求最少与新品一样。

零件的修复质量也可用修复零件的耐用性指标评价。修复零件的耐用性指标是与修复层的物理机械性能以及它对基体金属的影响程度有关。修复件丧失工作能力的基本原因是由于修复层与基体金属结合强度不够、耐磨性不好,零件疲劳强度降低过多所引起的。因此一般情况下修复零件的质量主要取决于这三个指标。各种工艺在一般条件下达到的修复层强度相差很大。表5-38列出几种修理工艺所得到的修复层本身强度,修复层与45号钢的结合强度以及疲劳强度降低的百分数和修复后的硬度,可供选择工艺时参考。

几种修复层的力学性能 表 5-38

序号	修补工艺	修复层本身抗拉强度(MPa)	修复层与45钢的结合强度(MPa)	零件修复后疲劳强度降低的百分数(%)	硬度
1	镀铬	400~600	300	25~30	HV600~1000
2	低温镀铁		450	25~30	HRC45~65
3	焊条电弧堆焊	300~450	300~450	36~40	HBS210~420
4	埋弧电弧堆焊	350~500	350~500	36~40	HBS170~200
5	振动电弧堆焊	620	560	与45钢相近	HRC25~60
6	银钎焊(银的质量分数是45%)	400	400		
7	铜钎焊	287	287		
8	锰青铜钎焊	350~450	350~450		HBS217
9	金属热喷涂	80~110	40~95	45~50	HBS200~240
10	环氧树脂粘补		热粘 20~40 冷粘 10~20		HBS80~120

①修补层的结合强度。结合强度是评定修复层质量的基本指标,如修复层的结合强度不够,在使用中会产生脱皮、滑圈,即使其他方面的性能再好也是没有意义的。结合强度按受力情况可分为:抗拉、抗剪及抗扭转、抗剥离等。其中,抗拉结合强度能比较真实地反应修复层与基体金属的结合力。

②修复层的耐磨性。对于因磨损失效的工程机械零件,常选用堆焊、热喷涂、电镀或电刷镀等修复方法来修复,这时评价修复零件的使用寿命常用相对耐磨性,即

$$\varepsilon = \frac{W_{新}}{W_{修}} \tag{5-7}$$

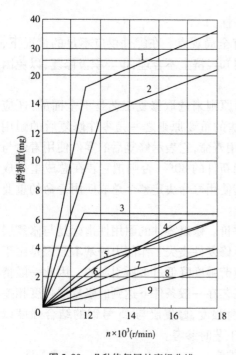

图 5-80　几种修复层的磨损曲线

1-45 号钢,正常化;2-手工电弧焊,普通焊条;3-热喷涂;4-手工电弧焊,耐磨焊条;5-镀铁(80℃以上);6-埋弧焊;7-45 号钢高频淬火;8-振动堆焊;9-镀铬

式中: $W_{新}$——新品零件的磨损速率;

　　　$W_{修}$——修复零件的磨损速率。

ε 越大,其使用寿命越长。如国内某单位用等离子喷涂修复某重载履带机械零件,其耐磨性大为提高,为新品件的 $1.4 \sim 8.3$ 倍,其意思就是指其相对耐磨性。修复层的耐磨性也常用单位行程的磨损量评价。图 5-80 为几种修复层的磨合性磨损曲线,是在磨损试验机上的试验结果。

③修复层对零件疲劳强度的影响。工程机械上的许多零件都是在交变荷载及冲击荷载下工作的。因此,修复层对零件疲劳强度的影响是零件修复质量的一个重要考核指标。

零件修复中,由于零件的材料、结构、尺寸不同,修复规范不同,修复层对零件疲劳强度的影响要比上述试验复杂得多。只有通过修复零件的实际使用,才能获得准确的结论。

(5)应考虑修复工艺对零件材质的适应性。由于每一种修复工艺都有其适应的材质。所以,在选择修复工艺时,应注意考虑待修复机械零件的材质对修复工艺的适应性。如热喷涂工艺在零件材质上的适用范围较宽,金属零件、碳钢、合金钢、铸铁和绝大部分有色金属及它们的合金等几乎都能喷涂,但少数有色金属及其合金喷涂比较困难,如紫铜及以钨、钼为主要成分的材料。

表 5-39 为一些修复工艺对常用材料的适应性,可在修复零件时参考。

各种修复工艺对常用材料的适应性　　　　　　表 5-39

序号	修理工艺	低碳钢	中碳钢	高碳钢	合金结构钢	不锈钢	灰铸铁	铜合金	铝
1	镀铬	+	+	+	-	-	+		
2	镀铁	+	+	+	+	+	+		
3	气焊	+	+		+		-		
4	焊条电弧堆焊	+	+	-	+	+			
5	埋弧电弧堆焊	+	+		+				
6	振动电弧堆焊	+	+	+	+	+			
7	钎焊	+	+	+	+	+	+	+	-
8	金属喷涂	+	+	+	+	+	+	+	+
9	粘接	+	+	+	+	+	+	+	+
10	塑性变形	+	+					+	+
11	金属扣合						+		

注:" + "为修复效果好," - "为修复效果不好。

(6)应考虑各种修复工艺能达到的修复厚度。各种零件由于磨损程度不同,修复时要补偿的修复层厚度也各有所异。因此,必须掌握各种修复工艺所能达到的修复层厚度。表5-40是几种常用修复工艺能达到的修复层厚度。

几种常用修复工艺能达到的修复层厚度   表5-40

修 复 工 艺	修复层厚度(mm)	修 复 工 艺	修复层厚度(mm)
镀铬	0.05 ~ 1.0	手工电弧堆焊	0.1 ~ 3.0
低温镀铁	0.1 ~ 5.0	振动堆焊	0.5 ~ 3.0
镀铜	0.1 ~ 5.0	埋弧堆焊	0.5 ~ 20.0
电刷镀	0.001 ~ 2.0	等离子弧堆焊	0.5 ~ 5.0
氧乙炔火焰喷涂	0.05 ~ 2.0	氧乙炔火焰喷焊	0.5 ~ 5.0
金属热喷涂	0.1 ~ 3.0	钎焊	0.03 ~ 5.0
粘接	0.05 ~ 3.0		

(7)应考虑零件构造对工艺选择的影响。零件本身的尺寸结构和热处理特性限制了某些工艺的采用。如直径较小的零件用埋弧堆焊和金属热喷涂修复就不合适;平面用喷涂法修复其结合强度很低等。

(8)要考虑修复工艺过程对零件物理性能的影响。修复层的物理性质,如硬度、加工性、耐磨性及密实性等,在选择工艺时必须考虑。如硬度高,则加工困难;硬度低,在一般情况下,磨损较快;硬度不均,加工表面不光滑。

在修理过程中还应注意,工艺过程对修理零件的精度及物理性能有不同的影响。大部分零件在修复过程中,温度都比常温高。电镀、金属喷涂、振动电弧堆焊等工艺过程,零件温度低于100℃,对零件渗碳层及淬硬组织几乎没有影响,零件因受热而产生的变形很小。填充金属与被焊金属熔合的堆焊法,如电弧焊、铸铁焊条气焊等,由于零件要受到高温,热影响区内金属组织及机械性质发生变化,故只适用于焊修后加工整形的零件、未硬化的零件及堆焊后进行热处理的零件。

(9)要考虑到下次修复的便利。多数机械零件不只是修一次,因此要考虑照顾到下次修复的便利。例如,专业修理厂在修复机械零件时应采用标准修理尺寸法及其相应的工艺,而不宜采用非标准修理尺寸法,以免给送修单位再修复时造成互换性及配件等方面的不方便。

(10)要考虑生产的可能性。选择修复工艺时,还要注意本单位现有的生产条件、修复技术水平、协作环境,考虑修复工艺的可行性。同时,努力创造条件,不断更新现有的修复技术,推广和采用先进的修复工艺。

总之,选择修复工艺时,不能只从一个方面考虑问题,而应综合分析比较,从中确定最优方案,直至做到工艺上合理、经济上合算、生产上可行,技术上先进。

几种主要修复工艺的优缺点及应用范围见表5-41,对几种主要修复工艺进行了归纳和比较,以便在实践中合理选择。

几种修复工艺的优缺点及应用范围   表 5-41

修复工艺		优　点	缺　点	应用范围
镶套法		可恢复零件的名义尺寸,修复质量较好	降低零件强度,加工较复杂,精度要求较高,成本较高	适用于磨损量较大零件,如汽缸、壳体、轴承孔、轴颈等部位
修理尺寸法		工艺简单,修复质量好,生产率高,成本较低	改变了零件尺寸和质量,需供应相应尺寸的相配件,配合关系复杂,零件互换性差	发动机上重要配合件,如汽缸和活塞、曲轴和轴瓦、凸轮轴和轴套、活塞销和铜套等
压力加工法		不需要附加的金属消耗,不需要特殊设备,成本较低,修复质量较高	修复次数不能过多,劳动强度较大,有些零件结构限制此工艺应用,强度有所降低	适用于设计时留有一定的"储备金属",以补偿磨损的零件,如气门、活塞销、铜套等
金属热喷涂	金属线材喷涂	生产率较高,涂层耐磨性较好,热影响极小,零件基本上不变形	结合强度低,涂层本身强度较低,金属丝利用率较低,疲劳强度降低	适用于要求结合强度不高的轴类零件,也可喷涂修复直径较大的内孔,主要用于曲轴修复
	氧乙炔焰粉末喷涂	设备和工艺较简单,涂层质量和耐磨性能主要决定于粉末质量,热影响较小,基本不变形,生产率较高	对金属粉末的粒度和质量要求较严,粉末的价格较贵,结合强度较低	适用于修复各种要求结合强度不高的磨损部位,也可修复内孔,如曲轴、缸套等
	等离子粉末喷涂	弧焰温度高、气流速度大、惰性气体保护、涂层质量高、耐磨性能好、结合强度较高,热影响较小,生产率较高	设备和工艺较复杂,粉末成本高,惰性气体供应点少,对安全保护要求较严,推广受到一定限制	适用于修复各种零件的耐磨、耐蚀表面,如轴颈、轴孔、缸套等,有广阔的发展前途
堆焊	手工电弧堆焊	设备简单,适应性强,灵活机动,采用耐磨合金堆焊能获得高质量的堆焊层,可补焊铸铁	生产率低,劳动强度大,变形大,加工余量大,成本较高,修复质量主要取决于焊条和工人的技术水平	用于磨损表面的堆焊及自动堆焊难以施焊的表面或没有自动堆焊的情况下,适用范围广
	振动堆焊	热影响小,变形小,结合强度较高,可获得需要的硬度,焊后不需热处理,工艺较简单,生产率高、成本低	疲劳强度较低,硬度不均匀,易出现气孔和裂纹,噪声较大,飞溅较多,需保持气体供应系统	机械设备的大部分圆柱形零件都能堆焊,可焊内孔、花键、螺纹等
	埋弧堆焊	质量好,力学性能较高、气孔、裂纹等缺陷较少,热影响小,变形较小,生产率高,成本低	需要专用焊丝(低碳、锰硅含量高),飞溅较少,设备较复杂,需焊剂保护	应用较广,可堆焊各种轴颈、内孔,尤其是适用堆焊平面,铸铁件等
	等离子弧堆焊	弧柱温度高,热量集中,可堆熔难熔金属,零件变形小,堆焊质量好,耐磨性能好,延长零件使用寿命,可节约贵重金属	设备较复杂,粉末堆焊时,制粉工艺较复杂,需惰性气体,对安全保护要求较严	用于耐磨损、耐高温、耐腐蚀及其他有特殊性能要求的表面堆焊,如气门和重要的轴类零件等
氧乙炔火焰喷焊		在氧乙炔焰喷涂的基础上增加了重熔工艺,结合强度较高,工艺较简单、灵活	热影响较大,零件易变形,对金属粉末质量要求较严,粉末熔点低于 1 100℃	适用于修复较小的零件,如气门、油泵凸轮轴等

修复工艺		优　点	缺　点	应用范围
电镀	镀铬	镀层强度高、耐磨性好、结合强度较高,质量好,无热影响	工艺较复杂,生产率低,成本高,沉积速度较慢,镀层厚度有限制,污染严重,对安全保护要求严格	适用于修复质量较高,耐磨损和修复尺寸不大的精密零件,如轴承、柱塞、活塞销等
	镀铁	镀层沉积速度高,电流效率高,耐磨性能好,结合强度较高,无热影响,生产率高	工艺较复杂,对合金钢零件结合强度不稳定,镀层的耐腐蚀、耐高温性能差	适于修复各种过盈配合零件和一般的轴颈及内孔,如曲轴等
	电刷镀	基体金属性质不受影响,不变形,不用镀槽,设备轻便、简单,零件尺寸不受限制,工艺灵活,操作方便,镀后不需加工,生产率高	不适宜大面积、大厚度、低性能的镀层,更不适于大批量生产	适用于小面积,薄厚度,高性能镀层,局部不解体,现场维修,修补槽镀产品的缺陷,各种轴类、机体、模具、轴承、键槽、密封表面等修复
粘接		工艺简单易行,不需复杂设备,适用性强,修复质量好,无热影响,节约金属,成本低,易推广	粘接强度和耐高温性能尚不够理想,工艺严格,工艺过程复杂	适用于粘补壳体零件的裂纹,离合器片,密封堵漏,代替过盈配合,防松紧固。应用范围广

三、选择零件修复工艺的方法与步骤

根据选择修复工艺的基本原则,确定零件修复工艺的方法和步骤如下:

(1)首先要了解和掌握待修复机械零件的操作形式、损坏部位及程度;机械零件的材质、热处理、物理—力学性能和技术条件;机械零件在机械设备上的功能和工作条件。

(2)明确零件修复的技术要求。

(3)根据本单位的修复工艺装备状况、技术水平和经验按照选择修复工艺的基本原则,对待修机械零件的各个损伤部位选择相应的修复工艺。如果待修机械零件只有一个损伤部位,则到此就完成了修复工艺的选择过程。

(4)全面权衡整个机械零件各损伤部位的修复工艺方案。一个需全面修复的机械零件往往同时存在多处损伤,且各部位的损伤程度不一,在确定机械零件各单个损伤的修复工艺之后,就应当加以综合权衡,确定其全面修复的方案。为此,必须按照下述原则合并某些部位的修复工艺:同一性原则;避免各修复工艺之间的相互不良影响(例如热影响);尽量采用简便而又能保证质量的工艺。

(5)择优确定一个修复工艺方案。当待修机械零件的全面修复工艺方案有多个时,根据零件各损坏部位的情况和修复工艺的适用范围,以及修复工艺选择的原则,择优选定其中一个方案作为最后采纳的方案。

(6)制订修复工艺规程。修复方案确定后,按一定原则拟定先后顺序,提出各工步中的技术要求、工艺规范要求,所用设备、工具、夹具、量具及其他辅助工具(用具)等,形成修复工艺规程。这时,应注意以下问题。

①合理编排顺序。应该做到:变形较大的工序应排在前面,如电镀、喷涂等工艺,一般在压力加工和堆焊修复后进行;零件各部位的修复工艺相同时,应安排在同一工序中进行;精度和表面质量要求高的工序应排在最后。

②保证精度要求。尽量使用零件在设计和制造时的基准；原设计和制造的基准被破坏，必须安排对基准面进行检查和修正的工序；当零件有重要的精加工表面不修复，且在修复过程中不会变形，可选该表面为基准；各修复表面的粗糙度及其他形位公差应符合新件的标准。

③保证足够强度。零件的内部缺陷会降低零件的疲劳强度，因此对重要零件在修复前后都要安排探伤工序；对重要零件要提出新的技术要求，如加大过渡圆角半径、提高表面质量、进行表面强化等，防止出现疲劳断裂。

④安排平衡试验工序。为保证高速运动零件的平衡，必须规定平衡试验工序。例如曲轴修复后应做动平衡试验。

⑤保证适当硬度。必须保证零件的配合表面具有适当的硬度，绝不能为便于加工而降低修复表面的硬度；也要考虑某些热加工修复工艺会破坏不加工表面的热处理性能而降低硬度。应该做到：保护不加工表面的热处理部分；最好选用不需热处理就能得到高硬度的工艺，如镀铬、镀铁、等离子喷焊、氧乙炔火焰喷焊等；当修复加工后必须进行热处理时，尽量采用高频淬火。

在零件修复工艺规程编制过程中，一定要把影响零件修复质量的有关因素写清楚，对一些关键问题应做出明确的规定，严把质量关。对一些不重要的操作方法不要规定太死，以便操作者能根据自己的经验和习惯灵活掌握。

第九节　再制造工程

再制造工程是以产品全寿命周期设计和管理为指导，以优质、高效、节能、节材、环保为目标，以先进表面技术、复合表面技术等多种高新技术和产业化生产为手段，以严格的产品质量管理和市场管理模式为保证，对废旧产品进行修复和改造等一系列技术措施和工程活动的总称。

再制造工程是解决资源浪费、环境污染的一种有效方法和途径，是符合国家可持续发展战略的一项系统工程。再制造工程技术属绿色先进制造技术，是对先进制造技术的补充和发展。报废产品的再制造是其产品全寿命周期管理的延伸和创新，它能成倍乃至多倍地延长产品的使用寿命，能充分利用废旧产品中可利用的价值。再制造产业是可带来新的经济增长点的新兴产业。

一、基本概念

狭义地说，再制造是产品报废后对其重新加工形成可用产品的过程，这种可用产品包括加工处理后的原材料，也包括不破坏基本成型经过再加工后性能良好的零部件。开展再制造研究的目的就是改变机械设备报废后的处理方式，使后者尽量增多。广义地说，再制造是指产品设计、制造并投入使用后，为使其保持、恢复可用状态或加以重新利用所采取的一系列技术措施或工程活动，包括对产品的：

(1)修复。通过测试、拆修、换件、局部加工等，恢复产品的规定状态或完成规定功能的能力。

(2)改装。通过局部修改产品设计或连接、局部制造等，使产品适合于不同的使用环境或条件。

（3）改进或改型。通过局部修改和制造特别是引进新技术等，使产品使用性能与技术性能得到提高，适应使用或技术发展的需要，延长其使用寿命。

（4）回收利用。通过对废旧产品进行测试、分类、拆卸、加工等使产品或其零部件、原材料得到再利用。

再制造的对象，即再制造中所指的"产品"或"资产"是广义的，它可以是设备、系统、设施，也可以是其零部件、原材料；它既可以是硬件，也可以是软件。再制造产品既包括质量与性能等同或高于原产品的复制品，也包括改造升级的换代产品。

再制造在产品寿命周期中的地位和作用可用图 5-81 粗略地表示。传统的产品寿命周期是"从研制到坟墓"，即产品使用到报废为止，其物流是一个开环系统。而理想的绿色产品寿命周期是"从研究到再生"，其物流是一个闭环系统。废旧产品经分解、鉴定后可分为四类：可继续使用的；通过再制造加工可修复或改进的；因目前无法修复或经济上不合算而通过再循环变成原材料的；目前只能做环保处理的。其中，部分废旧产品经再制造制成合格产品重新投入使用，开始了新的生命周期；而另一部分则经过回炉冶炼等再循环处理变成了原材料。再制造的目标是要尽量加大前两者的比例，即尽量加大废旧零部件的回用次数和回用率，尽量减少再循环和环保处理部分的比例，以便最大限度地利用废旧产品中可利用的资源，延长产品的生命周期，最大限度地减少对环境的污染。

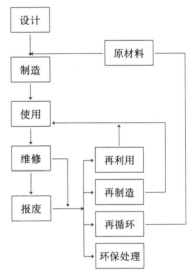

图 5-81　再制造工程在产品全寿命周期中的位置

二、再制造工程的组成

再制造工程包含的内容十分广泛，涉及机械工程、材料科学与工程、维修工程、力学、计算机科学与工程、控制科学与工程、环境科学与工程等多种学科的知识和研究成果。可以说它是通过多学科综合、交叉、复合并系统化后而正在形成中的一个新兴学科。再制造工程可概括为由图 5-82 所示的四个部分组成。

三、再制造工程关键技术简介

再制造工程技术包含的技术种类非常广泛。

1.表面技术和复合表面技术

表面技术和复合表面技术主要用来修复和强化废旧零件的失效表面，是实施再制造的主要技术。运用单一表面技术在某些苛刻工况下很难满足要求，往往需要与其他表面技术加以复合，形成具有不同功能性的多元多层复合涂覆层，以提高再制造产品的性能和功能。它包括：对功能梯度材料（FGM）覆层的组成和结构进行优化；开发热喷涂、电刷镀、气相沉积等工艺制备 FGM 覆层的技术；研究金属/金属间化合物/陶瓷等 FGM 涂层性能。复合表面工程技术，即将两种或多种先进表面技术有机复合，利用它们之间的协同效应，获得单一覆层技术无法获得的效果。应用物理气相沉积、化学气相沉积和高能束辅助沉积在再制造毛坯上形成超硬膜。研究隐身、热障、降噪、防滑和防辐射等特殊功能覆层的作用机理及制备技术;覆层与基体之间的结合以及覆层功能的时效与失效。开发不同产品的特殊功能涂层技术,实现产品的高技术改造。

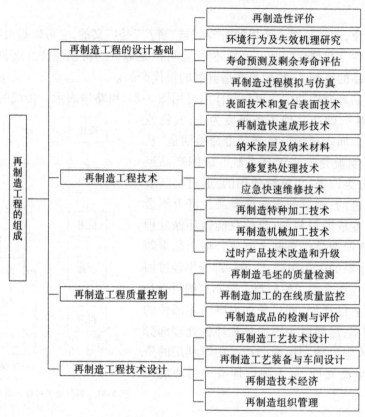

图 5-82　再制造工程的学科结构

由于废旧零部件的磨损和腐蚀等失效主要发生在表面,因而各种各样的表面涂敷和改性技术应用得最多。

2. 再制造毛坯快速成形技术

再制造毛坯快速成形技术,是利用原有废旧的零件作为再制造零件毛坯,根据离散/堆积成形原理,利用 CAD 零件模型所确定的几何信息,采用积分的原理和激光同轴扫描技术进行金属的熔融堆积,快速成型。

3. 纳米涂层及纳米减摩自修复技术

纳米涂层及纳米表面自修复材料和技术是以纳米粉体材料为基础,通过特定的工艺手段,对固体的表面进行强化、改性,或者赋予表面新功能,或者对损伤的表面进行自修复。

4. 修复热处理技术

修复热处理技术是解决长期运转的大型设备零部件内部损伤问题的再制造技术之一。有些重要零部件(如发动机曲轴等)制造过程耗资巨大,价格昂贵,在其失效后往往只是用作炼钢废料回收,浪费严重。修复热处理技术是在允许受热变形范围内通过恢复内部显微组织结构来恢复零部件整体使用性能,如采用重新奥氏体化并辅以适当的冷却使显微组织得以恢复,采用合理的重新回火使绝大部分已有微裂纹被碳化物颗粒通过"搭桥"而自愈合等。

5.应急快速维修技术

高科技条件下的生产线协同运行等作业方式压缩了损伤机械修理时间和空间,应急快速维修的地位和作用也变得更为重要。采用先进技术快速修复损伤的机械,使其迅速恢复生产力,是高科技条件下的生产对应急维修的要求,也是机械再制造的重要研究方向。它包括:研究机械突发故障规律,建立应急维修专家系统。开发适应于高低温、高负荷、强辐射等苛刻条件下使用的耐磨、防腐化学粘涂材料(复合型粘接剂、纳米粘接剂、特种功能粘接剂);研究粘接涂层的衰变性能;研究快速固化机理和技术,如紫外线固化、微波固化技术等;重点开发适用于突发损伤的粘接、冷焊、堵漏等应急快速抢修技术。研究提高野外施工作业应急机动保障能力关键技术,开发通用化、小型化、标准化、智能化、数字化的抢修配套工具和仪器,开发多种现场抢修车。

6.过时产品的性能升级技术

为延长废旧产品及零部件的技术寿命和经济寿命,要适时对过时的产品进行技术改造,用高新技术装备过时产品,实现技术升级。过时产品的性能升级技术不仅包括通过再制造使产品强化、延长使用寿命的各种方法,而且包括产品使用后的改装设计,特别是引进高新技术使产品性能升级的各种方法。

第六章

典型零件的修复

现代工程机械种类较多、功能各异,而且结构日趋复杂。我们不可能对每种机械每个零件的修复加以详细介绍,因为这样既不现实又无必要,但通过对一些具有普遍性的典型零件的修复方法的分析与介绍,可使我们掌握工程机械零件修复的基础理论、基本思路、基本方法、基本工艺以及零件检验的知识与方法。

第一节　基础件的修复

基础件是指以它为基础开始装配其他各种零件、合件、组合件以及总成的零件,工程机械中的发动机汽缸体、变速器壳体、后桥壳以及机架等都是基础件。

基础件的构造通常比较复杂,形位公差要求高,其本身精度的高低,直接影响到总成装配质量和工作性能。正常情况下,机械在使用过程中,这些基础件的变形和磨损不是太大,但其变形和磨损只要使零件失去了它们原来的精度要求,就会严重影响总成装配质量。因此,在大修时要对基础件进行仔细检查,进行必要的维修,使其恢复原有精度,保证修理质量。

一、基础件常见的缺陷及产生的原因

工程机械上的基础件,经使用后常常发生变形、配合表面磨损、螺栓孔损坏以及产生裂纹等缺陷。

（一）变形

基础零件的变形，大多由于零件在工作中承受着较复杂的交变荷载、工作或修理中使零件受热不均而产生了热应力、零件中存在有较大的残余应力、设计强度不够引起塑性变形、零部件布置及使用不合理等因素所引起。如发动机缸体因发动机的转速及平均有效压力的提高，曲柄连杆组的惯性力亦将增大，缸体各横隔壁处及轴承盖承受较大的横向和竖向动荷载，周期性变化的燃气压力和高速运动的曲柄连杆机构惯性力的合力引起缸体主轴承座孔变形；修理中轴承与轴颈的间隙配合不当，活塞连杆组相互质量差过大，各缸工作压力不均等会使缸体承受额外的应力，引起变形；轴承与座孔贴紧度不够或过大，在使用中发生过烧瓦抱轴，也会引起主轴承座孔变形；汽缸体的壁厚薄差较大，结构复杂，与高温燃气接触的表面与远离燃气的部位以及与空气或冷却水接触的表面的温差很大，引起很大的应力，易产生变形。修理中对水套各部位的泥污、水垢，油腻清除不净；装配中各水道接口处密封垫通孔大小不合适，阻碍冷却水循环，使发动机经常在过热状态下运转；过热的发动机急速停机或更换冷却水；冬季当发动机还处于温度很高的状态下急速停机，并在停机后立即将水放掉；在冬季采用先发动后再加冷却水的起动方法等，所有这些都会产生过大的热应力而使汽缸体产生变形，甚至会出现裂纹。

（二）裂纹

基础件产生裂纹这种情况在机械修理中经常会遇到。

基础件产生裂纹，在修理质量方面的原因，主要是在作业中未能严格执行修理技术规范或修理方法选择不当，散热不足和局部过热也易造成裂纹产生。在使用方面的原因，则主要是未能合理使用机械，使机械早期损坏，甚至造成严重的事故性损坏，如发动机起动后即高速大负荷工作，或长期超速超负荷运转，会使发动机局部过热而产生热裂现象；在冬季使用机械后没有及时放水而导致冻裂；重要螺栓松动未及时检查，导致某些运动件在工作中突然断裂或破碎，均可对基础件造成严重的损坏。

机架裂纹的原因主要是：设计不合理、断面尺寸不够、受不正常负荷作用，如冲击荷载、连接松动引起的额外负荷等。台车架是受力沉重的机件之一，在受力严重的部位易产生裂纹或焊接开裂，如图6-1所示。台车架裂纹易引起变形，并加速"四轮一带"的磨损。

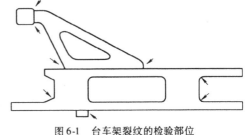

图6-1　台车架裂纹的检验部位

（三）轴承座孔、安装面及其他配合表面的磨损

基础件的磨损一般发生在轴承座孔。轴承与轴承座孔配合不当，可使轴承背面与轴承座孔发生微量的相对运动，或因烧瓦抱轴使轴与轴承同时转而发生对座孔的磨损。机械在大负荷工况下长时间运转，使轴承背面与轴承座孔的摩擦自锁力小于轴运转时产生的切向力，极易造成轴承座孔磨损，也易造成烧瓦抱轴。

台车架安装面与配合表面的磨损主要发生在以下几个部位：斜撑轴承孔由于台车架相对于机架上下摆动而与半轴间产生摩擦磨损，配合间隙增大，易破坏台车梁与半轴的垂直度；与端轴承定位销配合孔当螺纹连接松动时也易产生磨损；前叉口上下滑动面及左右外侧滑动面

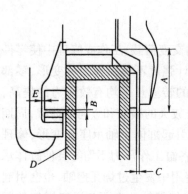

图 6-2　台车架前部配合间隙

因工作中导向轮在变化的阻力作用下产生前后滑动而磨损，磨损后下滑动面与勾板间及导向轮轴端盖板与叉口侧滑动板间间隙将增大，如图 6-2 中 B 及 C。图中 D 为台车架，B 一般允许增大至 6mm，C 允许增大至 3mm。

（四）螺栓孔的损坏

基础件上螺栓孔的损坏多数是由于装配不当造成的。如螺栓装配时孔内未清除干净，存在油污或水，拧紧螺栓时密闭的油污或水产生较高的压力，使螺栓紧固困难，不易压紧，同时极易造成螺孔四周因受螺栓的拉力作用凸起，严重时造成螺纹的损坏。螺栓孔中的油污或水在工作时因基础件的温度升高，还会引起膨胀，造成螺栓跳动，发生龟裂。双头螺栓拧入深度不足，紧固螺栓连帽带杆一并旋进以及紧固时用力不当等，都易造成螺纹孔的损坏。

二、基础件缺陷的检查与修复

对基础件的检查，一般应注意轴承座孔的磨损、基础件形位偏差的测量，以及观察有无裂纹和螺栓孔有无损坏。

（一）轴承座孔的检测与修复

在一般情况下，基础件的轴承座孔变形和磨损都比较小，但承受较大荷载的基础件产生的变形或由于轴承配合安装不当引起座孔的变形及磨损仍是经常发生的。

轴承座孔可用内径百分表测量其圆度和圆柱度，对在同一轴线上的多道轴承座孔，可将特制的标准检查杆(也可用镗瓦机镗杆)放入轴承座孔，再用厚薄规塞入缝隙，测量各道轴承座孔的同轴度，也可用图 6-3 所示仪器进行测量。

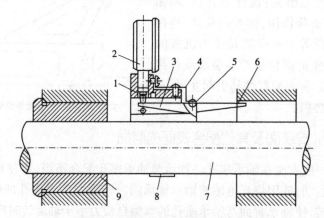

图 6-3　曲轴轴承座孔同轴度误差检验
1-本体；2-百分表；3-等臂杠杆；4-压簧片；5-轴销；6-钢球；7-芯轴；8-卡簧；9-定心套

如变形或磨损超过技术要求，则应进行镗削修整，修整后轴承座孔直径的增大值，应等于**轴承背镀层的厚度**，如轴承孔变形或磨损量不大，可用加厚合金轴承进行一次安装镗削，以弥补其变形量。轴承座孔的修复还可以用环氧树脂粘接剂修整。该工艺的特点是用与轴承座孔相同的标准心轴作为工具,对敷在变形座孔中还设有完全硬化的粘接剂冷挤压,从而获得标准的轴承座孔,所用环氧树脂粘接剂应具有较好的物理力学性能。这种方法适用于修整其中有两道轴承孔没有变形的缸体。也可用镶套法、槽外低温镀铁、电刷镀等方法修复。

(二)基础件形位偏差的测量及缺陷修整

基础件的构造一般比较复杂,形位公差要求高,修理加工时首先要考虑影响总成运转关键且直接影响修理质量的那些表面及主要轴线,恢复它们本身的精度,以及如何保证它们与其他各面及主要轴线之间的位置公差。

基础件形位公差的测量主要内容:重要平面的平面度;主要轴线的同轴度;轴线之间平面之间、轴线与平面之间的平行度、垂直度。我们以壳体基础件为例,介绍部分检测内容及方法。

1.形位偏差测量

1)曲轴轴承座孔与凸轮轴轴承座孔中心线平行度的检验

曲轴轴承座孔与凸轮轴轴承座孔中心线平行度检验仪由定心机构(定心轴、定心轴套、测量轴)、测量机构和标准规三部分组成。测量时,将定心轴套安装在相距最远或磨损变形最小的两道曲轴轴承座上,使定心轴轴线与曲轴轴承座中心线重合;将测量机构在标准规上对好百分表零位;将测量轴插入凸轮轴轴承座孔;用测量机构分别从汽缸体前后测量定心轴与测量轴之间的距离,两次测量值之差即为两轴承座孔中心线在测量长度上的平行度误差,如图6-4所示。也可用间接测量平行度误差的方法,测量汽缸体、变速器壳等孔轴线之间的平行度误差。如图6-5所示,用高度尺、百分表分别测量各孔轴线与平板的平行度(测量孔到平板距离之差值),即可换算出两轴承座孔轴线的平行度误差。两轴的平行度误差只用一个方向测量往往准确度不够,图6-6为可在两个互相垂直的方向上测量两轴的综合平行度误差的检测仪。检测时,两承孔轴线分别采用等直径的两心轴模拟,心轴长于被测轴孔,一端要露出100mm左右。先将检测仪的摆叉12和本体9的底平面在壳体的一端分别贴紧两个心轴的圆柱面上,当挡块13的垂直面同时与另一个心轴表面贴合时,记下两个百分表的读数。在壳体另一端重复上述操作,记下读数,可得两轴线在公共平面内的平行度误差为:

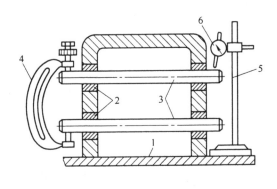

图6-4 平行度的检测

1-平板;2-定心套;3-测量轴;4-分厘卡;5-高度尺;6-百分表

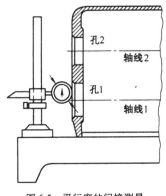

图6-5 平行度的间接测量

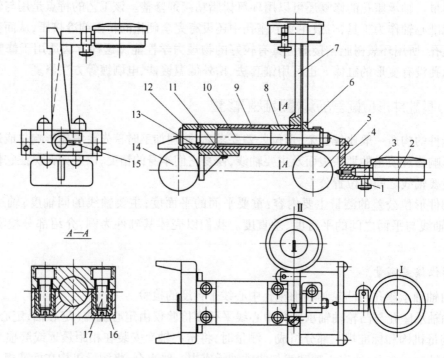

图 6-6　曲轴、凸轮轴轴承孔轴线平行度检测仪

1-锁紧螺钉;2-百分表;3-锁紧套;4-百分表座;5-基准心轴;6-摆动臂;7-固定臂;8-轴承盖;9-检测仪本体;10-轴;11-螺钉;12-摆叉;13-挡块;14-基准心轴;15-螺钉;16-间隙调整螺母;17-螺栓

$$f_{共} = (M_{1前} - M_{1后}) \frac{L_1}{L_2} \tag{6-1}$$

式中:$M_{1前}$、$M_{1后}$——百分表 I 在壳体前、后端的读数;

　　　L_1——壳体长度;

　　　L_2——在心轴上的测量长度。

百分表 II 在两次测量中的读数差值为垂直方向上的全长平行度误差,其计算公式为:

$$f_{垂} = (M_{2前} - M_{2后}) \cdot \frac{L_1}{L_2} \tag{6-2}$$

式中:$M_{2前}$、$M_{2后}$——百分表 II 在壳体前、后端的读数。

综合后的两轴平行度误差为:

$$f = \sqrt{f_{共}^2 + f_{垂}^2} \tag{6-3}$$

使用这种检测仪之前应将其调零,调零规如图 6-7 所示。调零对两个百分表同时进行,当检验仪的两端叉形底平面分别压在调零规的两个上平面上,挡块 13 垂直平面贴靠在内侧基准面时,分别将两百分表调至零位并固定。

2)汽缸轴线与曲轴轴线垂直度误差的检验

汽缸轴线与曲轴轴线垂直度检验仪的原理如图 6-8 所示,它由定心轴 5、前后定心轴套 6、测量杆、百分表以及定心机构 4 组成。测量时,定心轴借助于定心套安装在汽缸

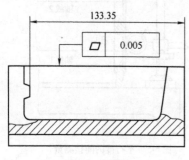

图 6-7　调零规

体上,使定心轴轴线与安装定心轴套的两个轴承座孔的中心线重合。检验仪用两个三爪定心机构 4 固定在汽缸中,并使检验的轴线与汽缸轴线重合,测量杆 2 的上端顶在百分表头上,测量杆下端装有带球形触头的测量头 7,测量头的球形触头与定心轴轴颈的最高点接触,将百分表读数调整至零,然后转动手柄,带动柱塞并使之转动 180°,百分表读数的差值,即表示汽缸轴线对主轴承座孔轴线在 70mm(柱塞轴线至球形触头的距离为 35mm)长度范围内的垂直度误差。如果将此值乘以 L/70 便是全长 L 上的垂直度误差(其值应不大于 0.05mm)。

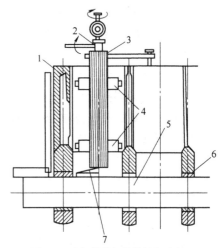

图 6-8 汽缸轴线与曲轴轴线垂直度误差检验仪原理
1-汽缸;2-测量杆;3-外壳;4-定心机构;5-心轴;6-定心套;7-测量头

3)主减速器壳轴承座孔轴线对其前端平面平行度误差的检测

如图 6-9a)所示,被测轴承孔的轴线采用心轴模拟,测量时,将心轴用定心套支承在两轴承座孔中,保证其轴线与轴承座孔轴线同轴。将壳体前端平面稳放在平板上,然后以平板为基准,测量心轴两端距离为 L_2 的两个部位,其读数分别为 M_1 和 M_2,当被测轴承座孔轴线长度为 L_1 时,则其平行度误差为:

$$f = \frac{L_1}{L_2} | M_1 - M_2 | \tag{6-4}$$

上述平行度误差的测量也可以直接利用被测孔表面进行,如图 6-9b)所示,其轴线对前端平面的平行度误差为:

$$f = \frac{1}{2} | (M_{2上} - M_{2下}) - (M_{1上} - M_{1下}) | \tag{6-5}$$

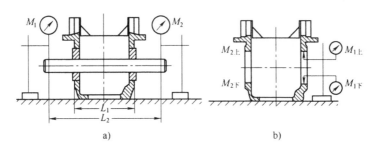

图 6-9 轴承座孔轴线与端面平行度误差的检测

4)平面平行度的检验

若检查汽缸底平面与上平面平行度时,可将汽缸体放置在平台上,先用厚薄规检查底平面与平台的接触情况,记下间隙数值然后用带架的百分表在上平面上沿边缘附近拖动,分部位记下指示读数,即可测出与底平面的平行度。

5)台车架变形的检验

台车架变形后,可用各种方法进行检验,典型方法是在专用的检验校正平台上进行,如图 6-10 所示。平台上有常用机械的基准线刻线及定位槽。台车架的检验方法如下:

（1）台车梁弯扭的检验。台车梁弯曲包括水平平面内弯曲与垂直平面内弯曲。水平平面内的弯曲对偏啃轨链、自行跑偏影响较大。水平平面内弯曲检验时，可将台车梁侧置平台上（可垫起），测量各处台车梁与平台间距离，根据各处尺寸差大小即可知其弯曲量。台车梁扭曲检验时应平放在平台上，检查纵梁四角与平台间距离即可知其扭曲大小。

（2）台车架斜撑变形的检验。台车架斜撑变形时，将破坏斜撑支座与台车梁间的位置精度，其主要精度要求有：斜撑支座轴承孔中心线应与梁上端轴承定位销孔中心线平行，而且与纵梁中线垂直；斜撑支座轴承孔中心线距台车梁平面间的距离应正确（图6-10中的 H）；斜撑支座内端面至台车梁端轴承定位销孔间距离应正确（图6-10中的 L），此距离不正确也有可能是纵梁后部侧向变形所致。检验斜撑变形时，常用心轴一端插入斜撑支座轴承孔中，检查另一端与台车梁后端的位置关系，如图6-10所示。在台车梁后端上平面放一直角尺，使刃边通过梁上定位销孔与心轴中心线，可知其不重合度；用直尺可测量上平面至轴心线间距离及支座内边至梁上定位销孔间距离；用直角尺放在平台上，以刃边靠在心轴两端外径上可得到心轴在平台上的投影，即可检查心轴是否与台车梁纵向中线垂直。

台车梁前叉口易产生变形，变形后一是前叉口向外分开，二是叉口歪斜。叉口歪斜大小可用测量纵向中线与叉口两边距离（图6-10中 I）进行检查。台车梁纵中心一般刻在平台上。

无检验平台亦可用水准器和拉线法检验变形，如图6-11所示，将台车架放在平坦地面上，用拉线法检验纵梁弯曲时，拉线与梁间距离 A 即为弯曲量。用水准器检验扭曲的方法为：在台车梁中后部上平面放一水准器，将一端加垫片，使水准器水平，以此垫片厚度为基准，在梁的前方上平面再放一水准器，同样将其垫平，根据两水准器垫平时的垫片厚度差即可知台车梁扭曲大小。斜撑变形也可用水准器检查：在斜撑支座轴承孔中装一心轴或直尺，其上放一水准器，

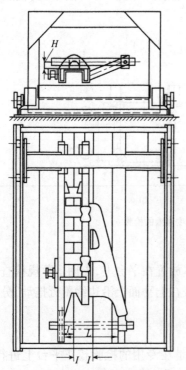

图6-10　台车架在检验校正平台上的检验

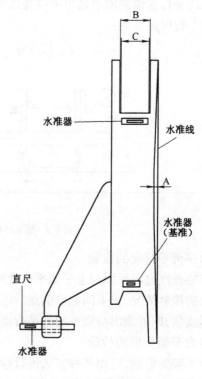

图6-11　用水平仪检验台车架变形

亦将其垫平,通过垫平此水准器的垫片厚度与基准厚度的差别,即可知斜撑的扭曲。通过台车梁上平面纵向中线延长线与前叉口左右内边距离不同可知前叉口的变形;纵向中线向后延长线与心轴在台车梁上平面上的投影,可知其是否垂直。

6)缸体上平面平面度的检测

零件的平面度表示一个平面平整的程度,是零件表面的形状误差,其表面误差的状况要影响到零件配合的位置精度和密封效果。

缸体上平面平面度可用测微法和平尺拖表法检测。其他需检测平面也通常用这些方法检测。

(1)测微法。如图6-12所示,以标准平板作为测量基准,将缸体的被测平面向上,用固定和可调支承将汽缸体顶架在标准平板上,调整被测表面上最远三点,使其距平板等高;或按对角线法,分别调整被测表面上两对角线端点,使其距平板等高,然后用带百分表的测量架对被测表面进行测量,百分表最大与最小读数的差值为其平面度误差。

(2)平尺拖表法。平尺拖表法是用被测表面最大直线度误差代替平面度误差的一种检测方法。如图6-13所示,工字平尺1的上下平面互相平行且为标准平面,是检测中的基准,表座3上装有百分表2,利用侧下部水平和垂直的两个条状平面跨坐在工字平尺的上平面和抵靠在工字平尺的侧面上,以保证在测量中百分表相对于测量基准的位置不变。

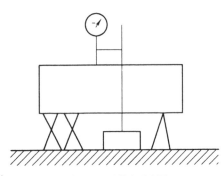

图6-12　测微法示意图

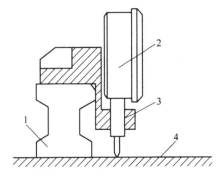

图6-13　平尺拖表法示意图
1-工字平尺;2-百分表;3-表座;4-被测平面

检测时,将平尺稳放在被测平面上,保持表座两个条状平面与平尺相应平面紧密贴合,沿平尺滑动表座,使百分表的测头在被测平面上移动,在工字平尺处于不同方向和部位时,百分表的最大跳动量即为被测平面在整个范围内的平面度误差。

2. 变形基础件的修复

基础件形状复杂,刚度一般较大,变形以后,除机架、台车架采用压力加工、热校正的工艺进行校正外,其他通常采用机械加工的方法来修复各表面的相对位置。

1)两轴承座孔间的中心孔平行度误差超限的修复

为了修复两轴承座孔的平行度误差超限的缺陷,一般在卧式镗床上同时镗削两个轴的轴承座孔,借助于机床的调整装置,保证两根轴的平行。镗削大的轴承座孔同时应配加大外径的轴承或进行槽外镀铁、电刷镀、镶套法等方法修复。

也可以在镗削好某一轴的轴承座孔后,采用专用夹具,并利用原来已找正的镗杆,在另一孔中套入另一轴承座孔镗杆,由夹具和已找正的镗杆保证两轴的中心距及镗杆的正确位置,并将镗杆套入带有精确孔且装卡在得到固定的支架中,然后镗削另一条轴的轴承座孔。

如果采用图 6-14 所示的夹具镗削发动机的主轴承座孔和凸轮轴座孔,则操作更为简便。将镗模夹具盖在底平面朝上的汽缸体上,将夹具体上的两定位销插入汽缸体底面的两个工艺孔内定位,并用螺栓压紧。依靠夹具上的导向孔,采用浮动镗杆,同时镗削两个轴的轴承座孔,可以保证两轴线的相互位置。

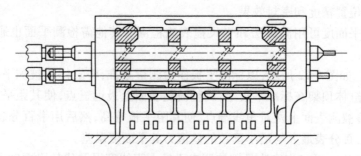

图 6-14　同时镗削曲轴轴承座孔和凸轮轴轴承座孔的夹具

2)汽缸轴线与曲轴轴线垂直度超限的修复

为了修复汽缸轴线与曲轴轴线的垂直度超限缺陷,在使用镗缸机或金刚镗床镗缸之前,必须检查并磨平汽缸体上平面或底平面,以修正汽缸体上平面、底平面与曲轴中心线的平行度误差,从而保证镗削后的汽缸与曲轴中心线垂直。

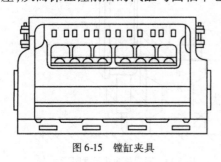

图 6-15　镗缸夹具

采用的方法是,先镗修曲轴轴承座,然后在金刚镗床上,以曲轴轴承座孔定位,镗汽缸,可以保证这两条轴线垂直。也可采用图 6-15 所示镗缸夹具。

3)平面翘曲的修复

平面翘曲的平面度超限较小时,可将翘曲平面置于研磨平台上,用气门砂研磨修正;翘曲较大时,应用磨削加工修正。此时,应选择重要轴承座孔中心线为基准或变形小且可作定位基准的其他平面为基准。

一般要求:缸体长度小于 600mm 时,平面度允许误差为 0.05mm;缸体长度大于 600mm 而小于 1 000mm 时平面允许差为 0.10mm。若缸盖为非整体式。其平面度允许值可略大些。

汽缸体上平面不平或翘曲,可用铣床或改装有专用磨具的钻床磨平。当变形量不大时,可用铲刀或刮刀将缸体翘曲的凸出部位逐步铲去,使其达到平整。

（三）基础件裂纹的修复

基础件裂纹与破裂的修理方法有粘接、焊接和螺钉填补等。具体采用哪种方法应根据裂纹的大小、部位和程度来确定。

对破洞和裂纹集中部位,也可采用补板加环氧树脂粘接法修理。用螺钉固定补板,其破洞和裂纹间涂以环氧树脂以保持其密封。

螺钉填补(栽丝)法可用以修复细小裂纹和表面形状复杂而不便补板的地方,它只能堵塞漏水,不能恢复强度。其工艺是:首先按图 6-16 所排列 1,2,3,4…顺序钻孔攻螺纹并拧入紫铜螺钉,然后再钻 7,8,9…螺孔,按同样方法再拧入紫铜螺钉。拧入深度最好与该处壁厚一样,拧好后切断铜杆,使切断处高出裂纹表面 1~1.5mm。最后用手锤轻击螺钉头部,使之敛缝。在钻孔时,应保证相邻的两个螺钉有 1/3 的重合量,螺孔直径以 6mm 左右为宜。最后用锉刀修平,必要时可加锡焊,以防渗漏。

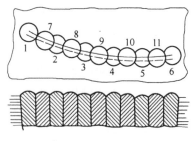

图 6-16 栽丝工艺

堵漏剂是修补基础件漏水的一种新材料,它对水冷发动机的缸体、缸盖有细小裂纹或微量渗漏时有较好的效果。堵漏剂是由水玻璃、无机聚沉剂、有机絮凝剂、无机填充剂和粘接剂等组成的胶状液体,使用时加入冷却水中,并使冷却水循环并加温,堵漏剂在水压和温度作用下充填、沉积、凝聚和固化在基础件的裂缝中,并与金属紧密的粘接在一起。采用堵漏剂进行修复裂纹时,应对裂纹进行预处理,如对裂纹两端钻止裂孔,并点焊或攻丝拧上螺钉,防止裂纹的延伸;对循环水路特别是裂纹处用 2% 的碳酸钠水溶解进入认真清洗等。

三、基础件整形修复中应注意的几个问题

1. 加工余量

基础件整形加工最突出的困难是允许的加工余量特别小(一般只有 0.2~1.0mm)。为此,加工前首先要检查基础件变形和磨损的情况、加工部位的尺寸,以便合理地制订加工方案、控制加工余量。

如某发动机汽缸体,主轴承座孔中心至上平面的距离为 $330^{+0.32}_{-0.22}$mm。整形加工时,最大加工量的公差范围仅 0.54mm,甚至可能就没有余量。在这种情况下,可根据使用的具体情况,适当缩小尺寸链中某一环的尺寸。如汽缸体上平面变形较大,而整形加工时没有余量来消除这一变形,要恢复其原来精度时,可适当将主轴承孔中心至上平面的距离减小 0.25mm。但这样就要影响到活塞顶的上止点位置。为了解决这一问题,可将连杆两端座孔中心距相应减小 0.25mm,以弥补这一距离缩短后的影响。

变速器壳体整形加工时,沿轴向方向也可允许缩短一定尺寸,而不影响其装配及使用。

2. 定位基准

根据基础件的变形程度,合理地选用定位基准,并辅以一定的工艺装备,以恢复基础件形位公差的要求,保证修理质量。

基础件变形后,原来的定位基准已不能使用,为了在尽量少的加工余量下恢复精度,首先以基础件上关键性的轴线作为基准来修复定位基准,然后才能使用这个定位基准来修复各个表面。如变速器壳体的整形加工,是以输入输出轴承座孔为基准,修正上平面,再以上平面为定位基准磨削端面,重镗各轴承座孔。

第二节 曲轴的检验与修复

曲轴是发动机的主要零件之一,它在工作中的受力是比较复杂的,由于要将连杆传来的力转变为转矩而把发动机的功率输出去,曲轴要承受:周期性变化的燃气压力所造成的应力;往复运动质量的惯性力所产生的应力;回转运动质量的离心惯性力所产生的应力;振动和预紧力

所引起的附加应力;在旋转时形成的交变应力及发动机后离合器接合或分离时产生的轴向应力等。在所有这些力及力矩的综合作用下而产生的循环交变应力将引起曲轴的疲劳,这些应力超过一定值时将造成曲轴的弯曲和扭曲变形。现代高速大功率柴油机中曲轴的轴颈,承受很高的比压(柴油机为 4 900 ~ 9 800kPa),而且在与轴承很高的相对速度下工作,尽管在正常工作条件下是处于液体润滑状态,但润滑油中的杂质磨料、停机以及起动的瞬时干摩擦、半干摩擦以及其他原因,对轴颈表面造成的磨损仍是很大的。曲轴的不同轴颈间形状较复杂,应力集中现象较严重,往往产生裂纹造成曲轴断裂。

曲轴通常用优质高强度中碳合金钢或高强度球墨铸铁制成。柴油机或强化的内燃机采用优质合金钢,如 35 铬钼钨、45 号锰钢、40 号铬钢、45 号钒钢以及球墨铸铁的为最常见。轴颈一般要进行表面淬火、表面氮化处理,轴颈圆角处进行滚压加工或喷钢丸处理,以提高曲轴的抗疲劳强度。

一、曲轴常见的缺陷

1. 主轴颈与连杆轴颈的磨损

曲轴轴颈在合理的使用和维护条件下工作时,其一次大修周期的磨损,远小于允许的磨损量。如使用、维护和修理不当,曲轴的早期损坏却是必然的。

曲轴的主轴颈与连杆轴颈磨损最为常见,磨损不均匀,磨损后除轴颈尺寸减小外,还会产生轴颈的圆度和圆柱度误差超限。轴颈径向的主要磨损部位如图 6-17 中粗黑线所示,即磨损主要发生在主轴颈与连杆轴颈彼此相对的表面上。曲轴工作时,燃气压力虽大但作用时间短,离心力与惯性力虽小但作用时间长,因此对轴颈磨损起主要作用的是离心力与惯性力,这就是主轴颈与连杆轴颈相对表面上磨损较严重的原因。图 6-18 为连杆轴颈的受力情况,由于发动机在工作中,连杆轴颈承受着由连杆传来的周期性变化的气体压力和活塞连杆组往复运动的惯性力以及连杆大端回转运动离心力的作用,这些力的合力假设为 R,由图 6-18 中可看出四冲程发动机在一个工作循环中综合作用力 R 大部分时间作用在轴颈的内侧,方向向外,使连杆大头压紧在连杆轴颈的内侧,因而连杆轴颈的内侧磨损最大。主轴颈失圆的主要原因是由于受到连杆、连杆轴颈以及曲柄臂离心力的影响,使靠近连杆轴颈一侧与轴承发生磨损。

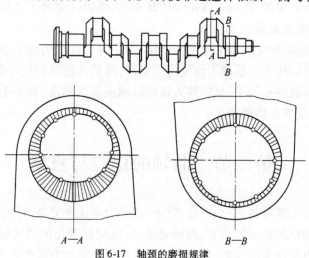

图 6-17　轴颈的磨损规律

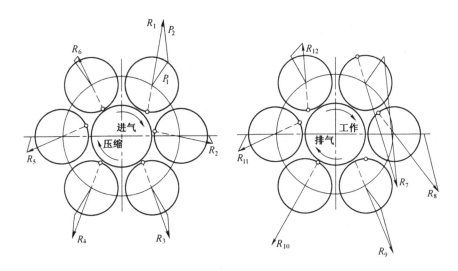

图 6-18　连杆轴颈受力情况

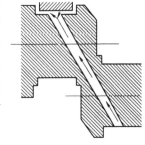

图 6-19　润滑油杂质在连杆轴颈上的偏积

曲轴轴颈沿轴向上磨成锥形主要是由油道的位置和油道的构造造成的,如油道中润滑油里的磨料杂质在轴颈上分布不均匀而造成偏积,如图 6-19 所示,曲轴旋转时润滑油中的杂质在离心力作用下偏积在油道一侧,磨料多的一侧磨损严重,造成连杆轴颈轴向磨损呈锥形。连杆大头结构不对称、连杆弯曲、汽缸中心线与曲轴中心线不垂直、曲轴弯曲和曲轴中心线偏斜等,使轴颈在沿轴向方向受力不均,也会使轴颈磨成锥形。

连杆轴颈的磨损比主轴颈的磨损速度快,主要是由于连杆轴颈的润滑条件较差。

2. 轴颈表面产生的缺陷

轴颈有时会发生烧伤现象,这是由于缺少润滑油或轴颈与轴承间的配合间隙不当造成的。烧伤的表面呈发蓝的氧化颜色,且常黏结有从轴承上粘着下来的金属,烧伤的轴颈表面硬度降低。

轴颈表面有时还产生划痕缺陷,这是由于润滑油不清洁造成的。

3. 曲轴的裂纹与折断

曲轴的裂纹多数发生在主轴颈或连杆轴颈的过渡圆角处以及轴颈的油孔附近,其原因是:由于断面形状的急剧变化,出现严重的应力集中现象。轴颈表面进行高频淬火时,由于工艺上的原因,圆角部分多不淬火。所以该处出现残余拉应力,使强度降低。修磨曲轴时圆角半径留的不够大或过渡不够圆滑(有台阶),引起该处应力峰值增大,促进了裂纹的形成。油孔的中心线与轴颈表面不垂直,形成尖角,导致应力集中严重。

曲轴裂纹的产生主要是应力集中造成的,尤其是曲柄臂与轴颈之间由于形状的急剧变化产生严重的应力集中,加之曲轴在工作时受力的复杂性,使过渡部位的应力增加几倍甚至十几倍,极易在过渡部位首先发生疲劳出现裂纹。曲轴在工作中发生振动和扭转振动时,曲轴上的裂纹均增大,其中横向裂纹发展严重,可导致曲轴折断。

圆角处的裂纹大多是沿轴颈的圆周方向(横向裂纹),有时也会发生轴颈表面的纵向裂纹。产生纵向裂纹的原因是由于工作中轴颈局部高温。高温下轴颈淬火层的金相组织与体积都会发生变化,当轴颈表面因局部受热而使马氏体组织转变为颗粒状的索氏体组织时,体积将会变小,因而产生很大的表面拉伸应力。这种应力往往会使轴颈表面产生纵向裂纹。

曲轴折断主要发生在轴颈的过渡圆角处。造成折断的主要原因有:发动机曾在大负荷工作中缺过机油,发生过严重的烧瓦抱轴。轴颈经磨削,过渡圆角半径过小或有明显的凸台。制造过程中(如锻造、机加工、热处理),存在着过大的残余内应力,或显微裂纹。

4. 曲轴的弯曲与扭曲

曲轴发生弯曲及扭曲的根本原因是发动机的工作荷载超过正常的允许范围。造成工作中超载的主要原因有:发动机超负荷、超转速工作。曲轴连杆组零件不平衡而引起发动机振动,或配合间隙过大而引起冲击荷载。起动过猛或突然加载,或燃烧不好发生爆燃而引起超负荷。发生过烧瓦抱轴、飞车、打碎活塞以及连杆折断等事故而引起的集中负荷。

各道主轴承的松紧度不一致使曲轴受力不均匀,汽缸体主轴承座孔不同心个别活塞卡缸等也会造成曲轴的弯扭变形。

曲轴的扭曲变形,会改变各缸间的曲轴夹角,影响发动机的配气定时和喷油正时,引起发动机的振动,改变个别缸的压缩比,破坏与轴承间的正常配合间隙,加速曲轴和轴承的磨损。

5. 曲轴的其他缺陷

曲轴在使用和修理拆装过程中,还可能产生以下缺陷:飞轮接盘端面翘曲;飞轮接盘螺栓孔磨损;飞轮接盘面出现锈蚀磨痕;安装正时齿轮的轴颈磨损;键槽磨损或损伤;曲轴前端起动爪螺纹孔的损坏;曲轴前后端油封轴颈的磨损等。

二、曲轴的检验

曲轴在修理之前,应首先检查曲轴是否发生过严重的事故性损伤,如烧瓦抱轴及是否有严重变形引起的磨损,如果有这种情况,应用磁力探伤或其他探伤方法检查曲轴是否有裂纹。经长期使用的曲轴,也应予以探伤检查,以便消除疲劳裂纹和决定曲轴是否有价值进行修复。正常的曲轴应进行轴颈磨损量、曲轴的弯曲与扭曲、各主轴颈的同轴度等项目的检测,测量前应首先将曲轴两端的中心(顶尖)孔修整好,并用顶尖将曲轴安装在车床的床头与尾架间,也可将曲轴放在检验平台上的两相同的 V 形铁上。

(一)轴颈磨损的检测

轴颈的磨损情况可通过测量其圆度和圆柱度等即可得知。曲轴各轴颈的圆柱度和圆度可用外径千分尺测量。通常,在一个轴颈上测量两个平面(如图 6-20 的 Ⅰ－Ⅰ、Ⅱ－Ⅱ平面),每一个平面从互相垂直的两个方向测量(如图 6-20 的 $A － A$、$B － B$ 方向)。轴颈同一平面上差数最大值之半为该轴颈的圆度误差,轴颈任意部位或方向上差数最大值之半为该轴颈圆柱度。直径 80mm 以下的轴颈,其圆柱度和圆度误差不得超过 0.0125mm,直径 80mm 以上的不得超过 0.02mm。否则,应进行

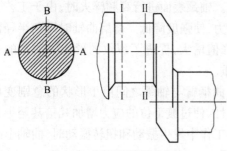

图 6-20　曲轴轴颈的测量位置

磨削,以恢复其形状。

此外,还可用眼看手摸来发现轴颈的擦伤、起槽和烧蚀损伤。如有擦伤、起槽和烧蚀时,应用油石或砂布修磨,严重时应进行光磨修复。

(二)各轴颈同轴度误差的测量

将曲柄转到水平面内,将百分表装在架上,测量杆头(触针)抵在第一主轴颈上最高点,并将指针对准表盘的零位;移动百分表,使表的触针依次抵在各主轴颈上最高点,记下表针读数,最大与最小之差即为各主轴颈的同轴度误差。

测量同轴度时,轴颈圆度的影响可以忽略不计。修复后的曲轴,各主轴颈同轴度误差不得超过0.05mm。

(三)曲轴的弯曲检测

曲轴在光磨前,应检查中间主轴颈相对两端主轴颈的径向圆跳动,如大于0.15mm时,应予校正,若低于这个数值可以结合光磨轴颈进行校正。曲轴中间主轴劲的径向圆跳动(即原标准中的曲轴中心线的弯曲)的检验如图6-21所示,使百分表接触中间主轴颈,使曲轴回转一

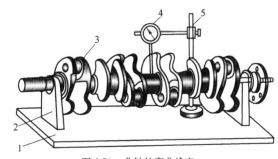

周,百分表指针的读数差即为最大径向圆跳动。这样测量的弯曲度是相对值,其中包括了测量处轴颈径向磨损的不均匀度,由于轴颈半径的磨损量难以测量,要准确求出弯曲度也比较困难。而弯曲度的允许值又比较大,所以主轴颈的径向不均匀磨损量可以忽略不计。为了减少轴颈不均匀磨损对测量弯曲度的影响,可将百分表的测量杆头顶在轴颈靠近肩部过渡圆角处磨损较轻的位置进行测量。

图6-21　曲轴的弯曲检查
1-平板;2-V形块;3-曲轴;4-百分表;5-百分表架

采用顶尖支承曲轴检查弯曲时,由于两端中心孔的偏斜及损伤,会使测出的数据误差很大,所以应先检查中心孔,如有损伤应予修整。通常是测量飞轮接盘或曲轴齿轮轴颈的径向摆差来检查中心孔,如图6-22所示。当飞轮接盘径向摆差超过0.05mm,或曲轴齿轮轴颈的径向摆差超过0.06mm时,应修整中心孔。

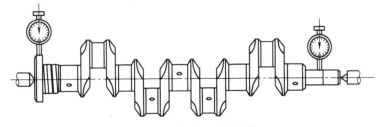

图6-22　检查中心孔的变形

(四)连杆轴颈与主轴颈平行度误差的测量

连杆轴颈与主轴颈的平行度必须对每个轴颈分别检查。当检查某轴颈时,先将它转到最高的位置,将百分表的触针垂直抵在轴颈上面的一端,然后再将百分表移至此轴颈上面的另一

端,两次读数的差就是这个连杆轴颈与主轴颈的平行度误差。

将曲轴转 90°,使这个连杆轴颈转到水平平面内,用同样的方法可以检查它在水平平面内与主轴颈的平行度误差。

以上连杆轴颈与主轴颈在两个平面内的平行度误差,在连杆轴颈长度的范围内均不得大于 0.02mm。

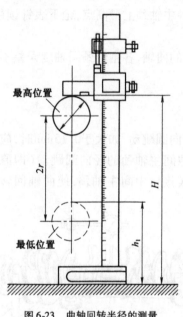

图 6-23 曲轴回转半径的测量

(五)曲轴扭曲的测量

为了测量曲轴的扭曲,可以先将第一连杆轴颈转到水平面内,将百分表的测量头抵在轴颈上方最高点,并使表针指零;再将百分表移到与第一连杆轴颈在同一平面的轴颈的上方,百分表的读数差即表示曲轴的扭曲程度,一般不允许超过 1mm。

曲轴扭曲变形的检验,也可在曲轴磨床上进行,将连杆轴颈转到水平位置上利用 K 形规分别确定同一方位上两个轴颈的高度差,其最大值为扭曲度。

(六)曲轴回转半径的测量

以任何一个水平平面为基准,用高度游标卡尺测量连杆轴颈转到最高和最低位置时的高度 H 和 h_1,高度差的一半即为曲轴的回转半径 r。如图 6-23 所示,用公式表达为:

$$r = \frac{1}{2}(H - h_1) \tag{6-6}$$

三、曲轴的校正

当曲轴中间主轴颈的径向圆跳动量小于 0.20mm 时,可通过修磨轴颈将轴修直。如中间主轴颈的径向圆跳动量超过 0.20mm 时,必须先校直后磨轴,否则磨削量太大将影响曲轴的使用寿命。常用的方法有冷压校直和冷作校直等(适用锻造曲轴)。

(一)冷压校直

校直曲轴可用 20t 的油压机,将曲轴置于压床上,两端主轴颈用衬有铜垫的 V 形支架支撑,在曲轴弯曲的反方向对主轴颈加压,如图 6-24 所示。压校时弯曲度的大小,与曲轴材料和弯曲变形的大小有关。因此,必须根据曲轴的实际情况确定压校量,例如锻造中碳钢曲轴弯曲变形度在 0.10mm 时,压校弯曲度为 3~4mm(即为原弯曲度的 30~40 倍),在 1~2min 内即可基本校直,而对同样弯曲度的球墨铸铁曲轴,压校时,为原弯曲度的 10~15 倍即可基本校直。但必须指出,当曲轴弯曲变形较大时,校直必须分多次进行,以防压校的弯曲变形过大而使曲轴折断,尤其球墨铸铁曲轴更易折断。一般情况下,曲轴弯曲度的检查和校直工作,不可能是一次成功,必须反复进行,直至校正到符合规定标准为止。冷压校直后的曲轴可能因弹性后效作用而重新弯曲。为了防止这种弹性后效作用,可以采取自然时效和人工时效处理。

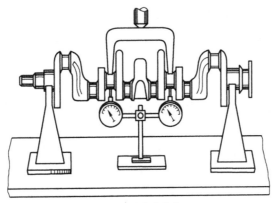

图 6-24 曲轴弯曲校正

(二)表面敲击校直

这种方法是用手锤或气锤(图 6-25)敲击曲柄臂的表面。由于冷作用产生残余应力,使曲柄臂变形,曲轴轴线产生位移,从而达到校直曲轴弯曲的目的。因其变形发生在曲柄臂上,所以轴颈圆角处无残余应力,同时校直的精度较高。敲击的程度和方向是根据曲轴弯曲量的大小和方向而定的。第一次敲击的效果最好,重复地在同一部位敲击,会使冷作程度增加,但校直效果不显著,所以对每处的敲击次数以 3~5 次为宜。

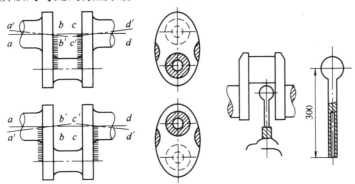

图 6-25 冷作敲击部位和工具

a′b′、c′d′-变形轴的轴心线;*ab、cd*-校直轴的轴心线

用表面敲击校直曲轴时,先将曲轴支承在 V 形铁上,根据曲轴弯曲的方向来确定敲击的部位与方向。当曲轴弯曲的方向与曲柄平面重合时,可按图 6-25 所示敲击各曲柄;当曲轴弯曲方向不与曲柄平面重合时,可分别敲击两对曲柄。

(三)火焰校直

火焰校直是将曲轴置放在 V 形铁上,把弯曲拱起来的部位向上,用焊枪的氧化焰在拱起的曲柄臂上加热(大火焰快速加热),待加热处升温至 700℃ 左右(呈微红色),停止加热,经 3~5s 后,用冷水冷却淬火,待曲轴温度降至室温后,再进行弯曲检查。对于弯曲度较大的曲轴,可在火焰校直的同时,在轴上施加少许压力,以限制其加热时向上的膨胀。

(四)组合式曲轴的校直

组合式曲轴发生弯曲后,轻者可通过适当地放松和拧紧曲柄连接螺栓的方法进行校直,如曲轴向上弯,则可将上方的螺栓适当拧紧,将下方的螺栓适当放松。

四、曲轴缺陷的修理

(一)曲轴轴颈的修磨

曲轴的修理顺序一般为先进行弯扭校正,然后修整安装正时齿轮与飞轮的轴颈,最后进行轴颈修磨。

曲轴的修磨,除了要保证轴颈表面尺寸的精度和表面粗糙度符合技术要求外,还必须达到形位公差的要求,如主轴颈与连杆轴颈各轴心线的同轴度,以及两轴心线间的平行度,曲柄半径以及各连杆轴颈间相互位置夹角的精度等。同时,还应保证曲轴中心线位置的不变,以保证曲轴原有的平衡性。

当曲轴主轴颈和连杆轴颈进行修磨修理后,应换用相应尺寸的轴承与之配合,保证原配合性质不变。为了保证曲轴具有足够的强度,修理规范中规定了轴颈的最大缩小量一般不得超过2mm,否则应采用电镀、堆焊等工艺恢复到标准尺寸。没有超过极限尺寸的磨损曲轴,可按修理尺寸进行磨削,而配缩小孔径的轴承。

主轴颈和连杆轴颈一般应分别修磨成同一级修理尺寸,以便于轴承的成套供应,对特殊情况的处置,可根据具体情况决定。如机械大修后不久,个别轴颈发生烧蚀损伤,则可以单独将这一道轴颈修磨到另一个等级。

1.定位基准的选择

修磨曲轴采用的定位基准有:曲轴飞轮凸缘外圆表面、正时齿轮轴颈、后端滚动轴承座孔;曲轴前端的中心孔等。回油螺纹或油封轴颈表面的制造公差很大,而且在使用中这些表面还会产生不均匀的磨损,因此不宜作为修磨曲轴的定位基准。

定位精度的偏差,会使修磨后的曲轴不能保证正常的运转。轴线的改变,将破坏曲轴的平衡性、增加工作时的振动、引起正时齿轮发响、曲轴油封漏油、加速零件的磨损,严重影响发动机的使用寿命。

2.轴颈的修磨

曲轴的磨削通常是在专用曲轴磨床上进行的。磨轴时首先磨削主轴颈,待全部主轴颈磨完后再磨连杆轴颈,这是因为连杆轴颈的磨削要以主轴颈的新表面为基准。

各轴颈的磨削应从磨损最严重的轴颈开始,因为一根曲轴的各轴颈应磨成同一级修理尺寸。磨损最严重的轴颈在这一级尺寸能够磨圆,则其他轴颈也必定能够磨圆。

选择磨削规范时,要保证轴颈表面淬火层不退火、轴颈表面不产生裂纹。通常可参照表6-1选择磨削规范。

曲轴磨削规范表 表6-1

加工方法	曲轴转速 (r/min)	砂轮圆周速度 (m/s)	横向进给量 (mm/次)	用切入法磨削时横向进给量 (mm/次)	纵向进给砂轮移动速度 (mm/s)
粗磨	30~70	25~30	—	0.02~0.05	—
精磨	30~70	30~40	0.005~0.010	—	最大不超过10

磨削曲轴时采用合适的砂轮,砂轮的圆角要适当,还应注意砂轮的平衡。砂轮进给方法有两种,切入法和纵向进给法,如图6-26所示。粗磨时宜采用切入法,此种方法的进给量大、节

省时间、效率高。精磨时宜采用纵向进给法,它主要磨去粗磨时留下的痕迹。

磨削时必须进行充分冷却,并对冷却液进行过滤。

砂轮在经过 1~4h 磨削后要进行修磨,否则砂粒被磨钝,造成砂轮的切削能力降低,横向进给就会造成较大的径向压力,使曲轴弯曲,轴颈产生锥度和椭圆,严重时,砂轮对轴颈的表面摩擦会打滑,使轴颈表层温度升高形成黄褐色的烧伤。

(二)曲轴轴颈磨损超限后的修复

曲轴轴颈经过多次修磨、轴颈尺寸减小到一定极限时,曲轴的强度就不够了,不能再继续采取磨削方法进行修理,而必须恢复轴颈的尺寸。恢复轴颈尺寸的方法有金属热喷涂、振动堆焊、埋弧堆焊和低温镀铁等。

(三)曲轴裂纹或折断的焊修

曲轴产生裂纹或折断大多数是发生在应力集中最严重的连杆轴颈的过渡圆角处,在一般情况下,发现该处有裂纹或折断是不进行修理的,而是更换新曲轴。但也有不少修理企业对此进行焊修,在实践中取得了良好的成效和经验。

1. 曲轴的裂纹焊修

用电磁探伤准确地划出裂纹的位置和长度,在裂纹口开出宽 13~14mm 的 V 形坡口,深度应比裂纹深 1mm 左右。为了防止焊位的收缩变形,可采取使曲轴预弯或加撑的方法来弥补其收缩变形量。有的用同型号的废缸体或专制的 V 形支架,在轴承下垫以一定厚度的铜皮,拧紧轴承盖后达到预弯的效果。其预弯量根据裂纹的深度一般为 2~4mm。施焊前曲轴应进行整体预热至 350℃ 左右,施焊时采用低碳钢焊条直流较好。焊后应立即将曲轴放入炉内加热至 600℃ 左右,进行高温回火,最后车削和光磨。

2. 曲轴折断的焊修

在折断部位的内侧用氧乙炔切割或用钢锯锯成适当的坡口角(不小于 80°)。将曲轴放在原缸体上找正中心,并在曲柄上点焊一根铁撑。焊缝预留出 1mm 的伸缩量,如图 6-27b)所示。油道用炭精或石棉堵塞,用点焊将其焊缝根焊牢,再从缸体上取下曲轴放入加热炉内预热至 500~600℃,放入废缸体或 V 形架上施焊:先焊中间,后焊两侧,将焊缝坡口填满后,再用同样方法于对面开坡口,其坡口的底部应接触到对面填焊的底部,然后再预热施焊。

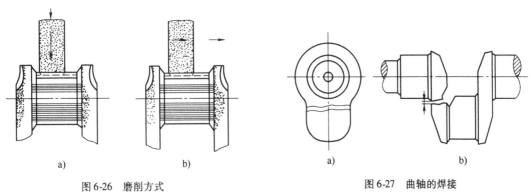

图 6-26 磨削方式
a)切入法;b)纵向进给法

图 6-27 曲轴的焊接

第三节 缸套镗磨

汽缸是发动机的重要零件之一。它在润滑不良、高温、高压、交变荷载和腐蚀性物质的作用下工作,会发生各种形式的磨损,一般情况下粘着磨损和腐蚀磨损居多。当汽缸磨损到一定程度后,发动机的动力性将显著下降,燃料和润滑油的消耗也急剧增加。汽缸套磨损的程度是决定发动机是否需要进行大修或小修的主要依据。要达到减小汽缸磨损速度,延长发动机的使用寿命的目的,除了增加缸套内表面的耐磨性外,还应从机械的维修、管理和使用等方面采取措施,提高维修质量、合理使用及科学维护,不断研究汽缸套的磨损原因,掌握汽缸磨损的规律。

随着对缸套内壁表面进行表面镀铬、表面淬火、激光处理、加铜滚压处理等,缸套的使用寿命不断延长,但柴油机湿式缸套外表面的穴蚀破坏已成为对缸套寿命起决定作用的因素。所以缸套的耐久性包括两个方面:其一是缸套内表面的磨损,其二是湿式缸套外表面的穴蚀破坏。

一、缸套磨损的特点

汽缸工作表面在活塞环运行的行程内磨损较大,尤其是汽缸上部磨损较大,从汽缸纵断面看,磨损是一般是上大下小,形状近似锥形,最大部位是当活塞在上止点位置时,第一道活塞环相对应的缸壁,活塞环不接触的上口和下口几乎没有磨损,因而活塞环上、下止点的部位磨成台阶。当以金属屑磨损为主导磨损形式时,汽缸出现类似"腰鼓"形的磨损;以灰尘磨损及酸性腐蚀磨损为主导磨损时,第一道活塞环上止点的位置出现异乎寻常的剧烈磨损。汽缸的纵断面磨损,如图 6-28 所示。

汽缸沿圆周方向磨损也不均匀,形成不规则的椭圆形。其各向的磨损量往往相差 3 ~ 5 倍,最大磨损区在汽缸沿纵断面磨损最大的截面上(上止点第一道环的地方),其最大磨损部位往往随汽缸结构、使用条件的不同而异,椭圆的长轴多位于横向(垂直曲轴)或纵向(平行于曲轴)。但侧置气门的汽缸最大径向磨损部位一般是接近于进气门对面,如图 6-29 所示。

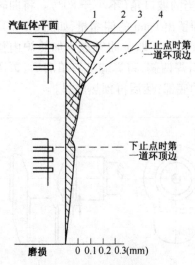

图 6-28 汽缸的纵面磨损

1-金属屑磨料磨损;2-正常磨损;3-灰尘磨料
磨损;4-酸性腐蚀磨损

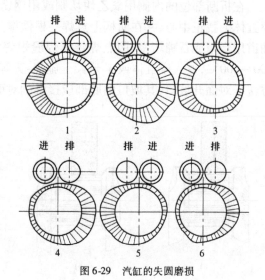

图 6-29 汽缸的失圆磨损

二、缸套的缺陷及原因

1. 汽缸锥形磨损的原因

活塞、活塞环和汽缸是在高温、高压及润滑不良的条件下工作的,加之活塞、活塞环在汽缸内高速往复运动,使汽缸工作表面发生磨损。

(1)活塞环与汽缸壁之间的压力很高,爆发压力(柴油机 4 500～10 000kPa)使活塞环压向汽缸壁的正压力大大超过活塞环的弹力,越靠近燃烧室的活塞环正压力越大。由于正压力的增大,一方面使摩擦力增大,摩擦磨损增加;另一方面使高的正压力易将活塞环与缸壁间的润滑油挤出,破坏液体油膜,不易形成液体摩擦,形成干摩擦和半干摩擦。所以越靠近汽缸上部磨损越严重。

(2)燃烧气体的高温作用,使活塞环与汽缸的工作温度很高,发动机在工作中,汽缸上部邻近燃烧室,温度很高,在高温影响下,润滑油黏度过低,在汽缸表面上不能形成油膜;高热的燃烧气体将缸壁上部的部分润滑油烧掉,使未烧掉的润滑油黏度降低;加上燃烧气体的冲刷及燃油的稀释作用,使汽缸上部处于半干摩擦和边界摩擦条件下工作,润滑条件很差。

(3)活塞、活塞环运动速度的变化,在汽缸工作表面不能形成稳定的润滑油膜。活塞工作时,在上、下止点的速度为零,而中间速度很大。另外发动机工作时,速度变化范围也很大,如起动、怠速和高速行车等,这将使润滑油膜被破坏,加速汽缸工作表面的磨损。而汽缸上部润滑油不易达到,所以磨损更大。

(4)磨料磨损。磨料磨损是由于空气或润滑油带进磨料对缸套产生磨损。由于空气带进的磨料首先作用于第一活塞环与缸套间,因此缸套上方磨损严重,而从机油带进的磨料多数作用于缸套下部,故某些缸套下部磨损较大。

(5)腐蚀性物质的影响。汽缸内可燃混合气燃烧后,产生水蒸气和酸性氧化物 CO_2、SO_2、NO_2,它们溶于水而生成矿物酸,此外燃烧过程中还生成有机酸和蚁酸、醋酸等,它们对汽缸工作表面起腐蚀作用,汽缸表面经腐蚀后形成松散的组织,在摩擦中逐步被活塞环刮掉。在汽缸上部不能完全被润滑油膜覆盖,其腐蚀作用更加严重(图 6-30)。

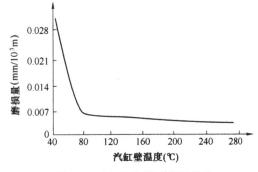

图 6-30 汽缸壁温度与磨损的关系

矿物酸的生成对磨损的影响与其工作温度有直接关系。冷却水温低于 80℃ 时在汽缸表面易形成水珠,酸性氧化物溶于水而生成酸,这一作用随发动机冷却水温的降低而增加。而汽缸上部由于润滑油膜不易形成,生成的酸首先作用于汽缸壁上部,这一腐蚀作用也是最强,使上部磨损最严重。

发动机冷机起动时,腐蚀磨损大,所以发动机未达到工作温度时,其工作负荷不要过大。对于多缸发动机,各缸磨损不均匀,往往是冷却充分的汽缸磨损大些,主要就是腐蚀磨损造成的。

2. 汽缸的径向磨损

在汽缸横断面圆周方向的磨损,往往是不规则的椭圆形,它与发动机的结构、工作条件等因素有关。

（1）做功行程时,侧压力的影响。当活塞在做功行程时以很大侧压力压向汽缸壁,它破坏了润滑油膜,增加了汽缸磨损。

（2）曲轴轴向移动和汽缸体变形的影响。由于离合器工作时的轴向力作用,使曲轴不断前后移动;曲轴的弯曲变形;汽缸体变形造成曲轴座孔同轴度误差过大等,会使汽缸磨损的椭圆长轴出现在曲轴轴线方向上。

（3）装配质量的影响。曲柄连杆机构组装时不符合装配技术要求,如连杆的弯曲、扭曲过量;连杆轴颈锥形过大;汽缸中心线与曲轴中心线不垂直,汽缸套安装不正等都会造成汽缸的偏磨现象。

（4）活塞工作时变形的影响。活塞工作时的变形有热变形、受气体压力变形、受侧压力时的变形等。这些变形的结果都使活塞在销轴方向尺寸增大而增加汽缸壁沿曲轴轴向上的磨损。

（5）缸套与缸体热变形的影响。缸套与缸体受热变形是由于在曲轴轴线垂直方向比曲轴轴向的限制小,因此在热车时由于与曲轴轴线垂直方向外胀而磨损少,相反在曲轴轴向方向磨损较大。因此,冷车测量缸套时会发现椭圆长轴在曲轴轴线方向上。

（6）结构因素的影响。对于侧置气门式发动机,因为进气时较冷的空气流吹向进气门对面的汽缸壁上,使其工作温度降低,润滑油膜被冲刷掉而增大了腐蚀磨损的作用。进气时带进的磨料较多贴敷在进气门对面的缸壁与活塞环间,使进气门对面的汽缸壁磨损增加,造成汽缸的椭圆磨损。

一般水冷却发动机第一缸前部和最后一缸的后部冷却强度大,其磨损较大,特别是长期在较低温度条件下工作时,对磨损的影响更大。

3.汽缸产生拉缸

拉缸主要发生在活塞环移动区。拉缸后会在缸套内壁上形成熔化状金属黏结条纹,其磨损量比正常磨损量大几十倍乃至几百倍。拉缸多发生在汽缸套使用不久的磨合阶段,称早期拉缸,也有长期使用后产生拉缸的,称晚期拉缸。拉缸的机理为:当活塞与套缸孔组成的滑动副间油膜和边界膜遭到破坏时,会引起活塞环与缸套的直接接触而产生剧烈干摩擦,干摩擦使零件表面温度急剧升高。这种不正常高温使摩擦副间润滑条件进一步恶化,造成摩擦副局部熔化状黏结,当零件相对运动时便会产生粘着磨损,产生严重的条状拉痕与擦伤而形成拉缸。影响拉缸的因素主要有:超负荷是引起拉缸的重要原因,特别是在内燃机的磨合阶段,由于摩擦表面还没形成易于建立润滑油膜的最有利工作表面,即以大负荷工作,使零件微观接触面上应力过大,产生塑性变形引起温度急剧升高且不易散出,从而形成局部高温与过热而产生拉缸;活塞与缸孔间热配合间隙过小易产生拉缸;润滑油不足或油环刮油能力过强时,滑动面间缺油而拉缸;缸孔珩磨加工时,珩磨头过钝,将基体金属挤压到石墨片脉床上,形成"覆盖薄皮层",使表面储油性能与磨合性能变坏产生早期的拉缸;缸套材料、活塞环材料相同或相近造成两表面性能相近时,也易产生拉缸。

4.缸套产生裂纹

缸套裂纹多因材质不合要求或有缺陷,而在工作应力与热应力作用下产生。缸套上支承面处裂纹往往因缸套高出缸体上平面过多、缸垫过薄以及缸盖螺母过紧等造成。缸套支承面与外定位圆柱面不垂直时,支承处亦可能产生局部裂纹。

另外,缸套外表面也会产生气蚀。

三、汽缸套的检查与测量

缸套在修理前与修理后必须经过检验和鉴定。修理前的检验和鉴定,目的是确定是否需要进行修理或报废,需要修理时应该采用哪一级修理尺寸。修理后的检验是检查修理质量,确定缸套与活塞的配合间隙。

(一)缸套的检查

检查缸套首先用观察和手指压摸的方法,察看缸套有无裂纹、刮伤、拉缸和其他机械损伤。用手指压摸还可大致知道磨损的情况。然后用内径百分表测量磨损量、圆度以及圆柱度,一般可根据以下四点确定是否修理或报废:

(1)缸套与活塞裙部的配合间隙是否超过使用极限值,缸套内径磨损量是否超过极限。

(2)缸套的圆柱度和圆度是否超过极限。

(3)缸套工作表面有无裂纹和拉缸现象。

(4)缸套外表面有无气蚀破坏,气蚀斑痕的大小及深度。

(二)缸套的测量

1.测量位置

为了保证测量的准确性,需在缸套内孔壁的上、中、下三个位置进行测量(图6-31)。位置Ⅰ-Ⅰ相当于活塞在上止点时,第一道气环对应的缸壁位置;位置Ⅱ-Ⅱ是在缸套的中部;位置Ⅲ-Ⅲ是活塞处于下止点时,下面一道油环所对应的缸壁位置。各个位置都要测量横纵两个方向,即平行曲轴(顺曲轴)方向 $A-A$ 和垂直曲轴(横曲轴)方向 $B-B$。并计算出其圆柱度、圆度、最大磨损量以及活塞裙部的间隙等。

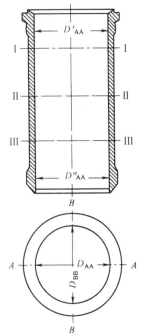

图6-31　汽缸套测量位置

最大磨损量:测得的最大直径与未磨损处(即原直径)直径之差。

汽缸与活塞的间隙:活塞在上止点位置时,活塞裙部下端与所对应的缸壁间隙(即相当于位置Ⅱ)。

2.测量方法

(1)根据汽缸的公称直径(或修理尺寸直径),选用适当长度的可换测头,擦净后装入,并调整可换测头,使测头在自由状态下的长度大于汽缸的公称直径(或修理尺寸直径)0.5～1mm。

(2)将一个外径百分尺调到汽缸套公称直径的尺寸(或修理尺寸),并用止动器使之固定。将内径百分表测头的两端正确地置于外径百分尺测杆内,使内径百分表的测头压缩至公称直径(或修理尺寸),此时转动百分表圈,使刻度盘0刻线对准大指针,如图6-32所示。对尺后的内径百分表在使用或放置过程中,应注意不得碰动刻度盘、量杆的锁紧螺母以及扭动百分表体,否则应重用外径百分尺核对。

（3）将汽缸套内表面擦净，内径百分表放入汽缸时应稍微倾斜，然后再使内径百分表测头与缸壁垂直，并缓慢地左右摆动（图6-33）。此时百分表上的最小读数为该位置汽缸内径的偏差。

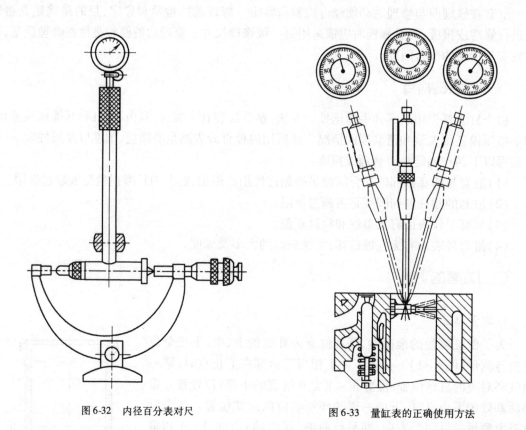

图6-32　内径百分表对尺　　　　　　　　　　图6-33　量缸表的正确使用方法

（4）将内径百分表上下移动到一定位置测量，可测得汽缸的圆柱度。在同一横断面上的不同方向测量可测得汽缸圆度。

四、缸套的加工修理

缸套按修理尺寸法修理时，一般采用先镗削后珩磨的方法恢复配合精度。缸套镗削时，应使孔心线与主轴承中心线及缸套上平面垂直。珩磨时的磨条应锋利，并注意珩磨规范的选择，使缸套内孔表面呈15°～60°交角的网纹，以利润滑油的附着，修后缸套应满足圆柱度、表面粗糙度、孔与外定位圆同轴度等要求。

磨损超过允许值但还未达到极限尺寸的缸套，在大修时如无其他缺陷可按标准修理尺寸进行镗孔和珩磨，以恢复其尺寸精度、几何形状精度和表面粗糙度。其修理间隔尺寸，柴油机一般为0.50mm、0.75mm或1mm，需根据鉴定的结果而定。

随着配件制造的标准化及加工精度的提高，对柴油机缸套的镗磨，一般是依据缸套鉴定的结果，确定应镗修的标准修理尺寸，然后根据此尺寸配用新活塞，以保证活塞与缸套有准确的配合间隙。一般湿式缸套在大修时若因外部气蚀严重，就应做报废处理，干式缸套进行镗修。

镗缸属于粗加工和半精加工,其目的是为了去除磨损造成的几何形状误差并得到基本尺寸精度。镗缸应在专门的镗缸机上进行。在没有专用设备的情况下也要在普通车床上进行,但应配以专用夹具。镗缸机有立式和移动式两类,移动式镗缸机体积小、重量轻,携带和使用都方便。图6-34 为在车床上镗削缸套。

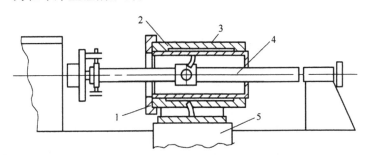

图 6-34　在车床上镗削缸套
1-压帽;2-缸套;3-夹具;4-刀杆;5-刀架

缸套经过镗削以后,表面有螺旋形的加工刀痕。为了提高汽缸壁的表面加工质量,达到缸套加工的最终尺寸要求、延长发动机的使用寿命,必须对缸套表面进行最后一次精加工。

磨缸是用珩磨的方法加工缸套表面。珩磨是一种高精度的加工方法,主要加工工具是带有砂条的珩头(图6-35)。珩磨头由磨缸机主轴带动旋转并做上下往复运动。珩磨头工作时是以缸套本身进行定位的,它与主轴是挠性连接,因而可以消除磨头与汽缸中心间的误差。经过珩磨,缸套表面被砂条磨去一层薄薄的金属,其磨削方向在汽缸表面留下相互交叉的网纹(图6-36)。相互交叉的网纹通常是 $0.5 \sim 1.0 \mu m$ 的磨痕,它使工作表面既有较大的支承面又可在磨痕中储油,有利于改善润滑状态及发动机的磨合。

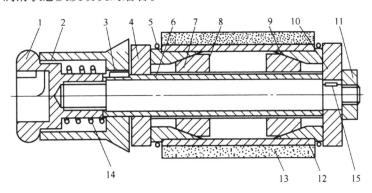

图 6-35　珩磨头结构
1-螺套;2-套;3-键;4-隔圈;5-弹簧;6-双旋向螺管;7-外锥套;8-芯轴;9-内锥套;10-隔圈;11-螺母;12-油石夹头;13-珩磨油石;14-弹簧;15-键

磨头往复运动速度与圆周速度之比称为珩磨速比,它对珩磨质量有较大的影响。增大往复运动速度,可加强切削作用、提高生产率、降低缸套表面粗糙度。磨缸时,应避免磨头的旋转速度与往复运动速度的次数成倍数关系,以免使磨痕重复,影响粗糙度。

往复速度与圆周运动应有一定的比例,即应使两运转的合成作用在缸壁上往复留下的交叉网状磨痕具有一定交角 α(一般为 $15° \sim 60°$),如图6-36所示,磨条从图中1出发,经过一次往复行程后回到最上边位置 2 时,应与开始的位置 1 错开约 2mm。若磨头旋转运动的线速度为 v_x,往复运动的速度为 v_w,缸套的半径为 r,网状花纹夹角为 α,则 $\tan(\alpha/2) = v_w/v_x = 60v_w/(2\pi nr)$,磨头的转速为:

$$n = \frac{30v_w}{\pi \cdot r \cdot \tan\dfrac{\alpha}{2}} \tag{6-7}$$

珩磨速比大,磨痕交角 α 也大,反之则小。试验证明,网纹的交角适当时,可以得到光洁的表面,保持润滑油的能力,减少磨合期。

上下运动的速度应均匀,切勿只在一段内移动或中途停顿或快慢不均。

磨缸时,砂条上下露出的多少,由砂条和缸套的长短而定。砂条在上下运动中露出的过多,会磨成喇叭口,如图 6-37c)所示;如果上下露出过少中间重叠多,又会磨成"腰鼓形",如图 6-37b)所示。由经验确定的方法是:上下露出 15～20mm 或珩磨时砂条伸出缸套上下的长度应不大于砂条全长的 1/3,不小于砂条全长的 1/5 为宜,如图 6-37a)所示。

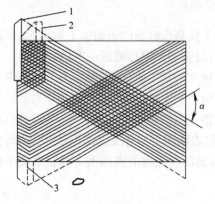

图 6-36　珩磨后的网状磨痕
1-前进行程开始时的砂条位置;2-返回行程终了时的砂条位置;3-前进行程终了时的砂条位置;
α-磨痕螺旋线相交的角度

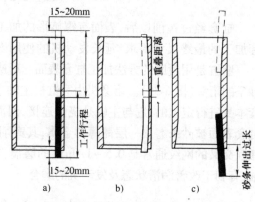

图 6-37　砂条在汽缸内行程的位置

第四节　常用件的修复

一、轴类零件的修复

轴类零件是组成各类机械设备的重要零件,它支承其他零部件、传递动力或完成其他功能。在工程机械中它的损伤和缺陷占很大比重。

(一)轴类零件常见的损伤形式

轴是最容易磨损或损坏的零件,常见的失效形式、损伤特征、产生原因以及维修方法,见表 6-2。

轴常见的失效形式、损伤特征、产生原因以及维修方法 表 6-2

失效形式		损伤特征	产生原因	维修方法
磨损	粘着磨损	两表面的微凸体接触,引起局部粘着、撕裂,有明显粘着痕迹	低速重载或高速运转、润滑不良引起胶合	1.修理尺寸法 2.电镀 3.金属喷涂 4.镶套 5.堆焊 6.粘接
	磨料磨损	表层有条形沟槽刮痕	较硬杂质进入摩擦表面	
	疲劳磨损	表面疲劳、剥落、压碎、有坑	受压应力作用,润滑不良	
	腐蚀磨损	接触表面滑动方向呈均细磨痕,或点状、丝状磨蚀痕迹,或有小凹坑,伴有黑灰色、红褐色氧化物颗粒、丝状磨损物产生	氧化性、腐蚀性较强的气、液体作用,外荷载或振动作用,在接触表面产生微小滑动	
断裂	疲劳断裂	可见破断口表层或深处的裂纹痕迹,并有新的发展迹象	交变应力作用、局部应力集中、微小裂纹扩展	1.焊补 2.焊接断轴 3.断轴接段 4.断轴套接
	脆性断裂	断口由裂纹源处呈鱼骨状或人字形花纹状扩展	温度过低、快速加载、电镀等使氢渗入轴中	
	延性断裂	断口有塑性变形和挤压变形痕迹,颈缩现象或纤维扭曲现象	过载、材料强度不够、热处理使韧性降低,低温、高温等	
过量形	过量弹性变形	受载时计量变形,卸载后变形消失,运转时噪声大、运动精度低、变形出现在受载区或整轴上	轴的刚度不足、过载或轴系结构不合理	1.冷校 2.热校
	过量塑性变形	整体出现不可恢复的弯、扭曲与其他零件接触处呈局部塑性变形	强度不足、过载过量、设计结构不合理、高温,导致材料强度降低,甚至发生蠕变	

(二)轴的部分修复内容

1.中心孔损坏

修复前,首先除去孔内的油污和铁锈,检查损坏情况,如果损坏不严重,用三角刮刀或油石等进行修整;损坏严重时,应将轴安装在车床上用中心钻加工修复,直至符合规定的技术要求。

2.弯曲

对于轴的弯曲变形,通常可采用冷校法校直工艺和热校法校直工艺。对于小直径或弯曲量较小(<长度的8/1 000)的轴,可采用冷校法校直,其校正的弯曲量达0.05~0.15mm/m,可满足一般低速运行机械轴的校正要求。对于较大直径的直轴与阶梯轴、要求高且需精确校正的轴、弯曲量较大的轴,则用热校法进行校直。

3.圆角

圆角的磨伤可用细锉或车削、磨削修复。当圆角磨损很大时,需要进行堆焊,然后退火、车削到原尺寸。圆角修复后,不允许留有划痕、擦伤或刀迹,圆角半径也不容许减小,否则会减弱轴的性能并导致轴的损坏。

4.磨损

轴颈因磨损而失去正确的几何形状和尺寸,变成椭圆形或锥形,一般视轴颈磨损程度选用镶套、镀铬和镀铁、轴颈电刷镀、堆焊、热喷涂、粘接等不同的修复工艺。

5. 裂纹和断裂

轴出现裂纹后,若不及时修复,就有断裂的危险。对受载不大或不重要的轴,当径向裂纹不超过轴直径的 10% 时,可用补焊法修复。轻微裂纹也可用粘接修复。

对于轴上有深度超过轴直径 10% 的裂纹或角度超过 10° 的扭转变形,而且是受载很大或重要的轴,应调换新件。

当承受大荷载或重要的轴出现断裂时,应及时换件。一般受力不大或不重要的轴,可用图 6-38 所示的方法进行修复。

图 6-38a)是用焊接法把断轴两端对接起来,焊接前,先将两端面钻好圆柱销孔、插入圆柱销、然后开坡口进行对接。圆柱销直径一般为 $(0.3 \sim 0.4)d$,d 为断轴外径。图 6-38b)是用双头螺柱代替前面的圆柱销。

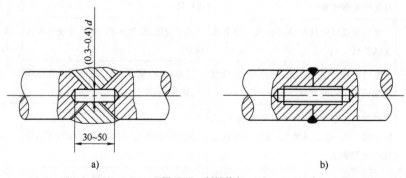

$(0.3 \sim 0.4)d$

$30 \sim 50$

a)   b)

图 6-38   断轴修复

若轴的过渡部位折断,可另车一段新轴代替折断部分,新轴一端车出带有螺纹的尾部,旋入轴端已加工好的螺孔内,然后进行焊接。

有时折断的轴其断面经过修整后,会使轴的长度缩短,此时需要采用接段修理法进行修复,即在轴的断口部位接上一段轴颈。

6. 花键

当键齿磨损不大时,先将花键部分退火,进行局部加热,然后用钝錾子对准键齿中间,后手锤敲击,并沿键长移动,使键宽增加 $0.5 \sim 1.0$mm。花键被挤压后,键齿中间敲出的槽可用电焊焊补,最后进行机械加工和热处理。也可采用堆焊法或镀铁修复。

堆焊后要重新进行铣削或磨削,达到规定的技术要求。

7. 其他

外圆锥面磨损,可通过电刷镀或喷涂后机加工工艺修复,也可磨到较小尺寸,恢复几何精度达到修配尺寸,另外配相应的件。

轴上销孔磨损,可铰大一些,另配销子;轴上的扁头、方头以及球面磨损可用堆焊或加工修整其几何形状。

二、孔类零件的修复

(一)孔磨损

孔类零件(包括螺纹孔)的主要损伤形式是孔磨损。实际中应视孔类零件结构、用途以及维修工艺水平等条件分别采用镶套、塑性变形和电刷镀修复以及镶套—粘接复合修复工艺等。

（二）孔类零件其他形式损伤的修复

孔类零件中，键槽、螺纹孔、圆锥孔、销孔等部位出现的损伤及修理工艺选择，见表6-3。

孔类零件损伤部位形式及修复工艺选择   表6-3

序号	零件磨损部分	修 理 方 法	
		达到公称尺寸	达到修配尺寸
1	孔径	镗大镶套、堆焊、电刷镀、粘接	镗孔或磨孔，恢复几何精度
2	键槽	堆焊修理，转位另插键槽	加宽键槽，另配键
3	螺纹孔	镶螺塞，可改变位置的零件转位重钻孔	加大螺纹孔至大一级的标准螺纹
4	圆锥孔	镗孔后镶套	刮研或磨削恢复几何精度
5	销孔	移位重钻，铰销孔	铰孔，另配销子
6	凹坑、球面窝及小槽	铣掉重镶	扩大修整形状
7	平面组成的导槽	镶垫板、堆焊、粘接	加大槽形

三、齿轮的修复

齿轮的失效形式一般有轮齿折断与齿端崩齿、齿面接触疲劳、齿面磨损以及齿面严重塑性变形等形式。有时，在同一齿轮上，上述齿轮失效形式可能同时发生。齿轮常见的失效形式、损坏特征、产生原因和维修方法，见表6-4。

齿轮常见的失效形式、损伤特征、产生原因和维修方法   表6-4

失效形式	损伤特征	产生原因	维修方法
轮齿折断	整体折断一般发生在齿根，局部折断一般发生在轮齿一端	齿根处弯曲应力最大且集中，荷载过分集中，多次重复作用、短期过载	堆焊、局部更换、栽齿、镶齿
疲劳点蚀	在节线附近的下齿面上出现疲劳点蚀坑并扩展，呈贝壳状，可遍及整个齿面，噪声、磨损、动载增大，在闭式齿轮中经常发生	长期受交变接触应力作用，齿面接触强度和硬度不高、表面粗糙度大一些、润滑不良	堆焊、更换齿轮、变位切削
齿面剥落	脆性材料、硬齿面齿轮在表层或次表层内产生裂纹，然后扩展，材料成片状剥离齿面，形成剥落坑	齿面受高的交变接触应力，局部过载、材料缺陷、热处理不当、润滑油黏度过低、轮齿表面质量差	堆焊、更换齿轮、变位切削
齿面粘着	齿面金属在一定压力下直接接触发生粘着，并随相对运动从齿面上撕落，按形成条件分热粘着和冷粘着	热粘着产生于高速重载，引起局部瞬时高温，导致油膜破裂，使齿面局部粘着；冷粘着发生于低速重载，使局部压力过高、油膜压溃，产生粘着	更换齿轮、变位切削、加强润滑
齿面磨损	轮齿接触表面沿滑动方向有均匀重叠条痕，多见于开式齿轮，导致失去齿形、齿厚减薄而断齿	铁屑、尘粒等进入轮齿的啮合部位引起磨料磨损	堆焊、调整换位、更换齿轮、换向、塑性变形、变位切削、加强润滑
塑性变形	齿面产生塑性流动、破坏了正确的齿轮曲线	齿轮材料较软、承受荷载较大、齿面间摩擦力较大	更换齿轮、变位切削、加强润滑

当齿轮的个别齿断齿、崩牙，遭到严重损坏用，电弧堆焊法局部堆焊时，为防止齿轮过热，可把齿轮浸入水中，只将被焊齿露于水面，在水中进行堆焊。轮齿端面磨损超限，可用埋弧自动堆焊。

对于双联、多联齿轮，如果仅其中一联齿轮打碎或其他形式损坏，而其余大部分均完好，则可用局部更换法修复，如果齿轮有几个齿连续损坏，可用镶齿轮的方法修复。若多联齿轮、塔形齿轮中有个别齿轮损坏，可用齿圈替代法修复。

齿轮最多见的失效形式是齿面缺陷，包括齿面磨损、点蚀、剥落、粘着等。对齿面缺陷的修复方法较多，如堆焊、热锻、变位切削、金属涂敷、塑性变形、真空熔结等。对齿面缺陷的修复应注意以下几点：

(1)对于单个运转受力的齿轮，轮齿常发生单面损坏，只要结构允许，可直接用换位法修复。如沥青混凝土摊铺机供料系统中的齿轮大都为单面受力，可用此法。

对于结构对称的齿轮，当单面磨损后可直接翻转180°，重新安装使用，这是齿轮修复的通用办法。但是，对圆锥齿轮或具有正反转的齿轮不能采用这种方法。

若齿轮精度不高，并由齿圈和轮毂组合的结构(铆合或压合)，其轮齿单面磨损时，可先除去铆钉，拉出齿圈，翻转180°换位后再进行铆合或压合，即可使用。

结构左右不对称的齿轮，可将影响安装的不对称部分去掉，并在另一端用焊、铆或其他方法添加相应结构后，再翻转180°安装使用；也可在另一端加调整垫片，把齿轮调整到正确位置，而无须添加结构。

对于单面进入啮合位置的变速齿轮，若发生齿端碰缺，可将原有的换挡拨叉槽车削去掉，然后把新制的拨叉槽用铆或焊接方法装到齿轮的反面。

(2)对于非渗碳齿轮齿面缺陷，可用堆焊或氧乙炔焰金属粉末喷焊工艺修复，修复的目的在于恢复尺寸并适当提高齿面硬度，以获得较好的塑性、冲击韧性、耐腐蚀性以及良好的耐磨性。对齿面进行堆焊或喷焊后，要进行机加工。

(3)渗碳齿轮齿面缺陷的修复。渗碳齿轮的齿轮表面含碳量高，其缺陷的修复比较困难，因为根据渗碳齿轮的工作要求，齿面修复应满足以下条件：修复层应与基体金属间有足够的结合强度。修复层具有良好的力学性能，重点是抗磨损性能、抗接触疲劳性能等。修复工艺对金属影响小，保证齿轮承受重载而不折断。修复层具有较好的切削加工性能。经济性好。

如果采用直接堆焊修复，则堆焊层性能很差，而且难以机械加工。故通常采用先去掉渗碳层再进行堆焊，粗加工齿面后再渗碳处理，最后进行精加工齿形的方法。这种方法工艺过程复杂、工序过长、修复成本较高。采用低真空熔结工艺和等离子堆焊工艺来修复渗碳齿轮磨损齿面的方法效果较好。

(4)塑性变形法只适用修复模数较小的齿轮。

(5)变位切削法。大传动比、大模数的齿轮传动因齿面磨损超限而失效，成对更换不合算，采取对大齿轮进行负变位修复，配换一个新的正变位小齿轮保证中心距与变位前的中心距相等，使传动得到恢复。大齿轮经负变位切削后，它的齿根强度虽降低，但仍比小齿轮高，只要验算轮齿的弯曲强度在允许的范围内便可使用。

采用变位切削法修复齿轮，必须进行有关方面的验算，包括：根据大齿轮的磨损程度，确定变位量，即大齿轮切削最小的径向深度。当大齿轮齿数小于40时，需验算是否会有根切现象，若大于40，一般不会发生根切，可不验算。当小齿轮齿数小于25时，需验算齿顶是否变尖，若大于25,一般很少使齿顶变尖,故无须验算。必须验算齿轮齿形有无干涉现象。闭式传动的大齿轮经负变位切削后,应验算轮齿表面的接触疲劳强度,而开式传动可不验算。当大齿轮的齿数小于40时,需验算弯曲强度,而大于或等于40时,因强度减少不大,可不验算。

用变位切削法修复时,首先应注意大齿轮的齿面缺陷情况,若大齿轮磨损、点蚀、剥落情况较小齿轮严重时,变位后应对大齿轮齿面进行强化处理。

如果两传动轴的位置可调整,新的小齿轮不用变位,仍采用原来的标准齿轮。如小齿轮装在电动机轴上,可移动电动机来调整中心距。

四、轮类零件的修复

轮类零件,如履带式工程机械的导向轮、支重轮、驱动轮等,由于工作条件恶劣,其主要损伤形式是磨损。这种磨损不仅有粘着磨损,而且大量存在磨料磨损和冲击磨损。

轮类零件由于磨损量大,要求有足够的耐磨性,金属覆盖层与基体金属结合要牢固,因此轮类零件的主要修复和修理工艺是采用堆焊,可以采用手工电弧堆焊、电振动堆焊和埋弧自动堆焊工艺,其中埋弧下自动堆焊因工艺质量好、生产率高而常被采用。

如推土机支重轮起承重作用,它一般用45号钢铸成,轮缘表面淬火硬度不低于HRC33,淬火层深度不小于5mm。使用中可能产生的缺陷有:轮缘磨损、断裂,轮毂裂纹,与轴配合孔的磨损以及键槽磨损等。其中,绝大多数是轮缘磨损,常用埋弧自动堆焊修复。

第五节　液压元件的修复

现代工程机械上采用液压传动已很普遍,这是由于液压传动有技术性能高、简化机构、传动性能好、工作平稳安全可靠、操作简便灵活、易实现自动化及完成较复杂的动作、易实现低速大转矩和对液压元件有自润滑等优点。

液压系统发生的故障具有难判断、易维修的特点。难判断是因液压系统的故障具有隐蔽性、变幻性以及引发因素的多元性;易维修指液压系统的故障起源确定,排除一般较容易,不易排除的也可通过更换不太笨重的故障总成部件而较快地使液压系统恢复正常工作。

液压元件制造精度要求高、造价高是液压系统的缺点之一,这是液压元件修复难度大的主要原因。因此,有故障的液压元件,可通过检查分析,确定其有无修理的价值与可能,若有则应采用适宜的维修工艺进行修复。

一、液压泵常见的故障与检修

液压泵在液压系统中起着非常重要的作用,通过它才能将机械能或电能转换成液压能,使液压系统成为有动力源的系统。液压泵使用一定时期后,其中的零部件会逐渐磨损以致损坏,造成泵的各种不正常现象。

液压泵损坏有各种各样的原因,但主要原因是由磨损和事故性损坏。

(一)齿轮泵的故障与修理

1. 齿轮泵的主要故障

齿轮泵的主要故障是实际流量下降及输出压力提不高。其原因是齿轮泵内部零件之间的配合间隙由于磨损而增大,造成内部泄漏增加。图 6-39 所示为齿轮泵主要故障部位。

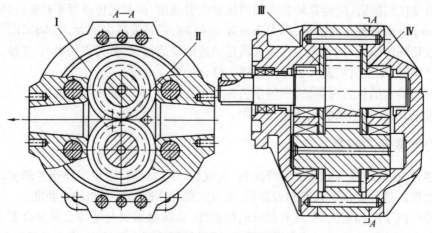

图 6-39 齿轮泵主要损伤部位

Ⅰ-齿轮顶圆与泵体内孔表面的径向磨损;Ⅱ-齿面磨损,齿侧间隙过大;Ⅲ-齿轮端面与侧板端面、泵盖间的磨损;Ⅳ-侧板与轴的磨损

齿轮泵内部零件的磨损速率主要取决于液压油的洁净程度,保持液压油干净,齿轮泵内部零件的磨损速率是很低的。

齿轮泵还会由于泵轴上密封件划伤或骨架弹簧脱落,以及密封件材质老化等出现外漏。这同样会使齿轮泵的容积效率和压力降低。

2. 齿轮泵的修理

齿轮泵的修理主要是恢复零件之间的配合间隙、更换密封件等,以提高泵的容积效率,提高输出压力。

(1)修理技术要求。泵体一般用优质铸铁经时效处理制造,也有用铝合金制造的。泵体内孔圆度及圆柱度误差一般为 0.01mm,轴孔中心线与端面的垂直度误差一般为 0.01 ~ 0.15mm,泵盖端面表面粗糙度 R_a 不大于 0.8μm。

齿轮一般用 45 号钢、铁基粉末冶金、20Cr、18CrMnTi 等制造。齿轮端面与内孔中心线的垂直度一般不大于 0.01mm,两端面的平行度误差一般不大于 0.05mm。齿轮两端面及齿顶圆的表面粗糙度 R_a 不大于 0.08μm。

齿轮轴一般采用 20Cr、40Cr,特殊的采用 12CrNi 或 18NiWA,用作轴承内滚道时采用 40CrAl 制造。同轴度允差为 0.01mm,两个轴颈的同轴度一般不大于 0.02mm,表面粗糙度 R_a 一般不大于 1.6μm,用作轴承滚道的表面粗糙度 R_a 不大于 0.2μm。

齿轮油泵的配合间隙及磨损极限间隙,如表 6-5 所列(括号内为低压泵间隙)。

齿轮油泵配合间隙及磨损极限间隙值(mm)   表 6-5

配合部位		配合间隙	磨损极限间隙
中低压齿轮泵	齿顶圆与泵体内孔	0.03 ~ 0.06(0.13 ~ 0.16)	0.10(0.16)
	轴向间隙	0.025 ~ 0.04	0.08
中高压齿轮泵	齿顶与泵体内孔	0.03 ~ 0.06	0.10
	轴向间隙	0.03 ~ 0.04	0.08

（2）齿轮泵主要零件的修复。

①泵体。泵体内孔磨损一般发生在低压油腔侧,主要因轴承松旷、高压油推压等造成,若结构上能保证用换位法进行修理,则将泵体相对其他零件,绕本身轴线旋转180°,使吸油腔变成压油腔以恢复工作能力。

当泵体内腔磨损严重不能用换位法修理时,可用镀铁的方法修复。也可用镶铜套法修复,先按图6-40加工出两个半圆铜套,用铜焊焊合;将泵体内腔镗大到与铜套外径有0.03mm过盈量,在铜套外表面与镗大的泵体内表面涂以环氧树脂粘接剂,然后压合;钻进、出油孔;精镗铜套内圆。泵体内表面磨损均匀也可采用喷涂金属或塑料耐磨层予以恢复。泵体内孔表面拉伤或磨损轻微,可采用砂条研磨或抛光予以消除;若泵体内孔表面拉伤或磨损严重且极不均匀,可采取机械加工的方法进行扩孔,然后重配齿轮。由于齿轮和泵盖(端盖)的端面修理,致使轴向间隙过大,必要时也可以将泵体一端面磨去很小的尺寸,以保证轴向间隙符合规定值。壳体有裂纹时,一般应报废。

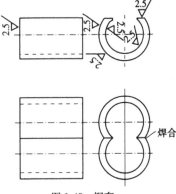

图6-40　铜套

②齿轮。齿轮外圆磨损及刮伤,会使径向间隙增大。对使用无明显影响的轻微磨损及擦伤可继续使用、无须修理,若较严重造成泵或马达严重内泄时,应更换齿轮或将擦伤缺陷经研磨消除后再镀铬的方法修理。

齿轮两端面轻微磨损起线部位,可以用研磨方法将毛刺痕迹研去,磨损严重的齿轮,应在平面磨床上磨平,而且只要有一个齿轮端面磨损,另一个齿轮也必须同时磨削,以保证两个齿轮的厚度差在允许范围内。

一般齿轮泵都是单方向工作的,因而齿面也都是单面磨损,在齿轮泵重新进行装配时,如果无结构上的限制,把齿面磨损的齿轮,用油石去掉毛刺后,将两个齿轮反转180°安装,利用其原来非啮合的齿面进行工作。当齿轮的齿面有严重的磨损和疲劳点蚀,齿侧间隙超过最大许可值0.35mm时,不予修复,应更换新件。若齿面磨损不大,齿顶磨损也轻微,只需对两个齿轮端面的磨损伤痕进行研磨或磨削。

③侧板。侧板磨损轻微时,采用研磨的方法进行修理,加工后表面粗糙度为R_a为1.25μm。有严重磨损或擦伤时,最好换件。

(二)叶片油泵的修理

1.修理技术要求

叶片油泵主要零件材料和技术要求,见表6-6。

叶片油泵主要零件材料和技术要求　　　　　　　　　　　　表6-6

零件名称	材　料	热处理	精度要求
泵体	HT20-40	时效处理	泵体内圆柱度与圆度误差不大于0.01mm 粗糙度R_a为2.5μm
转子	40Cr	HRC48~52	两端面平行度允差0.007mm 叶片槽平行度允差0.01mm
	20Cr	渗碳层1mm HRC59	两轴颈的同轴度允差0.005mm 端面R_a为0.32μm,叶片槽的粗糙度R_a为0.06μm

零件名称	材 料	热 处 理	精 度 要 求
定子	GCr15	HRC63	端面平行度允差 0.07mm 端面与孔轴心线的垂直度允差 0.01mm 粗糙度 R_a 为 0.32μm
叶片	W18Cr4V	渗碳淬火 HRC63	叶片两端的平行度允差为 0.01mm 叶片两端与两侧面的垂直度允差 0.01mm 叶片平面度允差 0.005mm 叶片粗糙度 R_a 为 0.16μm
配流盘	青铜 TSnZnPb6-6-3 铝铁青铜 ZQA19－4 锑铜铸铁 (YB 型泵用)		配流盘端面对内孔的垂直度允差 0.01mm,只许向内凹粗糙度 R_a 为 0.32μm

叶片油泵的配合间隙,如表 6-7 所示。转子轴颈和配流盘孔的配合为 H7/h6 或 H7/f7;定子与泵体的配合为 H7/h6。

中低压叶片泵配合间隙及磨损极限间隙值(mm)　　　表 6-7

配 合 部 位	配 合 间 隙	磨损极限间隙
叶片与叶片槽	0.015 ~ 0.02	0.03
叶片与配流盘	0.025 ~ 0.05	0.06
转子与配流盘(轴向)	0.02 ~ 0.04	0.05

2.叶片泵的主要故障与损坏部位

叶片泵在使用中出现的主要故障是流量不足、压力下降,导致液压系统执行机构动作缓慢无力。其原因是关键的运动零件产生了严重磨损,破坏了定子、转子、叶片和配油盘所构成的密封空间的密闭性,造成了严重内漏。其中,叶片与配流盘接触处的间隙以及叶片与转子叶片槽的间隙对内漏的影响最大,其泄漏量占总泄漏量的 54% ~ 80%。图 6-41 所示为叶片泵主要损伤部位。

3.主要零件的修理

(1)定子。叶片油泵工作时,叶片在压力油及离心作用下紧抵在定子曲线表面,因而定子曲线表面磨损较大,特别是吸油腔曲线表面磨损更大。

双作用叶片泵的定子内曲线表面有轻微拉伤磨损的伤痕时,可采用砂条修磨及研磨抛光消除;定子曲线表面呈锯齿形伤痕,必须在专用定子磨床或内圆磨床上进行修磨;如果磨损不严重也可用油石打磨,使内表面光滑。修理后应用换位法将定子翻转 180°,使原吸油曲面成为排油曲面,如图 6-42 所示。如果转子端面进行磨平修理,则应将定子端面也平磨去相应尺寸,使轴向间隙符合要求。单作用叶片泵定子的内壁为圆柱面,而且定子有一定厚度,在圆柱面有磨痕时,可用软纸或布垫装在车床卡盘上进行抛光修复。

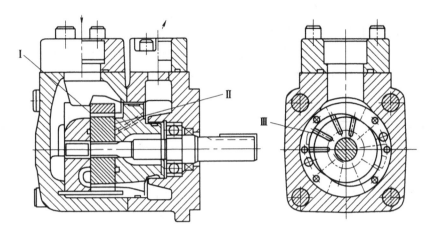

图 6-41　叶片泵的主要损伤部位

Ⅰ-叶片与定子间的磨损;Ⅱ-转子与配流盘之间的轴向端面磨损;Ⅲ-叶片与叶片槽的磨损

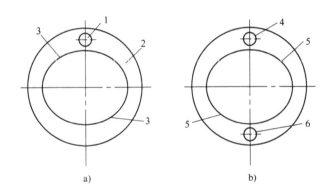

图 6-42　定子翻转使用方法

a) 翻转前;b) 翻转后

1-定位孔;2-定子;3-磨损部位;4-新钻出的定位孔;5-定子磨损部位;6-原定位孔

（2）叶片。个别叶片发生严重磨损、粘着、折断等时,应及时修复或重新单配更换。

叶片与定子内表面接触的顶端和与配油盘相对运动的两侧最易磨损,可用磨削加工方法恢复其精度。

与转子槽相接触的两面如有磨损,可在平面磨床上磨削或研磨。但应保证叶片与槽的配合间隙在 0.013 ~ 0.018mm 内。若间隙过小,容易卡住;间隙过大,叶片在工作时容易卡住转子而折断。因此,要求间隙适当,而且叶片能上下滑动,灵活而无阻滞现象。

叶片的端面磨损,可以利用专用夹具装夹修磨（图 6-43）。修磨时,一台油泵的全部叶片应一次同时装夹在一个夹具中,同时加工。

端面修磨后,再装入专用夹具,修磨棱角（图 6-44）。修磨叶片棱角时需特别注意:凡叶片的倒角小于 C1 的,应磨到 C1 以上,基本上达到叶片厚度的 1/2,并最好修磨成圆弧形,这样可减少叶片沿定子内表面滑动时作用力的突变现象。

（3）转子。两端面有磨损、划痕和金属粘着现象时,轻者用油石除去毛刺,并用研磨方法在平板或玻璃上进行修研。严重的则利用专用芯棒在磨床上将端面磨光,同时要对叶片宽度和定子厚度做相应的修磨,使转子、叶片、定子三者的配合符合要求。

转子两端轴颈磨损后,可在外圆磨床上修磨磨损处,单配配油盘的孔径。

转子的叶片槽通常磨损较大,需装夹在专用夹具上磨槽,重配叶片。磨槽时,需注意保证叶片槽的倾角(图6-45)。叶片槽的槽口只准去毛刺,不准倒圆。

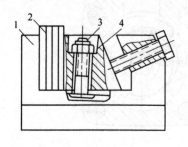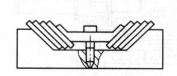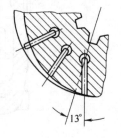

图 6-43　修磨叶片端面的专用夹具　　　　图 6-44　修磨叶片棱角　　　图 6-45　叶片槽的倾角
1-底座;2-叶片;3-拉紧螺钉;4-压板

(4)配油盘。端面有条状划痕、拉伤痕以及磨损时,可在平板上研磨。磨损严重的,也可先在车床上车平,然后研磨。需注意,配油盘太薄时容易变形及只许向内凹。

(5)泵体。若叶片泵的转子宽度、配流盘以及定子宽度因修磨尺寸有变化时,应将泵体轴向尺寸作相应的变化。否则,将使转子与配流盘的轴向间隙过大,造成严重内泄。

(三)柱塞油泵的修理

(1)主要零件材料和技术要求。柱塞油泵的主要零件材料和技术要求,见表6-8。

柱塞油泵主要零件材料和技术要求　　　　　　　　　　　　　表6-8

零件名称	材　料	热处理	精度要求
柱塞	GCr9SiMn GCr15 20Cr、40Cr	HRC56~62	圆柱度及圆度误差应不大于0.003mm 圆柱面粗糙度 R_a 为0.16μm 圆头部分粗糙度 R_a 为0.32μm
斜盘	GCr15	HRC58~62	两端面的平行度不大于0.02mm 端面与外圆的垂直度误差不大于0.04mm 各接触面的粗糙度 R_a 为0.32μm
缸体	HT30-54 QT45-0		柱塞孔应与柱塞研配,圆柱度及圆度误差不大于0.003mm,孔面粗糙度 $R_a < 0.32$μm 转子孔轴心线与端面的垂直度允差不大于0.01mm,粗糙度 R_a 为0.16μm 轴向柱塞泵转子端面应研磨,粗糙度 R_a 为0.16μm
配流轴与 配流盘	20Cr 12CrNi3	渗碳层1mm HRC59	配流轴各配合外圆的同轴度误差不大于0.01mm,与转子孔配磨,粗糙度 R_a 为0.16μm 配流盘平面应进行研磨,粗糙度 R_a 为0.16μm

(2)柱塞油泵易发生缺陷的部位。柱塞油泵在使用中的主要故障是不能吸油或吸油量不足,以及建立不起压力。根据柱塞油泵的工作原理,凡是影响或破坏柱塞与缸体中柱塞孔组成的密闭空间的密封性,以及密闭空间容积变化的有关零件的磨损或损坏,都会引起故障。

柱塞油泵易发生缺陷的部位有:柱塞与柱塞孔间的间隙过大或拉伤;斜盘与滑靴发生磨损;配流盘端面磨损与缸体接合面密封不严等,见图6-46。

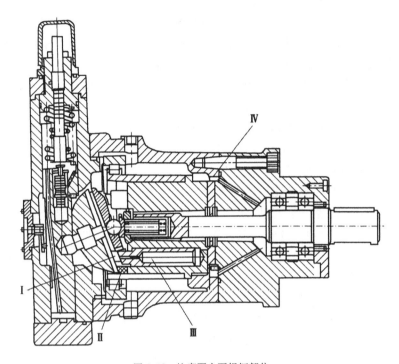

图 6-46　柱塞泵主要损坏部位

Ⅰ-斜盘与滑靴间的磨损;Ⅱ-滑靴与柱塞球头的磨损;Ⅲ-柱塞与柱塞孔间的磨损与拉伤;Ⅳ-配流盘与缸体接合面磨损、密封不严

柱塞油泵的配合间隙,见表6-9。

柱塞油泵的配合间隙值　　　　　　　　　　　　　　　　　　表6-9

配 合 部 位		配 合 间 隙
配流轴与转子衬套的间隙		0.03 ~ 0.06
配流盘与缸体端面之间(轴向)		0.01 ~ 0.02
柱塞与缸体内孔(柱塞孔) (d 为柱塞直径)	d ≤ 12	0.01 ~ 0.02
	d ≤ 20	0.015 ~ 0.03
	d ≤ 35	0.02 ~ 0.04

(3)主要零件的修理。

①柱塞与柱塞孔。柱塞是一个比压分布不均匀,轴向运动速度很高、极易磨损的零件。由于柱塞受到较大的侧向力作用,在工作时还绕自身轴线转动,所以磨损后的柱塞呈腰鼓形,使柱塞与缸体柱塞孔配合间隙增大。

由于柱塞加工精度高、修复成本高,通常不予修复,而换用新件。在没有新件可换时,作为一种应急措施,可在磨损的柱塞靠尾端约占全长 2/3 处加工一圈圆弧凹槽,在槽内装入 O 形密封圈,利用密封圈的密封性和补偿间隙的作用,恢复柱塞泵的泵油性能。一般经过这样处理之后,柱塞泵的使用寿命可达半年。

柱塞与其配合的孔磨损后,其磨损间隙比规定的配合间隙增大15%～20%时,应重做新柱塞,或对旧柱塞进行镀铬修复,然后选用黏度为W10以下的研磨剂将柱塞与孔进行配对研磨,直至达到规定的配合间隙和表面粗糙度。

②缸体的修理。缸体最易磨损的部位是与柱塞配合的柱塞孔内壁,以及与配油盘接触的端面。柱塞孔壁磨损,使柱塞与柱塞孔配合间隙增大。缸体与配流盘接触的端面磨损将使它们的配合间隙增大。这两个间隙的增大,将使内漏增加。

缸体端面磨损后可先在平面磨床上精磨端面,然后再用氧化铬抛光膏抛光。也可在内圆磨床上精磨端面。精磨后端面的平面度应在0.005mm以内。

③配流盘。配流盘与缸体的端面有拉伤或磨伤的伤痕时,可用研磨的方法进行修复,一般是将配流盘与缸体进行对研,也可在平面磨床上修磨,研磨剂的粒度可以增大到100号左右。研磨后装配应注意调整轴向间隙。配流盘磨损量过大时应更换新件。

④斜盘的处理。斜盘与滑靴接触的表面会产生磨损。当滑靴的润滑油孔堵塞后,滑靴与斜盘接触面就不能获得足够的润滑油,将导致滑靴与斜盘烧结。对于带变量机构的斜盘式轴向柱塞泵来说,斜盘两侧的两个并轴及其支承磨损,会出现间隙,使斜盘动作滞后。斜盘与滑靴的接触表面磨损,可在平板上研磨修平。修磨后的表面粗糙度不高于R_a为0.2μm,平面度在0.005mm以内。

⑤其他零件。径向柱塞泵配流阀密封不严时可用对研法恢复密封;驱动部分缺陷的修理与一般机械中同类零件一样进行;顶杆磨损,轻者可以在平面磨床上修磨,重者则需换新件;中心(定心)弹簧和变量机构控制弹簧若变形、疲劳,致使弹簧力不足者,应更换弹簧;变量控制阀的阀芯与阀孔的配合间隙磨损过大时,须重做新阀芯并对阀孔进行配研;轴用旋转油封件或其他密封件失效,丧失密封功能,应予更换。

(四)液压泵及液压马达的检测

1.液压泵的检测

(1)油泵试验油路系统。油泵试验油路系统,如图6-47所示。

(2)测试内容。

①压力测试。打开溢流阀13,使油泵在标定转速下空载运行5min(修复后的油泵运转30min),然后关闭溢流阀13,用节流阀9调节,使油泵达到标定压力$p_标$(此时溢流阀压力应高于$P_标$),在标定负荷下运转5min,从压力表6上读取压力值。

②压力振摆测试。压力振摆系压力脉动过大,它与油泵的运动副间的间隙变化有关。油泵在标定压力下工作,其压力振摆应不超过允许值。用压力表测量压力振摆时,为了正确反应压力脉动值,在压力表前不应附加阻尼器。在精密测量时,可在油泵输油管道上(靠油泵出口处)安装压力变换器,并用示波器测量。

③排量。在额定转速和额定压力下测定液压泵的排量。

④容积效率测试。容积效率是油泵在标定压力($p_标$)下,实际流量与理论流量之比,即

$$\eta_容 = \frac{Q_实}{Q_理} \tag{6-8}$$

式中:$Q_理$——泵在零压力时的空载流量。

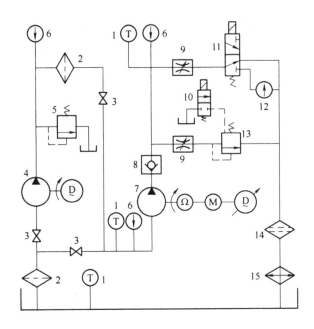

图 6-47　油泵试验油路系统图

1-温度计;2-粗滤器;3-截止阀;4-输油泵;5-溢流阀;6-油压表;7-被试泵;8-止回阀;9-节流阀;10-电磁阀;11-电磁换向阀;12-流量计;13-溢流阀;14-细滤器;15-油冷器

当 ΔQ 为泵的泄漏量时,容积效率为:

$$\eta_{容} = \frac{Q_{实}}{Q_{理}} = \frac{Q_{理} - \Delta Q}{Q_{理}} = 1 - \frac{\Delta Q}{Q_{理}} \tag{6-9}$$

⑤总效率测试。油泵总效率 $\eta_{总}$ 是油泵的输出功率 $P_{出}$ 与它的输入功率 $P_{入}$ 之比,即

$$\eta_{总} = \frac{P_{出}}{P_{入}} \tag{6-10}$$

式中:$P_{出}$——泵的输出功率,$P_{出} = \dfrac{pQ}{612}(\mathrm{kW})$;

　　p——标定压力(MPa);

　　Q——在标定压力下的流量($1/\min$)。

　　$P_{入}$——泵的输入功率,$P_{入} = \dfrac{Tn}{9\,549}$

　　n——油泵转速(r/min);

　　T——输入功率转矩(N·m)。

⑥运转平稳性。在额定转速下,空运转或负载运转都要平稳,无噪声和振动现象。

⑦变量机构性能试验。要求变量机构动作灵敏、可靠,它反映油泵修理的质量。

⑧泵壳温度的测试。应符合要求并不得有外泄漏现象。

2. 液压马达的检测

(1)液压马达测试油路系统。液压马达试验油路系统,如图 6-48 所示。

(2)测试内容。

①容积效率。这是衡量液压马达修理质量的一个重要指标,不得低于规定值。

$$容积效率 = \frac{空载输入排量}{满载输入排量} \times 100\% \qquad (6\text{-}11)$$

②低速稳定性。要求液压马达在最低转速时不出现"爬行"现象,最低转速不得高于规定值。

③起动转矩试验。在最大排量和额定压力下,起动转矩应符合使用要求。

④压力、排量、总效率、变量机构性能试验、液压马达壳体温度测量与液压泵相同,并不准有外泄漏现象。

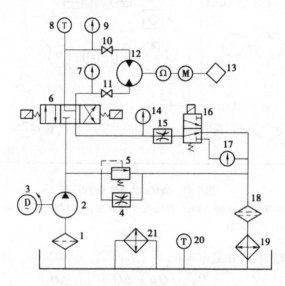

图 6-48　液压马达试验油路系统图

1-粗滤器;2-油泵;3-电机;4、15-节流阀;5-溢流阀;6-电磁换向阀;7、9、14-压力表;8、20-温度计;10、11-截止阀;12-被试马达;13-负载;16-换向阀;17-流量计;18-细滤器;19-油冷器;21-加热器

二、液压油缸常见的故障与检修

(一)液压油缸主要零件的材料和技术要求

液压油缸主要零件的材料和技术要求,见表 6-10。液压缸的配合公差,一般间隙密封的油缸,其活塞外径与油缸缸孔的配合间隙为 $0.02 \sim 0.04$ mm,通常按表 6-11 所列取值。表中的最小间隙为正常配合间隙值,最大间隙值可作为修理极限值;装有密封圈的活塞与缸孔的配合为 H8/f8 或 H9/f9。活塞杆导向孔与活塞杆的配合为 H7/f7。

油缸主要零件材料和技术要求 表 6-10

零件名称	材 料	热处理	技 术 要 求
缸体	HT25-47 优质铸铁 HT30-54 优质铸铁 锻钢 铸钢 无缝钢管		圆度、圆柱度误差不大于 $0.005 \sim 0.001$mm 内表面粗糙度:当活塞用橡胶密封时,R_a 为 $0.63 \sim 0.16 \mu$m 当用活塞环密封时,取 R_a 为 $0.63 \sim 0.32 \mu$m,但需进行研磨或珩磨 轴心线弯曲度在 500mm 长度上不大于 0.02mm 端面对内孔的垂直度在 100mm 上不大于 0.04mm,缸体与盖用螺纹连接时,螺纹应用 2A 级精度的公制螺纹

续上表

零件名称	材　料	热处理	技　术　要　求
活塞	45,35,20 耐磨铸铁 HT15-32 HT20-40		活塞外圆与内孔的同心轴不大于外径公差的一半 外圆的圆柱度与圆度不大于外径公差的一半 端面对中心线的垂直度在直径100mm以上时,不大于0.04mm 活塞外圆表面粗糙度 R_a 为 3.2~0.2μm,视是否装密封圈和活塞环定
活塞杆	实心活塞 35 45 空心活塞杆 无缝钢管 35 45	HB229~285 HRC45~55	与活塞内孔、缸塞孔或导套配合直径的圆柱度及圆度:有导向时不大于0.01~0.02mm,无导向时不大于0.02~0.03mm,轴心线直线度允差在500mm长度不大于0.03mm 与活塞端面相接触的端面与轴线的垂直度,不大于0.04mm 表面粗糙度 R_a 为 0.8~0.4μm
缸盖	高强铸铁 HT25-47 优质铸铁 35 45 ZG35 ZG45		用与配合的内孔和外圆的圆度和圆柱度允差不大于外直径公差的一半 各内孔、外圆的同轴度误差不大于0.03mm 端面与内孔、外圆的垂直度允差在直径100mm以上时,不大于0.04mm,表面粗糙度 R_a 不大于3.2μm

液压元件圆柱面配合间隙推荐值　　　　　　　　　　表 6-11

名义直径(mm)	6	12	20	25	50	75	100	125	200
最小间隙(mm)	0.002 5	0.005 0	0.007 5	0.012 5	0.020 0	0.025 0	0.032 0	0.043 0	0.050 0
最大间隙(mm)	0.012 5	0.017 5	0.023 5	0.032 5	0.045 0	0.057 5	0.064 5	0.083 0	0.100 0

(二)液压缸易发生缺陷的部位

液压缸内孔有较大的磨损或拉伤、活塞与缸孔的配合间隙因磨损而过大、活塞上密封圈的老化及破裂、活塞外圆表面及密封圈槽有裂缝或深伤痕等,将会造成严重内泄。活塞杆滑动表面有划痕、锈蚀及镀铬层脱离、活塞杆弯曲变形值大于规定值、缸盖有裂纹、缸盖内孔与活塞杆间配合间隙过大、缸盖上密封圈的失效等会造成外泄。液压缸易发生缺陷的部位,如图6-49所示。

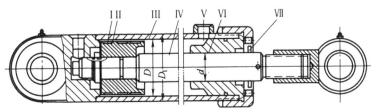

图 6-49　双作用单杆活塞缸主要损伤部位

Ⅰ-密封圈老化及破裂;Ⅱ-活塞与缸孔配合间隙因磨损过大;Ⅲ-缸内孔有较大的磨损或拉伤;Ⅳ-活塞杆滑动表面有划痕,锈蚀,镀铬层脱落,活塞杆弯曲变形值过大;Ⅴ-导向套与活塞杆配合间隙因磨损过大;Ⅵ-缸盖有裂纹,缸盖内孔与活塞杆配合间隙过大;Ⅶ-缸盖上密封圈失效;D-缸体内孔直径;D_1-缸体外径;d-活塞杆直径

（三）液压缸主要部件的修理

1. 缸体的修理

缸体内壁由于受活塞往复运动的摩擦而产生不均匀磨损、划伤或受腐蚀等。

缸体严重磨损或锈蚀拉毛，应采用内径千分表或光学仪检查。测量时，可沿缸体的轴线方向，每隔100cm左右测量一次，并转动缸体90°，以获得每一截面的圆度值。没有专用量具时，则可依靠灯光来观察活塞与缸体的光隙。

缸体内孔表面局部有很浅的线状摩擦伤痕或点状伤痕，一般无大影响，对使用无妨，可以用极细的砂条或抛光头研磨消除，也可以不予修理。如有纵向较深的拉伤或磨伤的深痕，或者缸孔与活塞的磨损间隙增大到0.20mm以上时，可将缸体内孔进行珩磨，以消除划痕，同时应满足内孔表面精度的要求，然后按缸孔直径重配活塞或将间隙密封改为活塞上装密封圈密封，这需要将原来的活塞直径车小并车出密封圈槽，使其恢复标准间隙。若纵向拉痕很深时，可采用拉镗、珩磨的工艺加工；也可采用先进的推镗、滚压工艺加工或更换新缸体；由于设备限制也可采用镗孔、磨削工艺，然后与活塞配合研磨。

缸体内壁磨损较大（在0.15mm以内），但又比较均匀时，可用电镀（多用镀铬）工艺，将内孔尺寸加以补偿后再进行珩磨加工进行修复，镀铬层的厚度为0.05～0.30mm，过厚则容易脱落。目前，在液压缸缸体的修复中，采用电刷镀的修复工艺已较普遍。若缸体的材料为中碳钢，高碳钢或淬火钢，电刷镀时常用特殊镍打底层，然后根据需要镀工作层。

2. 活塞的修理

活塞磨损后有的截面呈椭圆形，有的纵向呈腰鼓形。因此，在修理前应认真检查和测量。

对于与缸内孔直接接触并靠小间隙密封的活塞，使用时间较长后，磨损严重，形成过大的间隙，严重影响油缸正常工作。缸内孔表面磨损较均匀时，可镗磨缸孔，将缸孔扩大，然后将活塞直径车小，并车出密封圈槽后装密封圈进行密封或者重配活塞与缸内孔配合研磨，恢复配合间隙。也可对活塞外圆表面进行电刷镀。

活塞外表面及密封圈槽如有裂缝和在0.2～0.3mm以上的深伤痕，则必须更换活塞。

活塞表面有轻微的划痕，或在密封圈槽内有0.1mm以下的伤痕，一般对使用影响不大，可以不予修理。

对于不直接与缸内孔接触的活塞，主要是通过更换V形密封圈或Y形密封圈等来恢复活塞与缸内孔的密封性。

3. 活塞杆的修理

活塞杆的滑动表面有划痕，造成漏油时，可对活塞杆滑动表面用刷涂粘接剂加银焊的方法进行修复。

活塞杆滑动表面有较严重的锈蚀或在活塞杆工作长度内表面上镀铬层脱落严重时，可以先进行磨削或除去旧有的镀铬层，再重新镀铬、抛光进行修复，镀铬厚度为0.05mm。

活塞杆弯曲变形值大于规定值的20%时，须进行校正修复，但不能在平板上用锤子敲打校正，一般是在压力机上，将活塞杆两端搁在两个V形块铁上，采用冷压校直，为避免弹性后效的影响，一是进行恒压1h的冷压校直，二是可以将活塞杆加热到100℃再进行压力校正，保压1h，就可达到活塞杆的技术要求。

4. 油缸缓冲装置的修理

对带缓冲装置的油缸,缓冲性能不良,则应检查缓冲凸台和缓冲单向节流阀,若发现有拉毛或磨伤等缺陷可研磨修复;若偏心或定位不准可重新镶套或更换,以恢复其缓冲性能。

5. 活塞杆导向套的修理

活塞杆导向套内孔表面有轻微伤痕,可用砂条或抛光予以消除;若对使用无影响可不予修理。但在活塞杆导向套内孔表面有 0.2~0.3mm 以上的伤痕时,应更换新的导向套。

(四)液压油缸修理后的测试

1. 液压油缸试验油路系统

液压油缸试验油路系统如图 6-50 所示,右部为试验油路,左部为负载油路。

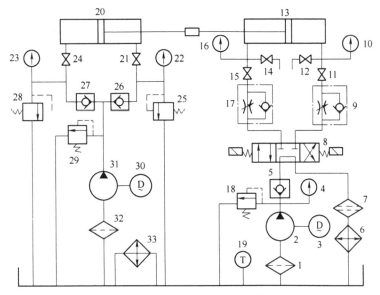

图 6-50 液压缸试验油路原理图

1、32-粗滤器;2、31-油泵;3、30-电机;4、10、16、22、23-压力表;5、26、27-止回阀;6-油冷器;7-细滤器;8-电磁换向阀;9、17-单向节流阀;11、12、14、15、21、24-截止阀;13-被试液压缸;18、25、28、29-溢流阀;19-温度计;20-负载油缸;33-加热器

2. 测试内容

(1)运行稳定性。在空载下,对液压缸进行全行程往复运动试验,应达到运动平稳。

(2)最低启动压力。它是衡量液压缸修理质量的技术指标,最低启动压力应以满足使用要求为宜。

(3)内泄漏量。是指液压缸有负载时,通过活塞密封处从高压腔流到低压腔的流量(在额定压力下进行测试),其值不得超过规定值。

(4)耐压试验。将被测试油缸的活塞停留在行程两端不接触缸盖处,使试验压力为额定压力的 1.5 倍(当额定压力小于或等于 10MPa 时)或 1.25 倍(当额定压力 >16MPa 时)保压 5min。全部零件不得有破坏或永久变形及外泄漏等异常现象。

(5)缓冲性能试验。对带有缓冲装置的液压缸要进行缓冲性能试验,按最高速度往复运动,其缓冲效果应满足使用要求。

（6）最低稳定速度。它是衡量液压缸修理后的修理装配质量的重要指标。要求液压缸在最低速度运动时无"爬行"等不正常现象。

三、液压控制阀的故障与修复

在液压系统中,用于控制液压系统中油液的压力、流量和方向的液压元件统称为液压控制阀。液压控制阀通常体积较小,内部有曲折的油液流道及孔径较小的阻尼孔,结构较复杂。液压控制阀是比较容易发生故障的元件。据统计,液压系统的总故障中,至少有50%来自液压控制阀。所以,对液压控制阀的维护和修理应给予足够的重视。

（一）液压控制阀主要零件的材料和技术要求

液压控制阀主要零件材料和技术要求,见表6-12。

液压控制阀主要零件材料和技术要求　　　　　　　　　表6-12

零件名称	材　料	热处理	技　术　要　求
滑阀体	HT300 HT200 HT150	时效处理	滑阀芯与滑阀体孔进行研配,根据滑阀芯直径选择其间隙值在0.007~0.025mm;滑阀芯与滑阀体孔的圆柱度与圆度误差不大于0.005mm,滑阀芯各凸肩同轴度误差不大于0.0025mm;
滑阀芯	40Cr	HRC48	滑阀芯凸肩宽度和间距及阀体加工孔的槽间距允差不大于0.03mm,滑阀体铸造槽允差±0.5mm; 各配合面粗糙度 R_a 0.16~0.32μm; 阀体应进行耐压试验
	20Cr 12CrNi 18CrMnTi	渗碳层1mm HRC56	
锥阀座	40Cr 18CrMnTi		锥阀阀座压入滑阀体孔后与锥阀进行研磨,保持良好密合性
钢球座	40Cr		应与钢球阀芯进行研磨,保持良好密合性

弹簧两端面要磨平,其表面粗糙度 R_a 不大于6.3μm,并与中心线垂直,液压控制阀的滑阀芯与滑阀体孔的修理配合间隙,见表6-13。

液压控制滑阀的滑阀芯与滑阀孔配合间隙值（mm）　　　　　　表6-13

配合部位	滑阀芯直径 $d \le 16$	$d \le 28$	$d \le 50$	$d \le 80$
中低压控制阀的滑阀芯和滑阀体孔	0.008~0.025	0.010~0.030	0.012~0.035	0.015~0.040
高压控制阀的滑阀芯和滑阀体孔	0.005~0.015	0.007~0.020	0.009~0.025	0.044~0.003

（二）阀件的主要损坏部位

阀件的失效主要有:滑阀芯与滑阀体孔因磨损其配合间隙过大;锥阀芯与阀座的圆锥面接触不良、密封性差;钢球与座密封性差;调整、调压或复位用的弹簧弯曲、弹力下降或断裂;密封件老化、破裂、损伤或失效;液压控制阀出现卡死、别住、失灵、迟缓等现象;电磁阀的电磁线圈烧毁、过热、绝缘不良等。

（三）主要零件的修理

（1）滑阀芯磨损:如果滑阀体孔没有明显损坏,滑阀芯圆柱表面磨损,可采用镀铬、电刷镀修复,研磨加工至适当尺寸,再与滑阀体内孔圆柱面配研。

(2)滑阀体磨损:滑阀体内孔表面可能出现划伤、失圆、腐蚀等缺陷。滑阀体孔磨损后,可研磨修复。研磨棒有实心和可调式两种,可调式研磨棒的长度应为待研孔长的 3/4～4/5,过长易呈喇叭口,太短则不易保证孔的直线性。实心研磨棒要求比待研孔长 100mm 以上。

滑阀芯与滑阀孔磨损后,其磨损间隙比正常配合间隙值增大 20%～30% 时,须做新滑阀芯配研修复。做新滑阀芯前,对滑阀孔进行铰孔以达到技术要求,然后按滑阀体孔尺寸配做滑阀芯,再以新滑阀芯对滑阀体孔进行配研,以恢复正常的配合间隙。

(3)锥阀芯与阀座的圆锥面接触不良,密封性差时,采用研磨或配研修复。有严重划伤时,可铰削锥面后与锥阀对研或更换阀芯。

(4)滑阀芯与滑阀体孔卡死别住或运动不灵活时,首先应对其清洗,如无效则应采取研磨或配研修复,但不允许配合间隙超差。

(5)弹簧发生弯曲、有裂纹或折断等时,应按技术要求更换新弹簧,自由高度降低 1/12 或弹力降低 1/5 时,也应换新弹簧。除了在尺寸和性能上与原弹簧相同之外,还应将两端面磨平,并与弹簧自身轴线垂直。更换换向阀成对复位弹簧时,应找性能完全一致的弹簧成对更换。

(6)密封件老化、破裂、损伤或失效,应及时更换。

(7)液压控制阀类元件出现工作失常(如卡死、别住、失灵、迟缓等),首先应清洗,以消除故障;清洗无效后,应采取研磨、修刮或配研等方法进行修复。

(8)电磁铁:电磁铁绝缘不良或线圈烧毁,通常是换用新线圈,而不是修理。电磁铁过热应检查原因,若是因本身质量问题引起,也应换新件。注意在更换烧毁的线圈之前先查明线圈烧坏的原因,并消除隐患,避免新换的线圈再次被烧坏。

(四)液压控制阀的检测

1. 压力控制阀的测试

(1)调节压力特性。在最低压力至额定压力范围内能调节,且压力值稳定,调节灵敏、可靠。

(2)压力损失。在额定流量下,测量阀的压力损失,其值不得超过规定值。

(3)内泄漏。在额定压力下,测定内泄漏量,不得超过规定值。

(4)外泄漏。在额定压力下,在阀盖等处不得有外泄漏现象。

(5)压力摆差。压力摆差的大小反映该阀的稳定性,不得超过规定值。

2. 流量控制阀的测试

(1)调节流量的特性。在最小流量至最大流量范围内均能调节,且流量值稳定,调节机构灵敏、可靠。

(2)稳定性。测试调速阀的流量稳定性,将节流开口调节到最小开度时,测量通过调速阀的流量稳定情况,其变化值不得超过规定值,应满足使用要求。

(3)内泄漏。在额定压力下,测量内泄漏量,不得超过规定值。

(4)外泄漏。在额定压力下,在阀盖等处不得有外泄漏现象。

3. 方向控制阀的测试

(1)换向平稳性。换向阀在换向时应平稳,换向冲击不应超过规定值或满足使用要求。滑阀在不同位置时各油路的通断应与要求相符。

（2）换向时间和复位时间。换向阀主阀芯换向时应灵活、复位迅速、换向压力和换向时间的调节性能必须良好,换向时间和复位时间不得超过规定值或达到使用要求。

（3）压力损失。在通过公称流量时,压力损失不得超过规定值或满足使用要求。

（4）内泄漏。在额定压力下,测量内泄漏量,不得超过规定值或满足使用要求。

（5）外泄漏。在额定压力下,在阀盖等处不得有外泄漏现象。

4.阀件试验油路

图6-51为溢流阀试验液压系统。

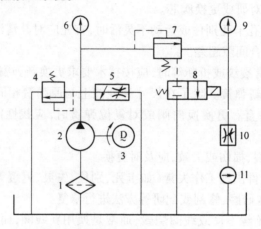

图6-51 溢流阀试验液压系统图
1-粗滤器;2-油泵;3-电机;4-溢流阀;5-调速阀;6、9-压力表;7-被试阀;8-电磁换向阀;10-节流阀;11-流量计

图6-52为换向阀试验液压系统。

图6-53为调速阀试验油路。调速阀的试验内容和方法如下:

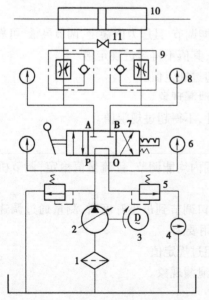

图6-52 手动换向阀试验液压系统图
1-粗滤器;2-油泵;3-电机;4-流量计;5-溢流阀;6、8-压力表;7-被试阀;9-单向节流阀;10-油缸;11-截止阀

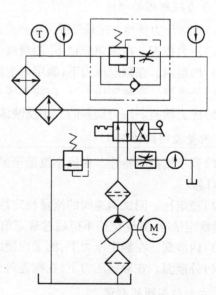

图6-53 调速阀试验油路

（1）流量调节范围。使被试阀进、出口压力差为最低工作压力值，并使系统溢流阀处于溢流工况。调节被试阀的调节手柄从全开到全闭，再从全闭到全开，观察流量随开度的变化，并测量流量调节范围，反复进行三次。要求流量应均匀变化，不得有断流现象。流量调节范围应符合规定。

（2）内泄漏量。调节被试阀的进口压力为标定压力。然后调节被试阀调节手柄，使被试阀先开启再完全关闭。30s 后在被试阀出口测量内泄漏量，内泄漏量不得超过规定值。

（3）外泄漏量。打开被试阀，使被试阀出口压力为标定压力的 90%，30s 后在被试阀的外泄油口处测量外泄漏量，不得超过规定值。

（4）进口压力变化对调节流量的影响。完全打开加载节流阀。调节被试阀，使通过被试阀的流量为最小控制流量，让被试阀的进口压力在最低工作压力到最高工作压力之间变化，按下式计算相对流量变化率：

$$\Delta Q_1 = \frac{\Delta Q_{1max}}{Q_D} \times 100\% / \Delta p_1 \tag{6-12}$$

式中：ΔQ_1——在给定的调定流量下，当进口压力变化时的相对流量变化率（%/MPa）

ΔQ_{1max}——当进口压力变化时，给定调定流量的最大变化值（L/min）；

Δp_1——进口压力变化量（MPa）；

Q_D——给定的调定流量，此处为最小控制流量（L/min）。

（5）出口压力变化对调节流量的影响。调节系统溢流阀至被试阀的标定压力，单调节被试阀，使通过被试阀的流量为最小控制流量，让被试阀出口压力在标定压力的 5%～90% 之间变化，测量流量的最大变化值，按下式计算相对流量变化率。

$$\Delta Q_2 = \frac{\Delta Q_{2max}}{Q_D} \times 100\% / \Delta p_2 \tag{6-13}$$

式中：ΔQ_2——在给定的调定流量下，当出口压力变化时的相对流量变化率（%/MPa）；

ΔQ_{2max}——当出口压力变化时，给定的调定流量最大变化值（L/min）；

Δp_2——出口压力变化量（MPa）；

Q_D——给定的调定流量，此处为最小控制流量（L/min）。

（五）阀件拆装时的注意事项

（1）阀体上的滤清器拆下来后，必须将其吸附的纤维及其他沉淀物清除掉，并认真清洗、吹干。

（2）分解阀总成时，要特别注意其中的一些比较小的锥阀、球阀，记清其位置及装配的阀件规格、材料等。如球阀有钢制的，也有尼龙或橡胶球的，若装错则会造成阀件无法正常工作。

（3）阀体之间的纸垫，切勿撕破。无备件时，重新制造很困难。

（4）装配阀前清洗时，只能用丝绸、尼龙布或绸布，不允许用棉纱或棉布。全部零件均须用清洁的煤油或酒精清洗，并用干净的压缩空气吹干。

（5）组合阀上、下阀体合装时，要仔细检查有无变形、损坏、沟槽及刻痕，有沟槽、刻痕将会使正确的油路被旁通，导致阀的动作失误。

（6）阀体及隔板上直径很小的节流孔，必须认真清洗，保证通畅。

（7）装配阀件时在配合面涂以薄层液压油或润滑油。

（8）阀体上的紧固螺栓，一定要按规定的力矩和方法上紧。

（9）装后各滑阀应灵活无阻，位置正确。

第七章

机械修理过程的主要工艺及修理管理

机械修理,涉及进厂检验、确定修理类别、机械解体、零件清洗、零件检验、零件修理、零部件准备、部件装配、机械总装、出厂检验等一系列工序,并按一定的技术要求进行。我们把这些工序按一定的规律及要求编制成技术文件叫工艺流程,如图 7-1 所示。机械修理工艺、修理过程管理直接影响机械的修理进度、修理质量和经济效益。因此,本章将重点介绍机械设备的修理工艺及修理管理等知识。

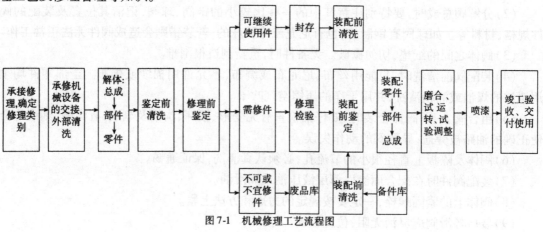

图 7-1　机械修理工艺流程图

第一节 技 术 准 备

机械修理前,应做好技术准备与组织准备工作。所谓技术准备是指按修理的实际需要编制修理技术任务书、修理工艺、修理质量标准、更换和修理的零件明细表、需加工零件的图纸及制造工艺、修理用的材料明细表、专用工具和量具等技术文件。所谓组织准备是指按修理的实际需要配备维修技术人员,并按照修理厂的实际情况,建立有组织、有领导、责任明确、分工负责的维修机制。

一、修理技术任务书的编制

修理技术任务书是机械设备修理的重要指导性文件,它规定了机械设备的主要修理内容、应遵守的修理工艺规范和应达到的修理技术标准。

在编制修理技术任务书之前,应详细了解机械设备的技术状况和故障现象,存在的问题及生产工艺对机械设备的要求。然后针对机械设备的技术状况及故障现象确定修理方案、修理措施、主要零部件的修理工艺和修后的质量要求。

修理技术任务书主要应包括以下几项内容:

1. 机械设备修前的技术状况

(1)机械设备的主要性能。主要记载机械设备的起动性、动力性、作业性、燃料经济性等性能情况。

(2)主要零件的磨损及损坏情况。着重说明基础件、关键件、高精度件以及工作装置、行走机构等机件的磨损与损坏情况。

(3)液压、润滑系统的缺损情况。

(4)电气设备的缺损情况。

(5)安全防护装置的缺损情况。

(6)其他需要说明的缺损情况。

2. 主要修理内容

(1)说明需要解体、清洗、检验、修理的零部件。

(2)扼要说明基础件、关键件的修理方法。

(3)说明必须仔细检查和调整的机构或配合副。

(4)结合修理确定进行改善修理的内容。

(5)结合修理进行预防性试验的要求。

(6)其他需要检查、修理和调整的内容。

(7)采取的典型修理工艺规程或专用修理规程。

3. 修理质量要求

逐项说明按哪些通用的或专用的修理质量标准进行检查和验收。

二、换修零件明细表的编制

换修零件明细表是预测机械设备修理时需要更换或修复的零件明细表。它是修理前准备配件的依据,应力求准确。

编制换修零件明细表时,一般遵循以下原则:贵重、制造周期长、用量大、需要外购及可修复的主要零件应列入表内,而易损件、常备件、易于临时制配的零件可不列入表内。需要成对准备的零件或部件、以毛坯或半成品形式准备的零件,不应列入表中,而应在表中备注栏内说明。

三、直接用于修理的材料明细表的编制

直接用于修理的材料明细表是机械设备修理前准备材料的依据。机械设备修理时常用的材料有:各种钢材、有色金属材料、焊接材料、电气材料、塑料、橡胶、石棉制品、油漆和润滑油脂等。

四、修理工艺的编制

机械设备的修理工艺具体规定了修理程序、零部件的修理方法和规范、机械总装试车的方法及要求等,以保证机械设备达到规定的修理质量。它是机械设备修理时必须严格遵守的修理技术文件。

编制修理工艺时应从机械设备修理前的技术状况和承修单位的具体修理装备、技术水平等实际情况出发,做到技术上先进、工艺上合理、质量上可靠、经济上合算。

机械设备修理工艺可编成典型修理工艺和专用修理工艺两类。前者是按某一类型机械设备或结构形式相同的零部件通常出现的损伤特点而编制的修理工艺,对于同类机械设备的修理具有指导意义或参考作用。后者是指某一特定的机械设备针对实际损伤情况为其某次或某项修理而制定的修理工艺。机械设备大修工艺通常包括以下内容:

(1)整机或部件的拆卸程序、方法以及拆卸过程中应检测的数据和注意事项。

(2)主要零部件的检查方法、修理工艺以及要达到的精度和技术要求。

(3)部件装配程度和装配工艺、应达到的精度和技术要求以及检查测量方法。

(4)关键部位的调整工艺和应达到的技术要求。

(5)在拆卸、检验、修复、装配过程中所需要的通用、专用工量具明细表。

(6)总装后试车程序、规范及注意事项。

(7)修理作业中的安全措施等。

五、修理质量标准

机械设备修理质量标准是评价整机技术状况的依据。它包括修后应达到的精度、性能指标、外观质量、安全以及环境保护等方面的技术要求。

通常,机械设备的性能指标按使用说明书而规定;几何精度和工作精度指标准按产品工艺要求而制定;零部件修理装配、总装配、运转试验、外观等质量要求则在修理工艺和各类机械设备修理通用技术条件中规定。

机械设备大修质量标准是各类修理中要求最高的标准。在通常情况下,它是以机械设备出厂质量标准为基础。大修后机械设备的性能标准应满足产品质量、加工工艺要求,并有足够的精度储备。如果产品质量和加工工艺并不需要机械设备达到原有的某项性能或精度,则该

项性能或精度也可不列入修理质量标准或免于检验。如果机械设备原有的某项性能或精度不能满足产品质量和加工工艺要求或精度储备不足,在确认可以通过一定的技术措施解决的前提下,在修理质量标准中应相应提高其性能或精度指标。在特殊情况下,对于整机损坏严重,已难以修复到出厂性能或精度要求时,也可适当降低出厂精度标准,但仍应满足修理后产品的工艺要求。在机械设备安全防护和环境保护方面,则都应符合国家法律、法规的要求。

机械设备大修质量标准主要包括以下五个方面的内容:

1. 工作精度

工作精度是用来衡量机械设备动态精度的标准,主要包括规定工件材料、尺寸、误差、形状和按一定的工艺规程加工后产品应达到的精度。

2. 几何精度

几何精度是用来衡量机械设备静态精度的标准,主要包括检验项目、各项目的检验方法、各项目的允许偏差。

3. 空运转试验

空运转试验包括空运转试验程序、试验规范(速度和持续时间)、空运转试验中应检查的项目和应达到的技术要求等。

4. 负荷试验

负荷试验包括负荷试验内容、程序、规范和应达到的技术要求。

5. 外观质量标准

外观质量标准包括机械设备外表面和外露零件的涂漆、防锈、美观、标志牌等的技术要求。

机械设备修理和验收时可参照使用国家标准计量局、交通运输部、原机械工业部等部、委、局制定和颁布的技术规范,如有特殊要求,则应按修理工艺、图纸或有关技术文件的规定执行。目前,已有部分企业参照机械设备通用技术条件编制本企业机械设备修理用的各项标准。没有机械设备通用技术标准或专用标准的机械设备,大修时应依据机械设备出厂技术标准作为质量检验或验收的标准。

第二节　工程机械修理类别与组织

一、工程机械维护制度

机械设备的维护是以检查、紧固、清洁、润滑、调整为作业中心,以更换易损零件或局部修理和排除故障及其隐患为主要目的的预防性技术措施。

维护制度是根据统计资料及技术规范对机械维护周期和项目作硬性规定、强制执行的技术性法规,以保证机械经常保持良好的技术状况。具体规定如下:

(一)日常维护

在每一工班前后都要进行的维护措施叫日常维护。它的作业内容包括:保证正常运转所必要的条件;外部清洁;安全运转的检查;一般故障的排除。

(二)定期维护

定期维护是指机械经过一定的运转小时后,停机进行清洗、检查、调整以及故障排除和对某些零件进行修理和更换等。定期维护根据作业内容的不同可分成三个等级。

一级维护以润滑、紧固为中心。主要作业内容是:检查、紧固机械外部螺纹连接件;按规定加注润滑脂,检查各总成内润滑油平面,并加添润滑油;清洗各种滤清器;排除所发现的故障。

二级维护以检查、调整为中心,主要作业内容是:除执行一级维护作业项目外,检查、调整发动机及电气设备;拆洗机油盘和机油滤清器;清洗柴油滤清器;检查调整转向、制动机构;拆洗前、后轮毂轴承,添加润滑脂(油);拆检轮胎并进行换位。

三级维护以总成解体清洗、检查、调整、换件为中心。主要作业内容是:拆检发动机,清除积炭、结胶及冷却系污垢;视需要对底盘各总成进行解体清洗、检查、调整、消除隐患;对机架、机身进行检查,视需要进行除锈、补漆。

新的或大修后的机械设备从开始使用到第一次一级维护所经历的全部工作时间称为机械设备的一级维护周期。假设某种机械设备的一级维护周期为 t_1,则定期维护的其他两个等级的维护周期有如下关系:

$$t_2 = mt_1 \tag{7-1}$$

$$t_3 = nt_2 = mnt_1 \tag{7-2}$$

式中:t_1——一级维护周期;

$\quad t_2$——二级维护周期;

$\quad t_3$——三级维护周期;

$\quad m$——一级维护次数;

$\quad n$——二级维护次数。

(三)特殊维护

1. 磨合期维护

凡新机械或经过大修的机械,均需经过磨合期磨合才能投入正式使用,而磨合前和磨合后均须进行维护。磨合前的维护包括外部检查、清洁、润滑和充油、充水、充气、充电等。磨合期结束时,又要进行一次全面维护,内容包括解除最大供油的限制,清洗润滑系和更换发动机润滑系的润滑油,并对各连接部位进行一次全面检查与紧固。

2. 换季维护

凡冬季最低气温在摄氏零度以下的地区,在入夏和入冬前都要进行换季维护。其主要内容有:检查节温器,更换润滑油、燃油(柴油机),调整蓄电池电解液比重等。

3. 停驶维护

停用的机械每周外部清洁一次,每半月摇动发动机曲轴 10 转以上,每月将发动机发动一次。停用的机械应使弹簧钢板卸载,履带式机械应停放在枕木上或水泥地面上。

4.封存维护

长期不用的机械在封存前应进行一次维护,内容有:排除汽缸中的废气,向每个汽缸注入30～50g脱水机油,摇动曲轴数转,使润滑油均匀地涂在缸壁上;封闭通向外部的通道;清除锈蚀并对可能生锈部位涂抹防锈脂。封存机械每半年发动一次并重新封存。

二、工程机械修理类别

机械设备修理的类别有:

1.机械大修

机械大修是对部分或完全丧失工作能力的机械,通过技术鉴定后按需要、有计划地以恢复机械的动力性、经济性、可靠性和原有装置,使机械的技术状况和使用性能达到规定的技术要求的恢复性措施。

2.总成大修

总成大修是对部分或完全丧失工作能力的总成,经技术鉴定后按需要、有计划地以恢复总成的动力性、经济性、可靠性和原有装置,使总成的技术状况和使用性能达到规定要求的恢复性措施。

3.零件修理

零件修理是对不符合技术要求的零件采取适当的修复工艺,使零件的技术状况达到规定技术要求的恢复性措施。

三、工程机械维修检验制度

(一)送修制度

公路工程施工的季节性要求很高。为了在非施工季节有计划地维修机械,必须根据本单位的实际情况编制年度计划,并同承修单位签订合同,作为全年送修的依据。由于情况的变化,计划内容不可避免地会有局部变更,一般可以在年度计划中调整。

(二)检验、交接制度

1.进厂检验

当机械达到规定的大修周期时应对机械进行全面的技术检验。经检验确认技术状况较好,且可继续使用一个施工期,则可暂时不修。一个施工期结束后,应重新对机械进行检验。确认需要大修时,按机械送修计划送承修部门,并按照送修要求办理交接手续。

(1)除特殊原因外,送修的机械应在尚可运转的情况下入厂,各总成、附件应齐全。

(2)机械的技术文件(出厂说明书、机械履历书、运转记录)应随机入厂。

(3)认真填写进厂检验书,并由双方当事人签字。

2.过程检验

机械在维修过程中必须遵守自检、互检和抽检的原则。自检就是维修人员根据修理标准自己检验;互检就是相关工位的检验人员对上一工位修毕的机件或总成进行检验;抽检就是维修单位的专职检验人员对维修过的机件或总成进行抽样检查,确保维修质量。

3. 出厂检验

修竣的机械,必须进行出厂质量检验。经检验合格的机械应将修理情况及主要零部件规格记入履历书中,并连同其他技术文件进行交接,并填写交接单。修理质量不合格的机械一律不得出厂。出厂的机械要实行"保修制度"。使用中发现属于修理质量问题的,承修单位应负责返修,并应承担由于返修而消耗的一切费用(包括往返运输费用等)。

四、工程机械维护和修理的工艺组织

(一)机械维修的基本方法

1. 就机修理法

在机械的整个维修过程中,从机械上拆下的总成、组合件以及零件,凡能修复的,修复后仍全部装回原机械。这种修理方法叫就机修理法。由于各个总成、组合件和零件的维修装配所需时间的不同,就机修理法必须等待修理时间最长的零件,机械停厂时间长。所以这种方法只适用于修理量不大,承修机械类型复杂的修理单位。

2. 总成互换法

维修时除机架外,将其余已损坏的总成从机械上拆下,换用事先修理好的总成和部件,即可将整台机械配装出厂。拆下的总成另行安排修理,修复后补充到储备库中,以备下次换用。这种维修方法叫总成互换法。总成互换法大大缩短机械停厂时间,提高其利用率。但它必须具备一定量的周转总成和部件,所以适用于修理量大、承修机型单一的修理厂。

(二)机械维修的作业方式

1. 定位作业法

定位作业法是将机械拆散和装配作业固定在一定工作位置来完成,而拆散后的维修作业则仍分散到各专业工组进行。这种作业方式的优点是占地面积小,所需设备简单,拆装作业不受连续性限制,生产的调度与调整比较方便。其缺点是总成或笨重零件要来回运输,工人劳动强度大。一般适用规模不大或承修机型种类较复杂的修理厂。

2. 流水作业法

流水作业法是将机械的拆散和装配作业沿着流水顺序,分别在各个专业工组或工位上逐步完成。流水作业法的优点是专业化程度高,分工细致,修理质量高。此外,总成和大件运输距离短,便于集中发挥起重运输设备的作用。但流水作业法必须具备完善的工艺、设备及较大的生产任务。同时要求承修车型单一和有足够的周转总成,以保证流水作业的连续性和节奏性。因此它仅适用于生产规模较大的修理厂。

(三)机械维修作业的劳动组织形式

1. 综合作业法

综合作业法是整台机械的修理作业(除车、铣、刨、磨、锻、焊等作业由专业工种配合完成外)

由一个维修工组完成。这种方法由于作业范围广,对工人要求掌握较多的理论知识和操作技能,很难全面熟练。因此工效低,修理质量不能保证,且修理成本高。所以只适应于设备简单,生产量不大,承修机型较复杂的小型修理厂。

2. 专业分工作业法

专业分工作业法是将机械维修作业按工种、部位、总成或工序划分成若干作业单元,每个单元由一个人或一组工人来专门完成。作业单元分得越细,专业化程度越高。

这种作业法易于提高工人单项作业的技术熟练程度,便于采用专用机具,从而可以保证维修质量,提高工效,降低成本。同时还由于多工种同时并进,大大缩短修理时间。

第三节　机械设备的解体

机械设备的解体是一项不可忽视的重要工作,如果不予足够的重视,在解体过程中会造成零部件的进一步损伤和变形,甚至无法修复。机械设备解体的目的是为了进一步检查和鉴定内部零件的损伤情况,以便采取相应的修理对策。

一、机械设备解体的一般原则

(1)维修现代机械设备时必须遵守按需拆卸的原则。该拆的要拆,可不拆的尽量不拆。

(2)拆卸前必须熟悉机械设备各总成和零件的构造及工作原理。必要时可以查阅有关资料,按拆卸工艺程序进行,防止零件损伤。

(3)经过平衡或修配加工的组件不能互换或改变安装方向,例如主轴承座与盖、连杆轴承座与盖。在拆卸这类零件时应做好记号,以便在安装时对号入座,以保证正确的装配关系。

(4)遵循先外后内、先附件后主体、先总成后零件的原则,按顺序拆卸。

(5)正确使用拆卸工具是保证拆卸质量的重要手段之一。拆卸时所选用的工具要与被拆卸的零件相适应。对于静配合零件,如衬套、齿轮、皮带轮、轴承等应采用专用工具。

(6)根据零件大小和精度分类存放。同一总成或同一组合件尽量存放在一起。

二、机械设备解体中应注意的问题

机械设备正确合理的拆检是保证修理质量、缩短维修周期,提高经济效益的重要环节之一。因此,在解体前应拟定出合理的拆卸程序,并做好一切准备。同时,在拆卸过程中还应注意以下问题:

1. 选择合理的组织形式和作业形式

必须综合考虑修理工作量和要求以及承修单位的生产条件和技术力量,以发挥其人力、物力和财力,尽力提高经济效益。

2. 拟定合理的拆卸程序

拆卸程序是解体过程中的指导性技术文件。它不仅指明其拆卸的方法和顺序,同时还指出了拆卸过程中应注意的问题及使用的工具、量具等,以保证拆卸工作顺利进行,提高拆卸效率。

3. 对有特殊要求的零件或重要表面应作特殊保护

对于柱塞副、出油阀偶件等特殊精密零部件及其他零件上的油孔、油道,要做好表面保护工作。

4. 注意连接件和紧固件的拆卸顺序

有些连接件的拆卸顺序是有严格要求的,否则容易造成零件的变形。例如,发动机汽缸盖螺母应间隔、对称、交替、适量、逐步拧松后拆卸。

三、机械设备解体方法

(一)螺纹连接件的拆卸

1. 锈死螺纹的拆卸

(1)向拧紧方向拧 1/4 转,再反向回拧,使锈层与金属分离,便可逐步将螺母或螺栓退出。

(2)用手锤轻敲螺母或螺栓头及四周,以振松锈层,便于松退。

(3)用煤油浸泡锈蚀螺纹,经过片刻,然后拧动。

(4)除易燃件外,加热螺母或连接件,利用其热胀特性使锈层松脱,然后趁热拧松。

2. 断头螺钉的拆卸

(1)断头高于机件表面,将伸出的断头锉成方形或焊接一螺母,拧出断头。

(2)断头与机体齐平或低于其表面时,可在断头端面中心钻孔,在孔内攻反扣螺纹或打入棱锥,用反扣螺钉或棱锥拧出断头。

(3)断头为非淬火钢,且螺孔允许扩大时,可用大于螺孔的钻头将断头钻掉,重新攻螺纹。然后配制加大螺栓或镶配螺纹套,以恢复螺孔与螺栓的配合关系。

3. 螺钉组连接件的拆卸

(1)首先将各螺钉按先四周后中间的原则拧松(拧动 1/2 ~ 1 转),然后按顺序分次拆卸,以免造成最后一个螺钉受力过大而使零件变形或造成拆卸困难。

(2)首先拧松或拆下难拆卸部位的螺钉。

(3)拆卸悬臂部件时,最上部的螺钉应最后取出,以免造成不安全事故或损坏零件。

(4)分离连接件时要仔细检查有无隐蔽螺钉,不要强行顶、拉、撬、砸,以免损坏零件。

(二)静配合件的拆卸

拆卸静配合件时,要避免碰伤其工作表面、破坏它们的配合性质,所以应使用拉器或压力机等专用工具和设备。静配合件的拆卸方法与配合的过盈量大小有关。当过盈量较小时,如曲轴正时齿轮,应尽量采用拉器进行拆卸。无拉器时也可用铜锤轻轻敲击将其拆下。当过盈量很大时,要用加热包容件法拆卸。即将包容件加热到一定温度时,迅速用压力机压出。除此之外,还应注意以下几个问题:

(1)被拆零件受力应均匀,作用力的合力应位于它的轴心线上。

(2)受力部位应正确。如拆卸滚动轴承时应使拉器拉爪钩住轴承内圈,以免损坏轴承。

第四节　零件的清洗

拆卸下来的零件,大多沾有不同程度的油污、积炭、水垢和铁锈等。为了便于零件的损伤检验、维修及装配,保持车间清洁,必须清除这些脏物。零件的清洗方法是决定清洗质量和生产率的重要因素,清洗材料和设备是决定清洗方法的重要内容。对材料设备的选择,既要符合多快好省的精神,又要适应修理企业的实际情况。

一、清除油污

1. 碱水除油

机械用润滑油主要是矿物油,它在碱溶液中不易溶解,形成乳浊液。乳浊液是由几种互不溶解的液体混合而成的,其中的一种液体是以微小的气泡状悬浮于另一种液体中。由于碱离子活性很强,能时而形成泡沫液,时而破裂,对零件表面的油污起着机械冲刷的作用,降低了油层的表面张力。但是,油在金属表面的附着性较好,为达到能迅速除油的目的,往往还采用一些其他的相应措施;如加入乳化剂;提高碱溶液的温度和加强溶液的流动等。碱溶液的温度较高时,油膜的黏度下降,形成许多小油滴。高温还可以加速溶液的流动,从而加速除油过程。常用碱性清洗剂配方如下:

(1)钢质零件清洗剂配方。

	配方一	配方二
苛性钠($NaOH$)	0.75kg	2.0kg
碳酸钠(Na_2CO_3)	5.5kg	—
磷酸三钠	1kg	5.0kg
液态肥皂	0.2kg	—
硅酸钠	—	3kg
水	100kg	100kg

(2)铝质零件清洗剂配方。

	配方一	配方二
碳酸钠(Na_2CO_3)	1kg	0.4kg
重铬酸钾($K_2Cr_2O_7$)	0.05kg	—
硅酸钠	—	0.15kg
水	100kg	100kg

2. 有机溶剂除油

有机溶剂能很好地溶解零件表面上的各种油污,从而达到清洗的目的。常用的有机溶剂有汽油、煤油和柴油等。用有机溶剂除油工艺简便、不需加热、对金属无损伤。但清洗成本高、易燃,只适用于中小型维修企业及临时修理。大中型维修企业可采用合成金属清洗剂。有些企业采用三氯乙烯除油污,实践证明效果较好,但对环境有一定的污染,对操作人员的健康有一定的影响。

3. 电化学除油

电化学除油又称电解除油。这种方法是将零件作为阴极放入装有除油溶剂的电解槽内,用耐碱性能良好的钢板作为阳极也置入电解槽中。在直流电的作用下,产生电化学反应,借助在阴极上产生的气泡对油膜起撕裂作用而除去零件表面的油污。

电化学除油通常采用电流密度为 $5 \sim 15 A/dm^2$,工作电压 $6 \sim 8V$,工作温度 $60 \sim 80°C$,持续时间 $15 \sim 30min$。当零件材料为高强度合金钢时,为了防止吸氢而引起氢脆现象,被除油的零件应接为阳极。

二、清除锈蚀

锈蚀是金属零件表面与空气中的氧、水分等腐蚀性物质接触的产物。钢铁零件的锈层主要是 FeO、Fe_2O_3、Fe_3O_4 等。它们的存在能使腐蚀进一步发展,因此,在修理时必须除去。

(一)机械法除锈

机械法除锈一般用钢丝刷、刮刀、砂布、电动砂轮或钢丝轮等工具进行。在条件较好的修理厂可进行喷砂处理。机械法除锈容易在工件表面留下刮痕,所以只用于不重要的表面。

(二)化学除锈

金属氧化物呈碱性,与酸发生中和反应便可达到除锈的目的。所以生产中常用酸溶液除锈。

(1)盐酸除锈:把生锈的零件放入稀盐酸中,锈层很快消失或松散,同时有少量氧气冒出,说明盐酸与锈层的作用大于对金属的腐蚀作用,所以除锈后的零件表面较为光洁。除锈用盐酸的浓度一般为 $10\% \sim 15\%$,温度在 $30 \sim 40°C$ 的范围内较好,也可在室温下进行。

(2)硫酸除锈:硫酸除锈成本较低,但低温时溶解铁锈的能力很低,相反却对金属有较大的腐蚀作用。因此,硫酸除锈要在 $80°C$ 左右进行,不得低于 $60°C$。稀硫酸对铁的腐蚀作用较盐酸大得多,而且随浓度的增加腐蚀金属的能力也迅速增加。因此,使用硫酸的浓度应为 5% 左右,最高不得超过 10%。为了减轻硫酸对金属零件的腐蚀作用,可以在溶液中加入一定量的缓蚀剂。实践证明,在除锈的硫酸溶液中加入硫酸质量的 $0.2\% \sim 0.4\%$ 的"54"牌缓蚀剂,可以使腐蚀作用减轻 $88\% \sim 95\%$。食盐也可作为缓蚀剂,其用量为硫酸的 $1/4$ 左右。

(3)磷酸除锈:磷酸不仅能除锈,而且能在金属表面形成一层良好的保护层,因而对金属没有腐蚀作用。但磷酸除锈成本高,只用于贵重零件的除锈。除锈用磷酸的浓度为 $2\% \sim 17\%$,温度为 $80°C$。为了获得较好的保护层,待锈层除去后再在浓度为 $0.5\% \sim 2\%$,温度不高于 $40°C$ 的磷酸中浸泡 $1h$,然后取出,不清洗直接放入加热炉中烘干即可得到抗腐蚀能力较强的正磷酸铁保护层。

(三)有色金属的除锈

上述除锈方法主要是对钢铁零件而言的。对于有色金属,由于化学性质的不同,在具体规范以及方法上也应有所不同。为此,下面介绍两种有色金属的化学除锈规范。

1. 铝及铝合金零件锈蚀物的清除液配方

磷酸(相对密度1.7):200mL。

铬酐(CrO_3):80g。

水: 1L。

温度:15~30℃。

处理时间:5~10min。

除锈后处理:冷水冲洗后热水冲洗。

2. 铜零件锈蚀物的清除液配方

磷酸:4%。

硅酸钠:0.5%。

水:95.5%。

温度:15~30℃。

处理时间:10~15min。

除锈后处理:冷水冲洗后热水冲洗。

三、清除积炭

未完全燃烧的燃料及润滑油在高温氧化作用下生成焦油。焦油在高温氧化作用下变成一种黏稠的胶状液体——羟基酸。羟基酸进一步氧化就变成一种半流体树脂状的胶质物而牢固地黏附在发动机零件上。随后在高温作用下,胶质又聚合成更复杂的聚合物,形成硬质胶结炭,俗称积炭。积炭对发动机的工作影响极大,维修时必须除去。

(1)手工法清除积炭:根据零件的形状和部位,利用电动钢丝轮或刮刀等工具刮除积炭。这种方法简单,但清除不够彻底,还容易在零件表面上留下刮痕,影响零件表面的粗糙度。

(2)化学法清除积炭:利用化学溶剂与积炭层发生化学和物理作用,使积炭层结构逐渐松弛变软。软化后的积炭容易用擦洗或刷洗的办法清除。常用化学退炭剂的配方如下:

配方一		配方二		配方三	
退漆剂	60%	煤油	22%	苛性钠(20%)	79%
氨水	30%	汽油	8%	硅酸钠	5%
乙醇	10%	松节油	17%	软肥皂	1%
		氨水(25%)	15%	磷酸三钠(20%)	15%
		苯酚	30%		
		油酸	8%		

配方一和配方二对钢、铸铁、铝等材料无任何不良影响,但对铜有腐蚀作用。采用本配方除积炭时须将零件在室温下浸泡2~3h后再清洗。配方三对铝质零件有腐蚀性,适用于去除钢铁零件上的积炭。使用时加热至90~100℃,经2~3h浸泡即可。

四、清除水垢

发动机冷却系中如果长期加注硬水,将使发动机水套和散热器壁上积有水垢,造成散热不良,影响发动机的正常工作。水垢的主要成分是碳酸钙($CaCO_3$)、硫酸钙($CaSO_4$)、二氧化硅

（SiO_2）等。酸或碱都有去除水垢的作用。用盐酸和烧碱处理水垢的反应如下：

$$CaCO_3 + 2HCl \longrightarrow CaCl_2（溶于水）+ H_2O + CO_2 \uparrow$$

$$CaCO_3（水垢）+ 2NaOH \longrightarrow Ca(OH)_2（溶于水）+ Na_2CO_3（溶于水）$$

化学除水垢的实质是通过酸或碱的作用,使水垢由不溶于水的物质转化为溶于水的盐类。清洗硫酸盐水垢时,先用碳酸钠溶液处理,使其先转变成碳酸盐沉淀,然后再用盐酸溶液处理。清洗硅酸盐水垢时,必须在盐酸溶液中加入适当的氟化钠或氟化铵,使硅酸盐在盐酸及氟化铵的作用下生成能溶解于盐酸的硅酸。但硅酸易附着在水垢表面,必须采用循环清洗法才能除去水垢。盐酸对金属的腐蚀很强,所以必须加缓和剂,以减轻酸对金属的腐蚀作用,同时又不减弱酸对水垢的清洗作用。清除水垢所用盐酸浓度以 8% ~ 10% 为宜,盐酸缓蚀剂优洛托平加入量为 6 ~ 8g/kg,溶液加热到 50 ~ 60℃,清洗持续时间为 50 ~ 70min。用盐酸溶液处理之后,应该用加有重铬酸钾的清水冲洗。

清除铝合金零件的水垢时建议使用磷酸（H_3PO_4）100g,铬酐（CrO_3）50g,水 1L 的溶液。配制时先在水中注入磷酸,然后加入酪酐,并仔细搅拌,加热到 30℃,将零件浸泡 30 ~ 60min,取出零件后用清水冲洗。最后用温度为 80 ~ 100℃,含量为 3% 的重铬酸钾溶液冲洗。

第五节　零件的检验

一、检验的目的

检验是为了准确地掌握零件的技术状况,根据技术标准分出可用零件、需修零件和报废零件,以便制定切实可行的修理工艺措施。检验质量直接影响着修理质量、修理停机时间、修理成本和机械的使用寿命。因此,检验是修理工作中一个极其重要的环节。

二、保证检验质量的措施

1. 严格掌握技术标准和零部件可用、需修、报废的界限

机械零件及其配合件都有技术标准,这是检验工作的主要依据。在处理修理质量和修理成本的关系时,不能用降低标准来节约成本,也不能盲目追求高质量而将可用零件报废。对于虽已不符合使用要求,但能修复的零件,应从修理质量、技术条件、设备条件和经济效益几个方面综合考虑。有修理价值的,力求修复。零件达到了磨损极限或出现了难以消除的缺陷,不能保证修理质量或修理成本过高,而且可从市场购买到的,就不宜修复,应予以报废。

2. 尽量采用先进的检验仪器设备

检验仪器设备的精度直接影响着检验质量。因此,检验时要根据被检验零件所要求的精度等级选用相应的量具或仪器。对检验仪器设备要精心维护和管理,经常校核,使其保持可靠的精度。随着科学技术水平的不断提高,较先进的检验设备不断出现。在机械修理中,应尽量采用相应的先进检验仪器设备,以利于提高机械的修理质量。

3. 建立健全检验制度

建立健全合理的检验制度是搞好检验工作的组织保证。要建立岗位责任制,明确职责,层层把关;要建立验收交接制度以及必要的报表制度;要有计量校准制度。技术人员要掌握所用

检验仪器设备的操作方法和明确检验对象的检验标准,技术上要精益求精。

三、零件检验分类及其技术条件

(1)零件工作条件与性能要求,如零件材料的力学性能、热处理及表面特性等。

(2)零件可能产生的缺陷(如龟裂、裂纹)对其使用性能的影响,掌握其测量方法与标准。

(3)易损零件的极限磨损及允许磨损标准。

(4)配合副的极限配合间隙及允许配合间隙标准。

(5)零件的其他特殊报废条件,如镀层性能、轴承合金与基体的结合强度、零件的平衡、密封件的破坏以及弹性零件的弹力等。

(6)零件的表面状况,如精密偶件工作表面的划伤、腐蚀、表面储油性等。

通过分析、检验和测量,将零件划分为可用、需修、报废三大类。

可用零件是指技术状况仍然能满足各级修理技术标准的零件,即不需修理可直接装机使用的零件。需修零件是指技术状况虽已不符合各级修理标准,但经过修复后可以达到技术要求的零件,且修理技术先进、工艺合理、质量可靠、经济合算。报废零件是指技术状况已不符合要求,且无法修复或修理成本过高的零件。

四、零件的检验方法

(一)感觉检验法

不用量具、仪器而仅凭检验人员的直观感觉和经验来鉴别机械及零件的技术状况,统称感觉检验法。这种方法检验精度不高,只适用于检验缺陷明显或精度要求低的零部件,并且要求检验人员要有丰富的经验。其具体方法有下列几种:

1. 目测法

用肉眼或一般的放大镜对零件进行观察,以确定其损伤的程度。如对零件的折断、疲劳剥落、明显的变形及表面裂纹、磨损、摩擦片的烧蚀、橡胶老化等作出可靠的判断。

2. 耳听法

根据零件工作时或人为敲击时所发出的声响来判断其技术状况。例如:敲击零件时,如果声音清脆,说明零件无缺陷;声音沙哑、沉闷,则可能有裂纹或砂眼等缺陷。根据同样原理,也可以判断零件的覆盖层与基体金属的结合质量。

利用耳听法还可以根据机械工作时发出的声响来判断机械的技术状况。

3. 触觉法

用手接触零件可以判断其工作时温度的高低、表面是否磨损起槽、配合间隙是否合适等。

(二)仪器检验法

用各种测量工具和仪器来检验零件的技术状况,叫零件的仪器检验法。仪器检验法可以达到一般零件检验所需要的精度,所以修理工作中应用最广。

1. 用量具检验零件的尺寸和几何形状

零件的尺寸通常用各种通用或专用量具(卡钳、直尺、游标卡尺、游标深度尺、外径千分尺、百分表及齿轮量规等)进行测量。测量零件的几何形状误差(圆度、圆柱度、平面度、直线度等)除使用上述通用量具外,还应配有专用量具。一般情况下检验误差不得大于 0.01mm。

2. 弹力、转矩的检验

弹力的检验通常用弹簧检验仪。对弹簧的质量检验一般要控制两个指标:自由长度和变形到某一长度时的弹力。工程机械的重要螺纹连接件都有规定的上紧力矩。对这类螺纹连接件用扭力扳手检验。

3. 平衡检验

内燃机的曲轴、风扇,机械的传动轴等高速转动的零件,经过修理后必须在动平衡机上做动平衡试验。否则由于不平衡产生振动而导致机械的快速磨损或疲劳破坏。

(三)零件的无损探伤法

零件的隐伤可用磁力探伤、荧光探伤、超声波探伤等无损探伤法检验。

五、典型零件的检验方法

(一)外径零件的检验

外径零件可用外径千分尺、游标卡尺或卡规检验其外径尺寸、圆度和圆柱度误差等。圆度误差是指在垂直于轴线的同一截面上相互垂直的两直径的最大差值之半;圆柱度误差是指在任意测量位置、任意测量方向的两个直径的最大差值之半。

(二)内径零件的检验

内径零件(孔类零件)主要检查内径尺寸、圆度和圆柱度误差。检验内径零件的圆度和圆柱度误差时直接用内径量表即可;检验内径尺寸时,先将内径量表插入要测量的孔内,来回摆动,记住大小指针的极限位置读数。然后用外径千分尺卡住上述内径量表的测量杆,调整千分尺,使内径量表的读数与插在孔内时相同。此时,外径千分尺上的读数就是要测孔的直径。

(三)齿轮零件的检验

齿轮的轮齿、花键轴和花键孔的键齿都可视为齿轮零件。齿轮的主要损伤有:渗碳层的剥落,齿面磨损、擦伤、点蚀,个别轮齿折断等。齿轮损伤一般可以用观察法检验。齿面的点蚀和剥落面积不应超过 25%。有明显阶梯形磨损或断齿现象时,应报废。齿面磨损后,测量齿轮的公法线长度并与新齿轮的公法线长度进行比较,便可确定齿轮的磨损程度。测量公法线长度的方法,如图 7-2 所示。渐开线齿轮的公法线长度 L 可用下式计算:

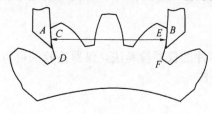

图7-2 齿轮公法线长度的测量

当压力角 $\alpha = 20°$ 时,

$$L = m[2.9521(n - 0.5) + 0.014Z] \qquad (7-3)$$

式中:L——公法线长度;

n——跨齿数,$n = 0.111Z + 0.5$(取整);

Z——齿数;

m——模数。

(四)滚动轴承的检验

对于滚动轴承,首先要进行外表的检验。内外座圈滚道和滚子表面均应光洁平滑,无烧蚀、疲劳点蚀和裂纹,不应有退火变色现象。保持架应完好无损。滚动轴承的轴向间隙和径向间隙应符合技术要求。用手转动轴承时应无卡滞现象,无撞击声。

(五)零件变形的检验

1. 直线度误差的检验

轴线的直线度是指轴线中心要素的形状误差。从理论上讲,直线度误差只与轴线本身的形状有关,而与测量时的支承位置无关。但在实际检验中,轴线的直线度误差常用简单的径向圆跳动来代替,如图7-3所示。这样获得的检测结果已能满足一般生产中的技术要求。

轴颈表面的径向圆跳动是指在轴的同一横截面上被测表面到基准轴线的半径变化量。它是相对关联要素而言,其径向圆跳动量的大小与基准的选取有关,随轴的支承方式和位置的不同而变化。

2. 平面度误差的检验

(1)用直尺和厚薄规检查零件的平面度误差:将直尺的边缘(长度大于被测件平面的长度)沿测量直线 AA、A_1A_1、BB、B_1B_1、CC、C_1C_1 与被测平面靠合,用厚薄规测量直尺与零件平面之间的间隙,如图7-4所示。按照技术规范的规定,在平面的每50mm长度或全长内不允许超过一定的数值。

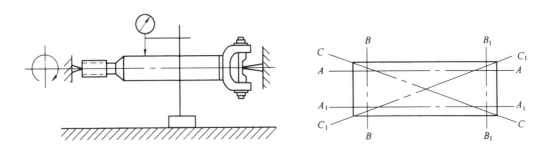

图7-3　直线度误差间接检验法　　　　　　图7-4　平面度误差检验

(2)用检验平板和厚薄规检查零件的平面度误差:壳体零件的分离平面(如变速器的上平面、汽缸体的下上平面)是不规则的环形窄平面,检查此类零件的平面度时必须将零件的分离平面与检验平板相接触,然后用厚薄规测量其接触间隙。也可用高度游标卡尺进行检查。还可用标准板涂以红铅油与零件的平面对研,观其接触印痕来判断。利用上述方法检测平面度误差的数值是一个近似值。但由于设备简单,测量方便,在生产中比较实用。

(3)用平面度检验仪检验零件的平面度误差:如前述的测微法与平尺拖表法。

(六)零件位置误差的检验

零件的同轴度、平行度、垂直度等的检验可参考第五章有关内容。

(七)零件隐伤的检验

在工程机械修理中,对重要零件需要检验它的隐伤(微裂纹、材料缺陷等),否则有可能引起零件断裂,造成严重事故。零件隐伤的检验方法有磁力探伤、荧光探伤等几种。

第六节 机械的装配与调试

根据一定的装配技术要求,按一定的装配顺序将机械零件、部件、组件及总成安装在基础件上的过程叫机械的装配工艺。机械装配必须满足配合间隙、紧固力矩、相互位置、平衡要求以及密封性等技术要求,否则机械组装后性能不佳、使用寿命短、故障率高。

一、机械装配的技术要求

(一)装配精度要求

1.配合精度

机械修理的主要目的之一是恢复各部正常的配合要求。机械装配时,除了各零件、部件须符合技术要求外,还须采用下列方法以满足配合精度要求。

(1)选配法:在工程机械修理中发现,即使每个零件都在允许的误差范围内,但任意组合装配时不一定符合配合精度要求。因此,装配时必须进行选配。选配法除了能满足配合间隙的要求外,还可以满足平衡等技术要求。

(2)修配法:零件加工时留有适当的修配余量,装配前进行简单的机械加工,使被加工零件与相配合的零件达到高精度配合,这种方法叫修配法。修配法在机械修理中应用较多,如根据活塞销铰削铜套;根据接触印痕修刮轴瓦;对研气门及气门座;修理活塞环开口间隙等。

(3)调整法:采取增减垫片、改变调整螺钉的位置等措施达到配合精度要求的方法叫调整法。工程机械的锥轴承的间隙、锥形齿轮的啮合印痕、啮合间隙、气门间隙等必须在装配时加以调整才能达到配合技术要求。

2.装配尺寸链精度

在机械装配中,有时虽然各配合件的配合精度满足了要求,但积累误差所造成的尺寸链误

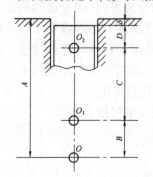

图7-5 曲柄连杆机构的装配尺寸链

差却可能超出了所要求的范围,这可从图7-5所示的内燃机曲柄连杆机构装配时的尺寸链看出。图中 A 为主轴承座孔中心线至缸体上平面的距离,B 为曲轴回转半径,C 为连杆大小头中心线之间的距离,D 为活塞销孔中心线到活塞顶平面的距离,δ 为活塞在上止点时其上平面至缸体上平面的距离,它是此尺寸链的封闭环。δ 对柴油机的压缩比有很大影响,装配时应予保证。δ 值的大小不仅受 A、B、C、D 各段制造修理精度的影响,而且受 O、O_1、O_2 处的配合间隙的影响。当 A 为最大,B、C、D 的尺寸最小及 O、O_1、O_2 的间隙为最大时,压缩终了时 δ 值

最大;反之,压缩终了时δ值最小,其数值可能超出规定范围。为此,必须在装配后进行检查,不符合要求时应重新进行选配或更换某些零件,以保证尺寸链中所有零部件的积累误差符合尺寸链精度要求。

(二)装配密封性要求

在机械使用中,由于密封失效常常出现"三漏"(漏油、漏水、漏气)现象。这种现象轻则造成能量损失,污染环境,使机械丧失工作能力,重则可能造成事故。因此,防止"三漏"极为重要。出现"三漏"的主要原因是由于密封装置的装配工艺不符合要求或密封件磨损、变形、老化、腐蚀所致。密封元件的早期损坏与装配因素(包括密封件材料的选择、预紧度、装配位置等)有关。为此,装配时必须引起足够重视。

1. 密封材料的选用要恰当

密封材料一般要根据压力、温度、介质选用。纸质垫片只用于低压、低温条件;橡胶耐压、耐高温能力也不强,而且要考虑橡胶的耐油、耐酸、耐碱性能等;塑料的耐压能力较高,但不耐高温;石棉强度较低,却能耐高温;金属则兼有耐高温、高压的能力。

2. 装配紧度应符合要求

密封件的装配紧度必须符合要求,并且压紧力要均匀。当压紧力不足时会引起泄漏,或者在工作一段时间后由于振动及紧固螺钉被拉长而降低紧度,导致泄漏;压紧力过大,静密封垫片会失去弹力,引起垫片早期失效;动密封件会引起发热,加速磨损,增大摩擦功率等不良后果。

3. 采用密封胶

根据机械的工作条件选择合适的密封胶。密封胶的使用温度范围一般在 $-60 \sim 250℃$ 之间,耐压能力不大于 $6 \times 10^6 Pa$。

二、机械的装配工艺

(一)装配前的准备

(1)经过修理或更换的所有零件,在装配前都要进行认真的质量检查,有的要经过试验检查。不符合质量要求时要重新修理或更换。

(2)装配前的零件要用干净的汽油或柴油清洗,然后用压缩空气吹干,不要将油污、尘粒、金属屑等带到机械装配表面去,更不得让污物等堵塞润滑油道。为了保证机械装配的清洁,装配车间应采取防尘措施。

(3)为了使装配工作方便迅速地进行,应把组合件事先装配好。如活塞连杆组、离合器从动盘总成、汽缸盖总成等应预先装好,并须经检验合格,以便总装。

(二)螺纹连接件的装配

1. 上紧力矩要准确

装配螺纹连接件时必须按规定的力矩上紧。螺栓的上紧力矩应符合制造厂的要求。无原厂数据时可参照表7-1所给数据或参照同类型、同结构机械螺栓的力矩。表7-1是按35号钢的螺栓计算而得的,对其他型号钢螺栓的力矩可乘一个修正系数:25号钢的系数为0.92;45号钢的系数为1.2。

螺纹装配的上紧力矩　　　　　　　　　　　表7-1

公称尺寸(mm)	6	8	10	12	16	20	24
上紧力矩(N·m)	4	10	18	32	80	160	280

2. 上紧顺序要正确

为了避免零件变形,螺栓必须按一定顺序上紧。其原则是从里向外、从中间向四周、对称交替分二三次上紧。

3. 在振动条件下工作的螺纹连接件必须采取防松保险措施

(1)用弹簧垫圈防松:这种方法应用较为普遍,但只宜用于机械外部的螺纹连接。装配时应检查弹簧垫圈是否具有弹力,其标志是在自由状态下开口处的相对端面轴向位移量不小于垫圈厚度的1/2;弹簧垫圈拧紧后在其整个圆周内应与螺母端面及零件支承面紧密贴合。

(2)采用镀铜螺母防松:在螺母(螺纹部分)的表面镀一层较薄的铜层,由于铜的塑性变形能力很好,在锁紧力的作用下产生塑性变形,将螺纹的空隙挤紧形成很大的挤压力。同时经压紧变形后,螺纹接触面接触紧密,形成分子吸引力,这些力不随机械振动而减弱,因此能在任何情况下保持一定的摩擦力而不致松脱。

(3)用双螺母锁紧:螺母按规定扭矩拧紧后再在外面拧上一个薄型螺母。具体操作时,用两只扳手将薄型螺母与原螺母相对拧紧到不小于该螺纹的拧紧力矩。

(4)用开口销锁定:在重要的螺纹连接中,配用槽型螺母,并用开口销锁定。

(5)用保险垫片锁止:采用如图7-6所示的保险垫片,待螺母拧紧后将垫片外爪分别上下弯曲,使其向下弯曲的爪贴紧被连接的工件,向上弯曲的爪贴紧螺母侧平面,从而使螺母不能与被锁定的工件做相对转动。

(6)用止退垫圈锁定:对于圆形螺母,可用止退垫圈来防止螺纹松动(图7-7)。使用止退垫圈时,将其内爪嵌入螺杆的槽中,把螺母拧紧后将外爪弯曲压入圆形螺母的槽中,从而使螺杆与螺母之间不能有相对转动。

a)

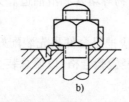
b)

图7-6　用保险垫片防止螺纹松动

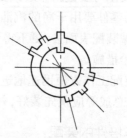

图7-7　止退垫圈结构

(7)用铁丝联锁:对于成对或成组的固定螺钉,可以在螺钉头上的每一个面上钻出通孔。当螺钉拧紧后,用铁丝穿过螺钉头中的孔,使其互相联锁。铁丝穿绕的方法,如图7-8所示。

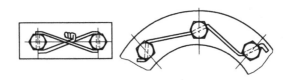

图 7-8　螺钉组的联锁

(三)过盈配合件的装配

过盈配合件的装配和拆卸一样,应根据过盈量的不同,采用冷压装配、加热装配和冷却装配等不同的方法。

1.冷压装配

冷压装配是在常温条件下,利用压力机将一个零件压入另一个零件内。压入时应使各处受力均匀,并使其合力作用于轴心线上。过盈配合件压入时其压力可按下式计算:

$$P = f\pi dlp \tag{7-4}$$

式中:d——直径(mm);

　　f——摩擦系数,参见表 7-2;

　　l——压入长度(mm);

　　p——静配合接触面的接触应力;其数值可由下式确定:

$$p = \frac{10\delta}{d\left(\dfrac{C_1}{E_1} + \dfrac{C_2}{E_2}\right)} \tag{7-5}$$

　　δ——实际过盈量。

钢对其他材料的摩擦系数　　　　　　　　　　　　　　　　　表 7-2

材料	摩擦系数	材料	摩擦系数	材料	摩擦系数	材料	摩擦系数
钢	0.06 ~ 0.02	黄铜	0.05 ~ 0.10	铸铁	0.06 ~ 0.14	镁铝合金	0.02 ~ 0.08

由图 7-9 可知:

$$\delta = (d_1 - d_2) - 2(H_1 + H_2) + 2(R_1 + R_2) \tag{7-6}$$

如果 $R = \dfrac{H}{2}$,则:

$$\delta = \Delta d - (H_1 + H_2)$$

E_1、E_2 为材料的弹性模量;C_1,C_2 由下式计算:

$$C_1 = \frac{d^2 + d_o^2}{d^2 - d_o^2} - U_1 , \quad C_2 = \frac{D^2 + d^2}{D^2 - d^2} - U_2$$

式中:U_1、U_2——材料横向压缩系数。对于过盈量
　　　　　很大的配合件,通常采用加热包容
　　　　　件法装配。

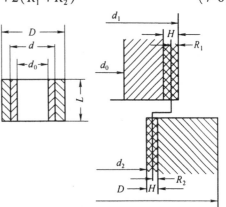

图 7-9　零件过盈配合

2. 加热装配

加热装配是根据金属材料热胀冷缩的原理,将包容零件加热膨胀,减小与被包容零件的过盈量或使之出现间隙,从而使两个零件很容易地装配在一起,冷却收缩后达到过盈配合的要求。这种方法适合零件配合过盈量大或较大零件不易使用冷压装配的零件。

为了使过盈配合零件自由地装配,包容件的加热温度 t 可按下式计算:

$$t = \frac{\delta_{实} + \delta}{10^3 \alpha d} + t_0 \tag{7-7}$$

式中: t——包容件加热温度(℃);

t_0——室温(零件最初温度℃);

$\delta_{实}$——实际过盈量(mm);

δ——为避免装配时表面相擦所需要的最小间隙(mm);

α——包容件的线膨胀系数;

d——配合表面的名义尺寸(mm)。

常用加热方法有:油中加热(90℃左右);水中加热(100℃左右);电炉加热;盐炉内加热;电阻法加热;感应电流加热。其中,电炉加热、感应电流加热的加热温度为 75 ~ 200℃,视过盈量大小而定。加热过程中,应使零件各部位温度上升均匀。

3. 冷却装配

冷却装配适用于薄壁套管类零件的装配,通常采用冷却轴的办法。当长度为 100mm 的零件从 20℃冷却到 -80℃时,其收缩量为 0.15mm 左右。

冷却装配常用的冷却剂有:干冰,即固体二氧化碳(可达 -75℃);液态空气(可达 -180 ~ -200℃);液态氮气(可达 -180℃);氨(可达 -120℃)。

三、装配后的试验与调整

无论部件、总成或机械,装配后都应进行试验。其目的有以下两点:

(1)检查:装配是否符合要求,只有通过使用才能得到证实。因此,对装配后的机械或部件、总成进行整体试验乃至运转试验,是检验其质量的最重要的内容。通过试验检查,可以发现是否有卡涩、异响、过热、渗漏等现象以及工作能力和性能等指标是否合乎要求。

(2)调整:在机械装配中,某些项目需要通过运转试验才能完成最后调整。如化油器的怠速必须在发动机运转时进行调整;制动器须通过路试才能调到所要求的制动性能。

第七节　工程机械修理管理

工程机械修理管理是机械修理企业实现经营目标的一种有组织的活动,也是实现企业经营战略目标的重要保证。它通过计划、组织、指挥、协调、控制等职能,对企业的人力、物力、财力、信息及其要素进行合理利用,并合理组织生产过程中的环节,保证修理目标的实现。

工程机械修理管理是一项涉及范围广、人员多又相互联系的系统性工作,包含了人、作业程序、检查落实、经济性分析等问题。在管理的过程中既要求员工之间的通力协作，又要求相互联系，具备系统属性。

在现代企业中，管理离不开技术，而工程技术的应用，也靠管理来保证。作为机械技术人员，必须懂得机械修理管理的内容与方法，将技术与管理有机地结合。

工程机械修理管理包括修理生产的组织管理、质量管理、经济管理、信息管理、计划管理、技术工艺管理、配件管理等。由于前述内容已涉及修理生产的组织管理、计划管理、技术工艺管理等，本节主要介绍工程机械修理中的质量管理、经济管理、信息管理等内容。

一、工程机械修理的质量管理

工程机械修理的质量管理，是指为了保证机械修理后达到规定的质量标准，组织和协调企业有关部门和职工，采取技术、经济、组织措施，全面控制影响机械修理质量的各种因素所进行的一系列管理工作。

工程机械修理质量是机械修理厂的生命，而机械修理质量的优劣是由许许多多相关的因素决定的，它既取决于机械修理企业内部各个方面、各个部门和全体人员的工作质量，也与社会的经营环境、管理环境等外部条件相关。要保证和提高机械修理质量，必须对员工的修理技能、修理机械、配件质量、修理质量检验等影响机械修理质量的相关因素实施系统的管理，采取严格的技术手段和管理措施。

机械修理质量管理的目的是完善工艺方法和修理组织形式，以保证修竣出厂机械的技术状况及其使用性能为最佳水平，不断提高修理质量。机械修理质量管理的宗旨是综合运用现代管理手段和方法，通过建立完善的质量标准和体系，提高机械修理质量管理活动的水平。

机械修理质量管理工作主要包括：修理质量标准管理、制度管理、人员管理、过程管理和保障管理等方面，主要任务有：

（1）积极推行全面质量管理等科学、先进的质量管理方法，建立健全机械修理质量保证体系，从组织上、制度上和日常工作管理等方面对机械修理质量实施系统的管理和保证。

（2）做好保证机械修理质量的技术保障工作，收集、编制、管理好有关机械修理的技术资料，制定机械修理作业依据的规程、规范、标准等技术文件，配备质量检验必要的测量仪器、仪表，加强计量管理工作。

（3）建立质量检验组织和质量责任制度，建立并严格执行机械修理质量检验制度，对修理机械从进厂到出厂的修理全过程、修理过程中的每一道工序，实施严格的质量监督和质量控制。

（4）制定企业的质量方针和目标，质量管理工作应该有方向、有目标、有计划地进行。提高全体员工的质量意识，做到人人重视质量，处处保证质量。

（一）机械修理质量的保证体系

机械修理质量保证体系是指在机械修理行业内，为了满足机械修理技术标准所规定的质量要求，建立与机械修理质量直接有关的由技术活动和管理活动所构成的工作系统，并通过一定的制度、规章、方法、程序和机构等，把机械修理质量保证活动系统化、标准化、制度化和经常化，有效地提高和稳定修理质量。

　　机械在修理过程中,其修理质量取决于机械修理工艺规程、工艺设备、修理生产的组织和生产技术准备工作的完善程度以及修理工作人员的劳动素质等。机械修理质量保证体系,如图 7-10 所示。

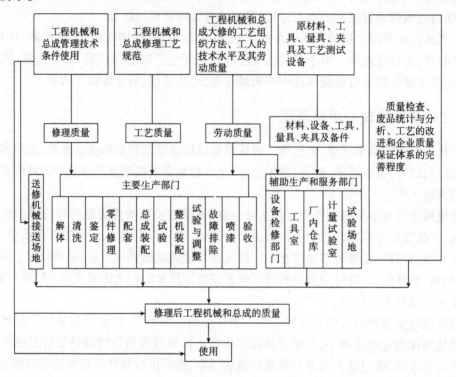

图 7-10　机械修理质量保证体系

　　机械修理质量保证体系是一个有机的整体,它以保证和提高机械修理质量为目的,运用系统的观念和方法,把机械修理的各阶段、各环节的质量管理职能组织起来,形成一个既有明确任务、职责、权限,又把工作方法和程序、技术力量、信息等协调起来的有机整体,从而达到保证和提高机械修理质量的目的。

　　机械修理质量保证体系的核心是依靠人的积极性和创造性,发挥科学技术力量,确保机械修理质量。机械修理内部质量保证体系的建立是机械修理质量管理工作的基础,机械修理质量保证体系包含以下内容:

　　(1)明确责任。要有明确的质量方针和质量目标,每一个岗位必须制定在管理活动中必须服从和遵守的行动指南,即质量方针。根据修理质量方针的要求,在企业内开展质量工作所要达到的预期效果,即质量目标。为实现质量方针和质量目标,必须建立严格的责任制,规定各级质量管理人员的责任、任务和权限。

　　(2)健全专职管理机构。建立与健全专职的机械修理质量管理机构,认真履行质量管理机构职责。为了使质量保证体系卓有成效地运转,使企业中具有质量管理职能的各个部门能充分发挥作用,就必须建立质量管理的专门机构来负责组织、协调、督促、检查质量的管理工作。

　　(3)实现修理质量管理业务标准化、管理流程程序化。把机械修理企业在管理工作中重复出现的处理方法制订成标准,纳入规章制度。如签订修理合同,施行机械出厂合格证制度和质量保证期制度等。修理质量管理程序化是使修理质量管理业务的工作过程合理并固定下来,形成机械修理质量文件、质量体系图表等。实行质量管理的条理化和规范化,可以避免职责不清、相互脱节、相互推诿现象。

(4)建立高效、灵敏的机械修理质量信息反馈系统,做好配件供应点质量管理工作。

(二)机械修理质量的控制

为了保证机械和总成的修理质量,应分段对总成和整机修理质量进行管理和控制。

首先应获取有关被管理对象的信息,检查送修品、检查各工序的规范、检查工艺装备的状况和检查试验手段的状况等。然后分析有关工艺规程的执行情况,收集和分析信息。在此基础上制订和修改有关技术措施和管理措施,其主要内容包括加强工艺要求和工艺纪律,提高检验质量,改善对机械状况的预防性检查,改善工艺组织和管理,加强职工培训等。最后应贯彻执行修改后的技术措施或管理措施。

对机械修理过程实行全面质量控制的管理系统主要内容,如图7-11所示。

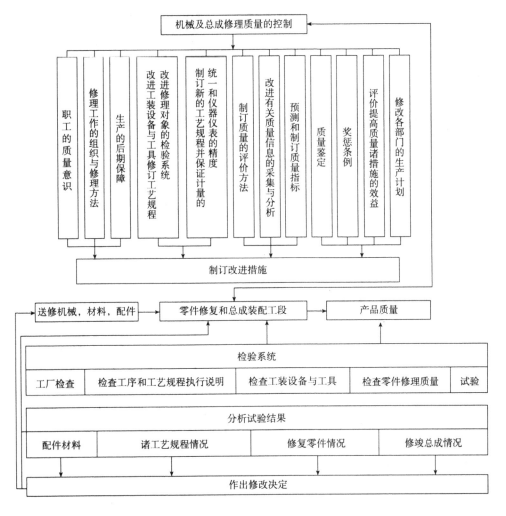

图7-11　机械及总成修理过程全面质量控制管理系统图

为了控制机械修理质量,分析影响质量的因素,常采用的统计方法有排列图、分层法、因果分析法、直方图法、控制图法、相关图法、统计调查分析表法、系统图法、矩阵图法和关联图法等。

(三)机械修理质量管理的组织

机械修理单位必须建立健全与其生产规模相适应的质量管理机构和相应的责任制。

1.修理质量检验的组织

修理厂应设置质量检查站,修理车间可设置质量检查员,在上级质量部门和本单位技术负责人的双重领导下,对机械修理质量进行检验。坚持按规定的项目和标准进行检验,严格把关,并有权越级上报。

质量检验人员应具有机械检验、机械修理的知识和技能,具备一定的组织能力,责任心强,坚持原则,有良好的职业道德。

2.修理质量责任制

(1)厂长主管修理质量工作,对机械修理质量负全面责任,要经常听取送修单位、质量管理部门和职工对质量的意见,定期分析修理质量状况,认真处理重大质量事故。

(2)总工程师或技术副厂长负责解决修理质量中存在的重大技术问题,组织有关部门制订技术攻关和质量升级规划,支持质量检验部门的工作,督促检查各项质量计划的实现。

(3)各职能部门要组织好有关的质量管理工作,并与专职质量管理部门保持业务联系,沟通情况,提供资料和信息,共同把好质量关。

(4)修理车间对机械修理质量负直接责任,车间主任要对修理质量负责,严格执行技术标准,遵守修理规范;建立以车间技术副主任和质量检验员参与的质量领导小组,负责组织质量自检、互检,支持质量检验人员的工作。发现质量问题时要及时组织处理,对关键岗位要做好重点质量控制工作。

(5)修理班组和主修工要严格执行技术标准,按规程操作,按制度办事。认真做好自检、互检,做到不合格的配件、材料不使用,上道工序不合格不准转入下道工序,不合格的总成不安装,不合格的机械不出厂。

(四)机械修理质量的检验和验收

机械修理质量的检验和验收分为进厂检查、解体检验、过程检验和竣工验收等程序。

1.进厂检查

进厂检查是机械送修进厂时,由送修单位代表或机长会同承修单位检验员进行,检查结果应做记录,经双方签认后作为进厂交接凭证。

2.解体检验

解体检验由车间技术人员会同检验人员和主修工根据技术检验规范,对解体后的零部件进行检验。其主要内容为:

(1)检查各零件的磨损变形尺寸,必要时进行探伤、硬度、弹力、密封等力学性能测定和电气部分的绝缘、耐压及抗阻试验,并详细记录试验结果。

（2）根据零件鉴定和装配要求，对检查过的零件分为可用、需修和报废三类，分别在零件上作出标记，并进行登记，作为编制备料和加工计划的依据。

（3）对确定需修的零件，应对修复尺寸、加工方法和技术要求等提出具体意见。如意见不统一或技术复杂的修复工艺，须报请技术负责人审定。

3. 过程检验

过程检验是在零件加工、组合、装配过程中，按照工艺过程进行的检验，又称工序检验。目的是及时控制和消除修理过程中不合格零件和装配的缺陷，以免造成组合件的不合格影响整机质量。过程检验分为加工、组合、总成和总装配四种工序：

（1）加工工序检验。按照零件加工工艺卡片规定的技术要求，在加工工序间进行的检验。

（2）组合工序检验。在零件组合为合件、组合件、总成的各个工序中，按照零件修换及装配标准进行的检验。

（3）总成检验。对于组装后的总成，按其技术性能的要求进行的检验。必要时应通过专用机械进行运转试验，以测定其功能。

（4）总装配检验。在各总成装配成整机时按工序进行的检验。

过程检验是发现工序过程质量事故、保证修理质量的关键检验阶段，应实行承修人自检、班组长抽检和检验员复检相结合的"三检制"。经检验不合格的工件不得流入下一道工序，不合格的总成不得装用，具体分工和职责如下：

①承修人应对装配前的每个零件和安装前的每个总成认真进行检查，如发现不符合技术要求，应拒绝装配或安装。承修人负责填写自修部分的修理记录并核对外组移交部分的记录及证明文件。

②班组长抽检是为了防止漏修、漏检和违反操作规程及修理技术标准的作业。因此，要经常注意承修人的操作过程，检查修理项目完成情况，并抽查工件的状况是否与修理记录相符。凡属影响机械运转安全及技术性能的主要部件、总成修复后，都要经班组长检验。

③修理中检验员的复验起着质量监督作用。所有工序修理记录都要经检验员复查，凡属总成性能试验、重要部位或技术复杂的工序检验，都要经检验员复验，并在修理记录上签认或填发合格证。

4. 竣工验收

竣工验收是机械修理竣工出厂前全面而且系统的一次质量鉴定，由承修单位质量检验部门负责组织，送修单位派人参加，按照施工机械大修验收技术要求的内容进行检查验收，合格后由承修单位质量检验部门填写机械竣工检验记录，交送修单位。

整机拆卸后，质量检测组负责发动机、电气部分、机械传动装置校验数据等工作。各专业组对总成进行拆卸，对零部件进行清洗，并对零部件进行分类鉴定。零部件检测鉴定时首先选出必换件，进行必换件的申请换领，保证必换件无条件更换，然后对各零件进行检测、对可用件继续留用、对可修复件进行修复、对报废件实施废品入库和新品请领。修理过程中需同时进行装配检验，总成装配完毕后，对各总成进行磨合调试检验，在调试过程中若有不合格的，则再进行拆检或修理。各总成修理完毕后进行整机装配、磨合调试试验，直至竣工验收合格后再填写机械技术修理档案，整个修理过程结束。在修理的任何环节，若质量检测不合格，则需重新返工处理。

(五)机械修理技术资料与量具的管理

1.机械修理技术资料的管理

机械修理的技术资料和技术文件,是机械修理作业的重要依据和准则,认真掌握和运用这些资料和文件,做到修理作业规范化、标准化,是保证修理质量的基础工作。

(1)技术资料和技术文件的内容。机械修理的主要技术资料和技术文件的名称、内容和用途,见表7-3。

机械修理的主要技术资料和技术文件表 表7-3

序号	名 称	主 要 内 容	用 途	编制单位
1	机械使用说明书	机械规格、性能参数;安装、调试、使用、操作等作业方法和要求;维护规程和作业要求;调整、润滑图表等	指导机械拆装、调整、润滑、试运转等作业	由生产厂家随机提供,送修时应随机送厂。常修机型应由修理单位自备
2	机械修理手册	机械各总成的分解图;拆卸、检查、调整、装配要求;传动、液压、电气等系统图轴承位置图表;修理标准等	供修理人员熟悉机械结构、制订修理工艺和拆装方案,并作为修理作业的技术依据	由生产厂随机提供、送修时应随机送厂。常修机械应由修理单位自备
3	机械配件目录	机械配件目录包括:件号、规格,装用数量以及主要零件的图样	供配件管理人员编制配件计划和组织供应工作等依据	由生产厂随机提供,一般配件供应部门应自备
4	机械修理工艺规范	机械拆卸程序及工艺要求;零部件检查,修理工艺及技术要求;装配程序及技术要求	指导修理人员进行修理作业	由企业主管部门或由修理单位分机类编制
5	机械修理技术标准(数据)	分机型的主要零部件修、换及装配技术数据	机械修理及质量检验的依据	由生产厂提供或由主管单位统一编制
6	机械大修验收技术要求	主要机械大修竣工应达到的技术要求	作为大修竣工检验和验收的依据	由修理单位主管部门编制
7	机械技术试验规程	修竣机械进行技术试验(试运转)的程序及要求	鉴定机械是否符合生产和安全要求	国家相关部门制定的标准

(2)收集编制技术资料时的注意事项。要保证图册的准确性,必须做到:

①技术资料应分类编号,编号方法尽可能考虑适合计算机辅助管理。

②新购机械的随机技术资料应及时复制,进口机械的技术资料应及时翻译后复制。

③严格执行图纸技术文件的编制、批准及修改程序,编制、修理图册时应做好:尽可能利用机械修理的机会,校对已有图纸及测绘新图纸。拥有量较多的同型机械,由于出厂年份不同或生产厂不同,其设计结构可能有局部改进。因此,对早期使用的图册应与近期购入的机械进行

核实,并在修理中逐步使同型机械的配件通用化。修理中注意发现不同机型的零部件能通用,以积累零部件能互换的资料,为减少配件储备品种和数量创造条件。修理进口机械时,应注意国产配件的代用,逐步扩大配件国产化的范围。

④对于已有的修理规范、规程、标准等技术文件,在经过生产验证和吸收先进技术后,应定期复查,不断改进。

(3)修理技术资料的保管。机械修理技术资料,是机械修理、检验工作中必不可少的依据,必须妥善保管。企业应建立资料室,由机械管理部门领导,也可由企业技术档案部门兼管。资料室负责修理技术资料的保管、借阅和复印服务,并按业务量配备专职或兼职、具有工程图纸的基本知识和熟悉技术档案管理业务的资料员。建立资料管理制度,严格资料借阅手续,保证资料的正确性、完整性。具有一定规模的机械修理厂,应自行设置资料室,管理机械修理各项技术资料。

2. 机械修理计量器具的管理

机械修理作业中,为测定零部件技术数据使用的量具、仪器、检具及专用工具等统称计量器具。修理单位应配备足够的计量器具,并做到科学管理,使其保持准确计量,是确保执行修理技术标准、保证零部件互换和修理加工质量的重要手段。

(1)建立计量器具管理制度。机械修理用的计量器具,应由修理车间工具室配备专人负责计量器具的订货、保管以及借用,并遵守以下要求:

①建立计量器具的管理和借用办法。

②高精度仪器、量具应由经过培训的人员使用。

③对于借出的计量器具,归还时必须仔细检查有无损伤,如发现异常,应经鉴定合格后方可再借出使用。

④建立维护制度,经常保持计量器清洁、除锈,合理放置,以防锈蚀变形。

(2)严格执行计量器具的定期检验制度。为确保计量器具的正确性,必须按照国家检验规程规定的检验项目和方式进行检验。检验内容包括:

①入库检验。新购计量器具入库时,检查随带的合格证和必要的鉴定记录。

②入室检验。计量器具进入工具室开始使用前的技术检验。

③周期检验。对于使用中的计量器具,由检验部门按规定的周期、项目进行技术检验;对于检验不合格的计量器具,应及时修理或报废。

二、机械修理的经济管理

机械修理的经济管理,主要是建立科学的管理制度和方法,制订合理的修理费用,控制修理费用合理使用,做好经济核算和经济分析,降低修理费用,以提高企业的经济效益。其内容有:修理经济管理指标、修理定额,修理费利的统计、核算和分析等。

(一)机械修理的技术经济指标

要改进机械的修理管理、提高企业的经济效益,必须设定、考核和分析机械修理管理的技术经济指标。设定的机械修理技术经济指标要定义科学、解释统一、揭示本质,有统一参照标准或定额且可比性强,定量表示且有统一的计算公式与计量单位,数据采集方便。

机械修理技术经济指标,见表7-4。在这些指标中,万元产值修理费和万元机械修理费是企业机械修理经济性的两项主要指标。

可供参考的机械修理技术经济指标

表 7-4

序号	指标名称	表 达 公 式	单位	参考值	检查内容或辅助算式	备　注
1	项修计划完成率	实际完成项修台次/计划项修台次	%	100±10	项修报表,验收移交单	年、季考核
2	万元产值修理费	参考期内修理费/参考期内总产值	元/万元		修理费用汇总表,总产值统计表	
3	万元设备修理费	参考期内修理费/设备固定资产值	元/万元		修理费用汇总表,设备资产统计表	
4	库存备件资金周转期	(初期金额＋末期金额)×本期天数/(2×本期消费金额)	天		备件库存账	
5	项修返修率	项修后返修台数/项修总台数	%	<10	项修返修记录等	
6	大修计划项目完成	实际完成人修台数/计划完成台数	%	100±15	大修报表,验收移交单等	
7	大修费用完成率	实际大修费用/计划大修费用	%	100±10	修理工作量,更换件清单检查单,质量报告,费用记录	大修费用包括结合大修的改造费用
8	大修返修率	大修后经返修的台数/大修总台数,或大修后返修工时/大修总工时	%	<1	年、季大修及返修记录,大修、返修工作记录	考核大修质量用

(二)机械修理成本管理

1.机械修理预测与计划

(1)机械修理成本预测是为了更好地控制成本,做到心中有数,避免盲目性,减少不确定性,为经营决策方案提供依据。机械修理成本预测是编制成本计划的基础,又是加强成本管理,降低修理成本的重要环节,同时是企业经营决策的依据。

(2)机械修理成本计划。成本计划是通过货币形式,以上年实际达到的水平为基础,对本年度计划期内产品的生产耗费水平和可比产品生产消耗与上年实际消耗相比得到的应降低水平,以及应采取的各种措施和办法,事先作出的规定。

机械修理成本计划为成本控制提供了一个标准和尺度,具有组织职工群众挖掘潜力的作用,有利于群策群力,找到降低成本的途径。机械修理成本计划也有利于提高企业的管理水平,成本计划制订后,可以将之归口分解到各个部门,使得部门乃至个人有了明确的奋斗目标,职责分明,与经济利益挂钩,这样就能调动整个企业的积极性,提高企业管理水平。同时,机械修理成本计划是编制财务计划的重要依据,没有成本计划,也就无法编制利润计划。

成本预测及成本计划的完成需要较多的数据资料,并按照一定的方法和方式进行,但作为机械修理企业,往往只能根据上期的实况,对本期的影响因素进行分析,确定成本计划。

2. 机械修理成本的控制

机械修理成本控制是指企业在修理服务过程中,对修理成本的整个过程进行监督,对影响产品成本形成的各种因素加强管理,将实际发生的耗费严格控制在计划范围之内的成本管理工作。

机械修理成本控制工作的意义在于:是保证成本降低目标实现的关键环节;成本控制在整个成本管理中具有纽带作用,它将成本管理的各个环节联系起来,从而推动成本管理工作的全面发展;成本控制可以提高企业的管理水平。

(1) 机械修理成本控制的基本程序。

①制订控制限额。要对生产费用进行有效控制,应制订限额及允许误差,即控制的上下限。对于修理企业,成本限额的制订应依据合理的基数,并对报告期的各种影响因素加以分析。

②揭示成本差异,分析差异原因。将实际耗费与限额进行比较,计算揭示成本差异,是成本控制的中心环节。低于限额的差异,称为有利差异;高于限额的差异,称为不利差异。揭示成本差异的重点是材料成本差异、工资费用差异和管理费用差异。

③反馈成本信息,及时纠正偏差。为了及时反馈成本信息,应建立相应的凭证及报表,规定信息反馈的程序和时间,并对反馈的信息加以分析,揭示差异产生的原因,并加以及时的纠正,以便达到成本控制的目标。

(2)机械修理成本控制方法。成本控制主要是材料费用的控制、工资费用的控制与一般费用的控制。

①材料费用的控制要从材料消耗量和材料采购费用方面进行控制。从材料消耗量方面,要制订辅料、燃料、动力的消耗定额,严格实行消耗的控制。对标准件实行品种、数量以及余额三者同时控制。建立完整的退料、余料以及废料的回收制废,建立材料的盘点制度并及时处理盈亏。

从材料采购费用方面,要进行材料进价和采购费用控制。对于材料的进价,尽量以较低的价格购到符合自己业务需要的材料。对于采购费用,应根据实际情况,制订一定的定额,提高业务人员的素质。防止采购中的不正之风,严格考核采购的业务成果。

②工资费用的控制。工资费用的高低取决于工时消耗量的大小及工资两个方面,企业应努力提高工人的技术水平,减少工时的消耗量,以相同的工资率从事更多的修理业务。

③一般费用的控制。一般费用主要是指企业的管理费、车间经费和销售广告费用等,对于这类费用的控制,一般较为复杂,应针对不同对象,分别加以控制。对不同费用实行指标归口管理,明确责任单位,如管理费用由各职能科室进行管理、仓库费用由供应部门控制、财务费用由财务部门控制等。同时,要编制费用定额。编制预算,严格执行预算,建立相应的费用本或卡,超过范围,未经严格审批、复核不予支出。

3. 机械修理成本分析

为了考核成本计划的完成情况,应不断寻找降低成本的途径,必须根据成本核算的资料及成本计划等其他资料,对机械修理成本的形成情况进行分析评价、检查总结,查明影响成本升降的因素及其影响程度,从而明确责任归属,为进一步降低成本所拟定的方案提供依据。

机械修理成本分析是成本管理的最后一个环节,也是下期机械修理成本管理的开端。机械修理成本分析的作用是:检查企业是否遵守国家的规定,保证产品成本核算的合理与合法性;考核成本计划的完成情况,查明原因,挖掘进一步降低成本的潜力;有利于各成本核算单位进行合理的考核,制订相应的奖罚措施;不断总结经验,完善成本管理制度,提高成本管理水平。

机械修理企业的成本分析,应制订相应的制度,由相关的责任人员分别逐步的实施。

(三)机械修理费用的核算

1. 修理费用的项目

对于修理企业而言,修理的直接费用成本项目包括原材料(指企业在修理服务活动中所发生的配件材料及各种辅助材料费,包括外购材料)、动力费(外购燃料、水、电、压缩空气和蒸汽等能源消耗费)、企业成员工资及提取的福利费用及其他费用、外协加工费用、车间经费(含办公费、旅差费、邮电费、运输费、劳保费、工具费、修理车间机械折旧费、贷款利息、税金及低值易耗品摊销费等)、租赁费、招待费等其他费用支出。

通常机械修理费用结算时修理费用组成一般由三项组成:材料费:其中包括主要件费用、易损件费用、辅助材料费;工时费(按工时定额计算);利润、税金、管理费(按材料费与工时费之和的15%计取)。目前在市场经济的条件下,由承修单位与送修单位参考有关收费结算定额进行协商,确定修理费用结算的办法已很普遍。

(1)工时费是修理工人完成修理工作单位时间的工资。工时费由各省、自治区、直辖市主管部门制订,报当地物价部门审批。制订工时费时要考虑修理的月工资、附加工资、施工补助、夜餐费、营养津贴、高温津贴等其他工资性的支出,另外还应考虑职工福利费、企业奖金等。把修理工的上述收入除以每月平均实际工作小时数,就是工时费。选择修理工工资等级时,须有代表性。

(2)工时定额即完成某项修理对象所消耗的工作时间。一般确定工时的方法有经验估计、统计分析、类推比较和技术测定四种。实际制订时,较多采用经验估计和统计分析相结合的方法,一部分机械则需运用类推比较法。各种修理和维护作业项目的工时定额,是进行修理或维护费用结算的重要依据,它对经济核算、推行经济责任制有着重要影响。一般机械修理和维护工时定额由各地主管部门按国家有关规定制订,报当地物价部门审批,也可参照有关行业、系统的定额、规定制订。整机大修、中修,总成大、中修以及各级维护的总工时,一般应按机型制订出相应的工时定额。

修理的间接费用是指停产、准备等损失的费用。机械故障停机和检修停机造成的生产损失等间接费用还没有切实有效的统一标准,一般不考虑。

2. 机械修理费用的结算

机械修理费用是送修者与承修者都关心的问题,修理费用结算是否合理,不仅对承修单位的盈亏有着直接的影响,同时也对送修单位的送修意愿和生产成本产生重要的影响。

(1)应根据材料领用单、工时记录、劳务支出费用等原始单据进行统计核算。主要件按实际消耗量计费,易损件、辅助材料按平均消耗量定额分摊,企业管理费、车间经费依照工时费定额推算。

(2)主要件的用料价格,应按本地区配件公司价格结算,一般不得按零售商店购价结算。

（3）计取大修、中修、小修的工时费用时，必须有可供结算人员查阅的《大修工时定额》、《中修工时定额》、《小修工时定额》，否则将给结算工作带来很大困难。即使采用协商的方式结算，上述工时费定额也有重要参考作用。

（4）在制订工程机械修理工时定额及有关费用定额时，可参照本地区机械修理行业、有关系统（如交通系统、建工系统、冶金系统等）的规定进行。

机械修理企业的管理部门每月应根据各修理组织报送的原始资料进行汇总，对企业的机械修理活动情况及有关修理的技术经济指标进行综合测评。

机械修理费用应尽量按单台机械或单个项目统计与核算，以便找出影响修理费用的主要因素。

（四）提高机械修理经济效益的途径

（1）加强对材料、备件和各项费用的管理和控制，优化修理系统的岗位结构，消除人力、物力、财力资源的浪费。

（2）实施科学的修理管理，实现最佳的修理效果。

（3）运用修理新技术、新工艺、新材料，提高修理效率，改善零件性能，提高机械的可靠性。

（4）积极、慎重地对机械进行改造、提高机械的可靠性和维修性。

（5）运用行之有效的监测与诊断技术，早期发现故障，适时修理。提高操作与维护的技术水平，避免非正常的损伤。

（6）从机械寿命周期费用最经济的角度，购置节能性、可靠性、维修性好的新机械，不要只注意一次性投资的大小，而要综合考虑机械一生中的费用支出。

三、机械修理的信息管理

信息技术是机械修理企业生产、经营、管理的核心内容，是提高管理水平的重要手段。为保证机械修理管理体系正常运转，应建立一套完整的质量信息反馈系统，依据可靠的信息做出各种技术、经济上的决策。管理过程是决策的过程，而信息是决策的依据。

机械修理信息管理的任务是：建立完整的信息系统，收集、储存与机械有关的各种信息，以及进行信息的加工处理、输出与反馈，为机械修理的经济、技术决策服务。

工程机械中高科技技术的不断应用，技术更新换代的加快，使工程机械修理企业所提供服务的知识含量增加，加大了服务的难度以及生产经营和管理上的复杂性，也为管理的变革与发展提供了技术上的可能和保障。对于工程机械修理管理工作来说，表现在修理设施、修理技术、修理力量、修理管理模式具有动态性特点。

随着我国工程机械保有量的增长，有关机械修理的信息量急剧增长，机械修理企业对信息系统重要性认识的不断提高，促使工程机械修理企业不断推进信息系统的现代化。当代计算机技术的迅猛发展，使实现修理信息的计算机管理已不是什么技术难题，各种计算机修理信息系统已在机械修理行业广泛运用。

（一）机械修理信息的分类

机械修理信息包括机械的全部资料及与之有关的其他资料，如图样、说明书、生产负荷、运行状态、修理记录、机械台账、机械档案及所发生的各种费用等。

机械修理信息的分类可以按不同需求进行,企业可根据自身的实际情况和计算机信息管理的要求,选定适当的分类方法。常用的有按机械前期与后期分类、按机械管理目标和考核指标分类、从修理的角度分类等。

按机械前期与后期分类法将机械信息分为前期与后期两大系统,然后再分为许多子系统,如图7-12所示。在子系统里,又包罗了各类机械,最后具体到每一台机械。这种分类方法简单明了,便于信息的加工整理和查阅。

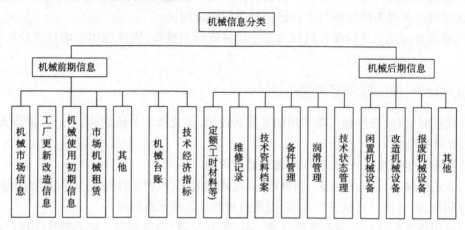

图7-12　机械信息分类图

按机械管理目标和考核指标分类法将机械信息分为:投资规划信息、资产备件信息、技术状态信息、修理计划信息、人员信息共五类。每一类下又细分为许多子项目和许多考核指标,检查分析非常方便。适合企业的主管部门或投资者(股东)用技术经济指标来考核企业机械的使用修理情况,了解和控制企业经营中的一些重要指标(如万元产值修理费、万元机械修理费等)。

从修理的角度分类,可以随时了解机械的技术状态,及时检查修理工作的质量和效益,及时调整修理计划、备件计划等。这种分类法将机械信息分为机械状态信息、机械保障信息、机械故障或事故信息、修理工作信息、修理物资信息、修理人员信息、修理费用信息和相关信息。

机械状态信息包括机械型号、累计工作时间、修理次数、当前主要性能参数指标、状态监视与故障诊断的动态指标等。机械保障信息包括修理维护措施及实施情况、修理系统的装备水平、后勤保障等。机械故障或事故信息包括既往故障中事故发生的时间、部位、后果,事故的诊断结果,最后处理方案及效果等。修理工作信息包括修理计划、修理进度、修理工时消耗情况等,修理物资信息包括备件库存情况、器材消耗情况、订货情况等。修理人员信息包括岗位、人数、技术结构、培训计划等。修理费用信息包括工资、材料费用、备件费用、能源消耗等。相关信息包括新材料、新工艺应用推广信息、科研信息等。

机械修理信息收集的内容包括机械修理企业内部质量反馈和机械修理质量监督单位及托修方外部质量的信息反馈。

内部质量信息反馈包括进厂检验、修理过程检验和竣工出厂检验的质量信息反馈,由专门的机械修理质量检验组成反馈网络,通过填写各类检验记录表或技术档案来体现。

外部质量信息反馈包括机械修理质量监督单位的检测结果报告(通过检测一次合格率)

以及修理机械的返修率和托修方的投诉率等。

(二)机械修理的信息系统

传统的机械修理管理中,修理信息分散在企业的各个部门,信息的收集、处理、储存、传递等全部依靠人工来完成,需要制订大量的统计报表与图表,由统计人员填写后再收集起来,传输速度慢,统计及分析加工处理难度大。

使用计算机对工程机械修理的信息进行管理,具有检索迅速、查找方便、可靠性高、存储量大、保密性好、寿命长、成本低等优点。这些优点能极大地提高工程机械修理的管理效率,也是企业与世界接轨,科学化、正规化管理的重要条件。

1. 信息系统

信息系统是一种对各种输入的数据进行加工、处理,产生针对解决某些方面问题的数据和信息。其主要内容是为产生决策信息而按照一定要求设计的一套有组织的应用程序系统。

信息系统是以提供信息服务为主要目的的数据密集型、人机交互的计算机应用系统。除具有数据采集、传输、存储和管理等基本功能外,还可向用户提供信息检索、统计报表、事务处理、规划、设计、指挥、控制、决策、报警、提示、咨询等信息服务。信息系统一般分为管理信息系统和决策支持系统。

2. 信息系统的基本结构

信息系统可分为4个层次:硬件、操作系统和网络层;数据管理层;应用层;用户接口层,是一个由人、计算机等组成的进行信息收集、传送、存储、维护和使用的系统,用来控制管理活动中经过加工的数据。具体地说,它包括两方面的内容:一是指为了达到管理目的和形成管理行为所收集或加工的信息,主要是指能够反映管理客体运行状态和可能影响管理客体运行状态的各种信息;二是指经过加工并在管理过程中得以运用的和反映管理者管理行为的信息。

3. 决策支持系统

决策支持系统是辅助决策者管理的系统,它通过数据、模型和知识,人机交互方式进行半结构化或非结构化决策的计算机应用系统,是管理信息系统向更高一级发展而产生的先进信息管理系统。决策支持系统为决策者提供分析问题、建立模型、模拟决策过程和方案的环境,调用各种信息资源和分析工具,帮助决策者提高决策水平和质量。

决策按其性质可分为结构化决策、非结构化决策和半结构化决策三种类型。结构化决策是指对某一决策过程的环境及规则,能用确定的模型或语言描述,以适当的算法产生决策方案,并能从多种方案中选择最优解的决策。半结构化决策是指决策过程复杂,不可能用确定的模型和语言来描述其决策过程,更无所谓最优解的决策。半结构化决策是介于以上二者之间的决策,这类决策可以建立适当的算法并产生决策方案,使决策方案得到较优的解。

决策可以借助于计算机决策支持系统来完成,即用计算机来辅助确定目标、拟订方案、分析评价以及模拟验证等工作。在此过程中,可用人机交互方式,由决策人员提供各种不同方案的参量并选择方案。

决策支持系统基本结构主要由四个部分组成,即数据部分、模型部分、推理部分和人机交互部分。数据部分是一个数据库系统,模型部分包括模型库及其管理系统,推理部分由知识库、知识库管理系统和推理机组成。而人机交互部分是决策支持系统的人机交互界面,用以接收和检验用户请求,调用系统内部功能软件为决策服务,使模型运行、数据调用和知识推理达到有机地统一,有效地解决决策问题。

信息系统是一个向单位或部门提供全面信息服务的人机交互系统。它的用户包括各级人员,其影响也遍及整个单位或部门。由于信息系统的用户多数是非计算机专业人员,用户接口的友善性十分重要。

信息系统的开发和运行,不只是一个技术问题,许多非技术因素,如领导的重视、用户的合作和参与等,对其成败往往有决定性影响。由于应用环境和需求的变化,对信息系统常常要作适应性维护。在开发和维护过程中,尽可能采用各种软件开发工具是十分必要的。

计算机修理信息管理系统可以是企业信息系统中的一个子系统,也可以是一个独立的系统。它分为人机系统和人工智能系统两类:人机系统是以人为主体的系统,信息的解释要靠人工作业;人工智能系统可以模拟人的思维,识别信息并由系统软件进行处理,输出经过加工的信息。

在信息网络技术的帮助下,建立智能网络修理服务系统,机械修理信息可通过信息量大,信息质量高,传输速度快的网络传输,使信息交流更加频繁,甚至可以实现对机械修理的动态管理。工程机械相关的科研单位、修理厂、生产厂以及使用单位都能够相互联系起来,满足服务的快速化、优质化和全方位的远程控制。

通常,一个机械修理企业的所有信息全部在信息中心汇总,如图 7-13 所示。图中的机械和用户包括企业所有的机械及其用户。左边是企业内部与机械管理有关的各部门,右边是企业外部。信息的传输往往是双向的,但不是简单的往返。信息返回时总是以更高级的形态表现出来。例如,修理工作所发生的一切费用,首先由财务部门掌握并进入财务管理系统,然后沿信息通道进入修理信息中心,并在该中心经过分类,结合其他信息进行计算、分析,得出修理工作各项技术经济指标和评价结论,形成指标数据文件并存档,信息中心向财务部门和其他有关部门反馈的就是这些经过加工的新信息。

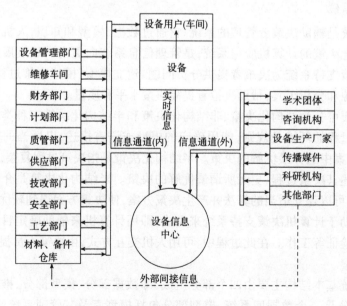

图 7-13　机械修理信息系统及信息传输结构

四、机械修理信息管理系统的功能

机械信息管理系统是一个集编辑、查询、统计、打印等功能于一体的计算机管理系统。它通过广泛收集世界各国工程机械数据,以及国家、企业综合的数据,国家相关的工业数据,存储于计算机中。通过系统的运行(统计、查询、打印),得出有价值的数据来服务企业。

机械修理管理系统是工程机械修理行业不可缺少的部分,它的内容对于企业的管理者和技术工人来说都至关重要,所以机械修理管理系统应该能够为用户和工人提供充足的信息和快捷的查询手段,改变工作效率低、时间长、查找以及结算困难的人工管理和记录方式。

机械修理计算机信息系统的功能与计算机硬、软件的配置有关。目前,许多机构正在积极开发机械管理的应用软件,一些通用性较强的软件已纳入了系统软件,一些比较成熟的应用软件也被提炼成了软件包。因而计算机信息系统在机械修理与管理中的功能日臻完善,能满足工程实践的各种需求。

1. 信息处理功能

处理修理管理中的各种信息。包括:

(1)机械修理计划管理。在确定机械修理计划时,可引用储存在计算机系统中的机械档案信息、机械修理信息、机械诊断信息,结合其他实际情况,通过计算机编制年度、季度、月份机械修理计划。

(2)修理备件库存管理。将企业机械修理备件的需求信息、库存信息、出入库信息,输入计算机系统,就可随时索取当前库存情况及统计报表。当库存量下降到警监线时,还可设置报警提示。

(3)其他功能。计算机系统还可以对修理系统提供人事管理、经济管理、技术、工艺管理等多方面的服务功能。

(4)机械信息分类、排序、查询以及检索。根据外部信息提供的资料,将修理的机械分类、排序存入系统,迅速查找出满足需要的机械及相关信息,也可对企业修理的机械进行分类统计。

(5)机械修理台账管理。将企业所修理的机械的原始数据和资料储存在计算机中,可根据需要,按不同的格式输出机械台账、机械修理清单等。

2. 过程控制功能

这一功能分两个方面:一是指控制机械的修理过程和工艺参数,进行质量监控,满足生产管理与质量管理方面的需要;二是指监测机械的工作状态、检测机械的性能参数指标,如振动、噪声、超声、温升、冷却状态、润滑状态、环境因素等,提供指导修理工作的信息。

3. 工程设计与计算功能

可以对各种机械和修理工艺装备进行运动学、静力学、动力学分析和计算,也可进行计算机辅助设计和制图、各种优化技术的计算与分析。

第八章
现代柴油机典型修理装配工艺

柴油机在运转过程中,由于受自然力和人为因素的影响,其技术性能会随着运行时间的增长而逐步劣化,表现为故障率升高,动力性、经济性、可靠性变差等。在使用过程中,必须经常检查柴油机的技术状况,当出现异常情况时,应及时进行维护和修理,使其经常保持良好的技术状况。

工程机械用柴油机结构复杂,技术要求高,维修难度大、周期长、费用高,是机械设备维修中的重要典型设备之一。本章以柴油机典型机构为例,介绍柴油机的修理方法及其工艺。

第一节 滑动轴承的选配与调整

曲轴和轴承这一配合副在发动机工作时要承受燃烧气体的爆发压力、活塞连杆组往复运动的惯性力、旋转零件的离心力以及其他形式的附加力矩。同时,曲轴在高速旋转中不可避免地会产生扭曲振动和弯曲振动。复杂的受力容易引起轴承的损坏。因此,在发动机大修时应对轴承进行严格检验,查明损伤原因及损伤程度,并采取相应的修复措施。

一、滑动轴承的修配

(一)滑动轴承的荷载特性及对轴承的要求

滑动轴承在工作过程中所受荷载是不稳定的。这是因为发动机完成进气、压缩、做功、排气一个工作循环,工作气体压力时刻在变化。这一时刻变化的力经连杆传给曲轴及轴承,使轴承承受复杂的交变荷载。曲轴轴颈与滑动轴承这一配合副在油膜压力的作用下所受荷载互相平衡。所以,发动机工作时,由最小变到最大、由最大变到最小的油膜压力构成了滑动轴承的交变荷载。根据资料统计,现代高速柴油机油膜的平均压力在 50MPa 以上,最小油膜压力为零,而油膜的峰值压力高达 600MPa。滑动轴承除承受非稳定荷载外,还受其他许多方面的影响,如起动、停机时油膜被破坏而与轴颈表面直接摩擦;润滑油中的金属屑及硬质磨料的磨损;工作时的受热变形等给轴承的正常工作带来很大的危害。所以现代高速柴油机要求滑动轴承必须具备以下性能:

(1)疲劳强度高。

(2)耐磨性好。

(3)抗咬合性好。

(4)嵌藏性好。

(5)顺应性好。

(6)耐腐蚀性好。

(7)抗热变形性好,承载能力高。

(二)现用滑动轴承的性能与特点

在滑动轴承的选用及修配中,必须对轴承的性能及特点有全面了解。因为不同材料的轴承适应于不同的发动机,如硬基体软质点的铜铅合金及高锡铝合金轴承适用于大功率、高转速的重型柴油机,而软基体硬质点的白合金轴承多用于中小型发动机。不同材料的轴承,轴颈的配合间隙不同。表 8-1 是美国 SAE 推荐的各种轴承材料所要求的配合间隙。

美国 SAE 推荐的不同材料轴承的配合间隙 表 8-1

轴 承 材 料	配合间隙(mm)	轴 承 材 料	配合间隙(mm)
三层合金、锡基或铅基白合金	$(0.0005 \sim 0.00075)d$	钢背铅合金	$(0.0008 \sim 0.0012)d$
铜铅合金	$(0.00075 \sim 0.0010)d$	整体铅合金	$(0.0010 \sim 0.0020)d$

(1)锡基巴氏合金轴承:锡基巴氏合金是发动机轴承中应用最早的减磨合金材料。这种合金是软基体硬质点材料,具有良好的耐磨性、嵌藏性和顺应性。其最大缺点是疲劳强度较低。特别是当温度超过 100℃时,其硬度和强度急剧下降。

(2)高锡铝合金轴承:这种合金的主要成分是铝,锡的含量占 20%,所以也称 20 锡—铝合金。其组织是在硬基体上均匀分布着软的质点,所以承载能力高,允许线速度大,抗粘着、抗咬合性能好,故适应高速柴油机的要求。

(3)铜铅合金轴承:铜铅合金是铜的硬质基体中均匀地分布着不熔于铜的软质铅质点。其突出优点是承载能力大、抗疲劳性好、力学性能受温度变化的影响不大,即使在 250℃的情况下仍能正常工作。但铜铅合金轴承与白合金轴承比较有以下缺点:

①顺应性、嵌藏性较差。

②易受酸性腐蚀,对润滑油质量要求高。

③铜和铅的互熔度很低,在常温下几乎不能互熔,因而有偏析现象。

④对故障的敏感性差。当发动机在工作中由于缺油或修理不当而导致烧瓦时(发生不同程度的粘着咬合),因为铜的熔点和硬度都很高,会使轴颈表面剧烈升温而被拉毛、发蓝、退火

或龟裂。而白合金在烧熔之前已经变软,轴颈能自动将咬合处熨平,所以不但轴颈不会受损,而且轴承也可在无明显损伤的情况下继续工作。即使发生完全粘着咬合,白合金将粘着在轴颈表面,从而保护轴颈不受损伤。实践表明,在白合金轴承发生烧瓦抱轴事故之后,轴颈无明显拉伤,硬度不会降低,也不会产生淬火裂纹。

（4）三层金属轴承:一般轴承是由钢背和轴承合金两层金属构成。为了改善铜铅合金和铝锡合金硬基体软质点轴承的表面性能,在轴承表面上采取再镀一层合金的方法(其厚度为0.02~0.04mm),使轴承成为钢背—轴承合金—第三合金层的结构,故称"三层金属轴承"。第三合金层的主要作用是提高硬基体软质点轴承的抗粘着咬合性、顺应性和亲油性,保留了硬基体软质点合金的优点,弥补了其缺点,因而被广泛应用。三层金属轴承不能刮削或镗削,否则将失去第三合金层的作用而使轴承和轴颈加速磨损,配合间隙迅速增大。

（三）轴承的选用与修配

滑动轴承按公称尺寸每加厚0.25mm或0.50mm为一级修理尺寸,并以标准件形式供应。如果修磨的曲轴轴颈符合标准的修理尺寸,就可以直接选用同级轴承。轴承的包装盒上和瓦背上印有 +0.25、+0.50 等字样,以便用户选用。轴承选定后应进行如下检查与修整:

1. 高出度检查与修整

为了使轴承在其座孔中有一定的过盈量,瓦片装在轴承座或瓦盖中时应有一定的高出度。高出度不足,会使轴承钢背与轴承座孔间的贴紧度不够而磨损,严重时会出现走外圈(滚瓦)现象。高出度过大,会使轴承与轴承座孔的过盈量太大而在分界面处"卡邦"。因此,装配时必须检验,检验方法如图8-1所示。常见滑动轴承的高出度为0.10~0.18mm。经检验,过盈量不足时应更换轴承;过盈量过大应检查轴承座孔及分界面的平整度和轴承长度。若确属轴承过长,可用锉刀在瓦口稍加锉修。

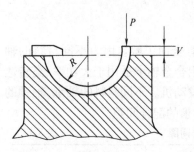

图 8-1　轴承在座孔中的过盈量
R-轴承内表面半径;P-压紧力;V-轴承的高出度

2. 内孔几何形状的检验

将轴承装入座孔,并按规定的力矩上紧轴承盖螺栓,然后用内径量表检验内孔的圆度和圆柱度误差。对于新选配的轴承,其圆度、圆柱度误差均不得超过0.01mm。如果内孔其他部位的几何形状都符合要求,仅是靠近瓦口处孔径变小,则说明轴承与轴承座孔的过盈量过大或轴承座孔变形。特别是发生过烧瓦抱轴事故后,轴承座孔会变成椭圆形,分界面处的直径缩小,垂直于分界面的直径增大。此时,应修整轴承座孔而不能锉瓦口或刮削内表面。否则会造成过盈量不足或配合间隙过大。

3. 配合间隙的检验与修配

恢复曲轴轴颈与轴承的配合间隙是修理的主要目的之一,因此必须认真检验。如果配合间隙与规范要求相差不大,可利用同一组别轴承的不同偏差进行选配。如果配合间隙与规范要求相差甚大,则应考虑重新修复。此时,为了避免重新磨轴,一般采用选配可刮削或镗削的双金属层轴承的办法进行修配。选用与轴颈同一尺寸等级的轴承其配合间隙过大时,可选用比轴颈缩小一级修理尺寸的双金属轴承。此时,不但没有间隙,反而有一定的过盈量,必须进行修配。修配此类轴承时,将轴承装入轴承座孔,并按规定力矩上紧轴承盖螺栓,最后用镗瓦机将轴承镗到所需尺寸。镗削尺寸 D_x 可按下式计算:

$$D_x = d_H + \delta \tag{8-1}$$

式中:d_H——轴颈的实测尺寸;

δ——轴颈与轴承规范配合间隙,查使用维修手册。

镗削轴瓦时建议采用小进给、小切削深度的高速精镗,其镗削参数为:镗床转速 400 ~ 600r/min;进给量 0.02 ~ 0.10mm/r;镗削深度 0.05 ~ 0.25mm。这样能获得较高的加工精度和较低的表面粗糙度。

镗削主轴瓦时,以汽缸体基准面为加工基准,采用可调支承,利用 YG6 硬质合金多刀镗削或采用一个活动刀盘通过移位实现几道轴瓦的一次安装加工。这样有利于提高加工精度。

双金属轴承与轴颈的配合间隙过小,加工余量又不大而无法镗削时,则可采用过渡刮削的方法修复。过渡刮削就是根据轴颈的实际尺寸与轴承内孔直径的差值和配合间隙要求,在轴承和轴承座分界面上垫以适当厚度的垫片,从分界面以下45°开始,在轴承内表面圆滑过渡刮削到分界面,使轴颈与轴承的配合间隙达到规定要求,如图8-2a)所示。

垫片厚度 Δ 可按上式计算:

$$\Delta = d_H + \delta - D \tag{8-2}$$

式中:d_H——轴颈尺寸(mm);

δ——配合间隙(mm);

D——轴承内径(mm)。

具体操作时,首先将计算好的垫片垫入轴承及座孔分界面处,按规定力矩上紧轴承螺栓。用百分表及外径千分尺测量垂直于分界面方向的轴承内孔尺寸($D + \Delta$),使该方向的直径等于轴颈直径与规范配合间隙的和($d_H + \delta$)。如不合适,用增、减垫片厚度(Δ)的办法加以调整。然后取下轴承,用三角刮刀从瓦口以下约45°开始,圆滑过渡,分层刮向瓦口,使瓦口处的刮削量为1/2垫片厚度。刮削后将轴承和曲轴装合,并进行接触印痕试验。第一次试验接触印痕大部分出现在刮削区,如图8-2b)所示。中部未刮削区无接触印痕。取下轴承,根据印痕的轻重分布情况再进行修刮。一般只需 2 ~ 3 次修刮,就可使接触印痕减轻,而轴承的中部出现不

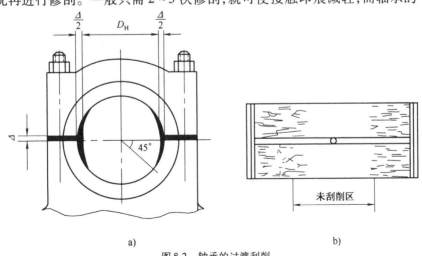

a)   b)

图 8-2 轴承的过渡刮削

a)瓦口垫片和过渡刮削区域;b)试验接触印痕

明显的接触磨痕。此时,在轴承表面涂以机油,并与轴颈装合后转动试验。如果转动阻力适中,无卡滞现象,拆下轴承观察无明显接触摩擦痕迹,该轴承修配合格。

以上镗削或刮削作业是不得已的情况下采取的补救性措施。一般情况下应先买好轴承,然后根据轴承的内径尺寸对曲轴进行磨削修理,使它们的配合间隙恢复到出厂要求。特别是三层金属轴承是绝对不允许镗削或刮削的。

4. 轴承与曲轴的试装配

磨削修理的曲轴和新选用轴承的圆度、圆柱度误差及配合间隙均符合要求时,将涂以机油的轴承与轴颈装合,轴承螺栓应按规定力矩上紧。此时,轴在轴承中转动时,除了润滑油的黏度阻力外,无任何卡滞现象。如果转动阻力很大或不能转动,适当拧松轴承螺栓,直至曲轴能够转动为止。然后取出轴承,检查摩擦印痕。如果印痕在分界面处,则是轴承过盈量太大或轴承座孔变形而使轴承产生"卡邦"现象,应适当锉修瓦口。如果印痕在轴承的边上,则为轴颈磨削时过渡圆角过大而产生的"卡边"现象。此时,可用刮刀适当刮削轴承的卡边印痕。如果部分轴承在中部有明显的摩擦印痕,则是轴承内孔不同轴或曲轴弯曲变形,此时须查明原因并予以解决。

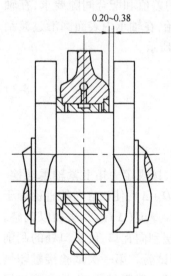

图 8-3 6130 柴油机曲轴的轴向定位

5. 曲轴轴向间隙的检查与调整

曲轴的轴向间隙是靠推力轴承来保证的。图 8-3 是 6130 柴油机的曲轴轴向定位结构。130 系列曲轴的轴向间隙允许值为 0.20~0.38mm,使用极限为 0.60mm。检验时,用撬杠将曲轴移动到最前或最后一端,然后用厚薄规测量轴向间隙。轴向间隙过大时,换用新的推力轴承;轴向间隙过小时,对白合金推力轴承允许进行适当的刮修或用细砂纸磨修,但修后的端面跳动量不得超过 0.02mm,轴肩与推力环的接触面积不应低于总面积的 75%。需要说明的是现在有些带翻边的定位瓦或推力环也镀有第三层合金,对于这种推力轴承绝对不能刮削或磨削,轴向间隙只能靠磨削曲轴时控制。

二、曲轴与轴承的安装

曲轴和轴承经修理检验合格后即可装配。安装曲轴和轴承时应注意以下事项:

(一)油道的清洁

安装曲轴和轴承以前,应对汽缸体及其油道进行最后清洁。清洗油道时,可先用注油枪注柴油或煤油清洗,然后用压缩空气吹干净。安装连杆轴承前,同样必须清洗连杆轴承孔至连杆小端孔油道。否则,轻者脏污、杂质进入轴承与轴颈摩擦表面而加剧磨损,严重时脏污堵塞油道,造成烧蚀铜套事故。

(二)轴承的安装与润滑

缸体及油道清洗干净后,将缸体倒置,并把上瓦片首先装入轴承座孔中。安装时注意定位唇或定位凸台与轴承座孔的配合。然后给轴承内表面涂适量的机油,并将曲轴装入轴承中。把下瓦片装入轴承盖的半圆孔内,同样给轴承表面涂以适量机油,并将轴承盖与轴承座装合。安装轴承盖时,应注意安装方向且不能互换,一般将打记号的一侧朝向发动机前方。例如,130系列发动机的主轴承盖的一侧打有各轴承盖的顺序号,安装时对号入座,且打号的一侧朝向发动机前方。

轴承盖装在机体上后,带上锁片,拧入轴承螺母或螺栓。上紧轴承螺母或螺栓时,从中间到两边分2~3次上紧到规定力矩。例如,130系列主轴承螺栓上紧力矩为294~324N·m,要求分三次上紧。第一次上紧力矩98~118N·m,第二次196~235N·m,第三次294~324N·m。常用发动机主轴承、连杆轴承上紧力矩,见表8-2。

常用发动机曲柄连杆机构螺栓上紧力矩 表8-2

机型 标准(N·m)	6120	4125	130系列	135系列	160系列
主轴承螺栓	176~196	196~245	294~324	—	538
连杆轴承螺栓	127~147	186~206	235~255	176~196	147
飞轮螺栓	137~157	157	235~255	176~206	
汽缸盖螺栓	157~176	176~206	235~255	214~245	M16:245 M22:441

轴承螺栓的锁紧装置必须有效、可靠。带锁片的轴承螺栓或螺母,上到规定力矩后翻边锁止。用开口销锁止的花螺母,如果扭紧到规定力矩时孔没对正,不能用回退螺母的办法对正锁紧,而应用改变螺母下的垫片厚度的方法予以调整。如果销孔相差不多,可以适当拧紧对正,但须注意,一般螺栓的安全系数只有2左右,力矩增大过多是危险的。有些连杆螺母是以厌氧胶取代锁销或垫片的。例如,130系列发动机连杆螺栓在安装前须在螺纹部分均匀地涂抹2~4滴烟台乐泰271型(或262型)厌氧胶,把螺母按规定力矩上紧后固化24h再开机使用。

(三)其他零件的安装

发动机大修时,所有的油封都应换新。有些发动机曲轴后油封采用石棉绳或毛毡,安装时应涂机油,并保证油封材料的密实度。安装飞轮时,注意与接盘的相对安装位置,以免破坏曲轴飞轮组原有的平衡性,并便于查找上止点、喷油(点火)提前角、气门开启角等正时记号。

第二节 缸套的检验与安装

一、汽缸套的技术检验

汽缸套在修理前和修理后都必须进行技术检验。修理前的检查是为了确定缸套是否需修或报废,需修时采用哪级修理尺寸。修后检查是为了鉴定其修理质量,确认缸套与活塞配合间隙、圆度、圆柱度误差等是否符合技术要求。

汽缸套修理的主要目的是消除几何形状误差,恢复缸套与活塞裙部的配合间隙。因此,缸套与活塞裙部的配合间隙是衡量机械技术状况和修理质量的重要技术指标。缸套与活塞配合间隙的检验按下面三个步骤进行：

(1)用外径千分尺测量活塞裙部垂直于活塞销的位置。测后锁紧,放在千分尺架上。

(2)安装好内径量表,并将内径量表插入要测的汽缸套内,使测量杆处在活塞在上止点时裙部的位置,并与曲轴轴线垂直。来回摆动内径量表,转动表盘,使大指针的极限摆动位置对"0"。缸套与活塞的配合间隙一般不会大于1mm,故不需要记小指针位置。

(3)将内径量表从被测汽缸套中取出,插入上述固定了的千分尺内。此时,内径量表大指针的读数即为该缸套与活塞裙部的配合间隙。

常用发动机汽缸套主要技术数据,见表8-3。

常见发动机汽缸套主要技术数据   表8-3

发动机型号			6120	4125	130 系列	135 系列	160 系列
汽缸标准尺寸(mm)			$120\,^{+0.05}_{+0.02}$	$125\,^{+0.09}_{+0.01}$	$130\,^{+0.005}_{-0.035}$	$135\,^{+0.04}$	$160\,^{+0.04}$
汽缸的尺寸分组(mm)		I	$120\,^{+0.035}_{+0.020}$	$125\,^{+0.03}_{+0.01}$	$130\,^{-0.015}_{-0.035}$		
		II	$120\,^{+0.05}_{+0.035}$	$125\,^{+0.05}_{+0.03}$	$130\,^{+0.005}_{-0.015}$		
		III		$125\,^{+0.07}_{+0.05}$			
		IV		$125\,^{+0.09}_{+0.07}$			
汽缸允许镗磨的最大尺寸(mm)			122	126		137	162
汽缸的几何形状误差(mm)	圆度	标准	0.0125	0.015	0.015	0.0125	0.02
		允许不修		0.05	0.05		
	圆柱度	标准	0.0125	0.015	0.015	0.0125	0.02
		允许不修		0.05	0.05		
缸套与活塞的配合间隙(mm)		标准	0.193 ~ 0.223	0.25 ~ 0.29	0.144 ~ 0.184	0.28 ~ 0.31	0.22 ~ 0.29
		使用极限	0.50	0.50	0.50	0.40	0.50

二、汽缸套的安装

汽缸套的正确安装是提高发动机修理质量的重要因素之一。缸套安装不合适,缸套修理质量再高,也往往会造成早期磨损、拉缸、排气冒烟、漏水、损坏缸垫等现象,甚至会造成压断缸套、压裂缸套安装孔支承凸缘等事故性损坏。因此,安装缸套时必须科学、规范。

1.缸套安装孔的清洁

发动机长时间工作后会使汽缸套安装孔上下凸肩处形成很坚硬的沉积物及其他污垢。安装缸套前必须用钢丝刷、刮刀等工具清除,必要时还须用汽油或清洗剂清洗,最后用棉纱擦干净。否则,会使阻水圈损坏,或缸套歪斜、变形、安装困难等。

2.检查调整汽缸套的高出度

汽缸套高出度不足,会使缸盖压不紧缸套而造成漏水、漏气现象;高出度过大会使缸盖压不紧缸垫,同样会漏水、漏气,严重时会压裂缸套安装孔的上凸肩。所以现代柴油发动机的汽缸高出度应在 0.10 ~ 0.18mm 之间,各缸高出度差在 0.02 ~ 0.05mm 范围内。汽缸套在未装阻水圈前,带上缸肩垫片装入汽缸套安装孔。然后用直尺靠在汽缸套上口平面上,并用厚薄规检查直尺与汽缸体上平面间的间隙。该间隙就是汽缸的高出度,如图 8-4 所示。汽缸高出度也可以用百分表测量。测量时先将百分表顶触在汽缸体上平面上,并调零。然后轻轻移动表座,使百分表触杆顶在汽缸套凸缘上。此时,百分表的读数即为汽缸的高出度。高出度不合适时,可通过改变汽缸套上凸肩垫片的厚度来调整。

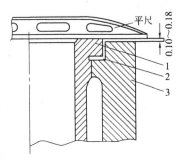

图 8-4 汽缸高出度的检验
1-缸套;2-调整垫;3-缸体

3. 阻水圈的安装

阻水圈安装不正确,会使冷却液漏入油底壳。一旦发生阻水圈漏水现象,必须做大量的返修工作。因此,安装阻水圈时一定要认真、仔细。安装阻水圈前应对安装槽进行认真清洁。对于不同的阻水圈应根据其结构特点认真分析,以使不同结构、不同材质的阻水圈装入相应的槽内。例如,D80A-12 推土机发动机的缸套上装有三道阻水圈:最上面的是 U 形圈,氯丁橡胶,表面呈蓝色,耐酸性能好;第二道是 O 形圈,丁腈橡胶,耐油、耐水性好,表面呈黑色;最下面一道也是 O 形圈,但材质为硅橡胶,耐油性特好,表面呈红色。类似这种结构形式的阻水圈绝对不能装错。安装阻水圈时,应使阻水圈均匀地拉长变形,依次装入相应的槽内。避免局部变形过大或用力过猛而拉断阻水圈。阻水圈装入槽内应认真检查,不允许有扭曲现象,高出度应为 0.80 ~ 1.00mm。

4. 汽缸套的安装与检验

汽缸套安装时,可在阻水圈处涂以肥皂水,带好缸肩垫片,垂直放入汽缸安装孔内。当阻水圈到达汽缸安装孔的下凸肩处时,应使阻水圈四周均匀接触安装孔(缸套不得歪斜),并用双手在汽缸套的上口施加一定的推力即可装入。如果用手推不进去,应查明原因,不得强制压入。一般装入困难的原因是阻水圈凸出槽外过高所致。若阻水圈过高,应修整或更换,直到能用双手压入为合格。

缸套安装后应进行圆度、圆柱度检验,以确认缸套有无变形。如果缸套确有变形,必须取出重新安装。所有的缸套都安装合格后,最后进行水压试验,以检查阻水圈的密封性。

第三节　活塞连杆组的修理与装配

一、活塞的检验与修配

(一)活塞的损伤及原因

1. 活塞裙部磨损

发动机大修与否,在一定程度上取决于活塞裙部与汽缸套的配合间隙,也即活塞裙部与汽缸套的磨损程度。活塞裙部与汽缸套间隙增大,除缸套磨损外,活塞裙部也有一定的磨损。这是因为活塞在工作气体压力及连杆推力的作用下,以一定的侧压力压向缸壁,并以很高的速度在缸壁上滑动,形成磨损。在修理、使用过程中,缸套与活塞配合间隙不当,会加速活塞裙部磨损。配合间隙过大时,活塞敲缸,使活塞裙部及汽缸承受冲击磨损;配合间隙过小会造成活塞裙部壁厚处烧蚀拉损等损伤,甚至活塞卡缸。活塞裙部磨损后,其原有的圆度、圆柱度等几何形状会被破坏,甚至会出现反椭圆,严重影响发动机的正常工作。

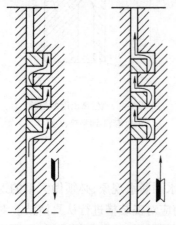

图8-5 活塞环槽磨损后的泵油现象

2. 活塞环槽磨损及环岸断裂

发动机工作时,活塞环承受高温、高压燃气的冲击而在环槽内产生振动和摩擦,引起环槽磨损。润滑油及空气中的杂质进入环及环槽摩擦表面会引起磨料磨损及腐蚀磨损。汽缸筒的圆柱度误差超限时,会使活塞环在环槽内高速运动,极易使环槽早期磨损。环槽磨损后,活塞环与环槽的侧隙增大,轻者造成窜机油(图8-5)、漏气,严重时使活塞环和环槽冲击发响,甚至造成环岸断裂。

3. 活塞销座孔磨损与裂纹

活塞销与活塞销座孔在工作压力作用下,油膜容易被破坏而使这一配合副在半干摩擦的情况下工作,从而造成磨损。当活塞销及活塞销座孔磨损到一定程度,工作中将会产生异响,即活塞销响,使销子对活塞销座孔产生撞击磨损,甚至产生裂纹。

4. 活塞顶部烧蚀和裂纹

活塞顶部直接与高温、高压的燃烧气体接触,局部会出现烧熔现象,伴随着高温燃气的氧化腐蚀,使烧熔部位逐渐加深而形成针状的大片孔穴。这种烧蚀现象多发生在正对喷油器或预燃室喷口的火焰冲击区。由此可见,这种损伤是由于喷油压力调整不当、喷油雾化不良,使燃烧时间延长而导致活塞温度升高的结果。在正常燃烧状况下,不易发生此种烧蚀现象。

周期性变化的燃气压力和温度变化引起的热应力,会使活塞顶部,特别是气门沉头坑、燃烧室边缘等处出现疲劳裂纹。但当裂纹扩展到一定长度后却不再继续延长,因此对活塞的寿命不会产生多大影响。但是如果温度和负荷变化很大,由于热循环应力和机械循环应力合成,能促使裂纹早期出现和加深。

(二)活塞的检验

不论是发动机上拆下的旧活塞还是准备更换的新活塞,都必须进行技术检验。对于旧活塞,应根据检验所得的结果确定活塞可用、需修或报废。对于新活塞,必须经技术检验确认其尺寸分组是否正确、质量误差是否符合要求、与新缸套及镗磨后的缸套是否匹配等。

1. 活塞有下列损坏时必须报废

(1)修理或更换汽缸套。

(2)环槽严重磨损,且无加厚环更换或环岸断裂。

(3)活塞严重变形、机械拉伤以及活塞销座孔处有裂纹。

2. 活塞的技术检验

（1）活塞裙部的检验。用外径千分尺对活塞裙部进行尺寸、形状检验。将检验结果与标准数据比较，以确定其磨损量、变形量以及加工误差。

（2）环槽的检验。把所要配装的新活塞环插入环槽，再用厚薄规检查活塞环与环槽的侧隙，从而确定环槽的磨损量。具体检验方法，参见图8-6。

（3）活塞销座孔的检验。工程机械用柴油发动机的活塞销座孔较大（如135系列的活塞销座孔为48mm、130系列为45mm），可以用内径量表及外径千分尺进行测量。一般要求活塞销座孔的圆度和圆柱度误差不大于0.005mm，与活塞销配合的过盈量0.01~0.02mm。

图8-6　活塞环开口间隙的检验

（三）活塞的修理与更换

1. 活塞的更换

发动机大修时，一般要换用新活塞。更换活塞时应注意以下几点：

（1）一台发动机须选用同一厂牌同一尺寸分组的活塞，以便使活塞的材料、性能、质量、尺寸一致。同一组活塞的直径差不得超过0.025mm，质量差不得超过活塞质量的1%。

（2）活塞裙部的几何形状必须符合要求。

（3）新活塞的活塞销座孔尽量不要铰削，最好根据尺寸分组选配合适的活塞销。

2. 活塞的修理

活塞经技术检验确认通过修理还可继续使用，或老式机械配件供应不足买不到所需活塞，这就必须对旧活塞采取一些补救性的修复措施。

（1）活塞裙部磨损的修复：活塞裙部磨损后无新活塞更换时，可用二硫化钼进行电泳，使其与缸筒的配合间隙得以恢复。电泳层厚度一般为0.05~0.07mm。新活塞裙部与缸壁间隙过大也可用此方法补偿。

（2）活塞销座孔的修理：活塞销与座孔在室温时有0.01~0.02mm的过盈。活塞销座孔磨损后就会使过盈量不足或出现间隙，引起活塞销响，这是不允许的。根据检验结果，如果活塞销座孔磨损，可以用铰刀铰削座孔（图8-7），然后选配加大的活塞销，或将活塞销镀铬后磨削

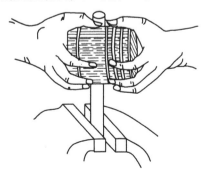

至相应的尺寸，使它们的配合精度达到技术要求。铰削活塞销座孔时应选用能同时铰削两端孔的长铰刀，以保证其同轴度。铰削时用力应均匀，进刀量要小，边铰边测量或边铰边用活塞销试。铰削后，座孔的表面粗糙度R_a应为1.6。活塞销座孔加工余量较大或销孔孔径较大而没有相应铰刀时，可在镗瓦机上镗削。

图8-7　活塞销座孔的铰削

（3）活塞环槽的修理：活塞环槽磨成梯形时，切削加宽环槽，换用加厚的活塞环。切削时应在环槽的根部留0.5mm的过渡圆角，以保证环岸的强度。无加厚环时，应

更换活塞。

二、活塞环的检验与更换

(一)活塞环的检验

1. 开口间隙的检验

将活塞环放入汽缸套内,并用活塞顶把活塞环推到该道环的上止点位置,然后用厚薄规检查环的开口间隙,如图 8-7 所示。活塞环开口间隙的大小与汽缸的直径有关。常见发动机活塞环的技术数据,见表 8-4。

常见柴油发动机活塞环各部间隙 表8-4

项目	标准		130 系列 大修标准	极限	4125 大修标准	极限	6120 大修标准	极限	135 系列 大修标准	极限
开口间隙 (mm)	压缩环	1	0.70 ~ 0.80	2.50	0.40 ~ 0.80	2.50	0.58 ~ 0.78	2.50	0.60 ~ 0.80	2.00
		2	0.60 ~ 0.70	2.50	0.40 ~ 0.80	2.50	0.49 ~ 0.63	2.50	0.50 ~ 0.70	2.00
		3	0.60 ~ 0.70	2.50	0.40 ~ 0.80	2.50	0.49 ~ 0.63	2.50	0.50 ~ 0.70	2.00
	油环		0.50 ~ 0.80	2.50	0.40 ~ 0.80	2.50	0.50 ~ 1.00	2.50	0.40 ~ 0.60	2.00
侧隙 (mm)	压缩环	1	0.09 ~ 0.154	0.30	0.095 ~ 0.135	0.50	0.096 ~ 0.135	0.30	0.13 ~ 0.165	0.25
		2	0.06 ~ 0.095	0.18	0.075 ~ 0.115	0.40	0.06 ~ 0.095	0.18	0.11 ~ 0.145	0.22
		3	0.06 ~ 0.095	0.18	0.075 ~ 0.115	0.40	0.06 ~ 0.095	0.18	0.08 ~ 0.115	0.20
	油环				0.042 ~ 0.085	0.30			0.04 ~ 0.098	0.18
背隙 (mm)	压缩环		0 ~ 0.06							
	油环		0 ~ 0.06							

2. 侧隙的检验

活塞环的侧隙,即活塞环在槽内与环槽间的间隙。侧隙过大将影响汽缸的密封性,引起机油窜入燃烧室等故障;间隙过小会因受热鼓胀而胀死在环槽内,造成拉缸甚至撑裂环岸等事故。侧隙的检查,如图 8-8 所示。

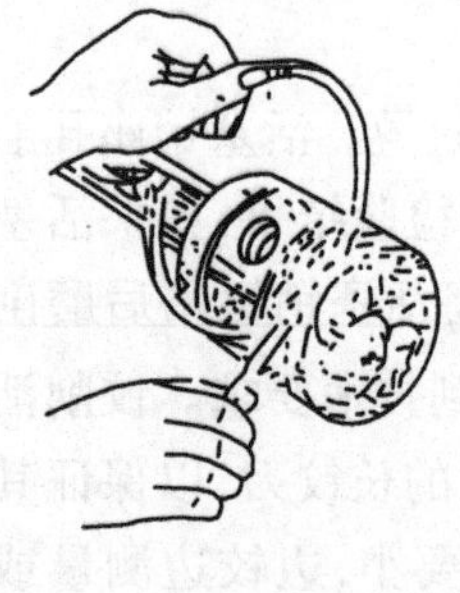

3. 背隙的检验

背隙是指活塞及活塞环装入汽缸内,活塞环背面与环槽底之间的间隙。为了测量方便,通常以槽深和环宽之差来表示,这个差值一般为 0 ~ 0.06mm。活塞及活塞环装入汽缸后背隙为 0.05 ~ 0.35mm 为合格。

4. 弹力的检验

图 8-8 活塞环侧隙的检验

活塞环的弹力是保证汽缸密封性的重要因素之一。弹力过大会加速汽缸壁的磨损,弹力过小汽缸密封性变差。活塞环的弹力检验,如图 8-9 所示。检验时将活塞环 6 置于滚轮 3 和底座 7 之间,移动秤杆 4 上的量块 5,使活塞环的开口间隙达到规定值,此时量块所在秤杆的位置即为这一活塞环的弹力。

5. 漏光度的检验

漏光度是用光照的办法检查活塞环与汽缸壁不贴合部位漏光的程度。漏光度过大,活塞环的密封性能差,易造成漏气和机油上窜现象。

检验活塞环漏光度时,在标准汽缸套内放置被检验的活塞环,并在活塞环的上面放一特制的刻有 360°分度的刻板。在标准汽缸套的下方放置一灯泡,如图 8-10 所示。打开灯开关,从标准汽缸套的上方观察活塞环与汽缸壁间的漏光情况。漏光度的一般要求是:在活塞环开口端左右 30°范围内不允许有漏光。在开口端以外的地方允许有两处漏光,每处漏光的范围不得超过 25°。漏光的径向间隙:外径小于 150mm 的活塞环允许 0.02mm,外径大于 150mm 的活塞环允许 0.03mm。对于扭曲环和锥形环,则允许在距离开口 5mm 以外任何地方有径向间隙不大于 0.02mm 的并向两边均匀缩小的漏光,但光带不可连续。

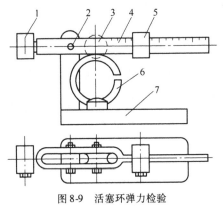

图 8-9　活塞环弹力检验

1-重锤;2-支承销;3-滚轮;4-秤杆;5-量块;6-活塞环;7-底座

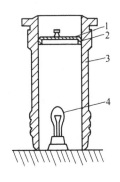

图 8-10　漏光度检验

1-刻度盘;2-活塞环;3-缸套;4-灯泡

(二)活塞环的更换与修理

发动机维修时,一般都要更换活塞环。更换活塞环时,应根据缸套修理尺寸等级、活塞环槽加宽程度选配相应的活塞环。更换的活塞环开口间隙过小时,可对环口进行锉修;侧隙过小时可将活塞环平面在垫有 100 目砂布的平板上进行研磨。研磨时,应特别注意环厚的均匀性。

三、连杆的检验与修理

(一)连杆的损伤与检验

1.连杆变形的检验

连杆在工作中既要承受燃烧气体的爆发压力,又要承受活塞往复运动的惯性力。特别是发动机因烧瓦抱轴、活塞卡缸而突然停止转动,或超转速运转、低转速超负荷工作时,更容易造成连杆变形,严重时会发生折断连杆或连杆螺栓的事故性损坏。连杆的变形形式通常有弯曲、扭曲和双重弯曲等几种。连杆变形会使活塞在汽缸中歪斜(偏缸),造成活塞与汽缸、连杆轴承与连杆轴颈偏磨,严重影响发动机的正常工作。连杆变形在连杆检验仪上检验,如图 8-11 所示。检验时,先将连杆大头轴承盖装好(不装瓦片),并按规定力矩上紧连杆螺栓,同时安装好配合间隙符合技术要求的活塞销。将连杆大头装在检验仪的支承轴上,旋转轴端的压花螺栓,使支承轴上的定心块向外撑出而把连杆固定在检验仪上。然后把三脚规的 V 形口卡在活塞销上,并将三脚规推向垂直检验平面,观察并测量三脚规的三个测量脚与检验平面之间的间

隙。为了研究方便,设三脚规的上、下左和下右三个测量脚与检验平面间的间隙分别为a、b、c。如果:

(1)$a=b=c=0$,则连杆无变形。

(2)$a=0$,$b=c\neq0$ 或 $b=c=0$,$a\neq0$,则连杆纯弯曲变形,且b、c 或 a 为连杆在 100mm 长度上的弯曲变形量(因为上测量脚与两个下测量脚连线的垂直距离为 100mm)。一般柴油发动机连杆在 100mm 长度上的弯曲变形量应控制在 0.05mm 范围内。

(3)$b=0$,$a=\dfrac{c}{2}\neq0$ 或 $c=0$,$a=\dfrac{b}{2}\neq0$,则连杆纯扭曲变形,且c 或 b 是连杆在 100mm 长度上的扭曲变形量(因两下脚的距离也为 100mm)。扭曲变形量应控制在 0.06/100mm 内。

(4)$b=0$,$a\neq\dfrac{c}{2}\neq0$ 或 $c=0$,$a\neq\dfrac{b}{2}\neq0$,则连杆弯、扭并存。此时,c 或 b 为连杆在 100mm 长度上的扭曲变形量,$\left|a-\dfrac{c}{2}\right|$ 或 $\left|a-\dfrac{b}{2}\right|$ 的值是连杆在 100mm 长度上的弯曲变形量。

连杆经多次变形校直后,有时会产生双重弯曲变形。连杆双重弯曲的检查,如图 8-12 所示。检验时,将连杆大头套在检验仪支承轴上并推至检验平面后固定。然后测量连杆小头端面距离检验平面间的间隙a;将连杆翻转 180°后重新固定,再按同样的方法测量间隙b。如果$a\neq b$,则连杆双重弯曲变形。

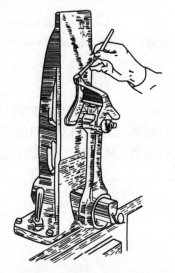

图 8-11　连杆弯、扭变形检验

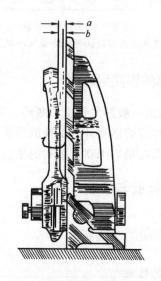

图 8-12　连杆双重弯曲的检验

2. 连杆大小端轴承安装孔磨损与变形

连杆轴承和连杆衬套与其安装孔间均为静配合,正常情况下磨损很小。但由于连杆轴承装配时钢背与轴承座孔的贴紧度不够,产生微动磨损。发生烧瓦抱轴或滚瓦现象后,轴承座孔磨损更加严重。发动机在使用中超速运转或发生过"飞车"现象,极易使轴承座孔拉长成椭圆形(椭圆的长轴方向垂直于分界面),同时引起瓦背与轴承座孔松动而加速磨损。连杆小头的衬套拆装频繁,铰削铜套时吃刀过大而使铜套转动是造成小头孔磨损的主要原因。因此,发动机大修时必须对连杆大小端轴承孔进行认真检验。常用柴油机连杆的技术标准,见表 8-5。

常用发动机连杆的技术数据　　　　　　　　表 8-5

名称 \ 标准		机型	6120	4125	130 系列	135 系列
大端孔 （mm）		标准尺寸	$91^{+0.021}$	$91^{+0.021}$		$102^{+0.021}$
	圆度、 圆柱度	标准	0.005	0,006		0.005
		极限	0.025	0.015 ~ 0.025		0.03
小端孔 （mm）		标准尺寸	$50^{+0.027}$	$55^{+0.03}$	$54^{+0.03}$	$55^{+0.03}$
	圆度、 圆柱度	标准	0.01	0.01	0.01	0.01
		极限	0.025	0.025	0.02	0.02
弯曲及扭曲（每 100mm 长度）			0.05	0.05	0.05	0.05
活塞销与铜套间隙（mm）			0.035 ~ 0.045	0.035 ~ 0.045	0.02 ~ 0.045	0.035 ~ 0.063

（二）连杆的修理

1. 连杆变形的校正

经检验确认连杆变形超限后，应对连杆进行校正。连杆变形的校正方法，如图 8-13 所示。校正时反向变形量应为原变形量的 10 倍左右，并保持一定时间。待金属组织稳定后，再去掉校正荷载。对于变形量较大的连杆，校正后应进行适当的时效处理，然后再进行检验。如果校正量不足或校正过量，应重新校正，直到符合要求为止。

a)　　　　　　　　　　　　　　　　　　　　b)

图 8-13　连杆变形的校正
a）连杆弯曲校正；b）连杆扭曲校正

2. 连杆大端轴承座孔的修整

连杆大端轴承座孔磨损或变形后，如果椭圆的长轴方向垂直于分界面，可用铣床在连杆大端的分界面和轴承盖的分界面上铣掉部分金属。最大铣削量：连杆大端不得超过 0.2mm，轴承盖不得超过 1mm。然后按规定的力矩上紧轴承盖，并在连杆镗床上按标准尺寸镗削大端轴承孔。镗孔时，必须严格控制连杆大小端孔心距误差，否则会影响发动机的压缩比。

3.连杆衬套的更换与修配

更换活塞的同时必须更换活塞销及连杆衬套。更换连杆衬套时,须检验衬套外圆与座孔的过盈量(衬套孔过小不宜用内径量表时,可用精度较高的游标卡尺测量)。对于柴油机,一般,该过盈量为 0.08 ~ 0.14mm。选择好合适的衬套后,用压力机或台虎钳将衬套压入座孔中。

连杆衬套和活塞销的配合间隙不是在配件制造时就留好的,而是压装衬套后经铰削或镗削后达到配合要求的。因此,压装后的连杆衬套应根据活塞销的具体尺寸进行修配。一般,中小型运输车辆的连杆衬套用手工铰削的方法达到配合精度要求。铰削时将铰刀夹在台虎钳上,把镶好衬套的连杆小端套在铰刀上,转动连杆,铰削衬套。具体操作时进刀量要小,转动连杆要平稳,并边铰边试,直到用手能把活塞销推进衬套内,并有一定阻力时为合适。但对于大多数的柴油发动机来说,用手工铰削连杆衬套难以达到要求,而且工效低,所以一般采用镗削的办法,使连杆衬套与活塞销的配合达到技术要求。连杆衬套的镗削应在专门的连杆镗床上进行。镗削后活塞销与连杆衬套的间隙应在技术标准范围内(表 8-5),表面粗糙度应为 $R_a1.6$。

现代发动机的活塞销根据制造时的尺寸公差分为若干组。新镶连杆衬套时应选尺寸分组最小的活塞销,以便在两次大修之间选用较大尺寸组的活塞销,免去重新镶连杆衬套的麻烦。

四、活塞连杆组的装配

活塞连杆组各零件经修复、更换,并经检验合格后,应装成组件,以便发动机总装。

(一)活塞销的安装

1.装前检验

活塞销与座孔的配合在常温下有一定的过盈量,安装、拆卸均不方便。因此,在安装活塞销之前,必须认真检查连杆油道是否畅通、清洁,活塞与连杆的安装方向是否正确,连杆小端两侧与活塞销座孔内端面游动间隙是否合适,卡簧与卡簧槽的配合是否正确等,以免装上活塞销才发现问题而造成返工及因拆装造成零件损坏。

2.活塞销的安装

安装活塞销时,先将一个卡簧装入卡簧槽,然后将活塞放入热水中加热。当活塞加热到90°以上时,快速将表面擦干净,并将涂有机油的冷活塞销从未装卡簧一端的座孔中推入。当活塞销前端到达连杆衬套孔时,须将衬套孔对正,以便活塞销通过。继续推动活塞销,直至顶到预先将好的卡簧,最后装入另一个活塞销卡簧。

安装活塞销时,切忌用锤击,以免使活塞变形或由于过盈量太大而造成活塞销撑裂座孔。

3.装后检验

活塞销装好后,应检查连杆衬套与活塞销转动是否灵活、活塞与连杆的安装方向是否正确、卡簧在槽内安装是否到位。最后在连杆检验仪上检查连杆大端轴承孔中心线与活塞中心线的垂直度。检验时,把连杆大端固定在检验仪支承轴上,并使活塞裙部靠在检验平面上,用厚薄规测量活塞顶部外圆柱面与检验平面间的间隙。翻转 180° 后重新测量一次。两次测量的差值即为要检验的垂直度误差。柴油发动机连杆大端轴承孔中心线与活塞中心线垂直度误差应为0.05～0.08mm。如果该垂直度误差超过允许值,应查明原因并进行校正。

（二）活塞环的安装

安装活塞环时,应注意以下几点:

（1）常用活塞环的断面结构形式有矩形、半截锥、桶形、矩形外切角和内切角等多种。除矩形环外,其他环在槽中的方向不能装错。为了避免错装,有些环的端面打有"上"或"TOP"字样的标记,安装时标记应向上。矩形内切角环内切角应向上,外切角环外切角应向下。

（2）不同材料、不同断面结构的一组活塞环,应安装在相应的环槽内。如果一组活塞环中只有一个发亮的环(镀铬环),该环应装入第一环槽;同一组活塞环中既有内切角环又有外切角环,内切角环装入第一环槽,外切角环装入第二、三环槽。

（3）活塞环的开口位置应按规定错开,以免漏气。一般第一道环开口与曲轴轴线竖45°角,第二道环与第一道环的开口相错180°,第三道环与第二道环的开口相错90°,第四道环与第三道环相错180°。

（4）活塞环在环槽内应活动自如,不能有卡滞现象。

第四节 气门及气门座的修理

一、气门的修理

（一）气门的损伤与检验

气门在工作过程中直接与高温、高压燃气接触,承受着燃气压力和落座时的冲击荷载及高温氧化腐蚀的作用。气门工作时做高速变速运动,润滑条件又比较差,很容易磨损。所以修理时必须对气门进行详细检验,查明损伤部位及原因,以便修复。

1. 气门接触锥面磨损与烧蚀

气门锥面与气门座在冲击条件下工作,拍击压力很大,润滑条件极差,几乎在干摩擦的情况下工作,所以极易磨损起槽,如图8-14所示。尤其是进气门,除受拍击压力外,还受空气中高速流动的尘粒的冲刷磨损,更易磨损起槽。排气门在工作过程中受高温废气的冲刷和氧化腐蚀,易造成腐蚀磨损。一般发动机的排气门较进气门小,所以单位面积上的接触压力更大。特别是排气门接触锥面环带过宽时,废气中的赤热炭渣会在气门落座时被夹在气门与座圈工作面间而烧蚀出现麻点。由此可见,气门锥面的主要损伤是磨损起槽和烧蚀麻点。进气门的磨损起槽现象严重,而

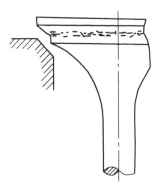

图8-14 气门的磨损和麻点

排气门的烧蚀麻点现象严重。气门磨损会使气门关闭不严而漏气,磨损严重时会使气门间隙减小,甚至使摇臂顶住气门而不能落座造成漏气。气门锥面有烧蚀麻点时,同样会使气门与座圈间的密封性破坏而漏气,修理时必须采取有效措施。

2.气门头变形与锥面拉损

当气门头的厚度不足时,由于汽缸工作时爆发压力的冲击和气门落座时的冲击,气门头将发生变形。这种变形多为弹性变形,当负荷减小后气门头又恢复其原来的形状。这种不断的变形、恢复,使得气门与座圈接触锥面承受着高压滑移干摩擦,这实质上是金属的拉损。这种拉损每一个工作循环进行一次,损伤非常严重。

现代高速柴油机为了减轻比功率质量,转速不断提高,平均有效压力不断增大,许多运动零件是在接近材料的强度极限情况下工作的。所以修理中必须保证气门头的厚度,以防止因气门头刚度不够而发生上述拉损现象。

3.气门杆磨损与变形

气门杆在气门导管中做高速往复运动,不可避免地产生摩擦磨损。由于气门杆与气门导管靠近燃烧室,润滑油易被烧损并生成积炭或胶结物,使气门杆与气门导管在干摩擦和磨料磨损条件下工作,因此磨损较严重。气门杆磨损后与导管的配合间隙增大,气门在落座时与座圈的对准性变差,加之冲击荷载的作用,易使气门颈部产生弯曲应力而变形。

气门杆磨损或变形后,破坏了气门落座时的平稳性,使锥面密封不严和产生不规则的偏磨。因此,要求气门杆的直线度误差在每100mm长度上不大于0.03mm;气门头锥面与气门杆的跳动量允许值为:气门头部直径小于40mm时为0.03mm;头部直径40~70mm时为0.05mm;头部直径大于70mm时为0.07mm。气门的检验方法,如图8-15所示。

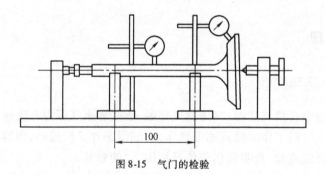

图8-15 气门的检验

(二)气门的修理

气门锥面轻微磨损,在发动机维护作业时多采用对研的办法,使气门与座圈恢复密封性能。气门锥面磨损起槽或有烧蚀麻点时,如果气门头厚度足够,气门杆与其导管的配合间隙符合要求,则应光磨气门锥面。

光磨气门一般是在专用的气门光磨机上进行,如图8-16所示,也可以在车床或钻床上,用锉刀包上砂布手工光磨。光磨前须将气门杆校直。气门在夹持架上安装时不得歪斜,气门头伸出长度约40mm。调整气门光磨锥角时,松开车头固定螺钉,根据所磨气门锥角将刻度盘转到相应位置。为了使气门和座圈密封良好,一般使气门锥角比座圈锥角小0.5°~1°。磨削用砂轮的粒度为60~80目,硬度为中等硬度,转速为4 600r/min;气门转速为15r/min。磨削时,气门应轻微地接近砂轮,并使气门在砂轮面上往复移动,直至磨光为止。光磨气门的原则是,在保证磨光的前提下,尽量减少磨削量。为了降低气门锥面的粗糙度,气门光磨结束时在无进给量的情况下往复移动气门,直至无火花进出为止。这样光磨出的气门,一般不需要与座圈进行配对研磨。

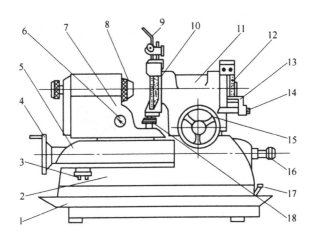

图 8-16 M899 型磨气门机

1-水盘;2-机座;3-电钮;4-手轮;5-纵拖板;6-炭精孔;7-车头;8-主轴;9-放水阀;10-蝶形砂轮;11-砂轮座;12-平行砂轮;13-磨刀架;14-附件轴;15-砂轮座手轮;16-定位螺钉;17-水泵开关;18-圆螺母

二、气门座的修理

气门座的工作条件、损伤形式与其相配合的气门的损伤形式及原因相同,即易磨损、烧蚀和拉损。气门座磨损后,轻者使气门和气门座工作面宽度变大,单位面积上的接触压力减小,造成气门关闭不严;重者磨损起槽,使气门关闭不严而漏气。气门座上出现疲劳点蚀或烧蚀麻点时,即使换新气门,也不能使气门与气门座的密封性得到恢复。因此,气门座损伤时必须采取有效的修复措施。

(一)气门座的铰削

气门与气门座的研磨只适用于发动机的简单维护作业。当发动机大修时,气门经光磨修理或更换,导管换用新件,对气门座必须进行铰削或者磨削,必要时还须换用新气门座。

气门座的手工铰削是最常用的一种修理方法。具体铰削工艺如下:

1. 定心杆的选择与调整

铰削气门座时,以导管内孔为定位基准。为了使铰削后的气门座与导管内孔同心,必须根据导管的内径尺寸选择相应的定心杆作为铰刀的导向杆。有些定心杆上部有一段锥面,下部直径是可调的,以便铰削不同型号发动机的气门座。使用这种定心杆时,调整下端螺母,使定心杆插入气门导管孔时有一定的紧度,以保证铰削后的气门座与导管中心线重合。

2. 粗铰工作锥面

选用与气门工作面锥角相同的粗铰刀(45°气门选用 45°铰刀、30°气门选用 30°铰刀)并置于导杆上。将铰刀手柄上的凸缘插入铰刀的驱动槽内,两手均匀用力使铰刀转动而铰削气门座。如果气门座工作表面硬化而使铰刀打滑时,将砂布垫在铰刀下面,转动铰刀,砂磨表面硬化层,然后进行铰削。铰削时不能有跳刀现象,边铰边看。在保证铰掉沟槽、麻点等损伤的前提下,尽可能地减少铰削量。

3. 工作环带位置及宽度的检查与调整

气门座粗铰后,将待装的新气门或光磨后的气门装入气门座内,上下拍击 2~3 次或转动

1～2圈后取出,观察接触印痕(密封环带位置)所在气门锥面上的位置。正确的环带位置应在气门锥面的中间略偏小端。如果接触印痕偏向大端,应用15°铰刀铰气门座的上口;如果接触印痕偏向小端,应用75°铰刀铰削下口,将工作环带位置调整到正确位置,并使环带的宽度控制在1.2～2.5mm范围内。气门座的铰削顺序,如图8-17所示。

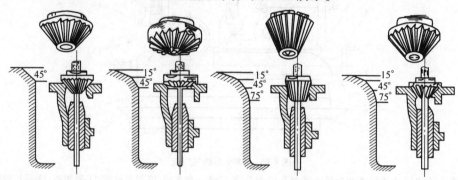

图8-17 气门座的铰削顺序

4.工作环带的精铰

粗铰后的工作环带粗糙,甚至会有跳刀痕迹。调整工作环带位置时,可能会使环带宽度不够。因此,最后应用与工作锥面角度相同的精铰刀精铰工作环带,或用同角度的磨轮进行光磨,以保证工作环带的粗糙度要求及环带宽度要求。

5.气门与气门座的对研

一般经上述铰削的气门座与新换或光磨后的气门不经配对研磨即能获得可靠的密封性。但是如果气门锥面粗糙,气门座铰削时有轻微跳刀痕迹时,配对研磨会获得更可靠的密封性。气门及气门座的对研有手工研磨和气门研磨机研磨两种办法。

手工研磨时,将气门、气门座、气门导管等清洗干净。然后在气门锥面上涂上研磨膏,同时在气门杆上涂以机油并插入导管内,用气门捻子旋转气门进行研磨。研磨时,气门的运动有单向旋转、双向旋转、上下冲击,以保证研磨均匀。当气门锥面和气门座工作面上出现一条整齐无斑痕的工作环带时,洗去旧研磨膏,重新涂以细粒研磨膏继续对研。当工作环带成为一条整齐的灰色无光泽的环带时,再次洗去研磨膏,并涂以机油继续研磨数分钟。

用气门研磨机研磨气门座及气门的方法和手工研磨基本相同。只是气门的旋转与换位是由气门研磨机完成。气门研磨机的工效高,减轻了工人的劳动强度,故用得越来越广泛。

研磨过程中不要用力拍击气门,以免工作环带上形成砂痕;不要使研磨膏进入导管孔中,以免造成气门杆及导管的磨损。

6.气门与气门座密封性检验

检验气门与气门座是否密封时,可用铅笔在气门座或气门工作锥面上画上较密的素线,然后将气门在气门座上轻拍3～4次后观察。如果所有的素线都被切断,表明密封性良好;如果有些素线完好未断,则说明密封不严,需要重新研磨。另一种方法是,把气门及气门座清洗干净后将气门插入气门导管,使气门轻击气门座几次,然后观察接触印痕。如果形成明亮的连续光环,即达到了密封要求,如果光环不连续则应继续研磨。

7.气门下陷量检验

气门及气门座经长期使用和多次修理后,气门头变薄、气门座变深、气门下陷量增加。气门下陷量超限后,气门头容易变形而密封不严,汽缸燃烧室容积增大,发动机的动力性、经济性都将恶化。因此,气门的下陷量是影响发动机性能的重要因素,修理时必须认真检验,严格控制。具体检验方法,如图8-18所示。

(二)气门座的磨削

气门座磨损较大,并有严重的烧蚀麻点,尤其对表面硬化的气门座用气门座铰刀铰削而打滑时,利用小型电动机驱动具有固定锥面角度的磨轮对气门座进行磨削,代替铰削。磨削气门座时的定位、磨轮的使用顺序都与铰削时相同。气门座的磨削修复效率高,修磨后的气门座粗糙度低,一般不必再进行对研即可获得理想的密封效果。

(三)气门座的更换

气门座经多次修理后,即使更换新气门也不能满足工作环带位置及气门下陷量的要求或座圈有裂纹、松动现象时,应更换座圈。

1.旧座圈的拆除与座孔的镗削

气门座圈损坏时可用如图8-19所示的拉器拆除。无气门座圈时,在镶气门座之前必须将原气门座孔镗大,另行镶入一个座圈,然后按规定镗削或铰削出锥面。

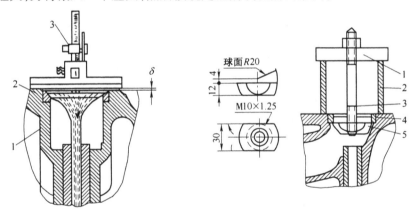

图8-18 气门下陷量的检查
1-缸体;2-气门座;3-深度尺;δ-下深量

图8-19 拆除旧气门座
1-压板;2-支架;3-螺栓;4-座圈;5-拉盘

镗削气门座座孔时,可用带导向杆的刀杆在镗床或立式钻床上进行。导向杆与气门导管的配合间隙为0.02~0.05mm。为了满足不同规格的气门导管的要求,刀杆下部的导向杆是可拆的,如图8-20所示。

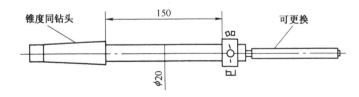

图8-20 镗气门座座孔刀杆

镗出的气门座座孔应满足如下技术要求:

（1）直径偏差不大于0.01mm。

（2）圆度误差不大于0.02mm。

（3）表面粗糙度为R_a3.2。

（4）孔底比孔口直径大0.05~0.10mm。

（5）孔底中部应比边缘高0.05mm。

2.气门座圈的制作

进气门座圈一般选用硬度为HB179~241的细晶粒灰口铸铁制作。这种材料与汽缸盖材料很相近,不会因工作温度升高而气门座圈松动或胀裂汽缸盖。排气门座圈可用Cr9C2、Cr10C2Mn、铜铬钼合金铸铁或镍基耐热合金钢制作。这些材料耐热、耐磨以及耐腐蚀性能好。气门座圈通常用车床加工,其技术要求是:

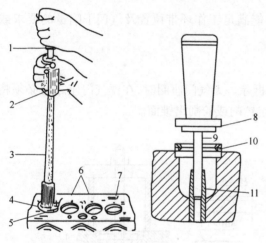

图8-21 镶气门座圈

1-木柄；2-滑动锤；3-锤杆；4-座圈；5-垫铁；6-装好的座圈；7-座孔；8-定位凸台；9-导杆；10-气门座；11-气门导管

（1）外径与座孔的过盈量为0.10~0.25mm。座圈直径大者,过盈量应大些,反之则小。

（2）外圆柱面的形状应与气门座孔匹配。

（3）气门座锥面应与气门锥面相适应。

（4）表面粗糙度为R_a3.2。

3.气门座圈的压装

（1）冷镶:对于过盈量为0.10~0.15mm的气门座圈,可用手动压床或冲头(图8-21),直接将座圈压入孔内。

（2）热镶:过盈量为0.20~0.25mm时,则应热镶。热镶时将缸盖放在机油中加热至130℃,把冷气门座圈用冲头轻击装入座孔。座圈镶好后再按前述方法铰削或磨削锥面。

三、气门组的检查与安装

修好或换新的气门组零件,在安装前再进行最后一次质量检验。检验项目包括:气门与导管的配合间隙、气门与气门座密封环带的位置与宽度、气门的下沉量、气门头厚度、气门弹簧的自由长度及弹力等。上述技术要求都应在规定范围之内,如有不符合要求者,应采取适当的补救修复措施。所有的零部件都符合技术要求后,应对燃烧室容积进行检验与平衡。检验燃烧室容积时,用可调支点将汽缸盖调水平,在燃烧室处盖一块玻璃,并留一个小口。在量杯内盛一定量的柴油,记住量杯里的油量后,将量杯里的柴油从燃烧室与玻璃板的小口中缓慢慢倒入燃烧室。当油液接近注满燃烧室时,用橡皮吸液器或吸入式比重器仔细加满燃烧室,以免油液流散损失。燃烧室注满油液后,将橡皮吸液器或吸入式比重器中多余的柴油挤入量杯,并观察量杯中所剩柴油的量。原来油杯中的油量与剩下油量的差值应是燃烧室容积。燃烧室容积相差不大时,根据气门下沉量的不同,采取互换各缸气门的方法进行平衡(进气门与进气门互换、排气门与排气门互换)。用互换各缸气门的办法调整燃烧室容积应在气门与气门座对研之前进行。对研后的气门不能互换,否则必须重新对研。对于经铣削或磨削修复的缸盖,燃烧室容积过小时,应用铣削的办法,去掉燃烧室的部分金属,使其容积达到规定要求。

气门弹簧的自由长度不够时,可在缸盖与气门弹簧间垫补偿垫片,以保证气门落座的接触压力。有些发动机的气门弹簧两端螺距不一样,螺距小的一端应靠近缸盖安装。

气门锁片安装时,须与气门杆锁片槽紧密贴合。锁片上端应高出弹簧座约1mm,两瓣锁片间应有间隙。设有安全卡簧或锁销的气门,安全保险装置须可靠有效。

气门组安装在汽缸盖上后,清洁汽缸体上平面和汽缸盖下平面,将汽缸垫垫在汽缸体与汽缸盖之间,并将缸盖螺栓按规定的顺序及力矩上紧。安装缸垫时,应注意缸口及水道口翻边的方向:铸铁缸体、铸铁缸盖翻边向汽缸盖;铸铁缸体、铝合金缸盖翻边向汽缸体;缸体、缸盖均为铝合金材料时,翻边向汽缸盖安装。为了更好地密封,在安装缸垫时可在其表面涂适量机油或密封胶。

四、气门间隙的检查与调整

气门间隙在冷车和热车时是不一样的。冷车气门间隙是指发动机未工作或未走热时的气门间隙。工程机械柴油发动机冷车气门间隙一般为:进气门间隙0.25~0.30mm,排气门间隙0.30~0.35mm。汽油发动机的气门间隙略小一些。热车气门间隙是指发动机已达到正常工作温度后停车检查的气门间隙。一般热车气门间隙要比冷车气门间隙小0.05mm左右。气门间隙用厚薄规检查,间隙不符合要求时应进行调整。

调整气门间隙时,松开摇臂上调整螺钉的锁母,将厚薄规中与所调气门间隙值相应厚度的厚薄规插入摇臂压头与气门脚之间,用螺丝刀旋转调整螺钉,并来回拉动厚薄规(图8-22),当感到拉动厚薄规略有阻力时,将调整螺钉锁紧即可。

气门间隙必须在气门关闭状态才允许调整。查找关闭状态的气门并予以调整的方法可采用逐缸检查调整和两次检查调整两种方法。

1. 逐缸检查调整法

对于四行程的发动机,当活塞处于压缩上止点时,进、排气门都在关门状态,即进、排气门均可以调整。所以根据发动机的工作顺序,依次找到各缸的压缩上止点,并将气门间隙调整

图8-22 气门间隙的调整

到规定的要求,这种方法叫气门间隙的逐缸检查调整法。

查找压缩上止点时,转动曲轴,使飞轮上的刻度"0"对准壳体上的记号,此时表示一、六缸(六缸发动机)或一、四缸(四缸发动机)活塞处于上止点。但究竟是第一缸还是第六缸(或第四缸)压缩上止点,则须进一步判断:摆动飞轮,如果第一缸的进、排气门摇臂不动,而第六缸(或第四缸)的进、排气门摇臂都动,则表明第一缸活塞处于压缩上止点,该缸的进、排气门均关闭,所以气门摇臂不动;第六缸(或第四缸)在排气上止点,排气未结束,进气门已开启,进、排气门叠开,所以进、排气门摇臂都动。相反,则为第六缸(或第四缸)压缩上止

点。如果确认找到的是第一缸压缩上止点,则可对第一缸的进、排气门间隙进行检查,不符合要求时进行调整。然后根据发动机的工作顺序,例如1-5-3-6-2-4,将曲轴转动120°(四缸发动机转动180°)后,对下一缸(例如五缸)的进、排气门进行检查调整。如果找到的是第六缸(或第四缸)压缩上止点,把第六缸(或第四缸)的进、排气门间隙调妥后,曲轴转动120°(或180°),到达下一缸的压缩上止点(例中的第二缸),依次类推,直至将所有的气门检查调整完毕。

逐缸调整方法简单,但曲轴的转动次数多,生产效率低。

2. 两次检查调整法

曲轴只需转动两次就可将全部气门检查调整完毕。这种方法叫两次检查调整法。

采用两次检查调整法时,确定每次可调气门的具体方法很多,常用的有下面几种:

(1)按工作循环确定每次可调气门。根据发动机的做功顺序及各缸做功间隔相对应的曲轴转角,做成表8-6所示的图表,从而准确地确定每次可以调整的气门。

表8-6是做功顺序为1-3-4-2四缸发动机的工作顺序表,相邻两缸做功的间隔角为180°。从表8-6中可以看出,当第一缸处于压缩上止点(曲轴转角为0°)时:

第一缸的进、排气门处于关闭状态,均可调整。

第二缸排气门开启,只能检查调整进气门。

第三缸压缩行程开始,进气门还未完全关闭,所以只能检查调整排气门。

第四缸进气行程开始,排气还未结束,即进、排气门叠开,故都不能调整。

将曲轴转动一周,使第四缸处于压缩上止点(曲轴转角为360°)时:

第一缸排气行程即将结束,进气行程开始,进、排气门叠开,都不能调整。

第二缸进气行程即将结束,进气门还未完全关闭,只能调整排气门。

第三缸做功行程即将结束,排气门提前开启,只能调整进气门。

第四缸处于压缩上止点,进、排气门均处于关闭状态,故都可调整。

四缸发动机的工作循环　　　表8-6

第一缸	第二缸	第三缸	第四缸	第一缸	第二缸	第三缸	第四缸
做功	排气	压缩	进气	进气	压缩	排气	做功
排气	进气	做功	压缩	压缩	做功	进气	排气

综上所述,第一缸处于压缩上止点时,除可以检查调整该缸的进排气门外,还可调整二缸的进气门和三缸的排气门;曲轴转动一周,第四缸到达压缩上止点,除可调四缸的进、排气门外,还可调二缸的排气门和三缸的进气门。即曲轴转动两次可将全部气门检查调整完毕。

(2)按相似示功图确定每次可调整的气门。用发动机工作循环图表确定每次可调气门的方法比较麻烦。为了简单、方便起见,可用相似示功图直接确定可调气门。四冲程发动机的相似示功图,如图8-23所示。图中的横坐标为汽缸容积 V 及曲轴转角 φ,纵坐标为汽缸压力 P。

相似示功图中 J'_K、Y_S、P'_G 为气门关闭区,在该区段中不论有几个缸,进排气门均可以检查调整。J_K、P_S、P_G 为气门叠开区,在该区段中,进排气门均不能检查调整。P_G、J_X、Y_S 为进气压

284

缩区,在该区段内可以检查调整排气门。Y_S、G_X、J_K为做功排气区,在该区段内可以检查调整进气门。

将曲轴旋转360°后,J_K到达J_K'点、J_G到达J_G'点、P_K到达P_K'点、P_G到达P_G'点,正好使进气、压缩、做功和排气四条曲线内内对调、外外对调,即使气门叠开区与气门关闭区对调,进气压缩区与做功排气区对调。所以曲轴旋轴360°后,原来开启的气门必然关闭而变为可调。由此可见,不论四冲程发动机有多少缸,都可用两次检查调整法调整所有的气门间隙。

[例8-1]:6135发动机的工作顺序为1-5-3-6-2-4,相邻两缸做功间隔角为120°,进气门的提前开启角和排气门的滞后关闭角都为20°,排气门的提前开启角和进气门的滞后关闭角都为48°。利用相似示功图(图8-23),分析各缸工作位置及气门工作状态。

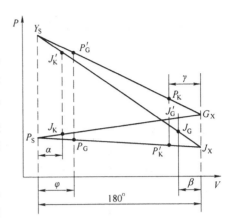

图8-23　四冲程发动机的相似示功图

Y_S-压缩上止点;P_S-排气上止点;G_X-做功下止点;J_X-进气下止点;J_K-进气门开启时刻;J_G-进气门关闭时刻;P_K-排气门开启时刻;P_G-排气门关闭时刻;α-进气门开启提前角;β-进气门关闭滞后角;γ-排气门开启提前角;φ-排气门关闭滞后角

从图8-24a)可以看出,当第一缸处于压缩上止点时,一缸在气门关闭区,进、排气门均可调;六缸在气门叠开区,进、排气门均不能调;三、五缸在进气压缩区,排气门允许调整;二、四缸在做功排气区,进气门允许调整。把各缸气门所在区段用图8-25a)表示,不难看出,除一缸和六缸外,在中间竖线前面的各缸处在进气压缩区,可以检查、调整排气门;在中间竖线的后面各缸处在做功排气区,可以检查和调整进气门,即"前排后进"。

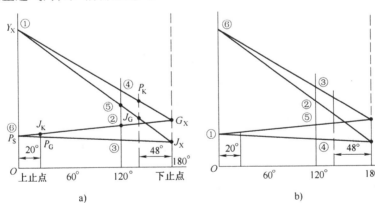

图8-24　6135发动机相似示功图

a)一缸处于压缩上止点;b)六缸处于压缩上止点

将曲轴旋转360°后,第六缸处于压缩上止点,相似示功图如图8-24b)所示,发动机各缸所在工作区段如图8-25b)所示。由此可见,曲轴旋转360°后,原来在气门叠开区的第六缸到达气门关闭区,进、排气门变为可调;原来在做功排气区的二、四缸到达进气压缩区,排气门可调;原来在进气压缩区的三、五缸现在到达做功排气区,进气门可调;原来在气门关闭区的第一缸现在到达气门叠开区,进、排气门均不能检查和调整。由此可见,曲轴转动两次后所有的气门都得到了检查与调整。

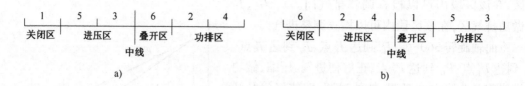

图 8-25　六缸发动机各缸工作区段

从以上对发动机相似示功图的分析,可以得出如下结论:

对于四缸、六缸、八缸、十二缸,做功间隔角相等的四冲程发动机,当第一缸处于压缩上止点时,根据发动机的工作顺序从中间画一条竖线(如 1-5-3-|6-2-4),除了第一缸和靠近竖线右边的那一缸(如第六缸)外,竖线左边各缸的排气门可调,竖线右边各缸的进气门可调,即"前排后进"。第一缸处于压缩上止点,进排气门均可调;靠近竖线右边的那一缸在气门叠开区,进、排气门均不可调。曲轴旋转 360°后,剩余未调整的气门均可调整。

另外,还有一种记忆方法,叫"双排不进"。当第一缸处于压缩上止点时,第一缸进、排气门均可以调整(双),竖线左边各缸的排气门可以调整(排),靠近竖线右边的那一缸进排气门都不能调整(不),竖线右边各缸的进气门可以调整(进)。故叫"双排不进"。

如果不知道发动机的工作顺序时,打开气门室盖,转动曲轴,观察各缸进气门或者排气门的开启顺序便可得知其工作顺序。如果分不清进、排气门时,转动曲轴,观察同一缸两个气门的启闭情况。一个气门接近关闭时,另一个气门开始顶开,则前一个为排气门,后一个为进气门。

五、配气相位的检查与调整

配气偏早或偏晚都会引起进气不充分、排气不彻底,从而减小充气系数,降低发动机的功率和转矩,增加燃油消耗,加重环境污染。因此,在发动机的维护、修理中,对配气相位的检查与调整日益引起人们的重视,并已成为发动机维修的主要内容之一。

引起配气相位变化的原因是多方面的。对于长期使用的发动机,正时齿轮、凸轮轴以及凸轮等零件的磨损、变形,无疑会造成配气相位的变化。对于新的或大修后的发动机,由于零件的制造、修理误差过大、装配不当等原因,同样会造成配气相位的改变。因此,维修发动机时不论是采用旧件还是更换新件,都应检查配气相位,不符合要求时须进行调整。

1. 活塞上止点的检查与校准

一般发动机在出厂时,在飞轮上打有准确的上止点记号。但在使用和维修过程中,容易使飞轮定位螺栓及定位孔磨损而使上止点记号失准。所以在检查调整配气相位时,应对上止点位置进行认真的检查与校准。

检查上止点位置时,将汽缸盖拆掉,用磁性表座将百分表固定,并使百分表的测量触头顶在第一缸活塞顶上。转动曲轴,观察百分表指针摆动情况。反复几次,准确地找到活塞刚刚到达最高点的位置,然后观察飞轮上的上止点记号是否准确。如果有误差,可用点铳重新打一准确的上止点记号。130 系列发动机曲轴前端皮带轮处设有专供检查配气相位和喷油正时的分度盘。分度盘上的上止点刻线与正时齿轮室盖上的记号有误差时,可在正时齿轮室盖与分度盘上止点刻线对正的地方重打记号。

2.配气相位的检验

配气相位的检验有静态检验和动态检验两种。无论哪一种方法,其检验原理是相同的。工程机械的发动机一般采用静态检验法测量其配气相位,即用百分表检验各气门的开启、关闭时刻,在飞轮或分度盘上测其相应的曲轴转角。

检查配气相位时,应将气门间隙调到比规定值小0.05mm。转动曲轴,使第一缸活塞接近排气上止点(以第一缸进气门为例),且进气门仍处于关闭状态。把装有配气相位检查百分表 3 的配气相位检查仪牢固地安装在汽缸盖 1 上,并使百分表 3 的测量触头垂直地顶在要测量的气门弹簧座 5 上,如图 8-26 所示。转动表盘,使百分表的大指针对"0"。缓慢转动曲轴,仔细观察百分表状态。当百分表开始摆动时,微量转动曲轴,使百分表的大指针反时针转动 5 格(0.05mm)时停止转动曲轴。因为检查配气相位时,气门间隙比标准值小

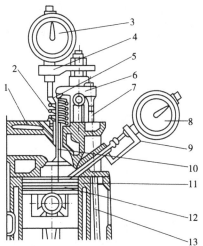

图 8-26　配气相位检测
1-汽缸盖;2-气门弹簧;3-配气相位检查仪百分表;4-配气相位检查仪架;5-气门弹簧座;6-摇臂;7-推杆;8-上止点测定仪百分表;9-上止点测定仪架;10-气门;11-缸套;12-活塞;13-缸体

0.05mm,所以百分表大指针反时针转到 0.05mm 处,正是正常工作时气门的开启时刻。此时,观察飞轮刻度或分度盘的刻度,即可得知该气门提前开启相对应的曲轴转角。常用发动机配气相位见表 8-7。为了减少检验误差,应反复测量几次。测量误差应不大于 0.5°。

常用发动机配气相位　　　　　　　　　　　　　　　　　　表 8-7

机型	进　气　门		排　气　门	
	提前开启角 α（上止点前）	滞后关闭角 β（下止点后）	提前开启角 γ（下止点前）	滞后关闭角 φ（上止点后）
6120	14.5°	41.5°	43.5°	14.5°
130 系列	13°	47°	47°	13°
135 系列	20°±6°	48°±6°	48°±6°	20°±6°
解放 CA1091	12°	48°	42°	18°
东风 EQ1090	20°	56°	38.5°	20.5°
太脱拉 148	14°	46°	38°	22°
斯格达 706RT	6°	42°	35°	7°

检验气门关闭时刻时,继续转动曲轴(原百分表固定不动)。当气门接近关闭时,微量转动曲轴,使百分表压缩到距离"0"位 0.05mm 时,停止转动曲轴,并观察飞轮刻度或分度盘刻度,即可得知气门滞后关闭角。

配气相位一般只检查第一缸进排气门即可,其他各缸配气间隔由凸轮轴本身予以保证。如果怀疑配气间隔不准确时,可用同样的方法检查。

如果有些发动机飞轮上只有上止点刻线(前端也没有分度盘),没有点火提前角和气门启闭角度刻线时,可用"数齿法"或"弧长法"计算出气门的提前开启角和滞后关闭角。

用数齿法确定配气相位时,在气门开启(关闭)点停止转动曲轴,观察飞轮壳上的刻线与飞轮上(下)止点记号相距齿数,然后按式(8-3)计算出气门的提前开启角 α(滞后关闭角 β):

$$\alpha = \frac{360°}{Z_0} \cdot Z \tag{8-3}$$

式中:Z_0——齿圈的总齿数;

Z——飞轮壳上的刻线与飞轮上(下)止点记号间相距的齿数(一般不是整数)。

用弧长法计算配气相位的方法与数齿法基本相同,只是飞轮壳上的刻线与飞轮上(下)止点记号间的距离用弧长 L 代替。弧长 L 对应的气门提前开启角 α(滞后关闭角 β)按式(8-4)计算:

$$\alpha = \frac{360°}{\pi D} \cdot L \tag{8-4}$$

式中:D——飞轮直径(mm);

L——气门开启(关闭)时刻飞轮壳刻线与飞轮上(下)止点记号间的实测弧度(mm)。

3. 配气相位的调整

经检查,配气相位与原厂规定值不符时应进行调整。常用调整方法有以下三种:

(1)正时齿轮轴向位移法。如果轴向移动斜齿正时齿轮时,凸轮轴必须转动一个相应的角度(直齿轮则无此功能),从而改变了配气相位。正时齿轮的轴向位移量与其转动角度的关系,如图8-27所示。

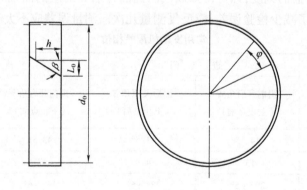

图8-27 凸轮轴斜齿轮轴向位移示意图

$$L_0 = h\tan\beta \tag{8-5}$$

式中:L_0——正时齿轮转角 φ 对应的弦长(mm);

h——正时齿轮的轴向位移量(mm);

β——为斜齿轮的螺旋升角(°)。

$$S = \frac{\pi d_0}{360°}\varphi \tag{8-6}$$

式中:S——正时齿轮转角 φ 所对应的弧度(mm);

d_0——正时齿轮的节圆直径(mm);

φ——凸轮轴所需要的调整转角(°)。

一般情况下,凸轮轴所需要修整的转角 φ 很小,所以弧长 S 和弦长 L_0 近似相等,即

$$S \approx L_0$$

$$h\tan\beta = \frac{\pi d_0}{360°}\varphi$$

$$h = \frac{\pi d_0}{360°\tan\beta}\varphi \tag{8-7}$$

因为 $d_0 = Z\dfrac{m}{\cos\beta}$,所以

$$h = \frac{\pi Z m\varphi}{360°\tan\beta \cdot \cos\beta} = \frac{\pi m Z}{360°\sin\beta}\varphi \tag{8-8}$$

式中:m——斜齿轮的法向模数;

  Z——斜齿轮的齿数。

正时齿轮结构一定时,齿数 Z、模数 m、螺旋升角 β 即为定值,然后根据所需配气相位调整角度 φ(测量出的曲轴转角除以2)即可用式(8-8)计算出轴向位移量 h 的值。

正时齿轮靠凸轮轴上的轴肩限位。在正时齿轮与轴肩处增加一厚度为 h 的垫片时,正时齿轮前移;将正时齿轮轮毂端面车削 h 量时,正时齿轮后移,从而改变了配气相位。

(2)偏位键法。将正时齿轮与凸轮轴的连接键做成阶梯形,使正时齿轮与凸轮轴的配合位置相对变动一个角度,从而使配气相位得到修正。这种方法叫偏位键法,如图8-28 所示。

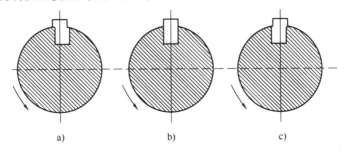

图8-28 偏位键的安装方向
a)由快调慢;b)配气正时;c)由慢调快

偏位键的偏移量 S 可按下列近似公式计算:

$$S = \frac{\pi d}{360°}\varphi \tag{8-9}$$

式中:d——凸轮轴安装键处的直径(mm);

  φ——凸轮轴所需调整的配气相位角度(°)。

由图8-28 可知,正时齿轮与凸轮轴的连接键有三种形式。正键不改变配气相位、顺键使配气相位变迟、逆键使配气相位变早。安装时应仔细分析,按需要选用。

如果配气相位误差很大时,根据凸轮轴转向及配气相位误差大小先调整正时齿轮的啮合位置。顺着凸轮轴转动方向错齿(曲轴正时齿轮不动),配气相位提前,反之则滞后。调整后检查配气相位,然后再用轴向位移法或偏位键法微量调整到规定值。

(3)气门间隙补偿调整法。配气相位误差很小或个别缸气门开闭时刻少量超限时,在允许

范围内通过调整气门间隙的办法,使配气相位得到补偿。气门间隙调小时气门提前开启,滞后关闭,相反则滞后开启提前关闭。135 系列发动机气门间隙改变 0.02mm,配气相位变化 1°左右。为了补偿配气相位,气门间隙允许调大或调小 0.05mm(配气相位可改变 2°~3°)。

第五节　现代柴油机燃油供给系的安装与检查调整

一、喷油泵及调速器的装配

1. 凸轮轴的装配

前后对称结构的凸轮轴装配时必须搞清安装方向,否则会使喷油泵的工作顺序与发动机的工作顺序不一致。凸轮单面磨损,有意换位安装凸轮轴时,须对调相应缸的高压油管。凸轮轴的轴向间隙一般为 0.10~0.15mm。检验时,可用百分表测量。无百分表时,沿轴向推动凸轮轴时无明显间隙感觉,而且凸轮轴转动自如为合格。间隙不合适时,改变轴承盖与泵体之间的垫片厚度加以调整。垫片加厚时轴向间隙增大,反之则减小。

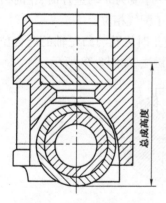

图 8-29　随动柱总成总高度

2. 随动柱的装配

随动柱总成装配好后要测量其总高度。例如,4125 发动机的 Ⅱ 号泵要求随动柱总成的总高度为 25.75~25.85mm,如图 8-29 所示。同一泵各缸随动柱总成总高度差不得大于 0.10mm。总高度不符合要求时,可通过选用不同厚度的垫块加以调整。Ⅱ 号泵随动柱垫块有五种尺寸可供选择:4.80mm、4.90mm、5.00mm、5.10mm 和 5.20mm。

有调整螺钉的随动柱,装配时将总高度调得小一些,以免凸轮轴转动时柱塞顶到出油阀座上而损坏机件。这种随动柱的总高度在调整供油起始时刻和供油间隔角时加以调整。

3. 油量调节机构的装配

油量调节拉杆或齿条与泵体承孔的配合间隙一般为 0.032~0.10mm。装入泵体后,拉杆或齿条应移动灵活,无阻滞现象。安装 Ⅱ、Ⅲ 号泵油量调节拉杆时,将油量调节叉套在拉杆上即可,不必定位,以便安装柱塞下部的油量调节臂。

安装 A 型泵或 B 型泵齿条时,先将扇形齿轮及油量控制套放置在其安装位置,并使扇形齿轮上的直槽缺口或记号向下,然后装入齿条。齿条安装到位后,检查齿条与扇形齿轮记号是否对正。如未对正,将扇形齿轮向上推起,转动一角度,对正记号后放下。

4. 柱塞副与出油阀偶件的安装

柱塞套入泵体时,要让长形定位槽对准泵体上的定位螺钉。定位螺钉进入定位槽并拧紧后,柱塞套仍能沿轴向窜动 1~2mm,但不能周向转动。定位螺钉过长或垫片太薄,定位螺钉未进入定位槽就拧紧会造成柱塞套变形,安装歪斜等事故。定位螺钉也不可过短(或垫片太厚),以防柱塞套转动,造成供油混乱。

安装 A 型泵或 B 型泵的柱塞副前,必须先将油量调节齿条、扇形齿轮以及油量控制套和柱塞弹簧安装到位,然后将柱塞套及柱塞一同装入泵体,并使柱塞下部的油量调节凸肩进入油量控制套的槽内,同时要保证柱塞斜槽的正确位置(柱塞上的轴向槽在回油孔一侧)。

安装出油阀时,出油阀座底平面与柱塞套的顶平面间须清洁,以免夹杂而影响供油压力。将出油阀座、出油阀及其弹簧装入后,旋入出油阀压紧螺母,并用 30~50N·m 的力矩上紧。出油阀压紧座上设有橡胶密封圈,该圈损坏时应换新。

柱塞和出油阀安装好后,柱塞在柱塞套内应转动自如,无任何阻滞现象。

5. Ⅱ、Ⅲ号泵上下体的装合

Ⅱ、Ⅲ号泵的柱塞套、出油阀安装在上体之后,将柱塞弹簧及弹簧座套在柱塞上,把柱塞插入柱塞套内,组成上体总成。如果安装上体时,柱塞自动往套外滑动,可在柱塞上涂少量干净润滑脂后插入柱塞套筒内。上、下体装合时,要仔细观察,并适当转动柱塞或移动油量调节叉,使所有的柱塞油量调节臂都进入相应的油量调节叉内。最后对称、交替拧紧上、下体连接螺母。安装好后,用手推拉油量调节拉杆,观察柱塞转动情况。此时,拉杆应活动自如,而且拉杆移动时所有柱塞都应相应转动。用手转动凸轮轴时,各柱塞应上下运动,并无卡滞现象。

6. 调速器的安装

调速器的结构不同,安装方法及技术要求也不同。现以Ⅱ号泵调速器(图 8-30)为例,予以说明。

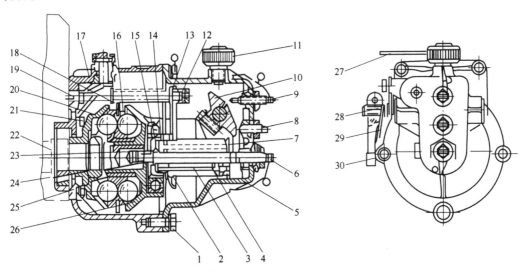

图 8-30 Ⅱ号泵调速器

1-螺钉;2-起动弹簧;3-高速弹簧;4-怠速弹簧;5-后壳;6-全负荷油量调整螺栓;7-弹簧后座;8-怠速调节螺钉;9-高速调节螺钉;10-调速叉;11-螺塞;12-拉杆螺母;13-传动板;14-起动弹簧前座;15-调速弹簧前座;16-飞球座;17-前壳;18-飞球架;19-油量调节拉杆;20-飞球;21-驱动锥盘;22-凸轮轴;23-垫;24-校正加浓弹簧;25-校正加浓弹簧座;26-推力锥盘;27-停机手柄;28-操纵轴;29-扭力弹簧;30-操纵臂

(1)将驱动锥盘 21 装在凸轮轴上,拧紧螺母,并采取锁紧措施,以防驱动盘松动或松脱而造成调速器失效,损坏机件。驱动盘安装到位后,相对转动中心的摆差不得大于 0.10mm。

(2)推力锥盘 26 内表面应光滑。飞球 20 在推力盘内锥面上应滑动自如。推力轴承须转动灵活,无任何卡涩现象。安装推力盘时,将传动板 13 装在套好弹簧的油量调节拉杆 19 上,并用螺母12和锁母紧固。传动板两边应都有垫片,否则传动板连接孔会很快磨损。连接传动板与油量调节拉杆时,先把推力盘连同传动板和油量调节拉杆一同向喷油泵方向推到底,把长形螺母12拧在调节拉杆上,最后用锁母锁止。

(3)安装调速器弹簧时,先将怠速弹簧4、高速弹簧3以及弹簧后座7装在支承轴(负荷调整螺栓)上,再把弹簧前座15、校正加浓弹簧24及其弹簧座25等零件装在调速弹簧的前端,并用调整螺母及锁母紧固锁死。为了保证正确的加浓油量,应使校正加浓弹簧座25与调速弹簧前座15之间留有校正加浓间隙。该间隙不合适时,改变校正加浓调整螺母的位置加以调整,最后用锁母锁死。调速弹簧及校正加浓弹簧安装好后,将起动弹簧套在调速弹簧外面即可。

(4)调速器内所有零部件都确认装妥后,将调速器盖与调速器壳装合。为了防止调速器漏油,调速器盖与调速器壳之间的垫片必须完好无损,否则应换新垫。

(5)安装调速器操纵臂时应注意其原始安装位置(一般拆卸时应做记号),以便正确连接加速踏板或节气门手柄连接杆。位置不正确时,可相错一个或几个花键齿后安装试验,直到满意为止。安装位置正确后,用夹紧螺钉夹紧定位。

二、喷油泵的机上安装

喷油泵的机上安装的核心问题是准确地找到供油时刻,并使供油时刻与发动机的工作循环要求协调一致。

1. 寻找第一缸压缩上止点位置

寻找第一缸压缩上止点时,先将所有的气门间隙调整到规定的要求,然后旋转发动机曲轴,使飞轮上的上止点记号与飞轮壳上的记号对正。打开气门罩盖,观察气门启闭情况:第一缸进、排气门均关闭(均有间隙),同在上止点的对应缸(四缸发动机的第四缸、六缸发动机的第六缸)进、排气门叠开(均无间隙)。否则,应再将曲轴旋转360°。

2. 寻找第一缸柱塞的上止点

旋转喷油泵凸轮轴,使喷油泵凸轮轴联轴器接盘上的记号与喷油泵壳体上的记号对正

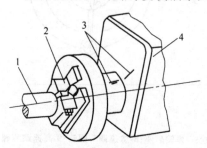

图 8-31　供油正时记号
1-正时齿轮轴;2-联轴器及其接盘;3-正时刻度线;4-喷油泵体

(图8-31),即第一缸柱塞上行到接近上止点位置。对于联轴器接盘上无记号的喷油泵,应打开侧盖,旋转凸轮轴时观察各缸柱塞运动情况,当第一缸柱塞到达上止点时,停止转动凸轮轴。

3. 固定喷油泵

将喷油泵放置在喷油泵托架上,轴向推动喷油泵,使喷油泵凸轮轴联轴器的接盘与发动机正时齿轮轴联轴器上的接盘相接触。最后将喷油泵固定在托架上,用联轴器螺栓将联轴器的两个接盘连接在一起。

三、供油正时的检查与调整

从理论上讲,喷油泵的供油开始时刻和喷油器的喷油开始时刻是不相同的。实际上供油起始时刻和喷油起始时刻的时间差极小,可忽略不计。但在概念上不能混淆。

一般喷油泵出厂时,在联轴器和泵壳上各打一记号,如图 8-31 所示。当记号对正时,第一缸柱塞开始供油,飞轮上指示相应的供油提前角。但是,多数喷油泵无此记号。对此类喷油泵可用下列方法检查供油时刻。

1. 用测时管检查供油起始时刻

测时管是用玻璃做成的中心有细孔,外表面有刻度的透明管,其结构如图 8-32 所示。检查时,将喷油泵上的第一缸高压油管拧下,并把测时管安装在该接头上。摇转发动机曲轴,使喷油泵喷油,直到测时管中无气泡出现为止。拧松测时管接头,使柴油漏泄,液面降至某一刻度时拧紧。然后缓慢转动曲轴,并注意观察测时管的液面变化。当测时管中的液面刚刚开始向上移动时,立即停止转动曲轴,此时就是第一缸柱塞开始供油时刻。然后检查喷油泵联轴器与泵体上的刻线是否对正,或检查飞轮壳上的记号是否与飞轮上相应的供油提前角刻度对正。如果喷油泵联轴器上的记号未对正或飞轮上指示的供油提前角不正确,则为供油不正时。工程机械常用柴油发动机的供油提前角,见表 8-8。

常用发动机供油提前角 表 8-8

机型	4115T	6120T	4125	6130	6135T	斯可达	太脱拉
供油提前角(°)	20 ~ 23	35	16 ~ 21	19	28 ~ 31	28 ~ 30	26 ~ 28

2. 用观察法检查供油起始时刻

在没有测时管的情况下,拧下第一缸的高压油管后,用嘴吹去出油阀处的柴油。缓慢转动曲轴,并仔细观察出油阀"油亮点"的情况。当发现"油亮点"一动,立即停止转动曲轴(第一缸供油开始)。此时,飞轮壳上的刻线与飞轮刻度所对应的数值就是喷油提前角度数,如图 8-33 所示。

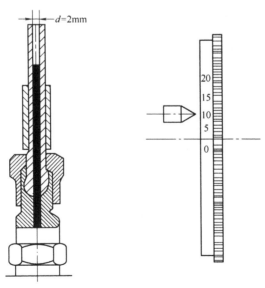

图 8-32　测时管　　图 8-33　飞轮上喷油提前角的刻度

如果观察飞轮记号困难时,将发动机的第一缸转到压缩上止点,在曲轴皮带轮或三角皮带及正时齿轮室盖处画一条直线,以作为上止点记号。使发动机曲轴倒转半圈后缓慢正转,观察出油阀处的"油亮点"。当"油亮点"刚刚一动时,停止转动曲轴,检查皮带轮及三角皮带上的刻线与正时齿轮室盖刻线的距离 L，即弧长。该弧长即反映了供油提前角。弧长 L 与供油提前角 φ 之间的关系可用式(8-10)计算：

$$\varphi = \frac{360°}{\pi D} \cdot L(°) \tag{8-10}$$

式中：L——测量弧长(mm)；

　　D——皮带轮直径(mm)。

将计算出的供油提前角 φ 与表8-8中的标准数值比较，即可得知供油是否正时。

3.用喷射法检查喷油起始时刻

用一根较长的高压油管代替第一缸高压油管。将第一缸喷油器移至飞轮处(距离飞轮5mm)，使第一缸喷油器对着飞轮喷油。转动发动机曲轴，当第一缸活塞到达上止点位置时，在正对喷油器的飞轮处划一上止点记号，然后继续转动曲轴。当第一缸喷油器喷油后，停止转动发动机，并测量喷油痕迹中心距离上止点刻线的弧长。该弧长可按式(8-9)换算成喷油提前角，然后和标准值比较。

经检查喷油时刻不正确时应进行调整。用联轴器驱动的喷油泵，松开联轴器弧形孔上的紧固螺钉。沿"＋"方向转动喷油泵凸轮轴时，喷油提前角增大，反之则减小。调整后扭紧紧固螺钉，并按前述方法检查，不合适时再调整，直到符合要求为止。其他形式喷油泵喷油时间的调整原理与上述喷油泵基本相似，只是结构上、部位上有些差异。

四、喷油泵及调速器的调试

喷油泵及调速器经清洗、检验、更换柱塞偶件、出油阀偶件等维护作业后，必须在喷油泵试验台上调整试验合格后才能装机使用。这是因为发动机的额定转速、最高空转转速、额定功率、最大转矩等重要性能指标，都取决于喷油泵及调速器的性能。发动机能正常、稳定工作的必要前提是，喷油泵及调速器能自动调节发动机在不同工况下的转速，而且油量符合技术标准要求，各缸供油量均匀，供油间隔角一致，供油起始角准确。喷油泵及调速器是否能满足发动机的这些要求，靠感觉和经验是不行的，必须在试验台上试验、调整。

（一）喷油泵试验台

喷油泵试验台的型号很多，但基本组成及调试原理相同。现以泰安12PSY55型喷油泵试验台为例，介绍其结构原理及使用方法。

1.主要性能

(1)功率：5.5kW。

(2)液压无级变速。

(3)转速范围：0～3 000r/min。

(4)转速数字显示。

(5)电子油量计数，100～1 000次，共十级。

(6)适用泵种：Ⅰ号泵、Ⅱ号泵、Ⅲ号泵、A型泵、B型泵、波许泵、P型泵、转子式分配泵等12缸以下的各类喷油泵。

2.试验台的结构

12PSY55型喷油泵试验台，如图8-34所示。

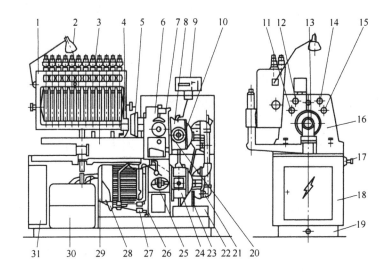

图 8-34   12PSY55 喷油泵试验台

1-量筒板；2-灯；3-标准喷油器；4-万向节；5-刻度盘；6-变速器；7-调压阀；8-液压马达；9-脉冲计数器；10-调速手轮；11-传动油温度表；12-高压压力表；13-夹紧装置；14-低压压力表；15-燃油温度表；16-上壳体；17-调速手柄；18-下壳体；19-底座；20-换挡手柄；21-传动油管；22-传动油箱；23-吸油阀；24-液压无级变速机构油泵；25-联轴器；26-加温阀；27-双联叶片泵；28-电动机；29-垫块；30-燃油箱；31-电器箱

(1) 液压无级变速系统。液压无级变速系统由液压泵(电动机驱动)、液压马达、管路以及偏心调速机构等组成。液压泵和液压马达是结构尺寸相同的两个单作用变量叶片泵。偏心调速机构由滑动板、调速螺母、调速螺杆、调速盖板、轴承、手轮、链轮以及链条组成。

液压无级变速系统是一个封闭循环系统。液压油被油泵从油箱中吸入，经管路送到液压马达，使马达通过变速器驱动喷油泵试验台主轴转动。为了适应调泵时的各种转速，液压马达的输出转速可通过偏心调速机构无级调节。

(2) 齿轮式变速器。齿轮式变速器的输入轴就是马达的输出轴。变速器的输出轴上装有刻度盘及万向节，喷油泵凸轮轴与万向节相连。变速器有"低速"、"高速"两个挡位。低速时输出转速范围为 0 ~ 1 500r/min，高速时输出转速为 0 ~ 3 000r/min，以适应各种形式、各种用途喷油泵的调试需要。

(3) 油量计量机构。油量计量机构是用来测量喷油泵各缸供油量的机构。它由集油箱、立柱、旋转臂、标准喷油器、量筒板、量筒、断油挡板以及电磁铁等组成。油量机构可绕工作台上的轴左右旋转 180°，以便调试凸轮轴旋转方向不同、结构不同的各类型喷油泵。集油箱及量筒板可通过旋转升降螺杆调整其高度，以便适应不同类型喷油泵的高度要求。断油挡板在电磁铁的控制下，打开或切断试验油进入量筒的通道。

(4) 计数装置。计数控制装置是用来测量、显示喷油泵的转速、喷油次数，并根据要求，自动控制断油挡板的电磁铁，准确控制进入量筒的喷油次数。计数控制机构由转速传感器和电子计数显示器组成。

(5) 电气系统。12PSY55 型喷油泵试验台用三相、线电压为 380V 的交流动力电源。试验台的尾部设有总电源开关，两侧设有起动、停止按钮，以便操作。为了防止在高输出转速工况下起动，该试验台设有零位保护开关(行程开关 XWK)，以保证试验台起动时的输出转速为零,即调速手柄在任意(非零位置)位置时试验台不能起动。试验台照明采用36V安全电压。

3.试验台的操纵

(1)试验台的起动与停止。将电源开关打到"1"位置,调速手柄转到零位,即让调速手柄轴销顶住行程开关顶杆(必要时打开左侧盖观察),按下绿色起动按钮,试验台便能起动。停止试验台时,转动调速手柄,使试验台输出转速为零后,按下红色停止按钮,试验台便停止工作。长期停机时,应将总电源开关打到零位。

(2)试验台的运转。试验台起动后,将变速器上的变速手柄推到"低挡"或"高挡"位置,缓慢转动调速手柄,试验台输出轴便开始转动。输出轴的转速在计数器上显示。调速手柄的转动角度越大,试验台输出轴转速越高。沿相反方向转动调速手柄时,试验台的输出转速降低,直到转速为零。继续沿相反方向转动调速手柄时,试验台输出轴便沿相反方向转动。试验台的双向旋转可以满足不同旋转方向的喷油泵的要求。

(3)燃油系统的压力调整。为了满足用溢流法检查各缸供油间隔角的要求,12PSY55喷油泵试验台上设有燃油压力调整阀,以调整系统压力。顺时针转动手轮时,燃油压力可在0~4MPa范围内调节,以适应调试及溢流试验的压力要求。逆时针转动手轮时,压力降低。手轮转到底时,油压为零,以便检查分配泵输油泵的性能。

(4)燃油温度的调整。试验燃油温度低于40℃时,顺时针转动加温节流阀手柄,通过节流作用和反复循环产生的热量而使燃油温度升高。当燃油温度达到40℃时,反时针转动加温节流阀,停止加温。

(5)计数器的操纵。试验台带动喷油泵在所需转速下稳定运转,将计数器的级数旋钮旋到所需喷油次数("1"表示喷油100次,"2"表示200次……)。按下"计数"按钮,电磁铁吸开断油挡板,标准喷油器的燃油喷入量筒,同时计数器记载进入量筒的喷油次数。当进入量筒的喷油次数达到整定值时,计数器自动停止计数。与此同时,电磁线圈断电,断油挡板恢复原位,挡住燃油进入量筒的通道,使燃油不再进入量筒。此时,量筒内的燃油是整定喷油次数的油量。按动复位按钮后,计数器清零。计数中途按复位按钮时,计数器中断计数。

(二)喷油泵及调速器调试前的准备

1.喷油泵及调速器在试验台上的安装定位

(1)支承装置的选择。根据喷油泵的型号、安装形式以及安装尺寸正确地选用定位支承装置。Ⅱ号泵、Ⅲ号泵、A型泵、B型泵等选用支承垫块,Ⅰ号泵选用支承架。合适的定位支承,应使喷油泵凸轮轴与试验台输出轴同轴线。

(2)凸缘盘的选择。喷油泵的结构不同,应选用不同的凸缘盘,以便和试验台联轴器连接。135系列发动机的Ⅱ号泵、B型泵本身的叉形凸缘盘就可以直接与试验台联轴器相连接。4125发动机喷油泵凸轮轴端是花键,故须选用带内花键的叉形凸缘盘。喷油泵试验台出厂时,随机带有几种内锥孔尺寸的叉形凸缘盘,以供不同型号喷油泵选用。选定凸缘盘后,将凸缘盘安装在待调试喷油泵的凸轮轴端,并按规定力矩拧紧轴端螺母。

(3)喷油泵的安装定位。将选好的支承垫块或喷油泵支架连同喷油泵放置在试验台安装轨道上,并一同推向试验台联轴器,使喷油泵凸轮轴上的凸缘叉进入试验台联轴器夹紧衔口内。用单臂压爪(支架式支承用螺栓安装)压紧喷油泵后,再用内六角扳手拧紧试验台联轴器衔口夹紧螺栓,使喷油泵与试验台可靠连接。

(4)油管连接。将标准喷油器上的高压油管安装在喷油泵上。高压油管长度不合适时,调整量筒板的高度。连接低压输油管时,进油管用空心螺钉,回油管用带回油阀的螺钉,不可错装。管接头两侧须垫铜垫片或铝垫片。

2.试运转

将喷油泵安装、固定在试验台上后,试验台变速器换空挡(手柄在中间位置),用手转动刻度盘,检查各连接部位是否可靠,转动时有无卡滞现象。如有不正常现象,应予以排除。确认一切正常后,给调速器、喷油泵加注规定的润滑油,用三角盖板盖住输油泵安装孔。起动试验台,检查有无漏油之处,并排除喷油泵泵腔内的空气。一切正常后,变速器换低挡,缓慢转动调速手柄(根据喷油泵转向确定调速手柄的转动方向),使试验台带动喷油泵转动。仔细观察喷油泵运转是否平稳,安装、定位是否可靠,有无异响、发热现象。如有异常,须立即停机,并查明原因,予以排除。

3.喷油泵的磨合

更换零部件的喷油泵试运转正常后,将试验台转速升高到喷油泵怠速停油转速(节气门在自由状态,油杯中无油滴),使喷油泵在无负荷情况下磨合 5 ~ 10min。然后,每升高 200 转磨合 3 ~ 5min 直到额定转速。无负荷磨合结束后,将油泵转速调到 600 ~ 700r/min,节气门在最大供油位置,让喷油泵在喷油负荷下磨合 3 ~ 5min。喷油泵在磨合过程中要仔细观察其工作状态,如有异常应立即停机检查。故障排除后,方可继续磨合。

(三)喷油泵及调速器的调试

1.供油时刻及供油间隔角的检查与调整

喷油泵供油时刻的检查方法很多,最常用的有溢流法、测时管法、触压法、观察法、喷射法五种。测时管法、观察法、喷射法在前面已有说明,触压法与观察法很相似,故在此不再重述。现以溢流法为主(运用最普遍),介绍供油时刻及供油间隔角的检查与调整方法。

(1)溢流法。用溢流法检查供油时刻时,顺时针转动燃油压力调整阀手轮(没有设置压力调整阀时,须将出油阀取掉,否则会因输油压力过低而顶不开出油阀),使系统压力达到0.4MPa。松开第一缸标准喷油器放气螺钉,燃油系统的压力油顶开出油阀,经高压油管从放气螺钉处流出。用手转动刻度盘(变速器换空挡),喷油泵凸轮轴转动,当柱塞顶部刚好堵住柱塞套上的进、回油口时,燃油系统的输油通路被切断,放气螺钉处溢流停止。此时,即为第一缸柱塞开始供油时刻。移动刻度盘的指示箭头,使其对准刻度盘的"0"刻度或便于记忆的整数刻度。为了准确起见,可重复检查几次。

一般喷油泵的联轴器与喷油泵侧壁上刻有刻线(正时记号)。第一缸供油开始时刻两刻线正好对正,说明第一缸供油时刻正确(图8-31)。如果联轴器的刻线已经越过侧壁上的刻线(沿转动方向看),说明供油偏晚,应增加随动柱的总度高。随动柱上设有调整螺钉的,应适当旋出调整螺钉;随动柱上设有调整垫块的,应更换加厚垫块(或翻面使用)。如果联轴器的刻线还未到达喷油泵侧壁上的刻线时,说时供油偏早,应将随动柱上的调整螺钉适当旋入或将随动柱上面的垫块换薄一级。调整随动柱上的螺钉或更换垫块后,必须按照上述方法重新检查、调整,直到符合要求为止。

第一缸供油时刻校准后,以该缸为基准,按喷油泵的工作顺序依次检查其他各缸的供油时刻。相邻两缸供油时刻间的夹角(供油间隔角)应为$360°/i(i$为缸数),误差不能超过$±0.5°$(凸轮轴转角)。

调整随动柱的总高度改变供油时刻时,如果调整螺钉旋出过多或垫片过厚,柱塞运动到上止点时其顶平面会与出油阀座顶撞而造成事故性损坏。因此,要求柱塞到达上止点时,柱塞顶平面与出油阀座下平面间必须留有$0.3 \sim 1mm$的间隙。检查该间隙时,转动凸轮轴,使柱塞到达上止点(最高位置)。用起子撬起柱塞弹簧座后,将厚薄规插入柱塞底脚与调整螺钉之间。塞入厚薄规的厚度应符合上述间隙要求。

(2)柱塞预行程法。有些喷油泵供油时刻用柱塞预行程表示。柱塞预行程就是柱塞由下止点开始向上运动到供油开始时柱塞上升的距离(mm)。检查柱塞预行程时用图8-35所示的专用仪器。

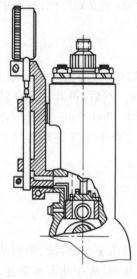

①仪器的安装。取掉喷油泵侧盖(无侧盖的泵体,旋下第一缸柱塞随动柱处专供检查柱塞预行程的螺塞),使仪器上的探针与第一缸柱塞的随动柱上平面相接触,然后将仪器固定。

②检查方法。沿凸轮轴转动方向转动凸轮轴,当柱塞处于下止点时,转动百分表读数盘,使大指针指"0",记住小指针的读数。断续转动凸轮轴,并用"溢流法"观察标准喷油器放气螺钉出油口处的溢油情况。当溢油口处断油时(该缸柱塞开始供油),停止转动凸轮轴,记录百分表的读数。两个读数之差即为柱塞的预行程。两读数差小于规定的柱塞预行程值时,说明供油偏早,应调低随动柱高度。相反则供油偏晚,应调高随动柱总高度。具体调整方法与前述相同。对于分体式喷油泵,改变单体分泵座与泵体之间的垫片厚度,可调整供油时刻。第一缸柱塞的供油时刻校准后,记住刻度盘上的刻度,并按喷油泵的工作顺序,依次检查、调整其余各缸的柱塞预行

图8-35　柱塞预行程检查仪

程及供油间隔角,直到符合要求为止。

2. 高速起作用转速的检查与调整

将喷油泵调速器的操纵臂置于最大供油位置(与高速限止螺钉接触)。缓慢转动试验台调速手柄,使喷油泵转速逐渐升高。仔细观察油量调节拉杆或齿条的状态。随着喷油泵转速的升高,调速器飞球或飞锤离心力的轴向分力随之增大。当飞球或飞锤离心力的轴向分力超过调速弹簧的弹力时,推力盘带动传动板使油量调节拉杆或齿条向减油方向移动。在上述状态下,拉杆或齿条向减油方向开始移动瞬间的转速(拉杆或齿条一动,立即停止转动调速手柄,并观察、记住计数器上的转速显示),叫高速起作用转速或额定转速作用点。

高速起作用转速(即额定转速作用点)必须符合技术要求。高速起作用转速不符合要求时,通过改变调速器壳上的高速限止螺钉的位置加以调整,如图8-36所示。旋入高速限止螺钉时,高速起作用转速降低,相反则高速起作用转速升高。调整后按上述方法检查,反复调整、试验,直到符合要求为止。

3. 怠速起作用转速的检查与调整

调速器操纵臂在怠速位置(与低速限止螺钉接触),试验台转速远高于怠速转速,使喷油泵

处在怠速停油状态。缓慢降低试验台转速,仔细观察油量调节拉杆或齿条的状态。当拉杆或齿条开始向增油方向移动的瞬间,立即停止转动调速手柄,并观察计数器上的转速(怠速弹簧克服飞球或飞锤离心力的轴向分力开始伸张),此时的转速叫怠速起作用转速或怠速作用点。

怠速起作用转速过低,发动机怠速不稳或易熄火;怠速起作用转速过高,发动机燃油消耗增加,怠速运转时噪声大。

怠速起作用转速通过怠速调整螺钉予以调整,如图 8-37 所示。旋入调整螺钉,怠速起作用转速升高;相反,则怠速起作用转速降低。调整后再按上述方法检验,反复调整试验,直到符合要求为止。

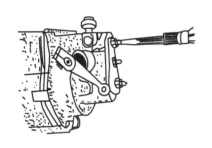
图 8-36 高速起作用转速的调整

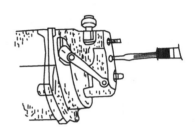
图 8-37 怠速起作用转速的调整

4. 额定供油量的检查与调整

将调速器操纵臂转到最大供油位置。转动试验台调速手柄,将喷油泵转速调到该泵的额定转速(比高速起作用转速低 5 ~ 10r/min)。拨动计数器计数旋钮,整定试验喷油次数(100次喷油量检验时拨到"1",200 次喷油量检验时拨到"2",依此类推)。按动计数器的"计数"按钮,断油挡板在电磁铁的作用下后撤,标准喷油器喷出的燃油便进入了量筒。喷油次数达到整定值时,计数器停止计数,电磁线圈断电,断油挡板自动复位,切断了燃油进入量筒的通路,所以进入量筒的燃油是整定次数的喷油量。将喷油泵试验台的转速调至"0",并观察量筒内各缸柱塞整定次数的供油量,并与标准油量比较(查阅相关说明书或资料)。

供油量不符合要求时,松开调节拉杆上油量调节叉的夹紧螺钉(以Ⅱ号泵为例)。向增加供油方向移动油量调节叉时,供油量增大,相反则供油量减小。根据量筒内油面高度,依次、逐缸、按需要调整调节叉位置,调后锁紧,并按上述方法试验,直到符合要求为止。

为了保证发动机工作平稳,多缸发动机喷油泵各缸供油的不均匀度应控制在一定的范围内。一般额定工况下供油不均匀度应不大于3%。各缸供油不均匀度可按下式计算:

$$各缸供油不均匀度 = \frac{最大供油量 - 最小供油量}{平均供油量} \times 100\%$$

$$平均供油量 = \frac{最大供油量 + 最小供油量}{2}$$

5. 怠速供油量的检查与调整

额定供油量调整合格后,调速器操纵杆在怠速位置(与低速限止螺钉接触),转动试验台调速手柄,将喷油泵转速调到怠速转速。按动计数器"计数"按钮,检查整定次数(与额定工况整定次数相同)的怠速供油量,并与标准值对比(或参看说明书)。怠速供油量不准确时,只能改变怠速调整螺钉的位置加以调整(参看图8-37),而不能用改变调节拉杆上油量调节叉的位置来调整怠速油量。否则将使额定工况破坏。怠速工况的各缸供油不均匀度可适当放宽,一般以不大于30%为合格。

6. 校正加浓转速和油量的检查与调整

调速器操纵臂在最大供油位置,使喷油泵在额定转速下运转。此时,油量调节拉杆或齿条应稳定在额定供油位置。缓慢转动试验台调速手柄,使喷油泵的转速下降,并仔细观察拉杆或齿条的状态。当喷油泵转速降低到校正加浓弹簧可以克服飞球或飞锤离心力的轴向分力时,便开始伸张,并通过推力盘及传动板推动拉杆或齿条向增加供油方向移动。这一瞬间的转速就是校正加浓起作用转速。继续降低喷油泵转速时,拉杆或齿条将继续向增加供油方向移动,直到停止移动为止。此时的喷油泵转速对应于发动机的最大输出转矩点,也即校正加浓油量检查转速。从校正加浓弹簧开始起作用(即拉杆或齿条开始向增油方向移动),到最大转矩点出现(即拉杆或齿条运动到最大供油位置),拉杆或齿条的行程叫校正加浓行程。

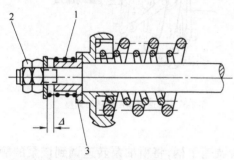

图8-38 校正加浓调整
1-校正弹簧;2-锁紧及调整螺母;3-校正弹簧座;Δ-校正加浓间隙

校正加浓起作用转速、校正加浓行程必须符合原厂规定。校正加浓起作用转速过高,说明校正加浓弹簧的预紧力过大,同时往往伴随着校正加浓行程过小,应将调整螺母及锁母2适当退出(图8-38),使调整垫片与校正加浓弹簧座间的间隙Δ(校正加浓间隙)符合出厂规定(例如4125发动机Ⅱ号泵的Δ为5.5mm,6135发动机Ⅱ号泵调速器的Δ为1.5mm)。校正加浓起作用转速过低或校正加浓行程过长时,则应适当旋入调整螺母。调毕应锁紧锁母,并按前述方法重新检查,直到符合要求为止。

校正加浓起作用转速及加浓行程调好后,将调速器操纵臂置于最大供油位置,转动试验台调速手柄,使喷油泵转速由额定转速逐渐降低,直到油量调节拉杆或齿条移动到最大供油位置(校正加浓弹簧完全伸张),按动计数器的"计数"按钮,检查整定喷油次数的校正加浓油量。将测得的加浓油量与标准值比较,即可得知校正加浓油量是否符合要求。如果加浓油量不符合要求,仍然调整校正加浓弹簧前端的调整螺母(图8-38),以牺牲校正加浓行程,保证加浓油量。靠调整不能达到规定油量要求时,应更换校正加浓弹簧,并重新调试,直到符合要求为止。

7. 起动加浓油量的检查

将调速器操纵臂转到最大供油位置,转动试验台调速手柄,使喷油泵在起动转速下运转,按动计数器"计数"按钮,检查整定喷油次数的起动供油量。发动机起动时需要极浓混合气,所以一般喷油泵的起动加浓油量要比校正加浓油量还大。起动加浓油量只能检查,不能调整。如果起动加浓油量过少,说明起动弹簧自由长度不够、弹力过小或柱塞磨损过甚,应更换起动弹簧或柱塞。

8. 高速停油转速的检查

调速器操纵臂在最大供油位置,转动试验台调速手柄,使喷油泵转速逐渐升高。仔细观察标准喷油器油杯处喷油情况。当喷油泵转速超过高速起作用转速时,调速器使喷油泵开始减少供油。转速越高,供油量越少。当转速升高到一定程度后,调速器使喷油泵停止供油。当看到油杯不滴油时,停止转动试验台调速手柄,观察计数器上的转速显示。此时的喷油泵转速叫高速停油转速。高速停油转速是防止柴油发动机飞车的指标。这一项目也只能检查,不能调整。如果高速停油转速过高时或高速不停油,严禁装机使用,必须重新检查、维修喷油泵及调速器。

9.熄火性能的检查与调整

调速器操纵臂在任意位置,喷油泵在高速停油转速以下的任意转速运转,拨动调速器上的停油拉臂,喷油泵必须停止供油,否则发动机将无法熄火。如果不能断油时,可通过拉杆限位螺钉加以调整。调整不起作用或无拉杆限位螺钉时,须查明原因,并予以排除。

双速调速器除检查上述项目外,还应检查拉杆或齿条在不同工况时的行程。检查方法,如图 8-39 所示。

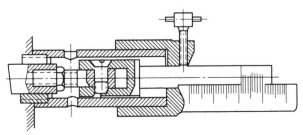

图 8-39 齿条行程的测量

高原地区空气稀薄、气压低,发动机进气量少。若按标准油量调整喷油泵时,则会燃烧不完全,排气冒黑烟。因此额定供油量应按海拔高度调整,见表 8-9。

海拔高度与额定油量 表 8-9

海拔高度(m)	供油量(占额定供油量的百分比)	海拔高度(m)	供油量(占额定供油量的百分比)
0 ~ 1 000	100	2 000 ~ 3 000	85
1 000 ~ 2 000	94	3 000 以上	78

如果喷油泵及调速器已按标准调整好,可通过改变支承轴的位置使整体供油量改变。调整支承轴位置后应重新检查调速器的各作用点,必要时还须调整。

所有的检查、调整项目都进行完后,将各调整螺钉、螺母可靠地锁紧,并加铅封。

五、喷油器的调试

喷油器,特别是针阀偶件是柴油发动机燃油系最容易损坏的部件。这是因为针阀偶件在高温、高压和燃烧气体氧化腐蚀的条件下工作。针阀和阀体之间既有针阀关闭时的冲击作用,又有高压、高速流动的燃油冲击作用。因此,在长期使用中不可避免地会发生磨损、腐蚀、烧蚀等现象,使喷油器的喷油压力失准、雾化不良。因此在维护、检修燃油系时,应认真检查、调试喷油器,必要时更换喷油器针阀偶件。

更换喷油器针阀偶件时,同一组喷油器最好采用同一厂家、同一牌号的喷油器针阀偶件,以免各缸喷油的油束、雾化质量不同而使发动机工作不平稳。有些进口机械买不到原厂喷油器针阀偶件时,可根据喷油器的结构要求选用国产喷油器针阀偶件。例如,日本小松制作所生产的 GD375H 型平地机选用国产 ZS15S15 型针阀偶件,实践证明效果良好。

喷油器的调试须在喷油器试验器上进行,如图 8-40 所示。喷油器试验器由手压泵、油箱、高压油管以及压力表等组成。试验时,将喷油器装在试验器的高压油管上,用手压动试验器手

压泵杠杆,高压油经出油阀压入压力表及喷油器,使喷油器喷油,同时压力表上显示喷油压力。喷油器的调试内容如下:

(一)针阀密封性检验

将喷油器安装在试验器的高压油管上,压动手压泵杠杆,观察压力表状态。松开喷油器压力调整螺塞锁母,用螺丝刀转动调整螺塞,使喷油压力升高到25MPa,停止压动手压泵杠杆,观察压力下降速度。当压力降至20MPa时,用秒表开始计时;当压力降到18MPa时,计时停止。正常工作的喷油器,压力从20MPa下降至18MPa所需时间一般为10~20s。当压力下降时间少于10s时,说明针阀密封性差,应用新针阀偶件或对研针阀及针阀座。

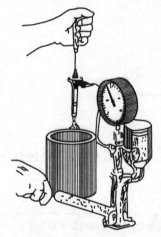

图 8-40 喷油器的调试

(二)喷油压力的检查与调整

针阀密封性合格后,继续压动手压泵杠杆。当感觉到有压力时,压动手压泵杠杆的速度放慢,并观察压力表的读数。喷油器开始喷油一瞬间的压力,即为该喷油器的喷油压力。喷油压力不符合规定要求时(查阅相关说明书或资料),松开调整螺塞的锁紧螺母,用螺丝刀转动调整螺塞(图 8-40)。顺时针转动调整螺塞,喷油压力升高,相反则压力降低。边调边试,直到符合要求为止,调后拧紧锁紧螺母。

(三)喷油雾化质量检验

将喷油器的喷油压力调到规定值后,用每分钟 10 次左右的速度压油,喷油器喷出的雾状油粒应细小均匀,不能有线条状或羽毛状的油束。多孔式喷油器所有喷孔喷油均匀,不允许有堵塞现象,各孔等量喷油形成"雾柱"。轴针式喷油器应形成伞形雾状油束。喷油结束时,针阀座下端面不能有明显的油迹,更不能有滴油现象。

(四)喷油锥角的检查

喷油器针阀、喷孔磨损后,喷油锥角会发生变化,因此喷油器调试时应检查喷油锥角。检查喷油锥角时,在喷油器下面放一张白纸,将喷油器喷孔与纸面的垂直距离 S 调到 100mm 或 200mm(图 8-41),以便计算。压动试验器手压泵杠杆,使喷油器对着纸面喷油。然后用量具测量喷在纸面上的油迹直径 d。此时,喷油锥角 α 可按下式计算:

$$\tan \frac{\alpha}{2} = \frac{d}{2S} \qquad (8\text{-}11)$$

$$\frac{\alpha}{2} = \arctan \frac{d}{2S}$$

$$\alpha = 2\arctan \frac{d}{2S} \qquad (8\text{-}12)$$

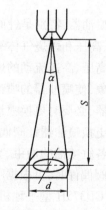

将计算出的喷油锥角与标准值进行比较,即可得知喷孔是否有堵塞、磨损现象,必要时维护或更换。

图 8-41 喷油锥角的检验

（五）喷油干脆程度的检验

缓慢压动手压泵杠杆，燃油喷射应连续、雾化良好。喷油时响声清脆，喷油结束时应干脆利落，不能有滴油现象。将试验油压到低于喷油压力 0.2MPa 时（用手泵杠杆维持这一压力），喷油器针阀偶件处不应有油渗出（稍有湿润是允许的）。

六、PT 燃油系统的调试

PT 燃油系统是康明斯发动机上采用的特殊燃油供给系统。这种燃油系统与传统的柴油发动机燃油供给系在结构上、工作原理上及使用、维护、修理方面都有很大的不同。近年来，我国不仅从国外引进部分装有康明斯发动机的工程机械及载货汽车，而且现在国内也已建起生产康明斯发动机的生产厂家。因此，维护、修理康明斯发动机燃油系统已成为工程机械使用和维修单位的一大任务。在此，以 NH-220-C 型发动机的 PT 燃油系统为例，介绍 PT 喷油泵及调速器和喷油器的调试方法。

（一）PT 燃油泵的调试

1. PT 燃油泵在试验台上的调试

和普通柱塞式喷油泵一样，PT 燃油泵经维修、换件、装配后应在专用试验台上调试。NH-220 发动机 PT 燃油泵按下列程序调试：

（1）调试前的准备。

①将 PT 燃油泵固定在试验台上，接好管路，检查、校准各测量仪表，并清零。

②将试验台的真空调节阀完全打开，空转小孔阀和漏泄阀完全关闭。打开 PT 燃油泵的断油阀，将 MVS 调速器的操纵臂置于最大供油位置。

③起动试验台，使其在 500r/min 的转速下运转，直到试验油温达到 27～38℃。

④将试验台转速调整到 PT 燃油泵的额定转速（1 850r/min）运转 5min，使燃油系统的空气排除干净。

（2）齿轮输油泵吸油真空度的检验。

将被试 PT 燃油泵的转速调至 500r/min，关闭真空阀，观察真空表的读数。性能良好的齿轮泵的真空度应大于 710mmHg，否则说明燃油管路漏气，齿轮泵、调速器配合副磨损过甚。此时应查明故障原因，并予以排除，而后再试验，直到真空度符合要求为止。

（3）试验台的校准。

由于 PT 燃油泵是在不装喷油器的情况下单独在试验台上调试，所以要通过调整试验台来模拟它在发动机上的工作条件，以保证调试的可靠性。因此，在试验前须将下列参数调整到规定要求。

①将试验台转速调整到 1 750r/min（比额定转速低 100r/min），调整真空阀，使齿轮泵的吸油真空度为 210mmHg（看真空表读数）。

②将 PT 燃油泵的转速调至额定转速（1 850r/min），调整流量调整阀，使流量计的读数为 173l/h。

③在调整流量的同时，调整节流阀位置调整螺钉（拧入左边螺钉，退出右边螺钉，油压升高，相反则压力降低），以改变节流阀开度，使燃油出口压力调至 819kPa。

（4）PTG 调速器的检查与调试。

①高速起作用转速的检查与调整：将 MVS 调速器的高速限位螺钉 3（图 8-42）向外退出几圈，把调速手柄置于最大供油位置，使双臂杠杆 5 的上端与高速限止螺钉相接触。缓慢提高 PT 泵的转速，仔细观察压力表的变化。当燃油压力刚刚开始下降时，即是 PTG 调速器的飞锤 6（图 8-43）的离心力的轴向分力开始压缩高速转矩弹簧 5 及调速弹簧 12，使柱塞 4 开始右移而关小出油节流口，使旁通油道 9 压力降低。因此，当压力刚刚开始下降时的 PT 燃油泵转速就是高速起作用转速。NH-220 型发动机 PTG 调速器的高速起作用转速为 1 860 ～ 1 880r/min。不符合要求时，通过改变调速弹簧 12 左端的调整垫片 11 的厚度进行调整。该垫片加厚，高速起作用转速升高，相反则降低。

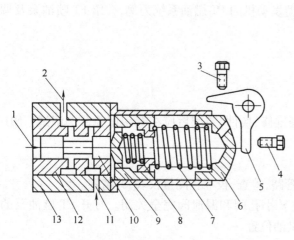

图 8-42　MVS 调速器示意图

1-从齿轮泵来的压力油；2-通往喷油器；3-高速限位螺钉；4-怠速限位螺钉；5-双臂杠杆；6-高速弹簧座；7-高速弹簧；8-怠速弹簧；9-怠速弹簧座；10-调速柱塞；11-节流调速油道；12-套筒；13-调速器壳

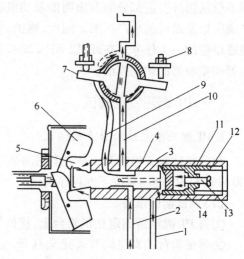

图 8-43　PTG 调速器示意图

1-回油道；2-进油道；3-柱塞套；4-柱塞；5-高速转矩弹簧；6-飞锤；7-节流阀；8-节流阀调整螺钉；9-旁通油道；10-节油调速油道；11-调整垫片；12-调速弹簧；13-怠速调整螺钉；14-怠速弹簧

②燃油出口压力为 280kPa 时转速的检查与校准：将被试 PT 燃油泵的转速继续升高，出口压力会继续降低。当燃油的出口压力降至 280kPa 时，其转速应符合规定要求（比高速起作用转速高 100 ～ 200r/min）。如果此转速超过规定值 20r/min 时，则应重新检查 PTG 调速器的柱塞与柱塞套是否严重磨损，密封性下降。必要时重新更换或选配柱塞及柱塞套，并按前述方法重新进行调试，直到符合要求为止。

③高速停油转速（燃油出口压力为零点）的检查：将压力为 280kPa 作用点校准后，继续提高被试 PT 燃油泵的转速，使其出口压力为零时的转速就是高速停油转速。如果转速升高后燃油出口压力不能降到零，说明 PT 燃油泵内部油道有短路的地方。此时必须查明故障原因，并予以排除，否则不允许装车使用。

④额定转速时燃油出口压力的检查与调整：燃油出口压力为零的转速符合要求后，将泵的转速调到额定转速，观察压力表读数，其值应符合规定要求（NH-220 发动机要求此值为819kPa）。燃油出口压力过高或过低时，通过调整螺钉 8（左右各一个）改变节流阀 7 的开度加

以调整(图8-43),直到符合要求为止。

⑤最大转矩点燃油出口压力的检查与调整:将泵的转速继续降低到发动机最大转矩时的转速,此时燃油的出口压力应符合规定要求(NH-220发动机的最大转矩转速为1 100r/min,此时的燃油出口压力为470~550kPa)。最大转矩点燃油出口压力过高或过低时,通过改变飞锤助推柱塞与低速转矩控制弹簧间的垫片厚度加以调整,如图8-44所示。增加垫片厚度,燃油出口压力升高,相反则降低。但是改变垫片厚度后,会使飞锤助推柱塞的凸出量改变。所以调整时将凸出量控制在规定范围内(NH-220发动机要求该凸出量为22.80~23.50mm)。

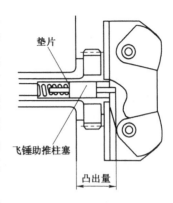

图8-44 飞锤助推柱塞凸出量的检查

⑥飞锤助推控制压力的检查与调整:将泵的转速调至800r/min,观察压力表的读数,其值应为308~364kPa。不符合要求时通过怠速调整螺钉13(图8-43)予以调整。调整后须按前述方法重新检查调整,直到符合要求为止。

(5)MVS调速器的调试。

①怠速的调整:将MVS调速臂放在怠速位置(自由状态时与怠速限位螺钉4相接触,如图8-42所示),泵的转速调至500r/min。观察压力表读数,其值应符合规定要求(NH-220发动机要求此值为105KPa)。压力过高或过低时,调整怠速限位螺钉4。拧入螺钉4油压升高,相反则压力降低,直到符合要求为止。

②高速限位螺钉的调整:将MVS调速臂转到最大供油位置,泵的转速调至额定转速。逐渐拧入高速限位螺钉,并观察燃油压力表。当燃油出口压力刚刚开始下降时,停止转动高速限位螺钉,并在此位置退出一圈后锁紧。

③燃油漏泄量的检查与调整:将MVS调速臂放在怠速位置,泵的转速调到额定转速,关闭流量调整阀和空转小孔阀。打开节流漏泄阀时用秒表开始计时。1min时关闭节流漏泄阀,并观察进入量筒内的燃油量,此油量就是燃油漏泄量。燃油漏泄量实质上是MVS调速器所控制的PT燃油泵的最小供油量,它对发动机的变速性能影响很大。燃油漏泄量过大会使发动机减速迟缓;过小会使加速迟缓,并在减速时易熄火。因此,适量的燃油漏泄量,可使MVS调速器在"关闭"位置,仍可保证燃油系统充满燃油,以便使发动机做任意变速转动。NH-220型发动机要求漏泄量为25~70mL/min。燃油漏泄量不符合要求时,可通过调整怠速弹簧与调速弹簧座之间的垫片厚度进行调整。该垫片加厚时,漏泄量增加,相反则减少。调整后重新试验,直到符合要求为止。

上述内容全部调整完后,应重新复查一遍,以做最后核准,然后锁紧各调整部位,并加铅封。

2.PT燃油泵在发动机上的调试

PT燃油泵经维修或调试后装在发动机上如有不符合要求之处时,可在发动机上对个别项目进行调试。

(1)怠速的检查与调整:起动发动机,让发动机工作温度正常后在怠速下运转。用转速表测量发动机怠速转速(NH-220型发动机的怠速应为550~580r/min)。如果怠速偏高或偏低,可通过MVS调速器上的怠速限位螺钉4(图8-42)加以调整。拧进该螺钉,怠速升高,反之则降低。反复调整试验,直到符合要求为止。

(2)最高空转转速的检查与调整:发动机达到正常工作温度后,将MVS调速器操纵臂转到最大供油位置,让发动机在最高空转转速下工作,并用转速表测量其转速。该转速应比PTG调速器高速起作用转速高10%～20%。如果最高空转转速过高或过低,可调整MVS调速器上的高速限位螺钉3(图8-42),直到最高空转转速符合要求为止。该螺钉调整好并锁紧后必须加铅封。

(3)燃油出口压力的检查与调整:在断油阀螺塞处设法装一块压力表。发动机工作温度达到正常值后在高于怠速200～300r/min的转速下运转。将MVS调速器操纵臂快速(急加速)转到最大供油位置,使发动机急加速到最高转速。加速的同时,注意观察压力表,其最高瞬时压力值应符合燃油出口压力的要求(NH-220发动机的瞬时压力值应为819kPa)。燃油出口压力不符合规定时,调整节流阀调整螺钉,调后再试,直到符合要求为止。

(4)燃油漏泄量的试验与判断:让发动机在最高空转转速运转,突然将节气门开度转到最小供油位置,并用秒表测量发动机由最高空转转速降到1 000r/min所用的时间。如果减速时间过短或猛减速后发动机熄火,或加速迟缓,说明漏泄量过小。让发动机在最高空转转速运转,突然关掉电锁开关,使断油阀切断送往喷油器的燃油,同时用秒表测量发动机由最高转速降到1 000r/min所用的时间。如果两次测得的时间相差很大(前者时间长,后者时间短),则说明漏泄量过大。漏泄量过多、过少都应进行调整。调整方法如前所述。

(二)PT燃油系统喷油器的调试

在试验台上,可模拟实际工作条件对喷油器进行准确的检验与调试。试验台一般配有各种型号的标准喷油器。试验前先用与被试喷油器同型号的标准喷油器对试验台的各试验参数进行校准。然后取下标准喷油器,装上被试喷油器。喷油器试验按下列程序进行。

1. 流量控制孔塞的选择

流量控制孔塞是安装在喷油器试验台的喷油器座内控制喷油器喷油流量的量孔,以便形成喷油背压。不同型号、不同喷油量的喷油器须选用不同的流量控制孔塞。NH-220-CL发动机喷油器应选用带两个槽的内径为0.33mm的流量控制孔塞。

2. 喷油器在试验台上的安装

在试验台上安装喷油器时,柱塞尺寸记号须与喷油器体上的记号对正。压动柱塞的驱动连杆必须根据喷油器及发动机型号选择安装。例如,NHC-4、NH-220、NRTO-6发动机的喷油器应选用打有"NH"标记的连杆。如果连杆选择有误易造成柱塞顶弯或损坏机件及试验台的事故。喷油器安装定位后,接好进、回油管。

3. 试验台燃油出口压力的调整

喷油器的试验条件应以额定工况为主。所以进入喷油器的燃油压力应为额定工况时PT燃油泵的出口压力。如果被调试的喷油器用于NH-220型发动机,进入喷油器的燃油压力应为819kPa。试验时起动喷油器试验台,待油温达到32℃时,观察试验台燃油压力表。如果压力不符合PT燃油泵额定工况时的燃油出口压力时,通过燃油压力调整阀进行调整,直到符合要求为止。

4. 喷油量的检验

将试验台凸轮箱内的凸轮转速调到发动机的额定转速,让计数器清零。按下计量按钮,观察量筒内的燃油量(与此同时,计数器自动开始计数)。当量筒内燃油到达 132mL 时(如 NH-220 发动机),停止计数。计数器所显示的数字是被试喷油器喷射 132mL 燃油的喷射次数。很显然,喷射 132mL 燃油的喷射次数越少,喷油器的喷油量越大,相反则喷油量少。NH-220-CL 发动机要求喷油器喷射 132mL 的喷油次数为 1 000 次。

喷油量必须反复测定几次。一般要求连续三次测定结果完全一致。

5.喷油量的调整

喷油器喷射 132mL 燃油的喷油次数或每 1 000 次的喷油量必须符合规定要求,否则应进行油量调整。PT 喷油器的油量调整用更换进油量孔的方法进行。喷油器的进油量孔有不同的尺寸规格。NH-220 型发动机喷油器的进油量孔尺寸规格,见表 8-10。进油量孔的尺寸每增大一号,喷油量约增加 2mL/1 000 次。

NH-220 发动机喷油器进油量孔塞数据　　　　　　　　　　表 8-10

康明斯号码	小松号码	量孔内径	
		in(英寸)	mm
132801	6610-11-3550	0.044	1.12
132802	6610-11-3560	0.045	1.14
131099	6610-11-3570	0.046	1.17
131100	6610-11-3580	0.047	1.19
131101	6610-11-3610	0.048	1.22
131102	6610-11-3620	0.049	1.24
131103	6610-11-3630	0.050	1.27
131104	6610-11-3640	0.051	1.30
131105	6610-11-3650	0.052	1.32
131106	6610-11-3660	0.053	1.35
131107	6610-11-3670	0.054	1.37
131108	6610-11-3710	0.055	1.40
132803	6610-11-3720	0.056	1.42

更换量孔后,必须重新检查喷油量,直到符合要求为止。新换量孔时,必须用精密扭力扳手按 10N·m 的力矩上紧。

第九章

工程机械底盘修理

第一节　底盘典型零部件失效特点

一、机架和台车架的失效特点

机架和台车架是工程机械受力最大的机件,它们的主要失效形式是弯曲、扭曲变形、裂纹,各支承面、安装面磨损,表面氧化腐蚀等。

机架和台车架变形是由于设计不合理、残余内应力过大、操作使用不当、共振、意外碰撞等原因造成的。机架变形后易破坏安装在其上的各总成、各部件间的位置精度,损坏各总成、部件间的连接件。台车架变形后,不能保证驱动轮、支重轮、导向轮和托链轮(四轮)中心点处于同一垂面,使各轴线的平行度和垂直度误差超限,最终导致跑偏、啃轨或脱轨等现象,引起行走装置的急剧磨损。

机架和台车架出现裂纹的原因是由于设计不合理、断面尺寸不足;受不正常负荷,如操作不当引起的冲击荷载、连接松动引起的额外负荷等。

机架和台车架各安装面、支承面磨损多因连接松动使接触面间产生相对摩擦所致。由于台车架相对于机架上下摆动而与半轴间产生摩擦磨损,配合间隙增大,易破坏台车梁与半轴的垂直度;当螺纹连接松动时,台车架与端轴承定位销配合孔也易产生磨损;前叉口上下滑动面及左右外侧滑动面因工作中导向轮在变化的阻力作用下产生前后滑动而磨损,磨损后下滑动面与勾板间及导向轮轴端盖板与叉口侧滑动板间间隙将增大。

此外,机架和台车架长期使用后会受到氧化、腐蚀等损伤。

除机架和台车架外,轮式机械的车架、车桥等机件也有类似的失效形式。

二、行走元件的失效特点

履带式机械的履带、驱动轮、支重轮、导向轮和托链轮(四轮一带)等行走元件经常在泥水、尘土、沙石中工作,而且承受强烈冲击作用。其中,驱动轮与履带的链轨节啮合传递驱动力,受力最大,工作条件最恶劣,磨损也最严重。驱动轮磨损后,齿厚度变薄,齿节距变大,破坏了驱动轮与链轨节间原有的啮合关系,加速了驱动轮与链轨节的磨损。支重轮、导向轮和托链轮滚道与链轨间既有滚动,又有滑动;再加上大气及土壤中腐蚀性介质的腐蚀作用,导向轮、支重轮、托轮的轮体不可避免地会产生磨损。滚道外圆磨损后,会降低轮体的刚度与强度,导向凸缘磨损后易引起履带脱落等机械事故。在支重轮、导向轮和托链轮这"三轮"中,因支重轮工作条件最恶劣,导向轮次之,托轮工作条件最好,所以使用中支重轮磨损及产生裂纹倾向最大,托轮磨损及裂纹较轻微。

链轨节的主要损伤是滚道表面及导向侧面产生磨损,其磨损原因与驱动轮、支重轮、导向轮和托链轮的滚道及导向凸缘磨损相同,主要是磨料磨损。滚道磨损后壁厚减薄、链轨高度降低、抗拉强度下降,在沉重负荷或冲击荷载作用下易被拉断,而且易使链轨节的销孔凸缘与"四轮"轮缘相碰,产生摩擦磨损。其他损伤是链轨节断裂、螺栓孔磨损(多因螺栓松动造成)。

履带销与销套是间隙配合,其外径易产生单边性摩擦磨损,使配合间隙增大、节距增大。检查链轨节距时,将履带拉直,用直尺测量。为了准确可靠,可同时测量四个节距。销与销套配合间隙大于 2.50mm 时应予修复。T100、T120 等推土机标准节距为 203mm,TY180 为 216mm。

链轨销套亦称链轨套,内孔易产生单边磨损,使节距增大(如上述)。销套外径与驱动轮啮合亦产生摩擦磨损与磨料磨损。当磨损量大于 3mm 时,应修复或换新。测量销套外径磨损量时,可在三个方向上测量。

履带板主要损伤是履齿磨损,其次是着地面磨损。磨损形式除了磨料磨损外,还有高应力磨损。履带板磨损后履齿高度降低,附着能力下降,动力损耗与油量消耗增加,生产效率降低。大修时应检查履齿高度,实际齿高低于标准值 20mm 时应修复或更换。履带板的其他损伤还有履带板断裂、螺栓孔磨损成椭圆等。前者多因不正常负荷所致,后者因螺栓松动造成。

三、摩擦副的失效特点

工程机械底盘中的离合器(主离合器、转向离合器、换挡离合器)、制动器(行车制动器、驻车制动器、转向制动器、动力变速器内的换挡制动器)等机构,虽然结构形式各异,但都是靠摩擦传递动力,其失效形式有共同的特点。

(一)离合器主要零件的失效特点

1. 主动盘的损伤及原因

离合器主动盘的主要损伤是摩擦表面产生磨损、划痕、烧伤与龟裂;摩擦表面翘曲与变形;非经常接合式离合器凸耳有时断裂,滚柱轴承因磨损而间隙增大;经常接合式离合器压盘与传动销配合间隙因磨损而松旷、离合器盖的变形或裂纹以及窗孔磨损等。

摩擦面磨损不可避免,当摩擦面间进入脏污、从动片铆钉外露等,磨损将加剧,并易产生划痕;离合器经常打滑时,摩擦表面将因高热而烧伤、变色,甚至产生片状龟裂、翘曲与变形。凸耳折断是由于主动盘有隐伤或使用不当(如利用突然接合离合器法克服阻力);与传动销配合的孔除正常磨损外,使用不当时也会使磨损加剧;主动盘滚柱轴承磨损过快主要是缺油所致;离合器盖的变形与裂纹主要是压盘弹簧弹力不均或固定螺钉松动造成的。

2. 从动盘的损伤

从动盘是离合器中最易损坏的零部件。主要损伤是摩擦片表面产生磨损、硬化、烧伤、破裂、表面沾有油污(干式)、摩擦片松动、从动盘翘曲、变形,钢片断裂、钢片与盘毂铆接松动、花键孔磨损等。摩擦片正常使用下磨损量不大,T120 推土机在负荷下工作1 000h时,离合器摩擦片平均磨损量为 0.60 ~ 0.80mm。当离合器经常打滑、分离不清时,磨损将加剧,使摩擦片变薄。从动盘钢片断裂是因为钢片质量差或经常猛然接合离合器造成的。钢片与盘毂间铆接松动是由于铆接不牢或铆钉孔大小不一或不同心造成的。花键孔磨损是由于其与花键轴存在相对运动,有摩擦现象造成的。

(二)制动器主要零件的失效特点

1. 制动鼓的损伤及原因

制动器在使用过程中,由于摩擦片或制动带与制动鼓的互相摩擦,引起制动鼓工作表面磨损,使圆度和圆柱度误差增大,表面出现沟槽。在特殊情况下,因长时间制动,制动鼓会产生高温,使制动鼓强度下降。经常紧急制动或制动过猛,会导致制动鼓产生裂纹。过硬的摩擦片或制动带,以及制动摩擦片或制动带的铆钉外露,会加剧制动鼓磨损或刮伤。上述损伤都会使制动效能降低、制动跑偏、产生异响和振抖等不正常现象。

2. 制动摩擦片的损伤及原因

制动摩擦片或制动带和离合器摩擦片一样,在使用中因长期剧烈摩擦而磨损,摩擦片的厚度逐渐变薄、铆钉沉头坑逐渐变浅。磨损严重时,铆钉头露出摩擦表面而刮伤制动鼓表面,降低制动效能。由于制动器工作时的摩擦热的作用,制动摩擦片或制动带的表面会出现烧焦、硬化、变质、裂纹或龟裂等现象,严重时会出现断裂现象。轮式机械的车轮制动器的油封损坏或履带式机械主传动器与转向离合器间的油封损坏,使润滑油进入制动器,会使制动摩擦片沾上油污而降低制动效能或使制动失效。

盘式制动器主要零件的失效特点与离合器主要零件的失效形式基本相同。

第二节　底盘典型零部件的修复与调整

一、离合器修理与调整

(一)离合器主要零件的修理

1. 主动盘的修理

(1)主动盘摩擦表面损伤的修复:摩擦表面磨损轻微时可用油石修整,去除磨痕和不平。

摩擦表面磨损严重,形成深 0.50mm 以上沟纹、0.30mm 以上平面度误差以及产生烧伤或裂纹时,应用磨削加工法磨平,或精车后用砂纸打磨光平。修磨时,应注意保证摩擦表面与回转轴线的垂直度误差(不大于 0.10mm)、两平面的平面度和平行度误差(均不大于 0.10mm)。为增加修磨次数,在保证消除损伤的前提下应尽量减少加工量。经多次修磨后主动盘变薄,厚度小于极限尺寸后应更换新件。主动盘厚度减小量一般不超过 2～4mm。

(2)主动盘或压盘与传动销配合间隙的修复:主动盘与传动销配合间隙大于 1.00～1.50mm 时应修复。常用方法是修整销孔(或销槽),更换加大尺寸的传动销。有的可将旧销孔用铜焊焊死,在新的位置上重新开制销孔。

(3)其他损伤的修理:T120 推土机离合器凸耳断裂时可用铸铁焊条焊修。修后应检查其平衡性。滚柱轴承与主动盘配合松旷时,应用刷镀的方法增大轴承外径。轴承径向间隙大于 0.50mm 时应换新。离合器盖变形,其接合面平面度误差超过 0.50mm 时应修平,窗口磨损可堆焊修复,堆焊后锉修。

2.从动盘的修理

(1)摩擦片的修整与更换

当摩擦片表面磨损较均匀、厚度足够、铆钉头低于表面0.50mm 以上时,可用锉修或磨修的方法修整摩擦表面,去除硬化层。当摩擦片表面磨损严重、厚度小于规定要求、铆钉头低于表面不足 0.50mm、产生烧焦破裂时,应去除旧片,更换新摩擦片,其工序如下:

①去除旧摩擦片:铆接的旧摩擦片可用钻孔法除去旧铆钉,粘接的旧片一般用机械法去除。除掉旧片后,用钢丝刷刷去钢片上的灰尘和锈迹,或用汽油清洗。

②从动盘钢片和盘毂的检修:从动盘钢片与盘毂的铆接情况用敲击法检查,如有松动和断裂应予更换或重铆。从动盘花键套键槽磨损,可用样板检查,其键齿宽度磨损不得超过 0.25mm;或将其套在变速器第一轴未磨损的花键部分,用手来回转动从动盘,不得有明显的旷量,否则应换新。钢片翘曲检查,如图 9-1 所示。从动盘端面翘曲的允差,见表 9-1,超过规定时,用特制夹模或台虎钳进行冷压校正,也可在平台上用木锤敲平。

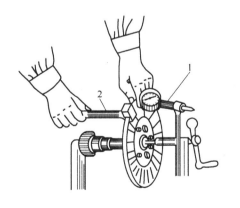

图 9-1 从动盘变形的检验

1-百分表;2-校正工具

从动盘端面跳动量允差 表 9-1

从动盘外径 (mm)	端面跳动量允差(mm)	
	带摩擦片	不带摩擦片
≤200	0.40	0.30
>200～320	0.60	0.50
>320	0.80	0.60

③选配新摩擦片和铆钉:换用的新摩擦片直径、厚度应符合原车规格,而且两片应同时更换,质量应相同。同时,两摩擦片厚度差不应超过 0.50mm。

所用铆钉应是铜铆钉或铝铆钉,粗细应与从动盘上的孔径相符合。铆钉的长度必须根据摩擦片上铆钉孔下平面和钢片厚度,将铆钉穿入孔中,伸出 2 ~ 3mm 为宜。

④钻孔和铆合:将两片新摩擦片同时放在钢片的同一侧,使其边缘对正,并用夹具夹牢。选用与钢片孔相适应的钻头钻通孔,再用与铆钉头直径相应的平头锪钻在每片衬片的单面钻出埋头孔。含钢丝的摩擦片埋头孔深度为片厚的 2/3;不含钢丝的为其厚度的一半。

摩擦片的铆合可用手工进行或在铆接机上进行。用手工铆合时,将铆钉插入摩擦片铆钉孔中,使摩擦片向下,铆钉头抵紧平锪,再用开花锪将铆钉锪开后铆紧(铆钉紧度要适宜,以免损伤摩擦片)。铆合一般采用单铆,即一颗铆钉只铆一片摩擦片。铆钉头的方向交错排列。铆钉头应低于摩擦表面1mm 以上。铆合时还应注意:为防止积累误差影响各钢片孔与摩擦片孔的同心度,可先铆好四角。铆后摩擦片与钢片或盘体间的不贴合间隙应小于 0.20mm。铆后摩擦片不应有裂纹、凹陷、凸起、缺口和油污。

⑤铆后检验与修磨:铆后应检查从动盘的厚度。如太厚或不平可用砂轮磨平。修磨表面时,一般是在飞轮上涂上一层白粉,放上从动盘,略施压力转动检查,锉、磨去较高部分,直至均匀地接触。

有些主离合器摩擦片可用粘接法代替铆接。粘接的摩擦片,其厚度可得到最大限度利用,使用较为可靠。

(2)铸铁从动盘的修理。上海 120、宣化 120、W-100 等工程机械离合器从动盘体为铸铁件,摩擦片更换与上述相同。盘体翘曲变形时可车削或磨削,最大减薄量为 2mm。从动压盘上的高碳钢或高锰钢压环与压爪接触处产生磨痕时,可用油石打光或砂轮磨平。

3. 离合器轴的修理

离合器轴的主要损伤是花键损坏、滑动轴颈磨损,与轴承配合的轴颈磨损、轴弯曲等。

花键磨损后,可将标准花键套或新从动盘毂套在花键轴上检查齿侧间隙。齿侧间隙大于 0.80mm 时,一般应更换新轴。配件供应不足时,可用堆焊的办法焊修齿侧,然后按未磨损部分,铣出标准花键,也可以用局部更换法进行修理。与分离套筒配合处轴颈磨损使配合间隙超过 0.50mm 时,可用刷镀、振动堆焊或镶套法修复。镶套时套与轴间过盈量可取为 0.01 ~ 0.07 mm,并将套加热至 150 ~ 200℃后压装在轴上。离合器轴上连接盘的修理与从动盘的修理相同。轴弯曲超过 0.05mm 时,冷压校正。

几种离合器轴的配合数据,见表9-2。

离合器轴的配合数据 表9-2

离合器轴 \ 机型		T₁-100 上海 120	Z₂-120	D80A-12	W1-50	JN1150 JN1151	CA1091	TY180
材料		50Mn	40Mn2		40Cr			
花键配合侧隙（mm）	标准	0.10 ~ 0.355	0.12 ~ 0.215	0.115 ~ 0.143	0.065 ~ 0.170	0.04 ~ 0.14	0.03 ~ 0.185	0.115 ~ 0.143
	应修	0.80		0.30	0.80	0.35	0.35	0.30
滑动轴颈配合间隙(mm)	标准	0.065 ~ 0.165	0.075 ~ 0.146	0.25 ~ 0.374	0.032 ~ 0.15			0.25 ~ 0.374
	应修	0.50		0.50				0.50

4. 弹性推杆的修理

弹性推杆的主要损伤是弹力减弱、孔心距偏短、支撑孔磨损、弹性推杆折断等。

弹性推杆弹力降低后,将其加热至 780~810℃,在油中淬火,然后再加热至 450~475℃进行回火。弹性推杆孔心距偏短时,可用热变形法恢复原来的孔心距,其方法是:将弹性推杆加热至 780~800℃进行高温退火,并在此温度下用楔子打入弹性推杆环口之间,将孔心距增大,然后再按上述方法进行淬火与回火。撑大销孔中心距时,应注意使两个销孔中心线平行。弹性推杆销孔配合间隙大于 0.50mm 时,可用修理尺寸法修复,其修理尺寸可按 1mm 加大,销与孔配合间隙为 0.016~0.153mm。

5. 压紧弹簧的检验

压紧弹簧应无裂纹和擦伤,端面与中线应垂直,自由长度与弹力要符合规定要求。当弹簧有裂纹、擦伤、歪斜时,一般换新。一个离合器上,各弹簧自由长度与弹力相差不能超过标准规定。弹簧的自由长度允许比标准小 2mm。常见主离合器弹簧的技术规格,见表 9-3。

几种机型主离合器压紧弹簧规格　　　　　　　　　　表 9-3

机型 弹簧参数		Z_2-120	W_1-100	JN1150 JN1151	CA1091
材料		60Si2Mn	60Si2A 或 60SiMn		
使用数量			10	9	12
自由长度(mm)		33	71	103	70.5
压缩长度(mm)		27	45	68	42
压力(N)	原厂规定	1314	2600	850~910	490~570
	大修允许			800~910	450~570
	使用限度			760	400

6. 压紧杠杆的修理

压紧杠杆亦称压爪、压杆、凸轮、松放爪。常用 45Cr 或 40Cr 制成。圆弧硬度为 HRC43~48,淬火深度为 1~3mm。压杆主要损伤是承压圆弧面与销孔产生磨损。圆弧面磨损后,承压面至前孔距离(W1-50 的这一尺寸为 21$^{+0.1}_{0}$mm)将变短。销孔磨损具有单边性质,前孔磨下方、后孔磨上方,这是由压紧时的受力情况决定的。

压杆磨损较少时,可用油石修整圆弧面,去除磨痕和不平;当磨损量超过 1mm 时,应用堆焊法修复。堆焊时可用耐磨合金焊条,以增加其耐磨性。焊后用砂轮修整成型,并用样板检查圆弧面相对于两孔的位置精度。即用两销插入样板孔及压杆孔中,看两者的圆弧面是否重合。修后圆弧面应光洁,其母线应与两孔中心线平行。

压杆销孔与销配合间隙超过 0.40mm 时应修复,修理方法与弹性推杆相同且同时进行。亦可镶套修理。镶套用 45 钢,壁厚 2~3mm,过盈量为 0.04~0.08mm。另外,也可以堵焊后重新加工销孔(焊前先退火)。修后同一机械上各压杆质量差不应超过 15g。

(二)离合器的组装

1. 非经常接合式离合器的组装

非经常接合式离合器组装时,一般可单独组装成一体。图 9-2 为上海 120 推土机主离合

器的装配图。组装时,应注意以下技术要求:

(1)压盘应在压盘毂上滑动灵活。离合器分离时,压盘应能在片弹簧作用下很快后移。

(2)离合器分离时,中间主动盘不得与前从动盘及压盘相摩擦,T120 推土机主离合器分离时主从动盘间最小间隙应大于 0.30mm,间隙不均应小于 0.80mm。Z2-120 装载机要求分离间隙大于1.90mm,W1-50 挖掘机要求分离间隙为2.5~4mm。

(3)离合器各压杆应属同一质量组,其质量差应不大于 15g。

(4)连接主动盘与飞轮时,应使橡胶连接块工作时受拉。如果装反,工作时将很快损坏。

(5)W1-50 挖掘机主离合器组装时,应注意轴端大螺母的扭紧程度,一般是将其扭到底后退回 0.5~1.5 圈,使螺母的记号与离合器轴端记号对齐。

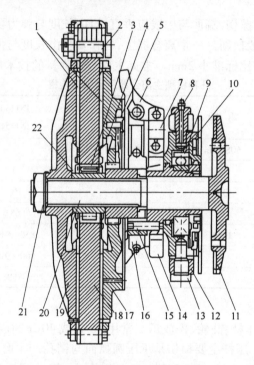

图 9-2　上海 120 推土机主离合器

1-扇形摩擦片;2-橡胶连接片组;3-主动盘轴承;4-挡油盘;5-回拉片弹簧;6-压爪;7-耳簧;8-油嘴;9-分离轴承;10-轴承壳;11-制动片;12-松放圈;13-销轴;14-分离滑套;15-导向传动销;16-压爪支架;17-压盘;18-主动盘;19-前从动盘;20-离合器轴;21-螺母;22-主动盘内套

2. 经常接合式主离合器的装配要求

(1)压盘与离合器盖的组装。

①当各弹簧自由长度及弹力不同时,应将自由长度小、弹力弱的弹簧分开相间放置,以使整个压盘各处压力一致。

②为了安装方便,连接离合器盖与压盘时,可用手动、气动或液压夹具通过离合器盖将各弹簧同时压缩,然后装配分离拉杆与分离杠杆及螺母。在无夹具情况下装配分离拉杆时,应几个拉杆螺母逐渐拧紧,以免压盘歪斜,使分离拉杆产生弯曲应力而折断。

③各个分离杠杆承压端面应位于同一垂直于离合器轴的平面内,偏差不大于 0.25~0.30mm。为了装机后调整方便,有的离合器还规定了承压端面到压盘摩擦面间的距离,如 CA1091

主离合器规定这一距离为(41 ±0.25)mm。EQ1090 主离合器规定这一数值为 35.4mm。

(2)离合器盖总成与从动盘、飞轮的组装。

①压盘和中压盘在传动销上应滑动无阻,否则会引起离合器打滑或分离不清。

②从动盘的安装方向必须正确。有些从动盘毂前后长短不同,一旦装反将影响离合器的正常工作。如 CA1091 主离合器两个从动盘毂应短毂相对安装。如果有一个装反,离合器接合时将因两从动盘间距离大于中压盘厚度而引起离合器打滑及从动盘永久变形。设有挡油盘的,应使挡油盘的一侧朝向飞轮,EQ1090 汽车从动盘毂长的一侧朝向变速器。

③CA1091 汽车主离合器中压盘上的三个撑簧应朝向飞轮一侧,否则离合器分离时前从动盘将被中压盘挤压而分离不清。

④在连接离合器盖与飞轮前,应先将离合器轴插入从动盘花键孔及曲轴导向轴承内孔中进行从动盘定位,待离合器盖与飞轮连接后再取下离合器轴。否则,在离合器与飞轮连接后,由于从动盘已被压紧,当两个从动盘花键孔与前轴承孔不同心以及两从动盘花键孔键齿错位时,将使离合器轴无法装入。

⑤为了不破坏离合器及飞轮的动平衡,有的离合器盖与飞轮间、离合器盖与压盘间打有相对位置记号,安装时应使记号对正。

(3)分离轴承组件与小制动器的装配。分离轴承组件应先装在离合器轴上。CA1091 主离合器在装分离轴承组件前应装上分离叉及叉轴。设有小制动器的主离合器应先装上小制动器,再装分离轴承组件。小制动器两边的螺栓拉紧长度应调整一致。

3. 湿式离合器的组装

湿式离合器组装时,涂有防锈剂的新零件,必须除净防锈剂后再组装。装配油封时,要注意油封唇部的方向(机油油封唇部向里,黄油油封唇部向外),装妥后要涂以润滑油。组装轴承时,要特别注意防尘。轴承、油封、衬套等零件需用压力机或压力工具组装。组装时,依据装配关系有对正记号要求的应特别注意,如飞轮和压盘应对记号装配,不得随意组装。

除以上提到的注意事项及技术要求外,无论何种离合器,装配时还应注意以下几点:

(1)装配前,应检查摩擦表面是否有油污,对干式从动片,如有油污,应用汽油擦洗。

(2)离合器工作时,在具有相对运动的摩擦表面上涂以少许润滑脂。

(3)滚动轴承内应填充适量润滑脂(一般为其空间的 1/2 ~ 2/3)。有的分离轴承为密封式,里面已有润滑脂,装前不要用汽油清洗。润滑脂高温熔化后,其使用性能大大降低,因此不宜用熔化润滑脂浸煮轴承的方法给分离轴承填充润滑脂。

(三)离合器的检查与调整

使用时间过长或修理调整不当,会使离合器摩擦片正压力减小、摩擦力下降、离合器的工作状况恶化,并出现一系列的故障现象,影响机械的正常运行。因此,经过修理或正在使用的离合器必须按规定,在未出现故障之前就应及时检查、调整,以保持其良好的技术状况。下面介绍几种不同类型离合器的调整方法。

1. 解放 CA1091 离合器的调整

(1)离合器分离杠杆高度调整:各分离杠杆内端面至从动盘钢片间距离为(41 ±0.25mm)。不符合要求时,应调整杠杆外端的调整螺母。调好后,穿开口销使螺母锁止。此项调整一般在检修装配后进行。

（2）离合器中间压盘行程的调整：CA1091 汽车离合器在安装时或出现分离不清故障时，应对中压盘的行程进行调整。其方法是：使离合器处于接合状态，将三个调整螺钉拧入，直至与中间压盘相接触，再退回 5/6 圈（螺钉与锁片间发出 5 次响声），以使螺钉与中压盘间有 1.25mm 的间隙，从而保证离合器分离时，中间压盘不与前后从动盘相碰。

（3）离合器踏板自由行程的调整：离合器踏板要有自由行程，主要是为了保证分离杠杆内端与分离轴承端面之间有一定间隙（3～4mm）。此间隙随着从动片的磨损变薄而逐渐变小。若间隙太小甚至没有间隙，分离轴承端面与分离杠杆摩擦而早期损坏，同时会引起离合器打滑、使摩擦片和压盘磨损或烧蚀并不能可靠地传递动力；若间隙太大，离合器将分离不清，影响换挡。因此，应适时检查调整踏板自由行程（CA1091 为 20～30mm）。检查时，首先测量踏板在完全放松时的高度，再测量踏下踏板感到分离杠杆被分离轴承压上（即感觉吃力）时的高度。两次测量的高度差即为离合器踏板的自由行程。当不符合要求时，可通过分离拉杆上的球形调整螺母进行调整。拧入时自由行程减小，拧出时则增大。调好后，应将锁紧螺母锁紧。

2. T120 推土机主离合器的调整

T120 推土机主离合器是杠杆压紧非经常接合式离合器。在使用过程中，它和其他类型离合器一样，随着从动盘与压盘上的摩擦衬片的磨损变薄而使离合器打滑或接合不良，进而影响机械的正常运转。因此必须进行调整，其调整程序如下：

分开主离合器，打开检视口盖，并把变速器操纵杆换至空挡。转动压爪支架，使夹紧螺栓朝向检视口便于转动的位置，并将其旋松。然后将变速杆置于任一挡位，再将压爪支架沿与飞轮转动相反的方向转动一个角度，于是它就沿压盘毂外的螺纹向压盘稍移一些，压盘压力增大，相反方向调则压盘压力减小。边调边试操纵杆操纵力大小（150～200N 为宜）。调好后，拧紧夹紧螺栓并锁紧。调好的标志是满载下不打滑。

该主离合器小制动器在使用过程中，主动盘与从动盘之间的间隙不需进行调整。

3. TY-180 型推土机主离合器的调整

TY-180 型推土机采用杠杆压紧式湿式主离合器。这种离合器的特点是，从动摩擦片是由多种金属和非金属粉末混合在一起，并通过粉末冶金技术烧结而成。该材料机械强度高、承压大、摩擦系数大且稳定、耐磨、耐高温，故可在长期使用中不需调整，操纵亦较轻便。

（1）小制动器的调整：分开主离合器，此时若放松主离合器操纵杆，操纵杆将会少许回移。这是由于液压助力器的滑阀在复位弹簧的作用下回到中位所引起的，而这个中位就是制动器起作用的位置。由此，可根据离合器操纵杠杆的这个位置去拧动调整螺钉 7（图 9-3）。

松开调整螺钉 7 上的锁紧螺母并拧紧螺钉 7，直到制动杠杆 6 与制动杆 11 两杆端头开始有间隙为止。松开调整螺钉 10 上的锁紧螺母并拧紧该螺钉，直至制动杆 11 的上端仍未碰及制动杠杆 6 为止。轻轻推着制动杆 11 使制动带的衬片刚好触及制动鼓，然后使制动杆不要移动，再拧松调整螺钉 7，直至两杆端接触为止。最后再把螺钉回转 1～2 圈即可。拧紧调整螺钉 10 使制动杆 11 的上端移进到足够触及制动杠杆 6 的端头，然后再由该位置拧松 1～2 圈。这样，就会使制动杆 11 的上端一面接触到制动杠杆 6，另一面又触及助力器杠杆的调整螺钉 8 的钉头。完成这些调整之后，再校核一次制动鼓与制动带衬片之间的间隙是否为 0.8mm，最后拧紧所有的锁紧螺母。

上述调整方法,只是当制动器磨损不太大(即螺钉7与10的拧动量不很大)时才适用。当磨损量已大到按上述方法无法调整时(或新换制动衬片时),则应按下列方法进行:首先按上述方法完成前三个步骤的调整,然后拧松调整螺钉8上的锁紧螺母,并拧紧该螺钉使制动杆11达到垂直位置,而且制动衬带也要与鼓接触。完全拧紧调整螺钉8上的锁紧螺母后,再按上述方法后两个步骤进行。小制动器调整后,起动发动机。发动机温度正常后,将主离合器操纵杆向前推到底,离合器轴在3s内迅速制动,则认为调整合格。

(2)主离合器的调整:首先使发动机熄火并处于减压状态。然后卸去检视口盖板4(图9-3)并使调整圈上的锁板之一向上对着检视口。松开锁板锁紧螺母,然后摇转曲轴180°,使另一边的锁板转向检视口并松开锁紧螺母。将变速杆置于任一挡位,使离合器轴在调整时不能任意转动。然后转动调整环(从后面看,顺时针转调紧,逆时针转则调松)以调主离合器。调好后重新紧固锁板锁紧螺母并装复检视口盖。离合器调好后,发动机在运转情况下其操纵力应不超过60N。调整完毕后,进行负荷试验,以检查调整的正确性。其方法如下:

使发动机全速运转,将变速杆置于前进最高挡位置,完全踩下左右制动踏板,然后接合主离合器。如果发动机能在2s内被制动熄火,则主离合器调整合格。

4. 黄河 JN1150、1151 离合器的调整

(1)离合器踏板自由行程的调整:JN1150、JN1151 汽车踏板自由行程是通过调整分离杆2与分离轴承4之间的距离3来保证的(图9-4)。此距离应为5mm,三个分离杆与分离轴承端

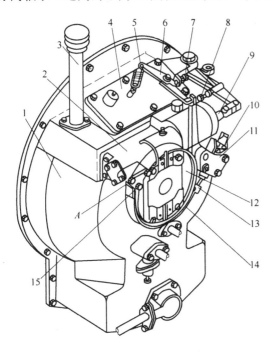

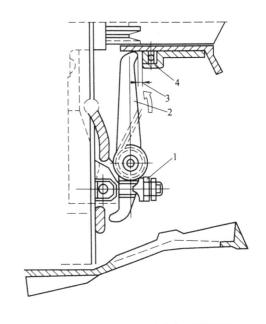

图9-3 TY180 推土机主离合器的调整

1-离合器壳;2-助力器;3-加油管;4-检视口盖板;5-制动杠杆弹簧;6-制动杠杆;7-制动杆调整螺钉;8-助力器杠杆调整螺钉;9-助力器滑阀;10-制动器调整螺钉;11-制动杆;12-离合器轴;13-制动带;14-制动摩擦片;15-固定螺栓

图9-4 JN1150 JN1151 汽车离合器的调整

1-调整螺母;2-分离杆;3-分离间隙;4-分离轴承

面间的距离相差应不大于 0.2mm。不合要求时,旋入或旋出调整螺母,则可改变分离间隙,从而改变踏板自由行程。踏板自由行程在 65mm 左右,最大允许自由行程不超过 80mm。

(2)离合器中间压盘分离间隙的调整:JN1150、JN1151 汽车离合器中压盘前后的分离间隙是靠中压盘前后的 6 个撑持弹簧弹力一致来保证的。当间隙不当造成中压盘与从动盘分离不清时,应检查更换撑持弹簧。

二、驱动桥的修理与调整

(一)轮式机械驱动桥的修理与调整

1. 差速器的装配与调整

检查行星齿轮与半轴齿轮的啮合间隙,如图 9-5 所示。检查时,应将十字轴压紧在座孔上,使行星齿轮与半轴齿轮靠紧。将百分表的触头顶住行星齿轮齿面上测量齿轮的啮合间隙,检查时四个行星齿轮应逐个测量。

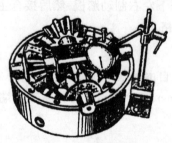

图 9-5 行星齿轮与半轴齿轮啮合间隙的检查

BJ370 型、佩尔利尼 T20 及 SH380 型汽车行星齿轮和半轴齿轮的啮合间隙应为 0.2~0.3mm。啮合间隙过大或过小时,应通过推力垫圈调整。

然后按上述顺序在另一个差速器壳上检查,以获得同样的正确配合。

在组装左、右差速器壳时,应对准刻在壳上的记号。左、右差速器壳连接螺栓的拧紧力矩,SH380 型汽车为 100N·m;BJ370 型汽车为 140~170N·m。差速器装配后,应能轻轻地转动半轴齿轮,不允许有卡滞现象。

在检查克拉斯 256 型及别拉斯 540 型汽车差速器行星齿轮与半轴齿轮的啮合时,应测量半轴齿轮端面与推力垫圈之间的间隙。此间隙可通过差速器壳上的窗孔用厚薄规测量,其间隙应为 0.5~1.2mm。

2. 主传动器轴承的调整

驱动桥轴承调整工作的目的在于保证轴承的正常间隙。轴承过紧,则其表面压力过大,不易形成油膜,加剧轴承磨损。轴承过松,间隙过大,齿轮轴向松旷量增大,影响齿轮啮合。

主传动器主动锥齿轮两个轴承的间隙可用百分表检查。检查时,将百分表固定在后桥壳上,百分表触头顶在主动锥齿轮外端,然后撬动传动轴凸缘,百分表的读数差即为轴承间隙。间隙不符合技术要求时,改变两轴承间的垫片或垫圈的厚度进行调整。维护时,后桥拆洗装配后,主动锥齿轮轴承预紧度用拉力弹簧或用手转动检查。当轴承间隙正常时,转动力矩为 1~3.5N·m(图 9-7)。间隙小加垫或增厚垫圈,间隙大则减小垫片厚度。

双级减速主传动器中间轴的轴承间隙为 0.20~0.25mm,不合适时用轴承盖下的垫片进行调整。在左右任意一侧增加垫片时,轴承间隙增大,相反则减小。差速器壳轴承预紧度采用旋转螺母进行调整。调整时先将螺母扭紧,然后退回 1/16~1/10 圈,使最近的一个花母缺口与锁止片对正,以便锁止。

3. 主传动齿轮副的装配与调整

安装主动锥齿轮组合件并检查调整齿侧间隙,如图9-6所示。

将预先装配好的主动锥齿轮组合件装入减速器壳上,在安装平面之间放上一定厚度的调整垫片,再对称地拧紧螺栓固定。用卡住主动锥齿轮、摆动被动锥齿轮的方法,以百分表测量齿侧间隙。此间隙一般为0.2~0.4mm。间隙过大,应减少垫片,相反则增加垫片。

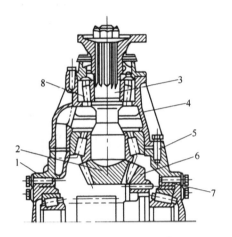

图9-6 大小锥齿轮的组装

1、7-调整垫片;2-小锥形齿轮;3-轴;4-轴承座;5-调整垫片;6-大锥形齿轮;8-调整垫片

图9-7 用弹簧秤检查轴承紧度

主传动器的使用寿命和传动效率在很大程度上取决于齿轮啮合是否正确。检查主动锥齿轮和被动锥齿轮的啮合印痕时,在齿面上涂上红印油,然后转动齿轮,检查齿面上的印痕。当齿轮啮合正确时,啮合印痕应符合规定(图9-8)。齿轮啮合印痕不正确时,则应调整。

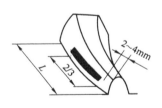
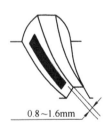

图9-8 啮合痕迹的正确位置

若啮合印痕靠近轮齿小端或大端时,先移动被动锥齿轮。假如因此改变了齿轮啮合间隙时,再用移动主动锥齿轮的方法加以补偿调整(表9-4)。若印痕靠近齿顶或齿根,则先移动主动锥齿轮,并视啮合间隙大小移动从动锥齿轮。移动从动锥齿轮,利用两边轴承座下的垫片,即从一边轴承座下取出垫片,装入另一边。调整主动锥齿轮位置,也靠增加或减少调整片的厚度。调整后齿轮啮合间隙应在0.15~0.40mm之间。

有些单级主传动器(如ZL50装载机),在从动锥齿轮背面有推力螺栓,防止负荷大或轴承松动时从动齿轮产生过大偏差或变形。这时,当调整主动锥齿轮和从动锥齿轮后,应重新调整推力螺栓,使其与从动锥齿轮背面保持0.25~0.40mm的间隙。

齿轮啮合接触情况及调整方法　　　　　　　　　　　　　　　　表 9-4

被动齿轮上接触痕迹的位置		调整方法	齿轮移动方向
前驱	倒车		
		把被动齿轮向主动齿轮靠拢,假如因此而使齿隙过小时,将主动齿轮向外移动	
		把被动齿轮移离主动齿轮,假如因此而使齿隙过大时,将主动齿轮向内移动	
		把主动齿轮向被动齿轮靠拢,假如因此而使齿隙过小时,将被动齿轮向外移动	
		把主动齿轮移离被动齿轮,假如因此而使齿隙过大时,把被动齿轮向内移动	

4.驱动桥车轮轴承的调整

车轮轴承过紧则增加转动阻力,摩擦损失加大,容易磨损;轴承过松,将使车轮歪斜,甚至在运行时产生摇摆,同样会损坏轴承及驱动桥其他零件。因此在维护时,应检查车轮轴承松紧度,并及时进行调整。检查时顶起车轮,用手转动车轮,应能自由转动,且轴承无间隙感觉。调整时,一面转动车轮,一面拧紧压紧螺母。当车轮的转动阻力明显增大时,将压紧螺母回退 1/7～1/8 转,并用锁片或锁止螺母锁住。最后进行运行试验,检查轴承发热程度。

(二)履带式机械后桥的调整

1.主传动器的检查与调整

(1)横轴轴承间隙的检查与调整。

①卸下燃油箱、助力器和转向离合器,清除后桥箱上的污垢,并用煤油清洗传动室。

②装上检查轴向间隙的夹具和百分表,并将表的触头顶在从动锥齿轮的背面。

③用手扳动从动锥齿轮,使横轴转动几转,以消除锥形滚子轴承外圈和滚子间的间隙。

④先用撬杠使从动锥齿轮带动横轴向左移至极端位置,将百分表大指针调"0"。再将横轴推至极右位置,百分表摆差即为横轴轴向间隙。其正常值应为 0.10～0.20mm,不符合要求时应进行调整。

⑤如果轴向间隙因轴承磨损而过大,可在左右两轴承座下各抽出相同数量的垫片,其厚度等于要求减小间隙数值的 1/2。这样,就可保持从动锥齿轮原来的啮合位置基本不变。

(2)锥齿轮啮合间隙的检查与调整。轴向间隙调整好后,用压铅丝法检查其啮合间隙。检查时,将铅丝(比所需间隙稍厚或稍粗)放在轮齿间,并转动齿轮使铅丝进入齿轮啮合表面而被挤压,然后取出被挤压的铅丝测量最薄处的厚度,即为齿侧间隙。一般新齿轮副的啮合间隙为 0.20～0.80mm,而且在同一对齿轮上沿圆周各点间隙的差值不得大于 0.20mm。对于旧的齿轮副来说,其啮合侧隙最大可允许为2.50mm,超过此值应更换新件。

若不符合以上要求时,可将一侧轴承座下的调整垫片抽出并加到另一侧(两边垫片的总数仍不变,以保证横轴轴承间隙不变)进行调整。抽出左边垫片加到右边时,侧隙增大;反之,则减小。

TY180、T100、D80-7、T220等推土机的此项调整与T120的相同,数据稍有差别。

(3)主传动器锥齿轮啮合印痕的调整。中央传动的使用寿命与传动效率在很大程度上取决于锥齿轮啮合的正确性。正确的啮合印痕是避免早期磨损和事故性损坏、减小噪声、增大传动效率的重要保证。

履带式机械与轮式机械一样,其主传动器啮合印痕的检查方法是在一个圆锥齿轮齿面上涂以红印油,转动齿轮1~2圈,在另一个圆锥齿轮的齿面上即留下了啮合印痕。检查啮合印痕应以前进挡啮合面为主,适当照顾后退挡位。正确的啮合印痕应在齿面中部偏向小端(但距小端端面应大于5mm),前进挡时啮合面积应大于齿面的50%,后退挡时应大于齿面的25%。印痕长应大于齿长的一半,印痕应在齿高中部。印痕允许间断成两部分,但每段长度不得小于12mm,断开间距不得大于12mm。印痕大小及位置不当时,可通过移动大小锥齿轮来改变轴向位置,见表9-5。当小锥齿轮轴向位置安装正确时,一般情况下调整大锥齿轮轴向位置即可满足要求。当调整大锥齿轮不行时,才调整小锥齿轮。调整大锥齿轮轴向位置的方法与调整啮合间隙的方法相同。小锥齿轮的轴向位置可通过增减变速器第二轴前端轴承座与变速器壳体间垫片厚度进行调整。

主传动器锥齿轮副啮合印痕的调整方法　　　　　表9-5

倒退挡		前进挡	调 整 方 法
I		正常啮合印痕	前进挡时主动锥齿轮轮齿凸面所得印痕长度须不小于齿宽的一半,并应在齿高中部且接近锥体小端 倒退挡时,主动锥齿轮轮齿凹面所得印痕应与上述相同,且接近锥体小端,但不超出端边
II		异常啮合印痕	抽去变速器输出轴前轴承盖处的调整垫片,以便后移主动锥齿轮。为保证齿侧间隙可移开大齿轮
III		异常啮合印痕	增加变速器前轴承盖处的调整垫片,以便前移主动锥齿轮。为保证齿侧间隙,可移进大齿轮
IV		异常啮合印痕	按本节所述方法右移从动锥齿轮。为保证齿侧间隙可移开小齿轮
V		异常啮合印痕	按本节所述方法左移从动锥齿轮。为保证齿侧间隙可移进小齿轮

当用以上方法调整不出合适的啮合印痕时,则往往是由于后桥壳变形、齿轮轴变形等造成,需更换或修理有关零件。

T140、TY180、D80-7 等推土机的此项调整与 T120 相同。

2. 转向离合器及制动器的检查与调整

履带式机械发动机在工作正常情况下,若负荷稍一加大即出现一边或两边履带突然止动的现象,或者牵引力发挥不出来时,就需要检查转向离合器。

下面以 T120 推土机为例,介绍转向离合器及制动器的检查与调整。

(1)转向离合器操纵杆自由行程的检查与调整。转向离合器在正常的情况下,操纵杆的自由行程为 135～165mm。当因转向离合器摩擦片磨损使此行程小于 75mm 时,转向离合器便会出现上述故障,这时就必须对它进行调整。调整的方法和步骤为:

①使推土机熄火或分离主离合器。

②打开转向离合器后面和上面的检视孔。

③将操纵杆移至最前方,使转向离合器分离机构的球面螺母紧靠在分离杠杆上,以便使助力器活塞处于最前位置。

④松开助力器前端顶杆胶套的卡环和顶杆叉锁紧螺母,调节顶杆长度,并将操纵杆空行程调整到 20～40mm(由手柄上端测量)。

⑤拧松转向离合器分离机构的球面螺母,使操纵杆手柄之端头从最前位置到转向离合器开始分离位置的行程为 135～165mm。

⑥调整完毕后,用锁紧螺母固定球面螺母,上好检视盖。

日产 D80A-12 与 D85A-12 型推土机采用的是液压转向离合器操纵机构。该转向离合器为湿式多片液压操纵式,在正常使用中无须调整。但操纵手柄与连接件的连接头仍会因日久磨损而松动,使手柄的自由行程增大,延迟分离动作。为此,仍需及时进行调整,调整的方法是先将手柄 1(图 9-9)拉动到开始感到有负荷时即停住,然后松去锁紧螺母 4,拧转调整螺钉 5,使停止器 3 触及连杆 2 后,再将螺钉拧紧一圈,这样就可恢复手柄的原来行程(原自由行程为 125～130mm)。最后将锁紧螺母 4 拧紧。

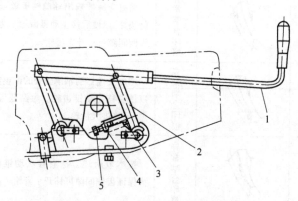

图 9-9　液压式转向离合器操纵机构的调整
1-操纵手柄;2-连杆;3-停止器;4-锁紧螺母;5-调整螺钉

(2)转向制动器的调整。制动器工作不良时,必须进行调整。调整方法如下:

①取下转向离合器室检视孔盖。

②拧动调整螺母,顺时针方向旋转时,制动带收紧,踏板行程减小,相反则自由行程增大。正确的踏板自由行程应为 150~190mm。

③利用制动带顶推螺栓(后桥壳下部)调整制动带和转向离合器外鼓间的间隙。调整时,应首先松开锁紧螺母并将顶推螺栓拧到极点,然后再退出 1~1.5 圈,最后用锁紧螺母固定。

④装上检视孔盖。

T100 及 D80-7 推土机转向离合器的检查调整及紧固与 T120 完全全相同。宣化 120、T140、TY180、TY220 等推土机转向离合器,当操纵杆与连接杆的接头因磨损而松动造成手柄自由行程增大时,可结合所属机型规定参照 D80A-12 推土机转向离合器操纵机构的调整方法进行。这类机型转向制动器的调整参照 TY180 推土机转向制动器的调整进行。TY180 的调整,如图 9-10 所示。制动带与制动鼓之间的间隙为 0.50mm,靠拉杆 4 上面的调整螺钉 11 调整。制动时,踏板的行程应调整在 140~160mm 范围内。

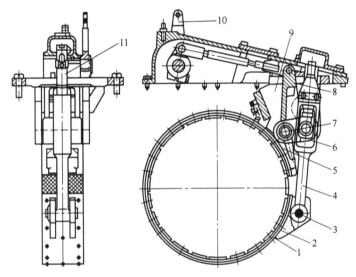

图 9-10 T180 推土机制动器的调整

1-制动鼓;2-制动带;3-销子;4-拉杆;5-顶杆;6-前支承销;7-后支承销;8-双臂杠杆;9-支架;10-制动臂;11-调整螺钉

三、转向系的检验与调整

(一)前轴变形的检验

轮式机械转向桥主销孔及其端面的磨损情况,可用普通量具进行测量,对内孔亦可用专用试棒测量。前轴的变形需用专用检验设备或拉线法进行检查。下面着重介绍一下前轴变形的检查。

1. 专用前轴检验仪检验

专用前轴检验仪检验前轴变形,如图 9-11 所示。该法可以比较精确地测量出前轴在垂直平面内和水平平面内的弯曲和前轴扭曲的数值,精确度可达 5′。

该检验仪是以前轴主销孔、钢板弹簧座及其定位销孔作为基准。在检验时,将被检验的前轴固定在架上,并把钢板座和主销孔擦拭干净,将四只定位销放入钢板座定位孔内,底座块放

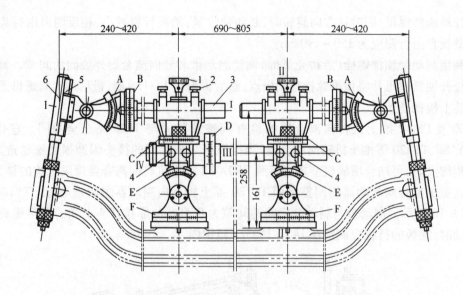

图 9-11　前轴检验仪

1-手轮;2-紧定螺钉;3-齿条轴;4-紧定螺钉;5-V 形铁;6-定位心轴

在钢板座平面上,与定位销相配合。将仪器放在垫块上,并把定位心轴 6 固定在主销孔内。松开螺钉 2,旋动手轮 1,使 V 形铁 5 贴住定位心轴后旋紧螺钉 2。检查各刻度板和盘,可得出以下几种数值:

刻度板 A 可检查主销孔内倾角和钢板座外段的上下弯曲度。

刻度盘 B 可检查主销孔后倾角和钢板座外段的扭曲度(主销后倾角,不是在前轴制造时加工成的,而是当将前桥连同悬架安装到车架上时,使前桥向后倾斜而形成的)。

刻度盘 C 可检查钢板座外段的前后弯曲度。

刻度盘 D 检查两钢板座间的扭曲度。

刻度板 E 可检查两钢板座间的上下弯曲度。

刻度盘 F 可检查两钢板定位孔中心线的平行度误差(即钢板座间的前后弯曲度)。

利用刻度盘 C、F 联合可检查两主销孔中心线与两钢板座中心线是否在同一平面内。

2. 用角尺和试棒检查前轴变形(图 9-12)

检查时,用与主销直径相同的试棒插入主销座孔内,在钢板座上放两块一定高度的垫块,垫块的中心线应与钢板座孔中心线对正,再用专用角尺来检查(角尺的角度 $\theta = 90° - \beta$,β 为主销内倾角)。检查时将角尺长边平放在两个垫块上,根据角尺与试棒贴合后的间隙来确定前梁在垂直

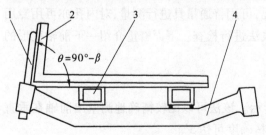

图 9-12　用试棒和角尺检查前轴

1-试棒;2-角尺;3-垫块;4-前梁

方向的弯曲情况:若上端有间隙,说明前梁轴端向下弯曲;若下端有间隙,说明前梁轴端向上弯曲。此检查可在前轴两端分别进行。此外,还可根据角尺与垫块中心刻线的重合情况,以及角尺与试棒的重合情况来判断前轴有无水平方向的弯曲或扭曲变形。

检查用的角尺也可制成通用的,即角尺的短边采用可调整的量角器,这种通用的角尺可检查

各种主销内倾角不同的前轴。参看图9-12,当测得的 θ 角小于该车标准值时(即 $90°-\beta$),说明前轴端部向上弯曲;当大于该车标准值时,说明前轴端部向下弯曲。

3.用拉线法检查前轴的变形

用拉线法检验前轴时,将拉线的两端分别伸入前轴两端的主销孔内,拉线下挂重物 W(图9-13)。用高度尺分别测量两钢板座平面到拉线间的距离 h_1 和 h_2,若测得的值与新的前轴值不符,则说明前轴在垂直方向弯曲。仔细观察拉线与两钢板定位销中心连线是否在同一垂直面上,若不在同一垂直面上,说明前轴两端在水平面内有扭曲变形。

(二)转向盘自由行程的检查与调整

转向盘的自由行程是指机械处在直线行驶位置,转动转向盘后转向轮不发生偏转时,转向盘的最大自由转动量。转向盘的自由行程是转向系统各部件配合间隙的总反映。检查转向盘的自由行程时,使前轮处于直行的位置,装上转向盘自由转动量检查器(图9-14),左右转动转向盘至感到有阻力为止,检查器指针在刻度盘上所划过的角度,即为转向盘自由行程。一般汽车转向盘自由转动量不得超过30°。若超过时,则必须消除所有足以影响的因素,如调整转向操纵拉杆球节中的间隙及转向器中传动副的啮合间隙等。

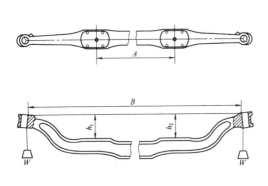

图9-13 用拉线法检查前轴

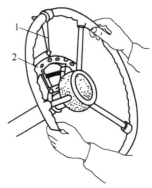

图9-14 转向盘自由转动量的检查
1-指针;2-刻度盘

1.拉杆球节的检查与调整

为了检查拉杆球节的紧度,可将转向盘向左右回转,凭观察及感觉来确定拉杆球节是否有间隙。如有,应调节球节的紧度。图9-15为直拉杆球节的调整,先拆下直拉杆一端螺塞6上

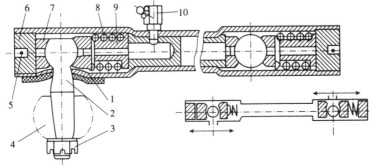

图9-15 直拉杆球节的调整

1-防尘罩;2-球头销;3-螺母;4-转向垂臂;5-开口销;6-螺塞;8-弹簧;9-限位块;10-黄油嘴

的开口销5,用合适工具将螺塞拧到底,然后反转退到与开口销孔第一次重合的位置,插上开口销5。再以同样方法调整拉杆另一球节的紧度。重新检查转向盘的自由转动量,如大于规定值的极限值,则应检查和调整转向器。

2.转向器的检查和调整

转向器的结构不同,调整方法不同。现以球面蜗杆滚轮式和曲柄指销式转向器为例,介绍其检查调整方法。

(1)球面蜗杆滚轮式转向器的调整。球面蜗杆滚轮式转向器用于解放 CA1091 汽车上,其结构原理如图9-16 所示。该转向器的滚轮2 和蜗杆1 装配后有一偏心距 e,以便当滚轮和蜗杆磨损后让摇臂轴连同蜗轮一起做轴向移动,调整其啮合间隙。

由图9-16 可知,摇臂轴的左端设有环槽,环槽内装有开口向下的 U 形垫片4。U 形垫片4 的右侧设有一组调整垫片3,并借助螺母5 通过 U 形垫片4 紧压在转向器左侧盖孔的端面上,从而固定了摇臂轴的轴向位置。调整时,拧下螺母5,取下 U 形垫片4,减小调整垫片3 的总厚度时,装配后摇臂轴6 连同滚轮2 右移,偏心距 e 减小,啮合间隙也减小;增加调整垫片3 的总厚度,啮合间隙增大。

(2)曲柄指销式转向器的调整。曲柄指销式转向器用于东风 EQ1090 汽车上,其结构原理如图9-17 所示。该转向器的两个曲柄销1 与蜗杆配合处为锥形,以便调整啮合间隙。摇臂轴9 的右端套装一调整螺钉5,该螺钉通过螺纹装在转向器壳体4 上,并用锁母6 锁止。调整时,拧松锁母6,用螺丝刀顺时针转动调整螺钉5,摇臂轴连同指销一起左移,啮合间隙减小;相反,则增大。调整后,应将锁紧螺母6 锁紧。

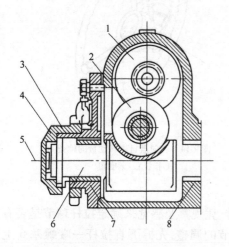

图9-16　球面蜗杆滚轮式转向器

1-球面蜗杆;2-滚轮;3-调整垫片;4-U 形垫片;5-螺母;6-摇臂轴;7、8-衬套

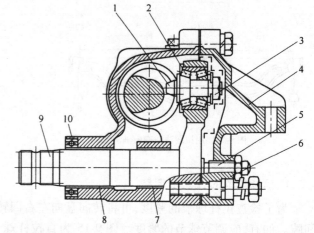

图9-17　曲柄指销式转向器

1-指销;2-轴承;3-螺母;4-转向器壳体;5-调整螺钉;6-锁紧螺母;7、8-衬套;9-摇臂轴;10-油封

前轮定位及转向用的调整请参见有关汽车维修的资料。

四、制动系的修理与调整

(一)制动器的检修

1.制动鼓的检验及修理

修理制动鼓时,用游标卡尺或弓形内径规检验制动鼓的圆度、圆柱度、内径尺寸以及制动鼓工作表面与轮毂轴线同轴度的误差,如图9-18、图9-19所示。

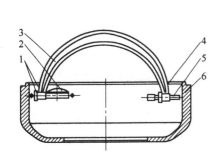

图9-18 制动鼓内径测量

1-锁紧装置;2-百分表;3-弓形规;4-锁紧螺母;

5-测量调整杆;6-制动鼓

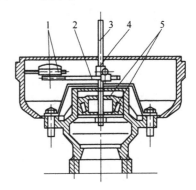

图9-19 测量制动鼓同轴度

1-百分表及锁紧装置;2-支架;3-中心杆;4-连接

装置;5-轴承卡板

制动鼓圆度误差超过0.125mm或工作面拉有深而宽的沟槽,以及同轴度误差大于0.10mm时,应镗削制动鼓。修复后,圆度误差和同轴度误差应不大于0.025mm,圆柱度误差应不大于0.05mm,同轴两鼓直径差应不大于1mm。

镗削制动鼓可在车床或专用镗鼓机上进行。镗削时,应以轮毂轴承座孔为定位基准,以保证同轴度要求。镗削后内径增大,为保证强度,设计时已考虑修理时有$2 \sim 4$次($4 \sim 6$mm)镗削量。对内径加大超过2mm的制动鼓,配用加厚的摩擦片。几种车型制动鼓标准尺寸及极限修理尺寸,见表9-6。

几种车型制动鼓内径标准尺寸及极限尺寸 表9-6

车型	克拉斯256	太脱拉138	T20-203	别拉斯540	EQ1090	CA1091	JN1150.1151
标准尺寸(mm)	$440^{+0.25}_{0}$	406	500	$500^{+0.25}_{0}$	420	420	
极限尺寸(mm)	$444^{+0.25}_{0}$	410	502	$503^{+0.25}_{0}$	424	426	≤标准4mm

2. 制动摩擦片的修理

制动摩擦片在使用中将因长期剧烈摩擦而磨损,当磨损严重(一般指铆钉埋进深度减小至0.50mm以下)以及油污过甚、烧焦变质、裂纹等,使摩擦系数下降、制动效能降低时,应更换新片。

制动摩擦片的铆合与铆离合器片相同。为防止在使用中摩擦片断裂和保持散热良好,铆接时摩擦片必须贴紧,摩擦片与蹄之间不允许有大于0.12mm的间隙。为此,所选摩擦片的曲率应与制动蹄相同。铆接时应用专用夹具夹紧,由中间向两端依次铆固。同一车辆,特别是同一车桥车轮,选用的摩擦片材质应相同,以保证制动效能一致。

采用粘接法时,应将摩擦片与制动蹄的相互贴合面彻底除去油污,并将摩擦片按其曲率切削加工,在二者的贴合面上涂以粘接剂,用夹具夹紧放入烘箱加温固化。

用粘接法除可以粘接新片外,还可用废旧片粘接在已磨损的摩擦片上。粘接时,需将摩擦片先车为正确的几何形状(铆钉不能露出),再按照该圆弧加工欲粘旧片的内弧面。在加工好的清洁的两贴合面上涂胶,同上法固化。

采用铆接时,摩擦片上铆钉孔与铆钉须密合,若发现铆钉孔磨损,可焊补后重新钻孔或扩孔后换加大的铆钉。

铆接或粘接的摩擦片外圆应根据制动鼓实际内径(理论分析和使用表明摩擦片圆弧半径比鼓圆弧半径大 0.3～0.6mm 时制动效能最好)用制动摩擦片磨削机或制动摩擦片车削机进行加工。如无上述设备,也可用专用夹具在车床上加工。加工后摩擦表面应清洁平整光滑,因为毛糙突出部分会剥落成粉末,降低制动效能。为避免制动时衬片两端与鼓犯卡,两端头要锉成坡形。摩擦片与鼓靠合面积应大于衬片总面积的 50%,靠合印痕应两端重中间轻,两端靠合面长约各占衬片总长的 1/3。

制动摩擦片修复时,还应检查其支承销孔和与制动凸轮相接触表面的磨损情况。支承销孔磨损过大,与销的配合间隙达 0.25～0.40mm 时应进行修复,可采用扩孔镶套或更换衬套的方法。支承销轴的工作面在直径方向磨损达 0.15mm 时,应修复或更换。与制动凸轮相接触的平面,磨损严重时可采用焊修,焊后加工修整。

3. 制动器的装配

装配前除摩擦片及制动鼓工作表面外,对其他零件应进行清洗。

装气压式凸轮驱动蹄式制动器时,首先在后桥壳上或转向节上装复制动凸轮轴支架、凸轮轴、调整臂和气室,然后在制动盘上装复制动摩擦片固定销轴、制动摩擦片以及复位弹簧。最后将轮毂装复并按要求调整好轴承间隙。

为便于制动鼓的安装,应调整凸轮,使摩擦片处于最小张开位置,摩擦片轴标记应转在相对靠近位置。摩擦片装到轴上时,摩擦片轴的工作表面应涂上一薄层 2 号锂基脂,多余的应除掉。选配一套凸轮调整垫片,使其装入后,保证凸轮能自由转动,且轴向间隙不大于 1mm。

液压驱动蹄式制动器装配过程与气压式相类似,此处从略。摩擦片长短不一时,"长作紧、短作松"。

4. 制动器的调整

以 CA1091 汽车为例,当制动室推杆行程前轮大于 35mm(理想值为 20～25mm),后轮大于 40mm(理想值为 25～30mm)时,说明制动鼓和蹄片间隙过大,应进行调整。

(1)全面调整。

①全面调整时,首先架起车桥,使制动鼓能自由转动。

②松开紧固蹄片支承销轴锁母。

③松开凸轮支承座紧固螺栓的螺母。

④将制动室推杆上连接叉和制动调整臂脱开。

⑤转动摩擦片支承销轴,使轴端标记位于相互靠近的位置。

⑥取下调整臂的防尘罩,将锁止套推进至露出蜗杆轴的六方头,用扳手转动蜗杆轴,使摩擦片压向制动鼓,从制动鼓的检查孔中用厚薄规检查每个摩擦片两端与制动鼓是否贴紧;如果摩擦片支承销轴端发现间隙,用转动摩擦片支承销轴的方法消除;在调整好的位置上拧紧摩擦片支承销螺母和凸轮支承座紧固螺栓螺母。

⑦连接制动室推杆连接叉和调整臂,用扳手转动蜗杆轴,使制动鼓与摩擦片在两端保持如下的间隙:靠近摩擦片支承销轴一端应为 0.2～0.5mm,靠近凸轮轴一端为 0.4～0.7mm。调整后,用锁止套锁住蜗杆轴并套上防尘罩。

（2）局部调整（图9-20）。

①架起车桥，使制动鼓能自由转动，用规定厚度的厚薄规通过制动鼓上的检查孔，在摩擦片两端检查间隙。

②取下调整臂的防尘罩。

③推进调整臂锁止套，用扳手转动蜗杆轴，使制动鼓与摩擦片间的间隙保持在上述范围。

④用锁止套锁紧蜗杆轴，套上防尘罩。

⑤注意事项。

a. 局部调整时，不要拧动摩擦片支承销轴。

b. 一旦摩擦片支承销轴的安装位置改变，就必须进行全面调整。

c. 为使左、右车轮具有相同的制动效果，应尽量做到左、右制动室推杆行程在同一桥中差别最小（一般不应超过5mm）。

d. 禁止用改变推杆长度的方法来调整制动器。

几种车型制动器的调整数据列于表9-7。

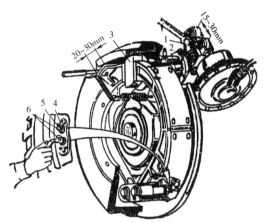

图9-20　制动器的调整
1-蜗杆;2-凸轮轴;3-凸轮;4-锁紧螺母;5-蹄片支承销;
6-支承销标记

几种车型制动器调整数据　　　　　　　　　表9-7

车　　型	行车制动器				停车制动器	
	形式	制动间隙（mm）	调整方法		形式	制动间隙（mm）
克拉斯256B	鼓式	0.2 ~ 0.9	转动制动臂调整蜗杆		鼓式（中央）	0.7 ~ 1.0
太脱拉138	鼓式	0.5	改变传力齿套与制动臂相对位置		鼓式（中央）	0.3
北京BJ370 佩尔里尼T20	鼓式	0.5	拧进或拧出制动臂上调整螺钉		鼓式（中央）	—
上海SH380	全盘	总间隙3.0 ~ 3.5	自动调整		鼓式（中央）	0.3 ~ 0.4
别拉斯540	鼓式	改变传动齿套与制动臂相对位置。前轮推杆行程为45 ~ 55mm，后轮为35 ~ 45mm			带式（中央）	0.8 ~ 1.0

（二）制动控制系统的检查与调整

1. 气压控制制动系统的检查与调整

（1）并列双腔制动阀的检查与调整。

①排气间隙的检查与调整。

在不装柱塞座的情况下调整排气间隙，该间隙应为$1.5^{+0.30}_{0}$mm，也就是使膜片顶杆28下沿距进气阀工作面$1.5^{+0.30}_{0}$mm（图9-21）。

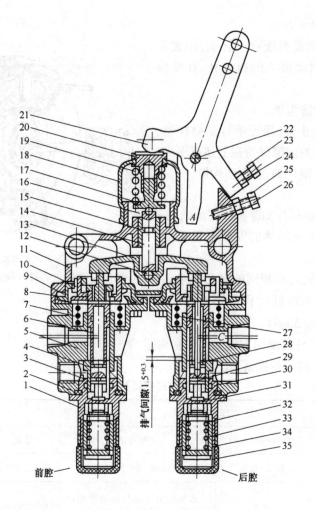

排气间隙 $1.5^{+0.3}_{0}$

前腔　　　　　　　后腔

图 9-21　EQF110 型制动阀

1-柱塞座总成;2-密封垫;3-阀门复位弹簧;4-阀门总成;5-下体;6-挺杆总成;7-膜片复位弹簧;8-钢垫;9-密封垫;10-膜片;11-上体;12-钢球;13-平衡臂;14-推杆;15-密封圈;16-钢球;17-平衡弹簧下座;18-防尘罩;19-平衡弹簧;20-平衡弹簧上座;21-拉臂;22-拉臂轴;23-调整螺钉;24-锁紧螺母;25-调整螺钉;26-锁紧螺母;27-紧固螺钉;28-顶杆;29-柱塞;30-密封圈;31-密封圈;32-调整弹簧;33-调整螺栓;34-锁紧螺母;35-塑料罩;A-拉臂限位块

拆下前、后腔柱塞座总成 1,用深度尺测量膜片顶杆下沿距阀座工作面距离,两腔排气间隙均应为 $1.5^{+0.30}_{0}$ mm。调整时,旋转调整螺钉 23,拧进排气间隙减小,拧出则排气间隙增大。调好后拧紧锁母 24,装上柱塞座总成 1。阀门体应能在阀座内滑动灵活无卡滞。

排气间隙调整后,还应在试验台上试验或结合装车路试进行修正调整。使之不因排气间隙过大出现制动不足现象或因排气间隙过小出现解除制动迟缓、车轮制动器发咬现象。

②最大制动输出气压调整。

a. 使试验台气源或汽车制动系气压达到 750kPa。

b. 在制动阀两出气孔各接一只 0~800kPa 的气压表,同时接好两根进气管路。

c. 踩动制动阀拉臂,使输出气压稳定在 550~600kPa。此时,调整阀上部调整螺钉 25,使之抵住拉臂 21 上的限位块 A,拧紧锁母 26。

反复试验数次,输出气压均应稳定在 550 ~ 600kPa 范围内,且拉臂限位可靠。

③前后腔输出气压差值调整。

a. 使输出气压适应汽车制动时前轴、后轴有固定的制动力分配比,以有利于制动稳定性提高,在 EQF110 制动阀设计中有输出气压保持固定比例差值的装置,在最大制动输出气压调好后调整该项。

b. 松开调整螺栓的锁母 34,踩下制动踏板至任意位置,拧动调整螺栓 33,使后腔输出气压比前腔低 10 ~ 40kPa,并多次反复拉动拉臂,不论其处于何种位置,其前、后腔输出气压均能保持同一压差时,即为调好,应锁紧锁母并套上防护套。

调整时,调整螺栓拧紧时后腔输出气压降低,拧松则升高。

(2)串联双腔活塞式制动阀的检查与调整。

串联双腔活塞式制动阀用于 CA1091 汽车,如图 9-22 所示。

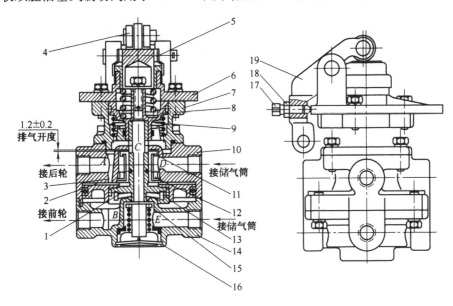

图 9-22　CA1091 汽车制动阀

1-小活塞回动弹簧;2-大活塞;3-通气孔;4-滚轮;5-挺杆;6-上盖;7-上壳体;8-上活塞总成;9-上活塞回动弹簧;10-中壳体;11-上阀门;12-卡环;13-小活塞总成;14-下壳体;15-下阀门;16-排气阀;17-调整螺钉;18-锁紧螺母;19-拉臂

①排气间隙的检查与调整。

该阀在装配时,首先将平衡弹簧及上活塞总成 8 装到上盖 6 及上壳体 7 之间,然后合装上壳体 7 和中壳体 10,并装好拉臂 19、滚轮 4 及挺杆 5。此时,用调整螺钉 17 来调整上阀门排气间隙(其开度为 1.2mm ± 0.2mm),调好后用锁母锁紧。

②密封性检查。

首先在制动阀上、下腔进口与储气筒之间各串联一个容积为 1L 的容器及一个阀门,通过 800kPa 左右的空气。

a. 关闭阀门,检查进气腔 D、E 的密封性,经 5min 气压降低应不大于 25kPa。

b. 拉动拉臂到极限位置,检查 A、B 腔的密封性,经 1min 气压下降值不大于 50kPa。

调节和连接控制阀与制动踏板之间的拉杆时必须注意,制动踏板的最大行程是由制动阀内部上活塞及上壳体相接触来限制的,当踩下踏板到极限位置时,踏板及拉杆等传动件不许与其他任何相邻的部件相碰。

调整螺钉17是用来调整排气间隙的,出厂时已调好,使用中不得任意拧动。

2. 液压制动装置的检查与调整

(1)一般检查和维护。主要是经常保持制动系统油路的清洁,保持主缸盖塞上通气孔的畅通,及时排除进入油路中的空气,经常检查和紧固油路连接件接头,定期检查和补充主缸储油室内的油液(油面高度应保持在主缸盖上边缘下15~20mm处)。

(2)制动踏板自由行程的检查与调整。调整前,应先检查制动踏板复位弹簧的拉力是否正常(应能将踏板拉回至最高位置)。

踏板的自由行程,实际是主缸推杆与活塞间隙及主缸活塞空动行程在踏板上的反映。这一间隙是彻底解除制动和迅速产生制动的必备条件。如不留这一间隙,活塞与皮碗不能退回到最后位置,堵塞旁通孔,制动不能彻底解除。但留间隙太大,又会减少踏板有效行程,使制动迟缓。严重时,要多次踩踏板,才能有效制动。踏板自由行程的调整如图9-23所示,松开锁母2,旋推杆3使其伸长,自由行程减小,反之增大。

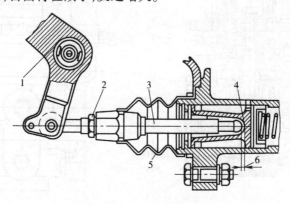

图9-23 制动主缸调整位置

1-踏板;2-锁母;3-推杆;4-活塞;5-防尘罩;6-间隙:1.5~2.5mm

BJ2022是通过转动主缸推杆与踏板连接的偏心调整螺钉使推杆接近或离开主缸活塞,使踏板自由行程减小或增大(该车型踏板自由行程为10~15mm,推杆与活塞间隙为1.2~2.0mm)。

3. 气液综合式制动系的检查与调整

(1)调压阀的检查与调整。压力调节器及安全阀出厂时都经试验已调好并铅封,一般情况下,不得任意拆卸。但在使用中,如发现储气筒充气压力过低或安全阀经常开启,则必须进行调整。几种车型压力调节器及安全阀的调整数据列于表9-8。

几种车型压力调节器及安全阀调整数据   表9-8

项　　目		北京 BJ370	上海 SH380	佩尔里尼 T20-203	克拉斯256B、别拉斯540	豪拜 120C
压力调节器	开启压力(kPa)	750	800±20	750 $^{0}_{-40}$	700~735	949
	恢复供气 压力(kPa)	700	725±25		560~600	843
安全阀开启压力(kPa)		1000±50	900±20	850~880	950	1230

调整时,先调整安全阀。为此,将压力调节器的调整螺钉拧死,提高气压,若安全阀开启压力过高或过低,应调整安全阀。安全阀调整正常后,再调整压力调节器。

(2)气液综合式制动驱动机构的放气。

在放气之前,每一油气加力器储油箱加满规定牌号的制动油。按下列顺序进行放气:

①制动轮缸放气

a.用软管连接轮缸上的放气螺钉,软管的另一端通入一合适的容器中。

b.踩下制动踏板并保持踏板位置不变。

c.拧开轮缸上的放气螺钉,让空气排出。

d.拧紧放气螺钉。

e.放松制动踏板。

重复上述操作,直至空气全部排出。在放气过程中,根据需要,应往储油箱内补充制动油。

②油气加力器放气。按同样方法,对油气加力器进行放气,放气时所收回的制动油可以继续使用。

放气是否彻底,应进行检查。SH380 型自卸汽车检查时,可卸下油气加力器上的滤清器,测量油气加力器活塞的工作行程,如图 9-24 所示。

放松制动踏板,使活塞处于原始位置,测量从滤清器接头平面到活塞端面的距离 L_1。使储气筒气压大于 588kPa,踩下制动踏板到极限位置,再测量从滤清器接头平面到活塞端面的距离 L_2,$L_1 - L_2$ 即为活塞的工作行程。工作行程约为 50mm 时,则表明系统内空气已排除干净。工作行程最大不应超过 70mm,如超过,应继续放气,直到工作行程符合要求为止。

图 9-24　测量油气加力器活塞工作行程

第三节　液力变矩器的维修

一、液力变矩器的拆卸

(一)拆卸注意事项

1.搞清结构原理

在现代工程机械中,液力变矩器的结构形式变化较多。在拆卸某种特定的变矩器时,首先要搞清其结构原理,不得盲目拆卸。一般情况下,各种变矩器都有装配结构图纸。第一次拆卸时,应按结构图纸进行。没有结构图时,应认真分析研究,确认搞清结构原理后再拆。

2.采用合理的拆卸工具

液力变矩器的泵轮、涡轮、导轮等元件都用轴承支承,有一定的紧度。拆卸时,按配合紧度要求,合理地选用工具。不准用敲击等办法拆卸变矩器,以保证其原有配合精度和密封性。

3.保护配合面

液力变矩器是用油液传递动力的装置,各零部件间配合精度高,密封性要求严。在变矩器的拆装过程中一定要采取措施,保护配合面,不要使配合面拉伤、刮伤或过度磨损。

4. 保护油封

为了密封油液,液力变矩器中多处设有油封或密封垫片。大修变矩器时,所有的油封或密封垫片应换新。在无油封更换的情况下,要特别注意保护油封,否则会因油封损坏而使变矩器完全丧失工作能力。

(二)液力变矩器的拆卸

变矩器的结构形式不同,拆卸方法也不同。现以 ZL50 装载机为例,介绍液力变矩器的拆卸方法。

1. 变矩器与发动机的分离

打开变矩器壳上盖窗口 C(图 9-25),从窗口中伸入扳手,拆下弹性板外缘 5 与飞轮 1 连接的一圈螺栓 A 后,拆去飞轮壳与变矩器壳连接螺栓 B,即可使变矩器与发动机分离。为了便于拆卸,有的变矩器在壳体连接螺栓孔中间对称地设有供顶丝用的拆卸孔。

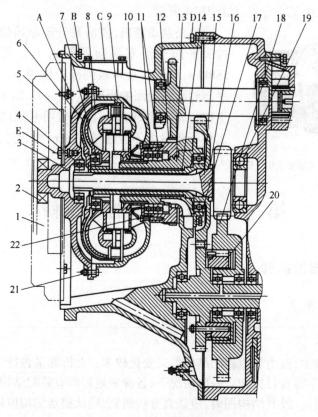

图 9-25   ZL50 装载机变矩器

1-飞轮;2-旋转壳体左轴承;3-旋转壳体;4-第一涡轮和涡轮轴左轴承;5-弹性板;6-第一涡轮;7-第二涡轮左轴承;8-第二涡轮;9-导轮;10-泵轮;11-旋转壳体右轴承;12-齿轮;13-导轮轴;14-第二涡轮轴;15-第一涡轮轴;16-隔离环;17-第二涡轮轴右轴承;18-单向离合器外环齿轮;19-第一涡轮轴右轴承;20-单向离合器;21-旋转壳体连接螺栓;22-旋转壳体与驱动齿轮连接螺栓;A-弹性板连接螺栓;B-飞轮壳与变矩器壳连接螺栓;C-变矩器壳上窗口;D-变矩器前后壳体连接螺栓;E-弹性板与旋转壳体连接螺栓

2. 变矩器的解体

(1)拆去弹性板 5 内缘与旋转壳体 3 内缘的连接螺栓 E,取下弹性板。

(2)拆去旋转壳体外缘上的连接螺栓 21,拆下旋转壳体 3 后,并依次取出第一涡轮 6、第二涡轮 8、导轮 9 等零件。

(3)拆去泵轮与驱动齿轮接螺栓 22,拆下泵轮 10,并依次拆下驱动齿轮 12、导轮轴 13 以及第一涡轮轴和第二涡轮轴。

二、变矩器的维修

液力变矩器靠油液传递动力,工作条件特别好,一般情况下磨损较轻微,很少出现机械刮伤、叶片断裂等损伤形式。但是,如果系统中进入磨料或其他杂质,就会造成零件的磨损或其他损坏。

(一)轴承的更换

拆检变矩器时,应对轴承进行认真检验,发现保持架损坏、轴承松旷等现象时,应换用新轴承。大部分轴承的内圈或外圈上打有轴承的型号,修理变矩器时,只要按型号选购轴承即可。拆卸轴承时要用合适的拉器,不能用敲、撬的办法拆卸变矩器轴承。安装轴承时,按配合紧度的需要,选用合适的压装工具,且轴承不得歪斜。

(二)涡轮轴的检修

变矩器解体后,应对涡轮轴的轴颈、花键、齿轮的齿面进行检验。正常情况下,涡轮轴安装轴承的轴颈,其径向尺寸磨损超过 0.03mm,圆度、圆柱度误差超过 0.02mm,或齿轮和花键磨损出现台阶时,应更换涡轮轴。无配件供应时,可采取下列维修措施:

1. 轴颈的修理

轴颈磨损,但圆度、圆柱度误差在 0.02mm 以内时,用刷镀的办法恢复轴颈原始尺寸。如果轴颈磨损,且圆度、圆柱度误差超过 0.02mm 时,先对轴颈进行磨削加工,消除圆度、圆柱度误差后刷镀,使轴颈恢复到原始尺寸。

2. 花键及齿轮的修复

涡轮轴的花键及齿轮磨损出现台阶,且无新的涡轮轴更换时,磨损轻微者可继续使用;磨损严重时,用油石打磨修整齿轮表面后继续使用。

(三)单向离合器的修理

导轮单向离合器(如 CL7 铲运机变矩器,如图 9-26 所示)或变矩器其他形式单向离合器(如 ZL50 装载机变矩器,如图 9-25 所示)的弹簧损坏、滚柱磨损及单向离合器座斜槽磨损或有较深压痕时,应更换损伤零件或向厂家购买单向离合器总成。对于老式机械,无配件供应时,可对单向离合器外环齿轮 18(图 9-25)的内表面进行刷镀,以补偿磨损量。

(四)锁紧离合器的修理

为了提高变矩器的传动效率,CL7 型铲运机的变矩器中设有锁紧离合器(图 9-26)。锁紧离合器接合时,变矩器的泵轮和涡轮就像刚性联轴器一样连在一起,以便满足铲运机的高速行

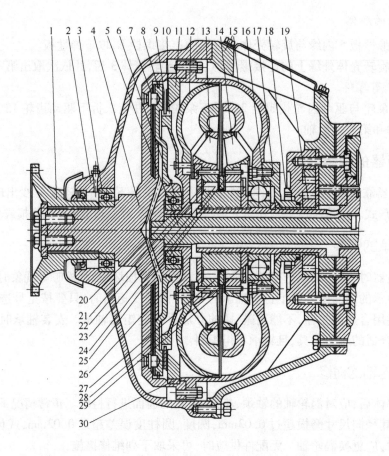

图9-26　CL7自行式产动机变矩器

1-连接盘;2-变矩外壳;3-滚动轴承;4-驱动盘;5-涡轮轴;6-滚动轴承;7-驱动销;8-活塞;9-锁紧摩擦盘;10-齿圈;11-支承圈;12-涡轮;13-第一导轮;14-第二导轮;15-泵轮;16-滚动轴承;17-驱动套;18-导轮轴;19-油泵主动齿轮;20-限位块;21-第一导轮单向离合器外圈;22-滚柱;23-挡圈;24-第二导轮单向离合器外圈;25-单向离合器内圈;26-花键套;27-隔离环;28-限位块;29-滚柱;30-键

驶和下坡时利用发动机排气制动的要求。

　　锁紧离合器的主要损伤是锁紧摩擦片9(图9-26)磨损、活塞8端面磨损以及油封损坏、支承圈11端面磨损等。

　　锁紧摩擦片磨损轻微时可继续使用;磨损严重时应更换新片。活塞端面和支承环端面磨损轻微时,用油石修磨平整即可继续使用;磨损严重时,应在磨床上将端面磨平。活塞油封磨损后更换新油封。

(五)螺纹件的修理

　　变矩器是高速旋转的部件,对螺纹连接件及其锁紧装置的要求非常严格。在拆检变矩器时,如果发现螺纹有损伤,必须采取可靠的维修措施。通常,结构允许时,采用修理尺寸法修复螺纹效果最佳。但是,更换加大螺纹连接件后,必须对变矩器进行平衡试验,以免使变矩器的动平衡受到破坏而承受附加荷载。

　　变矩器螺纹连接件的锁紧装置必须可靠、有效。

三、变矩器的装配

变矩器的装配按拆卸的相反顺序进行,且注意以下问题:

(1)变矩器泵轮、涡轮和导轮的叶片损坏时,必须更换。不准用焊修等手段修复叶片,以免破坏变矩器的平衡。更不能将叶片损坏的泵轮、涡轮或导轮直接装机使用。

(2)轴承、齿轮等静配合件要用压力设备安装,不准用敲、打的办法安装此类零件。

(3)旋转零部件上的螺纹连接件、垫片及其锁死装置要按原位装复,不得随意改变,以保证变矩器的动平衡。

(4)装配后的变矩器,其泵轮、涡轮等转动件须转动灵活,无任何卡滞现象。

第四节　动力变速器的检修

动力换挡变速器可以在不切断动力的情况下进行换挡变速,保护了传动系统,降低了驾驶人员操作难度,有利于提高生产效率。动力换挡变速器根据齿轮传动形式,分为定轴式和行星式两种。目前,这两种变速器在工程机械上都有采用。动力换挡变速器不易发生大的损坏,故一般不必全部拆检。只有当大量零件需要更换或修理时,才彻底解体。下面以别拉斯 540 型自卸汽车动力换挡变速器为例说明其检修方法。其他定轴式动力换挡变速器检修时,亦可参照进行。

一、动力换挡变速器的常见故障

(一)换挡离合器油缸供油压力过低

此故障的现象是机械在换挡后,由于供油压力低,离合器接合迟缓而打滑,不能立即变换车速。供油压力过低的主要原因有以下几个方面:

(1)油泵供油压力不足。油箱液面过低,滤清器过脏而堵塞,油泵传动零件磨损及密封装置损坏,油泵油封及滤清器结合面密封不严吸入空气等使油泵供油压力低。

(2)换挡离合器调压阀失灵。换挡离合器调压阀失灵的原因是滑阀卡滞或调整不当。此时应拆下调压阀进行清洗或调整。

(3)换挡控制阀阀芯磨损。换挡控制阀阀芯磨损使其内部泄漏,应拆卸检修,必要时更换。

(4)换挡离合器供油管接头及变速器第一轴、第二轴分配器和换挡离合器油缸活塞密封圈密封不严而泄油。此时,应拆下变速器,更换已损坏的密封圈。

如换空挡时油压低,一般是由上述(1)、(2)、(3)项原因造成的;若空挡时油压正常,换挡时油压低,是由(4)项原因造成的;若发动机转速低时油压正常,高速时油压降低或油压表指针跳动,一般是油面过低,滤清器堵塞或油泵吸入空气造成的。

(二)换挡离合器摩擦盘烧蚀

换挡离合器摩擦盘发生烧结、粘着时,挡位不能解除。造成这种故障的原因是离合器接合时长期滑转或分离不清而引起主从动片烧蚀,严重时烧结成一体。所以即使换挡阀在空挡位置,机械也会行驶。引起摩擦片烧蚀与操作有密切的关系。机械在使用中,应严格遵守操作规程。

(三)换挡手柄在空挡位置时,离合器油压表没有压力

这种故障一般是由于变矩器超越离合器失效而产生的。在正常情况下,离合器及变矩器低压泵是通过装在增速器内的超越离合器由发动机驱动的(别拉斯540、SH380)。如超越离合器弹簧折断、滚柱及轮毂凹槽磨损严重,将使超越离合器不能锁紧而失效,低压油泵也就停止工作。出现此故障时,可检查转向助力器的工作情况。如转向助力器不工作,则表明超越离合器失效。此时应拆下增速器,检修超越离合器。

ZL50 型装载机低压油泵由发动机直接驱动,一般不会出现上述故障。

(四)机械行驶时油压正常,但下坡或滑行时油压消失

别拉斯540型汽车和SH380型汽车下坡滑行时,低压泵是通过装在变速器内的超越离合器,由变速器输出轴驱动的。如果该超越离合器不能锁紧而失效,低压泵就停止工作。

ZL50 装载机出现该故障是由于"三合一"机构结合套未接上及小超越离合器失效引起的。

(五)润滑油压力过高或过低

润滑油压力过高或过低是由于润滑油调压阀失调或装在增速器上可调螺钉的节流孔开度过大或过小而造成的。机械维护时,应按要求调整调压阀及可调螺钉节流孔的开度,使其达到规定的油压。

(六)机械正常运转时工作油温度过高或急剧上升

工作油的正常油温应在 70～110℃ 的范围内,最高不应超过 120℃。工作油液的最高油温是根据油液性能及液力机械变速器结构及工作能力来决定的。油温过高,工作油液的黏度下降,性能变差,并破坏工作油的稳定性,因而不足以润滑承受重负荷的零件,同时破坏密封件,使漏损增加。引起油温过高的原因有:换挡离合器长期滑转或分离不清、滤清器或冷却器堵塞、冷却风扇不转动等。

二、动力变速器的维护

动力变速器各零件精度要求极高,故障往往是由于液压油的质量不好引起阀门"卡阻"、换挡离合器片磨损、轴承损坏等。其次,各联动装置的手动控制和节流阀控制系统,由于安装调整不当引起的故障也不少。因此,要认真做好动力变速器的技术维护工作。

1.油液的检查与更换

在停车挡位上,使变速器预热(空转 3～4min)。当变矩器的油液温度达到70℃左右时,开始检查油面。补充油液要按油尺指示刻度添加。当超过使用说明书要求的时间或里程时,应更换油液(例 CL7 型铲运机规定行驶 20 000km 更换,ZL50 装载机规定使用500h 更换)。放油前应对变速器预热,防止变速器内部残留有害杂质。油液预热完毕后,发动机熄火,将变矩器的放油螺塞拧下,把油液放尽。为使放油容易,需拔下换气孔的管塞。注油时从加油口先注

入一定油量,起动发动机,在变速器空挡(怠速)状况下运转2min左右,再加足剩余的油液。

2. 油压试验

试验前仔细清洗变速器,避免脏污从测压孔内进入。由于各种油压测定器的位置和油压规定值不同,应按使用说明书的规定进行试验。在试验中,如果管路压力超过规定值,则是节流阀开度过小所致,需调大,相反则应调小。

三、动力变速器的检修

(一)动力变速器壳体的检修

检查壳体是否有裂纹、破损;各机械加工面是否碰伤;各螺纹孔是否损坏。

壳体上有不超过150mm的裂纹,且裂纹未穿过轴承座孔和油道,则壳体可以焊修;壳体结合面碰伤时应修磨光平。轴承座孔磨损不大时,可用刷镀的办法恢复轴承座孔与轴承的配合。轴承座孔的尺寸,见表9-9。

SH380 变矩器和变速器体座孔尺寸 表9-9

磨损部位	尺寸(mm)	
	标准	极限
变矩器壳体		
第一轴轴承座	$200^{+0.045}_{0}$	200.08
第二轴轴承座变速器壳体	$170^{+0.04}_{0}$	170.07
油泵驱动轴轴承座	$80^{+0.03}_{0}$	80.06
第一轴轴承座	$170^{+0.04}_{0}$	170.07
第二轴轴承座	$200^{+0.045}_{0}$	200.08

变矩器和变速器壳体出厂时是配对加工的,因此,如果其中之一损坏时必须成对更换。

(二)变速器齿轮的检修

变速器齿轮有下列缺陷之一者必须换新:

(1)齿厚磨损超过允许极限。

(2)齿面渗碳层疲劳剥落,大量麻点。

(3)轴承孔磨损超过允许极限。

(4)花键侧表面磨损超过允许极限。

(5)齿轮轮齿折断。

一、二挡主动齿轮及三挡、倒挡被动齿轮轴承孔标准尺寸为$125^{+0.027}_{-0.014}$mm,允许极限尺寸为125.067mm;倒挡中间齿轮轴承孔标准尺寸为$90^{-0.010}_{-0.045}$mm,允许极限尺寸为90.025mm。

齿轮轮毂渐开线外花键装换挡离合器盘的部位容易磨损。因此,应测量花键和盘相摩擦部位的花键厚度。测量高度为2.5mm,标准齿厚为$7.852^{-0.08}_{-0.16}$mm,允许极限尺寸为7.3mm。

(三)变速器第一轴和第二轴的检修

第一轴和第二轴有下列缺陷之一者必须修复或更换。

（1）轴承轴颈磨损超过允许极限。

（2）第二轴固定凸缘花键磨损超限。

（3）密封环槽宽度磨损超限。

轴弯曲变形，直线度误差超过 0.10mm 时，应校正。

第一轴和第二轴标准尺寸和允许极限列于表 9-10。

第一、二轴标准尺寸和允许极限尺寸　　　　　　表 9-10

名　称	磨损部位	尺　寸（mm）	
		标准	允许极限
第一轴	后轴承颈（花键外径）	80 ± 0.01	79.97
	齿轮轴承轴颈（花键外径）	80 ± 0.01	79.97
	前轴承轴颈（花键外径）	$80 ^{+0.023}_{+0.003}$	79.98
	涡轮轮毂轴承轴颈（花键外径）	$60 ^{0}_{-0.01}$	59.96
	密封环槽（宽度）	$3 ^{+0.12}_{0}$	3.62
第二轴	后轴承颈	80 ± 0.01	79.97
	齿轮轴承颈	80 ± 0.01	79.97
	前轴承颈	$80 ^{+0.023}_{+0.003}$	79.98
	固定凸缘花键齿厚	$12 ^{-0.03}_{-0.09}$	11.75
倒挡中间轴	轴承颈	$40 _{-0.017}$	39.98

（四）换挡离合器的检修

换挡离合器的主要损伤是活塞与油缸工作表面磨损，活塞密封环磨损，主动盘和从动盘磨损或由于长期打滑而烧蚀、翘曲变形等。

离合器油缸的标准尺寸为 $200 ^{+0.09}_{0}$ mm，允许极限为 200.6mm。活塞环厚度标准尺寸为 (4.5 ± 0.07) mm，允许极限为 4.00mm，超限时换新。活塞复位弹簧变形或弹力下降，应换新。弹簧的自由长度应为 $105 ^{+3.5}_{-1.0}$ mm，压缩后长度为 80mm 时，负荷应为 260～320N。主动盘厚度标准尺寸为 $2 _{-0.06}$ mm，允许极限为 1.44mm；从动盘厚度标准尺寸为 $4 ^{-0.04}_{-0.12}$ mm，允许极限为 3.32mm，超限时换新。当摩擦片磨损后不具备大修条件时，为解决因主从动片总厚度减少引起的打滑，可在紧贴压盘或推力盘处增加一片主动盘。当主从动盘齿顶磨尖时，必须换用新件。主动片翘曲超过 0.20mm 时校平或换新；从动盘翘曲超过 0.10mm 时换新。

（五）动力换挡变速器的装配

组装前所有零件应用煤油或柴油清洗，尤其应注意清洗壳体及第一、二轴上油道。并用压缩空气吹净。组装时，先装成部件，最后进行总装配。现以 SH380 型自卸汽车变速器为例，说明其组装要求及注意事项，其他动力换挡变速器组装时，亦可参照执行。

1. 第一轴和第二轴的组装

组装前应检查轴上所有橡胶密封圈是否损坏或老化，必要时换新。换挡和润滑油道分配器装入轴孔中后，应做换挡油道和润滑油道的密封和连通性检验。检验用专用工具进行。该工具由带焊接头的卡箍 2 及进气软管 3 的管接头组成，如图 9-27 所示。

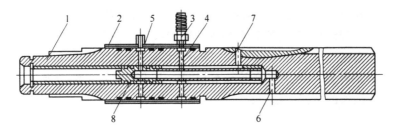

图9-27 第一轴油道密封性和连通性的检验

1-第一轴;2-卡箍;3-接头;4-润滑油道;5--挡离合器供油道;6--挡离合器进油道;7-润滑油进油道;8-分配器

首先检查油道的连通性。为此,软管应轮流地与卡箍2上的管接头连接,并向油道里输送压缩空气,压缩空气只能从相应的出油孔排出。

检查油道的密封性时,当软管和润滑油道4连通,向油道内输送压缩空气时,若关闭润滑油进油道7,压缩空气不应从一挡离合器进油道6排出;将软管与一挡离合器供油道5连接,关闭一挡离合器进油道6时,压缩空气不应从润滑油进油道7排出。然后将第一、二轴装到壳体上。

2. 变速器组装

(1)在第一轴和第二轴上安装各挡齿轮和换挡离合器。装离合器时应注意油孔位置,检查离合器的工作情况。为此,将进气软管接到离合器的进油管路上(此时可不装换挡阀),然后依次周期性地往换挡油道内输送压缩空气(图9-28)。离合器的接合应迅速、平稳,分离应彻底,没有卡滞现象。在确保离合器状况良好后,再将变速器壳体装到变矩器器体上。

(2)第二轴是用后轴承固定其轴向位置的。为了防止变速器工作时因温度变化将前轴承咬死,前轴承应有 $1_{0}^{+0.2}$ mm 的轴向间隙。为此,组装时应测量第二轴倒挡被动齿轮后端面1至变速器壳体后端面2之间的距离 G(图9-29);测量第二轴后轴承前端面至弹性挡圈内侧的尺寸 H(图9-30)。则 $G-H=1_{0}^{+0.2}$ mm。如不符合要求,可在倒挡被动齿轮和后轴承之间加垫片调整。这样当第二轴后凸缘固定螺钉拧紧后,其前轴承得到 $1_{0}^{+0.2}$ mm 的轴向间隙。

图9-28 换挡离合器工作状况的检查

1-二挡离合器;2-隔套;3-倒挡齿轮;4-倒挡供油孔;

5--挡供油孔;6-二挡供油孔;7-三挡供油孔

图 9-29

测量第二轴倒挡被动齿轮后

端面至壳体后端面之间距离

1-第二轴倒挡被动齿轮后端面;

2-变速器壳体后端面

图 9-30

测量后轴承前端面至

弹性挡圈内侧的尺寸

对于工程机械和重型汽车上所采用的行星齿轮式动力换挡变速器的检修,主要是齿轮的检修、花键连接的检修及换挡离合器和换挡制动器的检修。这些项目的检修亦可参照本章中所介绍的定轴式动力换挡变速器的检修方法进行,但具体处置尚需查找所属机型的技术规定。换挡制动器(盘式)的检修与换挡离合器基本相同。带式制动器可结合所属机型的使用维护说明书参照带式制动器的检修方法进行。

参 考 文 献

[1] 李新合.机械设备维修工程学[M].北京:机械工业出版社,2013.

[2] 侯文英.摩擦磨损与润滑[M].北京:机械工业出版社,2012.

[3] 张翠凤.机电设备诊断与维修技术[M].北京:机械工业出版社,2006.

[4] 卢彦群.工程机械检测与维修[M].北京:北京大学出版社,2012.

[5] 宋廷坤,易新乾.现代工程机械检测与维修[M].北京:中国铁道出版社,1996.

[6] 洪清池.机械设备维修技术[M].南京:河海大学出版社,1991.

[7] 张庆荣.工程机械修理学[M].北京:人民交通出版社,1982.

[8] 董允,张巨森.现代表面工程技术[M].北京:机械工业出版社,2000.

[9] 黄声显.重型汽车构造与维修[M].北京:人民交通出版社,1981.

[10] 陈冠国.机械设备维修[M].北京:机械工业出版社,2012.

[11] 王汉功,赵文珍.修复工程学[M].北京:机械工业出版社,2002.

[12] 赵应樾.液压泵及其修理[M].上海:上海交通大学出版社,1998.

[13] 崔崇学.公路工程机械修理[M].北京:人民交通出版社,1999.

[14] 任征.公路机械化施工与管理[M].北京:人民交通出版社,2011.

[15] 朱绍华,等.谈绿色再制造工程的内涵和科学构架[J].北京:中国表面工程,2001,2:
5-11.

[16] 徐滨士,等.绿色再制造工程设计基础及其关键技术[J].北京:中国表面工程2001,2:
12-15.

[17] 戴羽绵.工程机械修理学[M].北京:中国铁道出版社,1996.

[18] 中国农业大学设备工程系.机械维修工程与技术[M].北京:中国农业科技出版社,1997.

[19] 沈永刚.现代设备管理[M].北京:机械工业出版社,2012.

[20] 王耀斌,刘宏飞.汽车维修管理工程[M].北京:机械工业出版社,2007.

[21] 吴明.汽车维修工程[M].北京:机械工业出版社,2013.

[22] 马世宁.现代维修技术[M].北京:中国计划出版社,2006.

人民交通出版社　公路出版中心
机械工程类教材

（◆教育部普通高等教育"十一五"、"十二五"国家级规划教材）

教材详细信息，请查阅"中国交通书城"（www.jtbook.com.cn）
咨询电话：(010)85285867,85285984
道路工程课群教学研讨 QQ 群（教师）　328662128
桥梁工程课群教学研讨 QQ 群（教师）　138253421
交通工程课群教学研讨 QQ 群（教师）　185830343
交通专业学生讨论 QQ 群　　　　　　　433402035